Theory of Hazardous Material Facilities

제3판

위험물시설론

정인갑·이재욱 공저

화수목

Preface

고도화되고 있는 산업사회에서 안전관리와 소방안전에 관한 인식은 생명과도 직결되는 부분으로 소홀히 다룰 수 있는 부분이 아니다. 특히, 위험물을 다루는 제조소나 저장소 등은 종사하는 분들의 생명안전과 재난발생 시 적극적인 소방활동을 행함에 있어서 철저한 관리와 유지가 필요하다. 중소규모의 시설에서도 위험물질의 다양한 물리화학적 성질로 인해 화재의 규모와 형태가 다양화되고 대형화될 수 있으며, 인적·물적 피해의 규모도 대형화될 수 있다. 재해로부터 생명과 재산을 보호하고 방지하기 위해서는 화재예방에 대한 보편적 교육과 국민의식개혁이 반드시 필요하며, 소방시설과 소방관련직종에 대한 지속적인 관심과 투자 및 소방관련 연구개발이 병행되어야만 한다. 현재 이러한 추세를 반영하여 수많은 대학과 전문대학에서 소방 및 안전 관련 학과의 신설과 산업 현장에서의 소방 관련자들의 전문화를 위한 전문적인 교육과정을 통해서 우수한 소방전문인력들이 양성되고 배출되고 있다. 그러나, 국내소방법과 위험물안전관리법을 기초로 한 교재나 참고자료가 부족한 실정이며, 있다하더라도 관련 법령에 적용되는 법률용어로 인해 학습에 어려움을 겪고 있다. 이에 필자는 위험물을 다루는 제조소 및 저장소 등에 관한 소방안전시설에 관한 부분을 위험물안전관리법과 위험물안전관리법시행규칙 및 그 세부기준을 근거로 하여 소방안전관련 강의와 학생들과의 대화 등을 참고하여 소방관련 학과의 학생 및 공무원, 산업 현장의 소방 관련 종사자, 소방 관련 자격증을 준비하는 수험생들이 보다 이해하기 쉽도록 본 교재를 쓰게 되었다. 위험물 및 소방관련 법률의 개정이 지속적으로 이루어지고 있으나, 큰 틀에서는 국민안전과 재산보호라는 명제를 가지고 있으므로 본 교재가 지향하는 방향과는 크게 다르지 않으며, 후에도 본 교재의 내용을 참고로 할 수 있으리라 판단된다. 또한, 전체적인 내용은 본문의 내용에서 충분히 이해할 수 있도록 하였으며, 소방시설에 대한 시험기준과 같은 세부항목 등은 부록으로 수록하여 세부항목의 정확한 법률적 기준과 시험방법을 익힐 수 있도록 하였다.

본 교재는 위험물안전관리법 및 시행규칙과 그 세부기준, 소방기본법, 화재의 예방 및 안전관리에 관한 법률, 소방시설 설치 및 관리에 관한 법률, 소방시설공사업법을 기준으로 하였으므로 소방공학이나 소방 엔지니어의 업무, 그리고 소방 종사자들이 되기 위한 기초적인 부분을 채울 수 있을 것이라 믿는다. 이에 필자는 이 책을 보는 독자들이 소방과 안전에 관해서 보다 잘 이해할 수 있게 되기를 바라며 소방업무 종사자로서의 경력을 충실히 쌓아 나가는데 도움이 될 수 있기를 희망한다.

끝으로 이 책이 완성되기까지 주위에서 많은 도움을 주신 권용수 교수님, 정태헌 교수님, 정인갑 교수님께 감사드리고, 화수목 출판사 관계자 여러분께도 진심으로 감사드린다.

CONTENTS

Chapter 1 위험물 안전관리 및 시설개요

Chapter 2 위험물제조소

Chapter 3 위험물 저장소

Chapter 4 위험물 취급소

Chapter 5 위험물제조소 등의 소화설비

Chapter 6 위험물의 저장 및 취급기준

Chapter 7 위험물 운반에 관한 기준

CHAPTER 01

위험물 안전관리 및 시설개요

1. 용어의 정의
2. 위험물의 저장 및 취급기준

CHAPTER 01 Theory of Hazardous Materials Facilities

위험물 안전관리 및 시설개요

1 용어의 정의

위험물안전관리법은 위험물의 저장·취급 및 운반과 이에 따른 안전관리에 관한 사항을 규정함으로써 위험물로 인한 위해를 방지하여 공공의 안전을 확보함을 목적으로 한다[1]. 본 교재는 위험물안전관리법을 기본으로 그에 따른 위험물제조소 및 저장·취급소 등의 제반사항을 다룬다.

1) 위험물안전관리법에 따른 정의

① 위험물은 인화성 또는 발화성 등의 성질을 가지는 것으로서 대통령령이 정하는 물품을 말한다.

② 지정수량은 위험물의 종류별로 위험성을 고려하여 대통령령이 정하는 수량으로서 제조소 등의 설치허가 등에 있어서 최저의 기준이 되는 수량을 말한다.

③ 제조소는 위험물을 제조할 목적으로 지정수량 이상의 위험물을 취급하기 위하여 허가를 받은 장소를 말한다.

④ 저장소는 지정수량 이상의 위험물을 저장하기 위한 대통령령이 정하는 장소로 허가를 받은 장소를 말하며, 아래 그림 1-1에 간략히 설명하여 나타내었다.

⑤ 취급소는 지정수량 이상의 위험물을 제조외의 목적으로 취급하기 위한 대통령령이 정하는 장소로 허가를 받은 장소로 그림 1-2에 나타내었다.

⑥ 제조소등은 제조소·저장소 및 취급소를 말한다.

⑦ 용어의 정의는 위험물안전관리법에서 규정하는 위험물을 제외하고는 소방기본법, 화재의 예방 및 안전관리에 관한 법률, 소방시설 설치 및 관리에 관한 법률 및 소방시설공사업법에서 정하는 바를 따른다.

- **저장소**
  - **옥내저장소** : 지붕, 기둥 및 벽으로 둘러싸인 옥내 위험물을 용기에 담아 저장하는 장소(옥내탱크저장소 제외)
  - **옥외탱크저장소** : 옥외에 있는 탱크에 위험물을 저장하는 장소, 옥외의 지반 및 가대 위에 탱크를 고정해서 설치하여 대량으로 위험물을 저장(지하탱크, 간이탱크, 이동탱크, 암반탱크 제외)
  - **옥내탱크저장소** : 전용 건축물 안 및 건축물의 전용실에 설치된 탱크에 위험물을 저장하는 장소. 탱크의 용량제한 및 옥내탱크저장소를 설치할 수 있는 건축물의 층수 등에 관한 제한이 있다.
  - **지하탱크저장소** : 지하에 매설된 탱크에 위험물을 저장하는 장소
  - **간이 탱크저장소** : 간이탱크에 위험물을 저장하는 장소. 탱크용량, 탱크의 수, 설치장소 등에 관한 제한이 있다.
  - **이동 탱크저장소** : 차량에 고정된 탱크에 위험물을 저장하는 장소(탱크로리)
  - **옥외저장소** : 옥외의 장소에 위험물을 저장하는 장소
  - **암반 탱크저장소** : 지하 암반내의 공간을 이용한 탱크에 액체 위험물을 저장하는 장소. 원유나 석유의 대량 비축에 주로 사용.

그림 1-1 위험물 저장소

- **취급소**
  - **주유취급소** : 고정된 주유설비에 의하여 자동차·항공기 및 선박 등의 연료탱크에 주유하기 위하여 위험물을 취급하는 장소
  - **판매취급소** : 점포에서 위험물을 용기에 담아 판매하기 위하여 지정수량의 40배 이상의 위험물을 취급하는 장소(1종과 2종으로 분류)
  - **이송취급소** : 배관 및 이에 부속하는 설비에 의하여 위험물을 이송하는 장소
  - **일반취급소** : 주유/판매/이송취급소에 해당하지 않는 취급소, 위험물을 이용하여 최종생산물이 아닌 제품을 제조·생산 및 위험물을 생산하지 않는 제반 취급소를 일반취급소라 함

그림 1-2 위험물 취급소

2 위험물의 저장 및 취급기준

1) 위험물의 종류와 취급

위험물안전관리법에서는 위험물들의 일반성질, 화재 예방방법 및 소화방법 등과 같은 공통점을 묶어 제1류위험물에서 제6류위험물로 분류하고 있다.

2) 위험물의 취급

지정수량 이상의 위험물은 제조소 등에서 취급하며, 위반시 1년 이하의 징역 혹은 1,000만원 이하의 벌금에 처한다. 지정수량 미만의 위험물은 시, 도 조례에 의해 취급하며, 지정수량 이상을 임시로 저장할 경우는 관할소방서상의 승인 후 90일 이내까지만 가능하다.

3) 위험물 안전관리자

제조소등(허가를 받지 아니하는 제조소등과 이동탱크저장소 제외)의 관계인은 위험물의 안전관리에 관한 직무를 수행하게 하기 위하여 제조소 등마다 대통령령이 정하는 위험물의 취급에 관한 자격이 있는 자(위험물취급자격자)를 위험물안전관리자로 선임하여야 한다. 다만, 제조소등에서 저장·취급하는 위험물이 화학물질관리법에 따른 인체급성유해성물질, 인체만성유해성물질, 생태유해성물질에 해당하는 경우 등 대통령령이 정하는 경우에는 해당 제조소등을 설치한 자는 다른 법률에 의하여 안전관리업무를 하는 자로 선임된 자 가운데 대통령령이 정하는 자를 안전관리자로 선임할 수 있다.

(1) 위험물취급자격자의 자격

위험물취급자격자의 구분	취급할 수 있는 위험물
1. 위험물기능장, 위험물산업기사, 위험물기능사의 자격을 취득한 사람	모든 위험물
2. 소방청장이 실시하는 안전관리자교육이수자	제4류 위험물
3. 3년 이상 소방공무원 근무 경력자	제4류 위험물

(2) 제조소 등의 종류 및 규모에 따른 위험물 안전관리자의 자격

위험물관리 국가기술자격증을 취득한 자로 사업소의 관할 소방본부 및 소방서에 선임신고를 하여야만 안전관리자가 될 수 있다.

제조소의 종류 및 규모	안전관리자의 자격
1. 제4류 위험물만을 취급하는 것으로서 지정수량 5배 이하의 것	위험물기능장/산업기사/기능사, 안전관리자교육이수자, 소방공무원경력자
2. 1의 사항에 해당되지 않는 제조소	위험물기능장/산업기사, 2년 이상의 실무경력이 있는 위험물기능사

저장소의 종류 및 규모		안전관리자의 자격
1. 옥내 저장소	제4류 위험물만을 저장하는 것으로서 지정수량 5배 이하의 것	위험물기능장/산업기사/기능사, 안전관리자교육이수자, 소방공무원경력자
	제4류 위험물 중 알코올류 · 제2석유류 · 제3석유류 · 제4석유류 · 동식물유류만을 저장하는 것으로서 지정수량 40배 이하의 것	
2. 옥외탱크 저장소	제4류 위험물만 저장하는 것으로서 지정수량 5배 이하의 것	
	제4류 위험물 중 제2석유류 · 제3석유류 · 제4석유류 · 동식물유류만을 저장하는 것으로서 지정수량 40배 이하의 것	
3. 옥내탱크 저장소	제4류 위험물만을 저장하는 것으로서 지정수량 5배 이하의 것	
	제4류 위험물 중 제2석유류 · 제3석유류 · 제4석유류 · 동식물유류만을 저장하는 것	
4. 지하탱크 저장소	제4류 위험물만을 저장하는 것으로서 지정수량 40배 이하의 것	
	제4류 위험물 중 제1석유류 · 알코올류 · 제2석유류 · 제3석유류 · 제4석유류 · 동식물유류만을 저장하는 것으로서 지정수량 250배 이하의 것	
5. 간이탱크저장소로서 제4류 위험물만을 저장하는 것		
6. 옥외저장소 중 제4류 위험물만을 저장하는 것으로서 지정수량의 40배 이하의 것		
7. 보일러, 버너 그 밖에 이와 유사한 장치에 공급하기 위한 위험물을 저장하는 탱크저장소		
8. 선박/철도주유취급소 또는 항공기주유취급소의 고정주유설비에 공급하기 위한 위험물을 저장하는 탱크저장소로서 지정수량의 250배(제1석유류의 경우에는 지정수량의 100배)이하의 것		
9. 1~8의 사항에 해당되지 않는 위험물저장소		위험물기능장/산업기사, 2년 이상의 실무경력이 있는 위험물기능사

<table>
<tr><th colspan="2">취급소의 종류 및 규모</th><th>안전관리자의 자격</th></tr>
<tr><td colspan="2">1. 주유취급소</td><td rowspan="7">위험물기능장/산업기사/기능사,
안전관리자교육이수자
소방공무원경력자</td></tr>
<tr><td rowspan="2">2. 판매취급소</td><td>제4류 위험물만을 취급하는 것으로서 지정수량 5배 이하의 것</td></tr>
<tr><td>제4류 위험물 중 제1석유류 · 알코올류 · 제2석유류 · 제3석유류 · 제4석유류 · 동식물유류만을 취급하는 것</td></tr>
<tr><td colspan="2">3. 제4류 위험물 중 제1류 석유류 · 알코올류 · 제2석유류 · 제3석유류 · 제4석유류 · 동식물유류만을 지정수량 50배 이하로 취급하는 일반취급소(제1석유류 · 알코올류의 취급량이 지정수량의 10배 이하인 경우에 한한다)로서 다음 각목의 어느 하나에 해당하는 것
가. 보일러, 버너 그 밖에 이와 유사한 장치에 의하여 위험물을 소비하는 것
나. 위험물을 용기 또는 차량에 고정된 탱크에 주입하는 것</td></tr>
<tr><td colspan="2">4. 세4류 위험물만을 취급하는 일반취급소로서 지정수량 10배 이하의 것</td></tr>
<tr><td colspan="2">5. 제4류 위험물 중 제2석유류 · 제3석유류 · 제4석유류 · 동식물유류만을 취급하는 일반취급소로서 지정수량 20배 이하의 것</td></tr>
<tr><td colspan="2">6. 「농어촌 전기공급사업 촉진법」에 따라 설치된 자가발전시설에 사용되는 위험물을 취급하는 일반취급소</td></tr>
<tr><td colspan="2">7. 1~6의 사항에 해당되지 않는 위험물취급소</td><td>위험물기능장/산업기사,
2년 이상의 실무경력이 있는 위험물기능사</td></tr>
</table>

① 기능장 및 산업기사

1류~6류까지 전체 위험물을 보안감독할 수 있다 (지정수량에 제한 없음).

② 기능사

1류~6류까지 전체 위험물을 보안감독 할 수 있다 (지정수량에 제한 및 경력기간에 대한 제한이 있음).

③ 안전관리자의 재선임

해임 후 30일 이내에 안전관리자를 다시 선임해야 한다. 선임한 날로부터 14일 이내에 소방본부장 또는 소방서장에게 신고하여야 한다

(3) 안전관리자의 업무

안전관리자는 화재 등의 재해 방지에 관하여 인접하는 제조소 등과 그 밖의 관련 시설의 관계자와 협조체제를 유지하며, 화재예방규정에 적합하도록 작업자에 대한 감독과 지시 및

화재 등의 재난이 발생한 경우 응급조치 및 소방관서 등에 연락하여야 한다. 또한, 위험물 취급에 관한 일지를 작성하고, 위험물 취급작업에 있어서 안전에 관한 필요한 감독업무 수행하여야 한다. 위험물시설 안전담당자를 따로 두는 제조소 등에 있어서는 그 담당자에 대한 필요한 업무지시를 해주어야 한다.

4) 위험물의 취급기준

(1) 공통 기준

① 제조소 등에서는 신고와 관련된 품명 외의 위험물 또는 이러한 허가 혹은 신고와 관련되는 수량 및 지정수량의 배수를 초과하는 위험물을 저장하거나 취급하지 아니해야 한다.

② 제조소 등에서는 화기를 함부로 취급하지 않아야 한다.

③ 제조소 등에는 관계자 외의 사람을 함부로 출입시키지 않아야 한다.

④ 제조소 등에는 항상 정리 및 청소를 실시하고, 빈 상자와 같은 불필요한 물건을 두지 않아야 한다.

⑤ 집유시설 또는 유분리장치의 위험물은 넘치지 않도록 수시로 제거하여야 한다.

⑥ 위험물의 쓰레기 및 찌꺼기 등은 1일 1회 이상 당해 위험물의 성질에 따라 안전한 장소에서 폐기하거나 적절한 방법으로 처리하여야 한다.

⑦ 위험물을 저장 또는 취급하는 건축물 그 밖의 공작물 또는 설비는 당해 위험물의 성질에 따라 차광 및 환기를 하여야 한다.

⑧ 위험물은 온도계, 습도계, 압력 그 밖의 계기를 감시하여 당해 위험물의 성질에 맞는 적당한 온도와 습도, 압력을 유지하도록 저장 또는 취급하여야 한다.

⑨ 위험물을 저장 또는 취급하는 경우 당해 위험물이 넘치거나 비산하지 않도록 조치하여야 한다.

⑩ 위험물의 저장 또는 취급하는 경우에 위험물의 변질, 이물질의 혼입 등에 의해 당해 위험물의 위험성이 증대되지 않도록 필요한 조치를 하여야 한다.

⑪ 위험물이 남아 있거나 남아 있을 우려가 있는 설비, 기계, 기구 및 용기 등을 수리하는 경우에는 안전한 장소에서 위험물을 완전히 제거한 후에 실시하여야 한다.

⑫ 위험물을 용기에 넣어 저장하거나 수납할 때에는 그 요기는 당해 위험물의 성질에 적응하고, 파손이나 부식, 균열 등이 없는 것으로 하여야 한다.

⑬ 위험물을 수납한 용기를 저장하거나 취급하는 경우에는 함부로 넘어뜨리거나 떨어뜨리는 등에 의해 충격을 가하거나 난폭한 행위를 하지 않아야 한다.

⑭ 가연성 액체, 증기 혹은 가스가 새거나 체류할 우려가 있는 장소 또는 가연성 미분이 현저하게 부유할 우려가 있는 장소에 전선과 전선기구를 완전히 접속하고 불꽃을 발하는 기계, 기구, 공구 및 신발 등을 사용하지 않아야 한다.

⑮ 위험물을 보호액 중에 보존하는 경우에는 당해 위험물의 보호액으로부터 노출되지 않도록 해야 한다.

⑯ 위험물을 수납하거나 옮겨 담는 작업을 할 경우 반드시 정전기 제거장치가 된 곳에서 하여야 한다.

(2) 공정 및 작업에 따른 취급기준

분류	공정 및 작업	취급기준
제조	증류공정	위험물의 취급설비의 내부압력 변동으로 액체 및 증기가 새지 않도록 할 것
	추출공정	추출관의 내부압력이 이상상승하지 않도록 할 것
	건조공정	위험물의 온도가 국부적으로 상승하지 않도록 가열건조할 것
	분쇄공정	위험물의 분말이 부착되어 있는 상태로 기계나 기구를 사용하지 말 것
소비	분사도장작업	방화상 유효한 격벽 등으로 구획한 안전한 장소에서 작업할 것
	담금질, 열처리작업	위험물이 위험 온도에 달하지 않도록 할 것
	염색, 세정작업	가연성 증기를 완전히 환기하고 폐액을 안전하게 처리할 것
	버너사용 시	버너의 역화를 방지하고 석유류가 넘치지 않도록 할 것
폐기	소각	안전한 장소에서 감시원의 입회하에 하며, 연소 또는 폭발에 의해 타인에게 위해하지 않는 방법으로 할 것
	매몰	위험물의 성질에 따라 안전한 장소에서 할 것
	투하 (바다, 강, 호수)	해중 및 수중에 유출시키거나 투하해서는 안된다. 다만 타인에게 위해를 주지 않거나 재해방지를 위하여 적당한 조치를 할 때는 무관하다.
옮겨 담는 작업	용기에 담을 경우	행정안전부령이 정하는 바에 의해 수납할 것
	옮겨 담을 경우	방화상 안전한 장소에서 할 것

5) 제조소등의 설치기준

(1) 위험물시설의 설치 및 변경 등

위험물제조소등의 허가관청 및 용도폐지 신고기관은 시, 도지사이며, 용도폐지신고기간은 14일 이내이다. 제조소등의 위치, 구조 또는 설비의 변경없이 당해 제조소등에서 저장하거나 취급하는 위험물의 품명, 수량 또는 지정수량의 배수를 변경하고자 하는 자는 변경하고자 하는 날의 1일 전까지 행정안전부령이 정하는 바에 따라 시, 도지사에게 신고하여야 한다.

설치허가가 제외되는 시설은

i) 주택의 난방시설

ii) 지정수량 20배미만의 농예용 및 어패류 양식장용 난방 및 건조시설

이다.

(2) 화재예방규정

대통령령이 정하는 제조소등의 관계인은 당해 제조소등의 화재예방과 화재 등 재해발생시의 비상조치를 위하여 행정안전부령이 정하는 바에 따라 예방규정을 정하여 당해 제조소등의 사용을 시작하기 전에 시·도지사에게 제출하여야 한다.

> 「대통령령으로 정하는 제조소등」이란 제1항에 따른 제조소등 가운데 저장 또는 취급하는 위험물의 최대수량의 합이 지정수량의 3천배 이상인 제조소등을 말한다. 이 경우 소방청장은 예방규정 이행 실태 평가 대상인 제조소등의 위험성 등을 고려하여 행정안전부령으로 정하는 바에 따라 평가 방법을 다르게 할 수 있다.

① 화재예방규정(설치기준)을 정하여야 할 장소

가) 지정수량 10배 이상의 위험물을 저장 및 취급하는 제조소

나) 지정수량 100배 이상의 위험물을 저장 및 취급하는 옥외저장시설

다) 지정수량 150배 이상의 위험물을 저장 및 취급하는 옥내저장시설

라) 지정수량 200배 이상의 위험물을 저장 및 취급하는 옥외탱크저장시설

마) 암반탱크저장소

바) 이송취급소

사) 지정수량의 10배 이상의 위험물을 취급하는 일반취급소. (단, 제4류 위험물(특수인화물 제외)만을 지정수량의 50배 이하로 취급하는 일반취급소(제1석유류 · 알코올류의 취급량이 지정수량의 10배 이하인 경우에 한한다)로서 보일러 · 버너 또는 이와 비슷한 것으로서 위험물을 소비하는 장치로 이루어진 일반취급소와 위험물을 용기에 옮겨 담거나 차량에 고정된 탱크에 주입하는 일반취급소는 제외)

② 화재예방규정의 내용

가) 위험물 안전관리담당자의 직무 및 조직에 관한 사항

나) 위험물 안전관리자가 직무를 수행할 수 없는 경우, 직무대리자에 관한 사항

다) 자제소방대의 편성 및 화학소방차의 배치에 관한 사항

라) 위험물의 안전에 관계된 작업에 종사하는 자에 대한 안전교육 및 훈련에 관한 사항

마) 위험물시설 및 작업장에 대한 안전순찰에 관한 사항

바) 위험물시설・소방시설 그 밖의 관련시설에 대한 점검 및 정비에 관한 사항

사) 위험물시설의 운전 또는 조작에 관한 사항

아) 위험물 취급작업의 기준에 관한 사항

자) 이송취급소에 있어서는 배관공사 현장책임자의 조건 등 배관공사 현장에 대한 감독체제에 관한 사항과 배관주위에 있는 이송취급소시설 외의 공사를 하는 경우 배관의 안전확보에 관한 사항

차) 재난 및 그 밖의 비상시의 경우에 취하여야 하는 조치에 관한 사항

카) 위험물의 안전에 관한 기록에 관한 사항

타) 제조소등의 위치・구조 및 설비를 명시한 서류와 도면의 정비에 관한 사항

파) 그 밖에 위험물의 안전관리에 관하여 필요한 사항

③ 기타

가) 예방규정은 산업안전보건법에 따른 안전보건관리규정과 통합하여 작성할 수 있다.

나) 제조소등의 관계인은 예방규정을 제정하거나 변경한 경우에는 예방규정제출서에 제정 또는 변경한 예방규정 1부를 첨부하여 시・도지사 또는 소방서장에게 제출하여야 한다.

(3) 위험물 및 지정수량

① 제1류 위험물

제1류 위험물			지정수량
성질	위험등급	품명	
산화성고체	I	1. 아염소산염류	50 kg
		2. 염소산염류	50 kg
		3. 과염소산염류	50 kg
		4. 무기과산화물	50 kg
	II	5. 브로민산염류 (브롬산염류)	300 kg
		6. 질산염류	300 kg
		7. 아이오딘산염류 (요오드산염류)	300 kg

성질	위험등급	품명		지정수량
	III	8. 과망가니즈산염류 (과망간산염류)		1,000 kg
		9. 다이크로뮴산염류 (중크롬산염류)		1,000 kg
		10. 그 밖에 행정안전부령이 정하는 것	차아염소산염류	50, 300 또는 1,000 kg
			과아이오딘산(과요오드산)	
			과아이오딘산염류(과요오드산염류)	
			아질산염류	
			크롬·납 및 아이오딘(요오드)의 산화물	
			퍼옥소붕산염류	
			퍼옥소이황산염류	
			염소화아이소사이아누르산 (염소화이소시아눌산)	
		11. 제1호부터 제10호까지의 어느 하나에 해당하는 위험물을 하나 이상을 함유한 것		

② 제2류 위험물

제2류 위험물			지정수량
성질	위험등급	품명	
가연성고체	II	1. 황화인 (황화린)	100 kg
		2. 적린	100 kg
		3. 황 (유황)	100 kg
	III	4. 철분	500 kg
		5. 금속분	500 kg
		6. 마그네슘	500 kg
		7. 그 밖에 행정안전부령이 정하는 것	100 또는 500 kg
		8. 제1호부터 제7호까지의 어느 하나에 해당하는 위험물을 하나 이상을 함유한 것	
		9. 인화성고체	1,000 kg

③ 제3류 위험물

제3류 위험물			지정수량
성질	위험등급	품명	
자연발화성 물질 및 금수성 물질	I	1. 칼륨	10 kg
		2. 나트륨	10 kg
		3. 알킬알루미늄	10 kg
		4. 알킬리튬	10 kg
		5. 황린	20 kg
	II	6. 알칼리금속(칼륨 및 나트륨 제외) 및 알칼리 토금속	50 kg
		7. 유기금속화합물(알킬알루미늄 및 알킬리튬 제외).	50 kg
	III	8. 금속의 수소화물	300 kg
		9. 금속의 인화물	300 kg
		10. 칼슘 또는 알루미늄의 탄화물	300 kg
		11. 그 밖에 행정자치부령이 정하는 것	10, 20, 50 또는 300 kg
		12. 제1호 내지 제11호의 1에 해당하는 어느 하나 이상을 함유한 것	

④ 제4류 위험물

제4류 위험물				지정수량
성질	위험등급	품명		
인화성액체	I	1. 특수인화물		50 Liter
	II	2. 제1석유류	비수용성액체	200 Liter
			수용성액체	400 Liter
		3. 알코올류		400 Liter
	III	4. 제2석유류	비수용성액체	1,000 Liter
			수용성액체	2,000 Liter
		5. 제3석유류	비수용성액체	2,000 Liter
			수용성액체	4,000 Liter
		6. 제4석유류		6,000 Liter
		7. 동식물유류		10,000 Liter

⑤ 제5류 위험물

제5류 위험물		지정수량 및 위험등급
성질	품명	
자기반응성물질	1. 유기과산화물	제1종 : 10 kg 제2종 : 100 kg 위험등급 I : 제1종 위험등급 II : 제1종을 제외한 나머지
	2. 질산에스터류 (질산에스테르류)	
	3. 나이트로화합물 (니트로화합물)	
	4. 나이트로소화합물 (니트로소화합물)	
	5. 아조화합물	
	6. 디아조화합물	
	7. 하이드라진 유도체 (히드라진 유도체)	
	8. 하이드록실아민 (히드록실아민)	
	9. 하이드록실아민염류 (히드록실아민염류)	
	10. 그 밖에 행정안전부령이 정하는 것 (금속의 아지화합물, 질산구아니딘)	
	11. 제1호 내지 제10호의 1에 해당하는 어느 하나 이상을 함유한 것	

⑥ 제6류 위험물

제6류 위험물			지정수량
성질	위험등급	품명	
산화성액체	I	1. 과염소산	300 kg
		2. 과산화수소	
		3. 질산	
		4. 그 밖에 행정안전부령이 정하는 것 (할로젠간화합물)	
		5. 제1호 내지 제10호의 1에 해당하는 어느 하나 이상을 함유한 것	

※ 비고

1. "**산화성고체**"라 함은 고체[액체(1atm 및 20℃에서 액상인 것 또는 20℃ 초 40℃ 이하에서 액상인 것을 말한다) 또는 기체(1atm 및 20℃에서 기상인 것을 말한다) 외의 것을 말한다. 이하 동일함]로서 산화력의 잠재적인 위험성 또는 충격에 대한 민감성을 판단하기 위하여 소방청장이 정하여 고시하는 시험에서 정하는 성질과 상태를 나타내는 것을 말한다. 이 경우 "액상"이라 함은 수직으로 된 시험관(안지름 30mm, 높이 120mm의 원통형 유리관을 말한다)에 시료를 55mm까지 채운 다음 당해 시험관을 수평으로 하였을 때 시료액면의 선단이 30mm를 이동하는 데 걸리는 시간이 90초 이내에 있는 것을 말한다.

2. "**가연성고체**"라 함은 고체로서 화염에 의한 발화의 위험성 또는 인화의 위험성을 판단하기 위하여 고시로 정하는 시험에서 고시로 정하는 성질과 상태를 나타내는 것을 말한다.

3. "**황**"은 순도가 60wt.% 이상인 것을 말한다. 이 경우 순도측정에 있어서 불순물은 활석 등 불연성물질과 수분에 한한다.

4. "**철분**"은 철의 분말로서 53㎛의 표준체를 통과하는 것의 50wt.% 미만인 것은 제외한다.

5. "**금속분**"은 알칼리금속 · 알칼리토금속 · 철 및 마그네슘 외의 금속의 분말을 말하고, 구리분 · 니켈분 및 150㎛의 체를 통과하는 것이 50wt.% 미만인 것은 제외한다.

6. 마그네슘 및 마그네슘을 함유한 것에 있어서는 아래 사항에 해당하는 것은 제외한다.
   가) 2mm의 체를 통과하지 아니하는 덩어리 상태의 것
   나) 직경 2mm 이상의 막대 모양의 것

7. 황화인, 적린, 황 및 철분은 고체로서 화염에 의한 발화의 위험성 또는 인화의 위험성을 판단하기 위하여 고시로 정하는 시험에서 고시로 정하는 성질과 상태 (가연성 고체의 성질과 상태)를 나타내는 것을 말한다.

8. "**인화성고체**"라 함은 고형알코올 그 밖에 1atm에서 인화점이 40℃ 미만인 고체를 말한다.

9. "**자연발화성물질 및 금수성물질**"이라 함은 고체 또는 액체로서 공기 중에서 발화의 위험성이 있거나 물과 접촉하여 발화하거나 가연성가스를 발생하는 위험성이 있는 것을 말한다.

10. 칼륨, 나트륨, 알킬알루미늄, 알킬리튬 및 황린은 고체 또는 액체로서 공기 중에서 발화의 위험성이 있거나 물과 접촉하여 발화하거나 가연성가스를 발생하는 위험성이 있는 것(자연발화성 및 금수성 물질의 성질과 상태)을 말한다.

11. "**인화성액체**"라 함은 액체(제3석유류, 제4석유류 및 동식물유류에 있어서는 1atm과 20℃에서 액상인 것에 한한다)로서 인화의 위험성이 있는 것을 말한다. 다만, 다음 각 목의에 해당하는 것은 위험물 운반에 대한 중요기준과 세부기준에 따른 운반용기를 사용하여 운반하거나 저장(진열 및 판매를 포함)하는 경우는 제외한다.
    가. 「화장품법」 규정 (제2조 제4호)에 따른 화장품 중 인화성액체를 포함하고 있는 것
    나. 「약사법」 규정 (제2조 제7호)에 따른 의약품 중 인화성액체를 포함하고 있는 것
    다. 「약사법」 규정 (제2조제7호)에 따른 의약외품(알코올류에 해당하는 것은 제외한다) 중 수용성인 인화

성액체를 50 vol.% 이하로 포함하고 있는 것

라. 「의료기기법」에 따른 체외진단용 의료기기 중 인화성액체를 포함하고 있는 것

마. 「생활화학제품 및 살생물제의 안전관리에 관한 법률」 규정 (제3조제4호)에 따른 안전확인대상생활화학제품(알코올류에 해당하는 것은 제외한다) 중 수용성인 인화성액체를 50 vol.% 이하로 포함하고 있는 것

12. "**특수인화물**"이라 함은 이황화탄소, 디에틸에테르 그 밖에 1atm에서 발화점이 100℃ 이하인 것 또는 인화점이 –20℃ 이하이고 비점이 40℃ 이하인 것을 말한다.

13. "**제1석유류**"라 함은 아세톤, 휘발유 그 밖에 1atm에서 인화점이 21℃ 미만인 것을 말한다.

14. "**알코올류**"라 함은 1분자를 구성하는 탄소원자의 수가 1개부터 3개까지인 포화1가 알코올(변성알코올을 포함한다)을 말한다. 다만, 다음에 해당하는 것은 제외한다.

가. 1분자를 구성하는 탄소원자의 수가 1개 내지 3개의 포화1가 알코올의 함유량이 60wt.% 미만인 수용액

나. 가연성 액체량이 60wt.% 미만이고 인화점 및 연소점(태그개방식 인화점측정기에 의한 연소점을 말한다. 이와 같다)이 에틸알코올 60wt.% 수용액의 인화점 및 연소점을 초과하는 것

15. "**제2석유류**"라 함은 등유, 경유 그 밖에 1atm에서 인화점이 21℃ 이상 70℃ 미만인 것을 말한다. 다만, 도료류 그 밖의 물품에 있어서 가연성 액체량이 40 wt.% 이하이면서 인화점이 40℃ 이상인 동시에 연소점이 60℃ 이상인 것은 제외한다.

16. "**제3석유류**"라 함은 중유, 클레오소트유 그 밖에 1atm에서 인화점이 70℃ 이상 200℃ 미만인 것을 말한다. 다만, 도료류 그 밖의 물품은 가연성 액체량이 40 wt.% 이하인 것은 제외한다.

17. "**제4석유류**"라 함은 기어유, 실린더유 그 밖에 1atm에서 인화점이 200℃ 이상 250℃미만의 것을 말한다 다만, 도료류 그 밖의 물품은 가연성 액체량이 40 wt.% 이하인 것은 제외한다.

18. "**동식물유류**"라 함은 동물의 지육 등 또는 식물의 종자나 과육으로부터 추출한 것으로서 1atm에서 인화점이 250℃ 미만인 것을 말한다. 다만, 행정안전부령이 정하는 용기기준과 수납/저장기준에 따라 수납되어 저장/보관되고 용기의 외부에 물품의 통칭명, 수량 및 화기엄금(화기엄금과 동일한 의미를 갖는 표시를 포함한다)의 표시가 있는 경우를 제외한다.

19. "**자기반응성물질**"이라 함은 고체 또는 액체로서 폭발의 위험성 또는 가열분해의 격렬함을 판단하기 위하여 고시로 정하는 시험에서 고시로 정하는 성질과 상태를 나타내는 것을 말하며, 위험성 유무와 등급에 따라 제1종 또는 제2종으로 분류한다.

20. 제5류 중 인화성액체에 있어서 유기과산화물을 함유하는 것 중 불활성고체를 함유하는 것으로서 다음 사항에 해당하는 것은 제외한다.

가. 과산화벤조일의 함유량이 35.5 wt.% 미만인 것으로서 전분가루, 황산칼슘2수화물 또는 인산1수소칼슘2수화물과의 혼합물

나. 비스(4–클로로벤조일)퍼옥사이드의 함유량이 30 wt.% 미만인 것으로 불활성고체와의 혼합물

다. 과산화다이쿠밀(과산화지크밀)의 함유량이 40 wt.% 미만인 것으로서 불활성고체와의 혼합물
라. 1 · 4비스(2-터셔리부틸퍼옥시이소프로필)벤젠의 함유량이 40 wt.% 미만인 것으로서 불활성고체와의 혼합물
마. 사이클로헥산온퍼옥사이드(시크로헥사놀퍼옥사이드)의 함유량이 30 wt.% 미만인 것으로서 불활성고체와의 혼합물

21. "**산화성액체**"라 함은 액체로서 산화력의 잠재적인 위험성을 판단하기 위하여 고시로 정하는 시험에서 정하는 성질과 상태를 나타내는 것이다.

22. 과산화수소는 그 농도가 36 wt.% 이상인 것에 한하며, 산화성액체의 성상이 있는 것으로 본다.

23. 질산은 그 비중이 1.49 이상인 것에 한하며, 산화성액체의 성상이 있는 것으로 본다.

24. 위 표의 성질란에 규정된 성상을 2가지 이상 포함하는 물품(이하 이 호에서 "복수성상물품"이라 한다)이 속하는 품명은 다음과 같이 분류한다.

복수성상 물품	분류되는 유별
산화성고체의 성상 + 가연성고체의 성상	제2류 가연성고체
산화성고체의 성상 + 자기반응성물질의 성상	제5류 자기반응성물질
가연성고체의 성상 + 자연발화성물질의 성상 및 금수성물질의 성상	제3류 자연발화성물질의 성상 및 금수성물질의 성상
인화성액체의 성상 + 자연발화성물질의 성상 및 금수성물질의 성상	제3류 자연발화성물질의 성상 및 금수성물질의 성상
인화성액체의 성상 + 자기반응성물질의 성상	제5류 자기반응성물질

25. 위 표의 지정수량란에 정하는 수량이 복수로 있는 품명에 있어서는 당해 품명이 속하는 유의 품명 가운데 위험성의 정도가 가장 유사한 품명의 지정수량란에 정하는 수량과 같은 수량을 당해 품명의 지정수량으로 한다. 이 경우 위험물의 위험성을 실험/비교하기 위한 기준은 고시로 정할 수 있다.

26. 동 표에 의한 위험물의 판정 또는 지정수량의 결정에 필요한 실험은 국가표준기본법에 의한 시험/검사기관, 기술원, 국립소방연구원 또는 소방청장이 지정하는 기관에서 실시할 수 있다. 이 경우 실험 결과에는 실험한 위험물에 해당하는 품명과 지정수량이 포함되어야 한다.

(4) 위험물의 유별 저장 및 취급의 공통기준

제1류 위험물의 공통기준은

i) 가연물과의 접촉 및 혼합 금지

ii) 분해를 촉진하는 물질과의 접근 금지

iii) 과열, 충격, 마찰 등을 피해야 하고

iv) 알칼리 금속의 과산화물이나 이를 함유한 것은 물과의 접촉을 피한다.

v) 용기는 밀전하여 공기가 잘 통하는 냉암소에 보관하여야 한다.

제2류 위험물은 유황, 철분, 금속분, 마그네슘분 등의 비교적 낮은 온도에서 발화하기 쉬운 가연성 고체위험물과 인화성 고체이며 공통기준은

i) 산화제와의 접촉 및 혼합을 금지하며

ii) 불티, 불꽃, 고온체와의 접근 및 과열 금지

iii) 철분, 마그네슘, 금속분 및 이를 함유하는 것에 있어서는 물이나 산과의 접촉을 피해야 하고

iv) 인화성 고체에 있어서는 함부로 증기를 발생시키지 말아야 한다.

제3류 위험물은 공기 중에서 발화위험성이 있는 것 또는 물과 접촉하여 발화하거나 가연성 가스의 발생 위험성이 있는 자연발화성 물질 및 물과의 접촉을 금해야 하는 류의 위험물들을 말한다. 공통기준은

i) 자연발화성 물질에 있어서는 불티, 불꽃 및 고온체와의 접근 및 과열 금지 및

ii) 공기와의 접촉을 피해야 한다.

제4류 위험물은 비교적 낮은 온도에서 불을 끌어당기듯이 연소를 일으키는 위험물로서 대단히 인화의 위험성이 큰 액체위험물로 공통기준은

i) 불티, 불꽃 및 고온체와의 접근 및 과열 금지

ii) 액체의 연소형태는 액체자체의 연소가 아니라 액체의 증기가 연소하는 형태이므로 함부로 증기를 발생시키지 말아야 한다.

제5류 위험물이라 함은 고체 또는 액체로서 폭발의 위험성 또는 가열, 분해의 격렬함을 갖고 있는 위험물을 말한다. 제5류 위험물에 대해서는

i) 불티, 불꽃 및 고온체와의 접근 및 과열을 금지하고,

ii) 충격 혹은 마찰 등을 피해야 한다.

제6류 위험물은 액체인 점을 제외하고는 제1류 위험물과 비슷한 성질을 가지고 있으며

i) 가연물과의 접촉 및 혼합을 금지하며,

ii) 분해를 촉진하는 물질에의 접근 또는 과열 피해야 한다.

1 제조소 등이란 무엇인가?

2 위험물의 취급기준 중 제조과정이란 무엇인가?

3 위험물의 취급기준 중 소비작업이란 무엇인가?

4 아래 화재예방을 정해야 하는 곳의 지정수량을 적으시오.
① 제조소 및 일반취급소
② 옥외저장소
③ 옥내저장소
④ 옥외탱크저장소

5 다음 각 류별 위험물의 일반적인 소화로 적당한 것을 적으시오.
① 제1류 위험물
② 제2류 위험물
③ 제3류 위험물
④ 제5류 위험물

6 제3류 위험물 중 나트륨의 화재에서 사용할 수 있는 소화약제를 모두 고르시오.
① 팽창질석 ② 건조사 ③ 이산화탄소
④ 포소화설비 ⑤ 인산염류 소화기

7 판매취급소를 2가지로 구분하여 적으시오.

8 위험물안전관리법에 따른 위험물구분에 있어서 잘못 설명한 것은?

① “황”은 순도가 60wt.% 이상인 것을 말한다. 이 경우 순도측정에 있어서 불순물은 활석 등 불연성물질과 수분에 한한다.

② “철분”은 철의 분말로서 53㎛의 표준체를 통과하는 것의 50wt.% 미만인 것은 제외한다.

③ “인화성고체”라 함은 고형알코올 그 밖에 1atm에서 인화점이 40℃ 미만인 고체를 말한다.

④ “알코올류”라 함은 1분자를 구성하는 탄소원자의 수가 1개부터 4개까지인 포화1가 알코올(변성알코올은 제외한다)을 말한다.

CHAPTER 02

위험물제조소

1. 안전거리
2. 보유공지
3. 제조소의 표시 및 게시판
4. 건축물의 구조
5. 고인화점 위험물의 제조소의 특례
6. 위험물 저장탱크의 용량
7. 위험물의 성질에 따른 제조소의 특례

CHAPTER 02 Theory of Hazardous Materials Facilities

위험물제조소

위험물안전관리법상 제조소라 함은 취급하는 원료가 위험물 또는 최종생산물품이 위험물인 제조시설을 말한다. 최종생산품인 위험물의 양이 지정수량과 상관없이 취급하는 위험물이 지정수량 이상인 시설도 제조소에 해당한다.

1 안전거리

제조소 건축물의 외벽 또는 이에 상응하는 공작물의 외측으로부터 당해 제조소의 외벽 또는 이에 상당하는 공작물의 외측까지의 수평거리 (제조소와 다른 건축물 간의 거리)를 말한다.

(1) 제조소와 건축물 간의 안전거리

① 주거용 (제조소 부지내에 있는 것은 제외) 건축물/공작물 : 10m 이상

② 고압가공전선 7,000V~35,000V : 3m 이상

③ 고압가공전서 35,000V 초과 : 5m 이상

④ 고압가스(가연성 가스 포함) 등의 제조 및 저장시설 : 20m 이상

⑤ 학교, 병원, 극장(300명 이상), 20인 이상 출입하는 곳 : 30m 이상

⑥ 유형 및 지정 문화재 : 50m 이상

⑦ 하이드록실아민등 (히드록실아민등)을 취급하는 제조소의 안전거리 계산(하이드록실등에 대한 특례)

$$D = 51.1 \times \sqrt[3]{N}$$

(D: 안전거리, N: 취급하는 하이드록실아민의 지정수량의 배수)

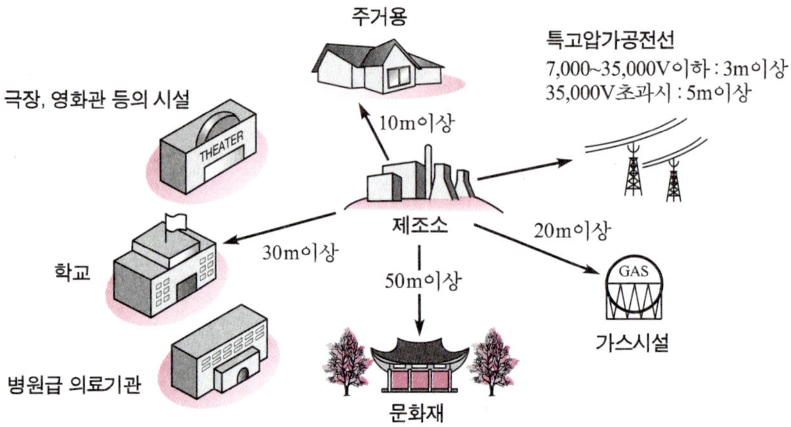

그림 2-1 제조소와 건축물간의 안전거리

(2) 제조소등의 안전거리의 단축기준

방화상 유효한 담을 설치한 경우에 안전거리를 단축할 수 있다. 표 2-1에 안전거리 단축기준을 나타내었다.

표 2-1 제조소등의 안전거리 단축기준

구분	취급하는 위험물의 최대수량 (지정수량의 배수)	안전거리(이상) (단위 : m)		
		주거용 건축물	학교 · 유치원 등	문화재
제조소 · 일반취급소 (주거지역에 있어서는 지정수량의 30배, 상업지역에 있어서는 35배, 공업지역에 있어서는 50배 이상인 것 제외)	10배 미만	6.5	20	35
	10배 이상	7.0	22	38
옥내저장소 (주거지역에 있어서는 지정수량의 120배, 상업지역에 있어서는 150배, 상업지역에 있어서는 200배 이상인 것을 제외)	5배 미만	4.0	12.0	23.0
	5배 이상 10배 미만	4.5	12.0	23.0
	10배 이상 20배 미만	5.0	14.0	26.0
	20배 이상 50배 미만	6.0	18.0	32.0
	50배 이상 200배 미만	7.0	22.0	38.0
옥외탱크저장소 (주거지역에 있어서는 지정수량의 600배, 상업지역에 있어서는 700배, 공업지역에 있어서는 1,000배 이상인 것을 제외)	500배 미만	6.0	18.0	32.0
	500배 이상 1,000배 미만	7.0	22.0	38.0
옥외저장소 (주거지역에 있어서는 지정수량의 10배, 상업지역에 있어서는 15배, 공업지역에 있어서는 20배 이상인 것을 제외)	10배 미만	6.0	18.0	32.0
	10배 이상 20배 미만	8.5	25.0	44.0

① 방화상 유효한 담의 높이 산정

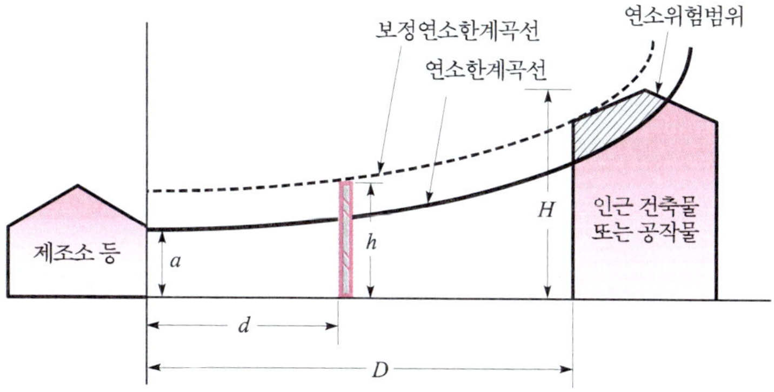

가) $H \leqq pD^2 + \alpha$ 인 경우 : $h = 2$

나) $H > pD^2 + \alpha$ 인 경우 : $h = H - p(D^2 - d^2)$

여기서, D : 제조소등과 인근 건축물 또는 공작물과의 거리(m)

H : 인근 건축물 또는 공작물의 높이(gm)

a : 제조소등의 외벽의 높이(m) (아래 표 2-2참고)

d : 제조소등과 방화상 유효한 담과의 거리(m)

h : 방화상 유효한 담의 높이(m)

p : 상수 (아래 표 2-3 참고)

표 2-2 제조소 등의 구분에 따른 외벽높이 선정

구 분	제조소등의 높이	비고
제조소 / 일반취급소 / 옥내저장소	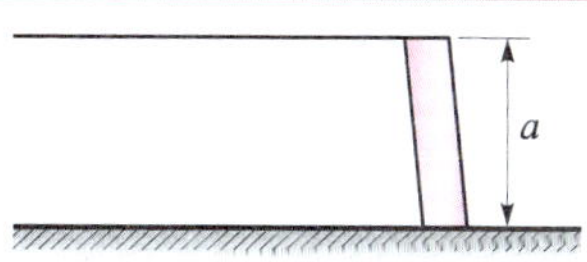	벽체가 내화구조로 되어 있고, 인접축에 면한 개구부가 없거나 개구부에 60분+방화문 또는 60분방화문이 있는 경우
	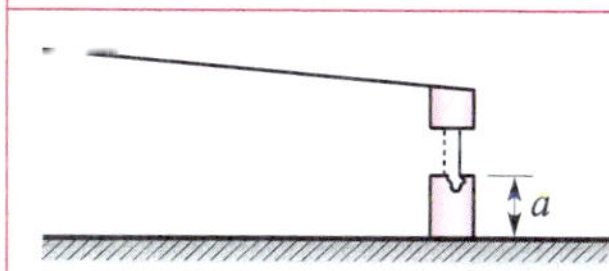	벽체가 내화구조이고, 개구부에 60분+방화문 또는 60분방화문이 없는 경우
	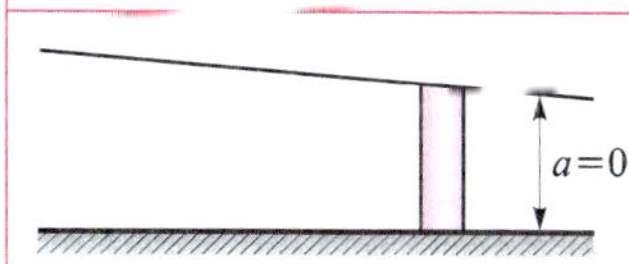	벽체가 내화구조외의 것으로 된 경우

구 분	제조소등의 높이	비고
제조소 / 일반취급소 / 옥내저장소	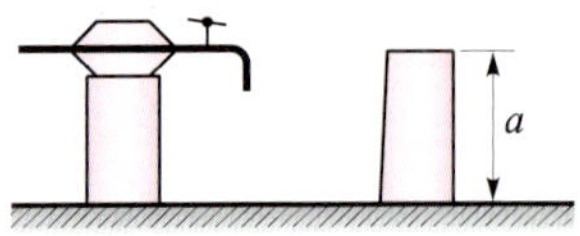	옮겨 담는 작업장 그 밖의 공작물
옥외탱크저장소	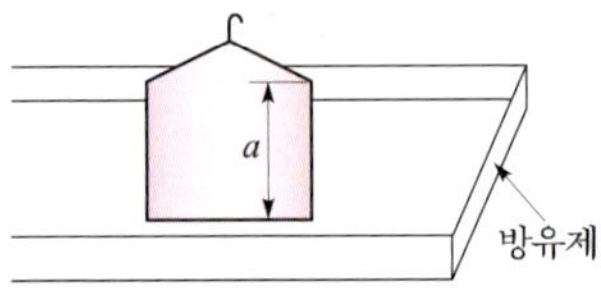	옥외에 있는 세로형탱크
	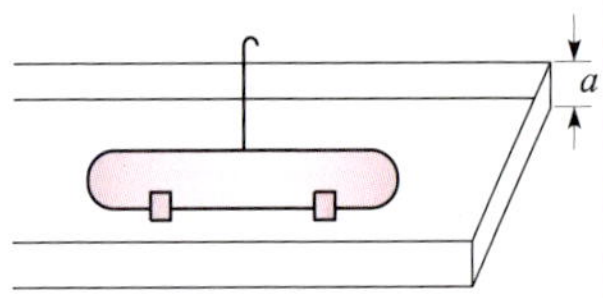	옥외에 있는 횡형탱크. 다만, 탱크내의 증기를 상부로 방출하는 구조로 된 것은 탱크의 최상단까지의 높이로 한다.
옥외저장소	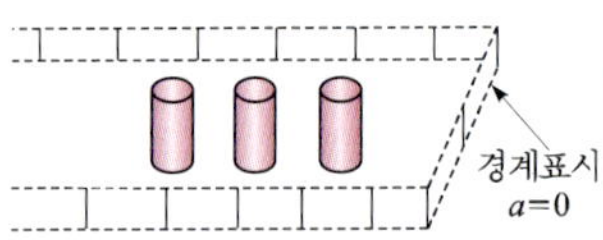	

표 2-3 건축물 등의 구분에 따른 상수 p

인근 건축물 또는 공작물의 구분	P의 값
– 학교 · 주택 · 문화재 등의 건축물 또는 공작물이 목조인 경우 – 학교 · 주택 · 문화재 등의 건축물 또는 공작물이 방화구조 또는 내화구조이고, 제조소등에 면한 부분의 개구부에 60분+방화문 또는 60분방화문 또는 30분방화문이 설치되지 아니한 경우	0.04
– 학교 · 주택 · 문화재 등의 건축물 또는 공작물이 방화구조인 경우 – 학교 · 주택 · 문화재 등의 건축물 또는 공작물이 방화구조 또는 내화구조이고, 제조소등에 면한 부분의 개구부에 30분방화문이 설치된 경우	0.15
– 학교 · 주택 · 문화재 등의 건축물 또는 공작물이 내화구조이고, 제조소등에 면한 개구부에 60분+방화문 또는 60분방화문이 설치된 경우	∞

② 방화상 유효한 담의 높이 산정에 따른 소화설비 기준

(2 미만일 때에는 담의 높이를 2m로, 4 이상일 때에는 담의 높이를 4m로 할 때의 기준)

가) 해당 제조소등의 소형소화기 설치대상인 것에 있어서는 대형소화기를 1개 이상 증설을 할 것.

나) 해당 제조소등이 대형소화기 설치대상인 것에 있어서는 대형소화기 대신 옥내소화전설비·옥외소화전설비·스프링클러설비·물분무소화설비·포소화설비·불활성가스소화설비·할로젠화합물소화설비·분말소화설비 중 적응소화설비를 설치할 것.

다) 해당 제조소등이 옥내소화전설비·옥외소화전설비·스프링클러설비·물분무소화설비·포소화설비·불활성가스소화설비·할로젠화합물소화설비 또는 분말소화설비 설치대상인 것에 있어서는 반경 30m마다 대형소화기 1개 이상을 증설할 것.

③ 방화상 유효한 담의 길이 산정

아래 그림에서 제조소등의 외벽의 양단(a1, a2)을 중심으로 Ⅰ인근 건축물 또는 공작물에 따른 안전거리를 반지름으로 한 원을 그려서 당해 원의 내부에 들어오는 인근 건축물 등의 부분 중 최외측 양단(p1, p2)을 구한 다음, a1과 p1을 연결한 선분(L1)과 a2와 p2를 연결한 선분(L2) 상호간의 간격(L)으로 한다.

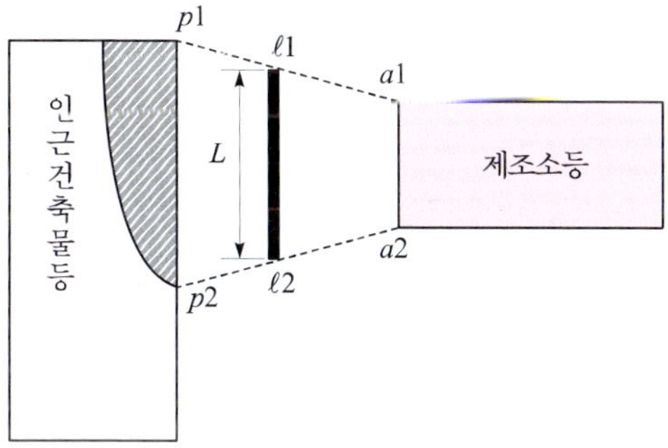

④ 방화상 유효한 담의 구조

가) 제조소등으로부터 5m 미만의 거리에 설치하는 경우 : 내화구조

나) 5m 이상의 거리에 설치하는 경우 : 불연재료

다) 제조소등의 벽을 높게 하여 방화상 유효한 담을 갈음하는 경우에는 그 벽을 내화구조로 하고 개구부를 설치하면 안된다.

2 보유공지

보유공지란 위험물을 취급하는 건축물의 기타 시설(이송배관 제외)의 주위에 그 취급하는 위험물의 최대수량에 따라 보유하여야 할 공지로 화재예방 및 소방활동을 위한 최소한의 공간을 말한다. 아래 표 2-4에 지정수량에 따른 보유공지의 너비와 그림 2-2에 예를 들어 나타내었다.

표 2-4 지정수량에 따른 보유공지의 너비

위험물 취급 최대 수량	공지의 너비
지정수량의 10배 이하	3m 이상
지정수량의 10배 초과	5m 이상

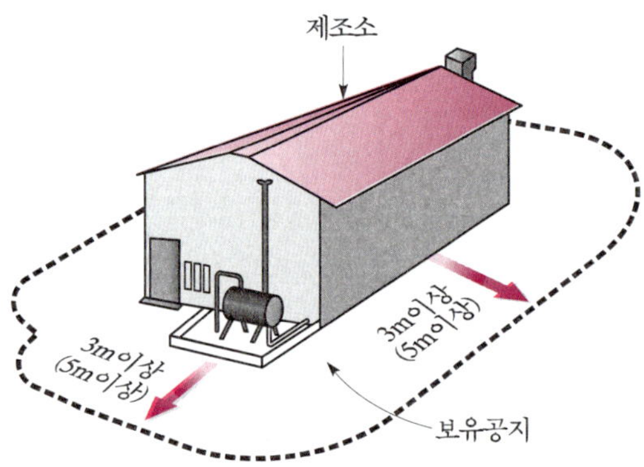

그림 2-2 보유공지에 대한 예

① 보유공지에서 제외되는 경우

제조소의 작업공정이 다른 작업장의 작업공정과 연속되어 있어, 제조소의 건축물 그 밖의 공작물의 주위에 공지를 두게 되면 그 제조소의 작업에 현저한 지장이 생길 우려가 있는 경우 해당 제조소와 다른 작업장 사이에 아래 기준에 따라 방화상 유효한 격벽을 설치한 때에는 해당 제조소와 다른 작업장 사이에 규정에 의한 공지를 보유하지 않을 수 있다.

가) 방화벽은 내화구조로 한다.(제6류 위험물은 불연재료)

나) 방화벽에 설치하는 출입구 및 창 등의 개구부는 가능한 한 최소로 하고, 출입구 및 창에는 자동폐쇄식의 60분+방화문 또는 60분방화문을 설치할 것.

다) 방화벽의 양단 및 상단이 외벽 또는 지붕으로부터 50cm 이상 돌출되도록 할 것.

3 제조소의 표시 및 게시판

1) 제조소의 표시 및 게시판

(1) 표시판

① 크기 : 가로 0.6m 이상, 세로 0.3m 이상
(혹은 세로 0.6m 이상, 가로 0.3m 이상)
② 색깔 : 백색바탕, 흑색문자
③ 기재 사항 : 제조소 등의 명칭
(제조소, 옥외저장시설 등)

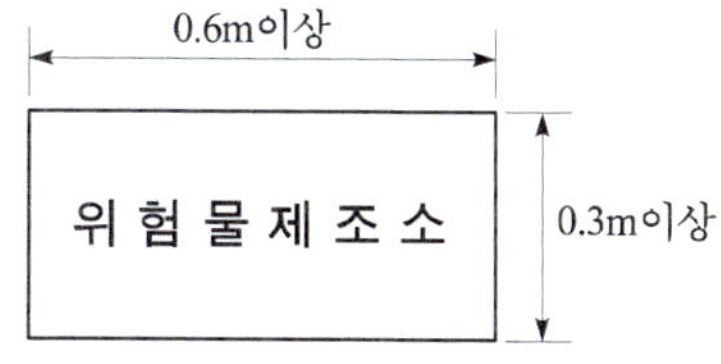

백색 바탕 흑색 문자

(2) 게시판

① 크기 : 가로 0.6m 이상, 세로 0.3m 이상
(혹은 세로 0.6m 이상, 가로 0.3m 이상)
② 색깔 : 백색바탕, 흑색문자
③ 기재사항 : 위험물의 유별 및 품명, 저장 최대수량 및 취급 최대수량, 지정수량의 배수, 안전관리자 성명 및 직명

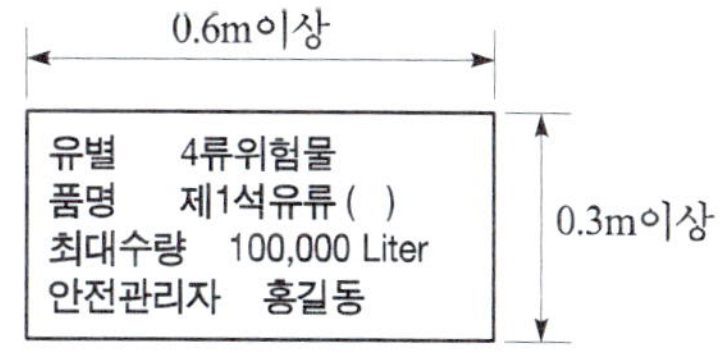

백색 바탕 흑색 문자

(3) 주의사항 게시판 등

위험물제조소에는 게시판 외에 취급하는 위험물에 따라 주의사항을 표시한 게시판을 따로 설치해야 한다.

① 크기 및 색깔
ㄱ) 화기임금, 화기주의 : 가로 0.6m×세로 0.3m 이상 (적색바탕, 백색문자)
ㄴ) 물기임금 : 가로 0.6m×세로 0.3m 이상 (청색바탕, 백색문자)

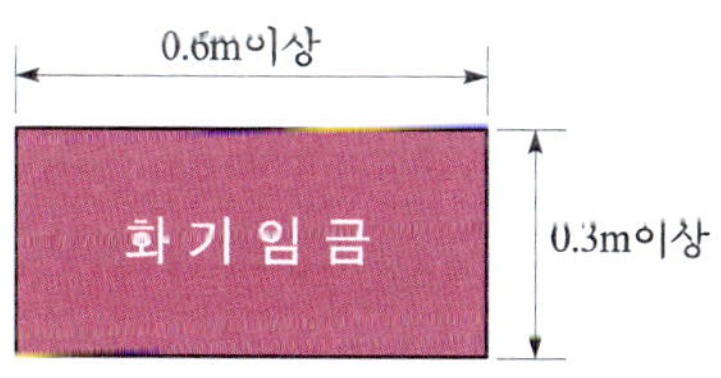

적색 바탕 백색 문자

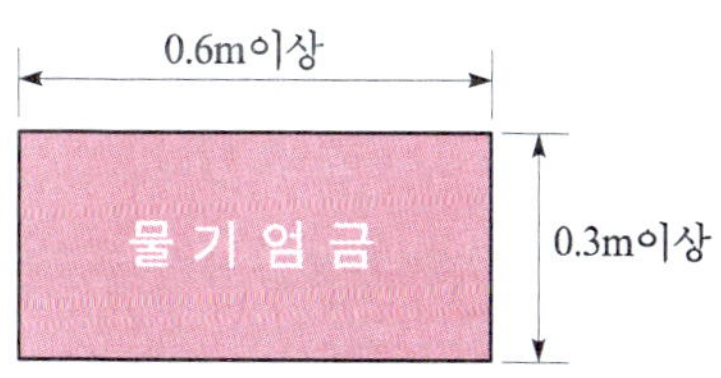

청색 바탕 백색 문자

② 화기엄금 게시판을 설치하여야 하는 위험물

가) 제2류 위험물 중 인화성고체

나) 제3류 위험물 중 자연발화성 물품

다) 제4류 위험물

라) 제5류 위험물

③ 화기주의 게시판을 설치하여야 하는 위험물 : 제2류 위험물 중 인화성 고체 외

④ 물기엄금 게시판을 설치하여야 하는 위험물

가) 제1류 위험물 중 무기과산화물류

나) 제3류 위험물 중 금수성물품

⑤ 금연구역 표지

가) 표지에는 금연을 상징하는 그림 또는 문자, 위반시 조치사항 등이 포함될 것.

나) 건축물 또는 시설의 규모나 구조에 따라 표지의 크기를 다르게 할 수 있다.

다) 바탕색 및 글씨 색상 등은 그 내용이 눈에 잘 띄도록 배색할 것.

라) 제조소에 출입하는 사람이 특정인으로 한정되고, 해당 제조소를 포함하는 사업소의 출입구에 해당 사업소 전체가 금연구역임을 알리는 표지를 설치한 경우에는 해당 제조소에 금연구역임을 알리는 표지를 설치한 것으로 본다.

※ 흡연장소 지정기준

1. 흡연장소는 폭발위험장소(「산업표준화법」에 따른 기준 장소) 외의 장소에 지정하는 등 위험물을 저장 · 취급하는 건축물, 공작물 및 기계 · 기구, 그 밖의 설비로부터 안전 확보에 필요한 일정한 거리를 둘 것.
2. 흡연장소는 옥외로 지정할 것. 다만, 부득이한 경우에는 건축물 내에 지정할 수 있다.
3. 흡연장소의 화재예방 조치
   가) 흡연장소는 구획된 실(室)로 한다.
   나) 가연성의 증기 또는 미분이 실내에 체류하거나 실내로 유입되는 것을 방지하기 위한 구조 또는 설비를 갖출 것.
   다) 소형수동식소화기(이에 준하는 소화설비 포함)를 1개 이상 비치할 것.

(4) 제조소등의 통합표시

기업활동 규제완화에 관한 특별조치법에 따라 위험물안전관리법에 따른 제조소등의 표지 및 게시판을 포함한 둘 이상의 표시를 하여야 하는 제조소, 저장소 (이동탱크저장소는 제외) 및 취급소의 표시 및 게시판은 화학물질관리법과 산업안전보건법에 따라 통합 표시한다.

① 표시 및 게시판의 규격

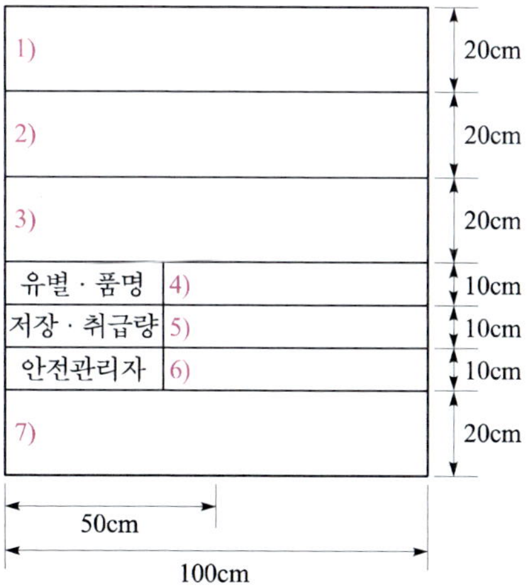

② 표시방법

가) 1)란은 제조소, 취급소 또는 저장소의 구분에 따른 제조소등의 명칭 기재

나) 2)란은 화학물질관리법에 따른 유해화학물질, 물질명, UN번호 및 그림문자 기재

다) 3)란은 산업안전보건법에 따른 안전, 보건에 관한 사항 기재

라) 4)란은 위험물안전관리법에 따른 위험물, 유별 및 품명 기재

마) 5)란은 위험물안전관리법에 따른 위험물의 최대저장, 취급량 기재

바) 6)란은 위험물안전관리자, 유해화학물질관리자 및 산업안전관리자 성명 기재

사) 7)란은 규정에 따른 주의사항 기재

4 건축물의 구조

1) 건축물

① 지하층이 없도록 한다.

(단, 위험물을 취급하지 않는 지하층으로 위험물을 취급하는 장소에서 누출된 위험물이나 가연성 증기가 유입될 우려가 없는 구조인 경우에는 지하층이 있어도 무방하다.)

참고

지하층에서 위험물을 취급할 경우, 가연성 증기가 체류하기 쉽고 소방활동이 곤란하므로 위험물안전관리법에서는 원칙적으로 금지하고 있다.

② 벽, 기둥, 바닥, 보, 서까래, 계단은 불연재료로 해야 한다.

③ 연소우려가 있는 외벽은 개구부 없는 내화구조로 해야 한다.

④ 제6류 위험물을 취급하는 건축물에 있어서는 위험물이 스며들 우려가 있는 부분에 대하여는 아스팔트 및 그 밖에 부식되지 않는 재료로 피복하여야 한다.

참고

- 불연재료 : 불에 타지 않는 성질을 가진 재료.
  예) 콘크리트, 석재, 벽돌, 기와, 석면판, 철강, 알루미늄, 유리, 몰탈, 회 등
- 내화구조 : 화재에 견디는 성능을 가진 재료.
  예) 철근콘크리트, 철골철근콘크리트 등

⑤ 지붕은 폭발력이 위로 방출될 수 있도록 가벼운 불연재료로 하여야 한다.

가) 내화구조의 지붕이 가능한 위험물
- 분말상 혹은 인화성고체를 제외한 2류 위험물
- 제4류 위험물 중 제4석유류와 동식물유류
- 제6류 위험물

나) 내화구조가 가능한 구조의 건축물
- 발생가능한 내부의 과압 또는 부압에 견딜 수 있는 철근콘크리트조
- 외부화재에 90분 이상 견딜 수 있는 구조

⑥ 제조소등의 출입구와 비상구에는 60분+방화문, 60분방화문 또는 30분방화문을 설치해야 하며, 연소의 우려가 있는 외벽에 설치하는 출입구에는 수시로 열 수 있는 자동폐쇄식 60분+방화문 또는 60분방화문을 설치하여야 한다.

가) 60분+방화문
- 연기 및 불꽃 차단 : 60분 이상
- 열 차단 : 30분 이상

나) 60분방화문
- 연기 및 불꽃 차단 : 60분 이상

다) 30분방화문
- 연기 및 불꽃 차단 : 30분 이상 60분 미만

참고

비차열 : 방화문 시험에서 불을 피우는 반대편의 온도를 측정하지 않는 시험으로 열의 차단이 아닌 화염의 차단성능만 가지는 것.

⑦ 바닥 (그림 2-3. 참고)

가) 위험물이 침윤하지 못하는 재료를 사용해야 한다.

나) 저장소 내에 위험물이 다시 저유시설로 들어갈 수 있도록 적당한 경사를 두어야 한다.

다) 최저부에 집유설비를 한다.

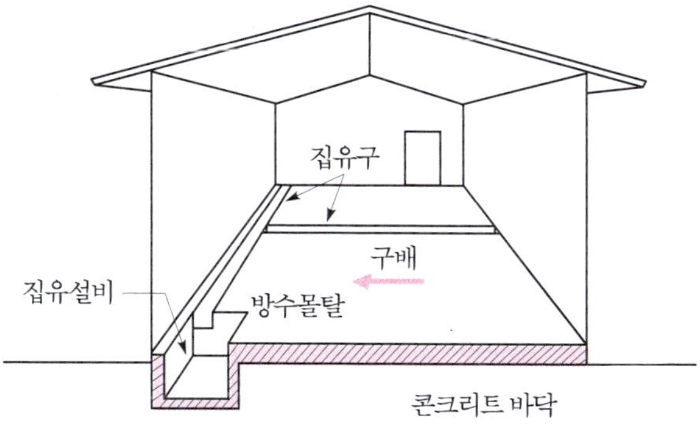

그림 2-3 제조소의 바닥

⑧ 창의 유리

- 창의 유리는 망입 유리(두꺼운 판유리에 철망을 넣은 것)를 사용한다.

2) 환기설비

① 자연배기방식으로 한다.

② 급기구는 낮은 곳에 설치하고 가는 눈의 구리망 등으로 인화방지망을 설치해야 하며, 바닥면적 $150m^2$마다 1개 이상 설치하고 크기는 $800cm^2$ 이상이어야 한다. 바닥면적이 $150m^2$ 미만인 경우의 급기구의 면적은 아래 표 2-5에 따른다.

표 2-5 바닥면적이 $150m^2$ 미만인 경우 급기구의 면적

바닥면적	급기구의 면적
$60m^2$ 미만	$150cm^2$ 이상
$60m^2$ 이상 $90m^2$ 미만	$300cm^2$ 이상
$90m^2$ 이상 $120m^2$ 미만	$450cm^2$ 이상
$120m^2$ 이상 $150m^2$ 미만	$600cm^2$ 이상

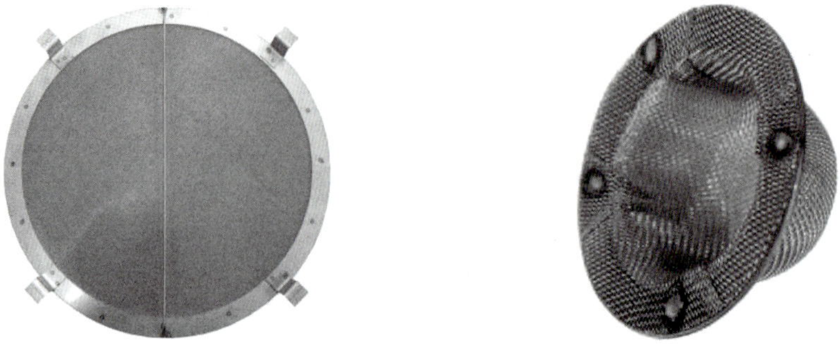

그림 2-4 인화방지망 (예)

③ 환기구는 지붕위 또는 지상 2m 이상 높이에 회전식 고정 벤틸레이터(ventilator) 또는 루푸팬(roof fan)방식으로 설치하여야 한다.

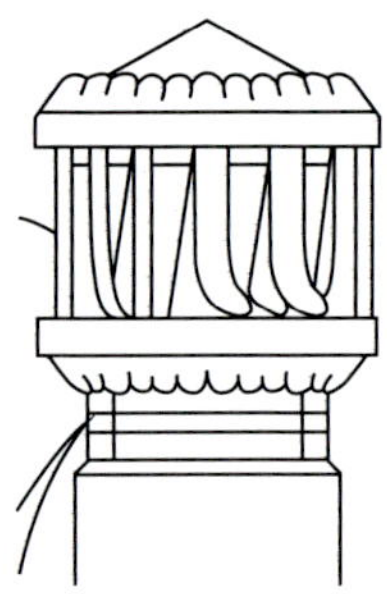

그림 2-5 제조소의 환기설비 중 회전식 고정 벤틸레이터

④ 배출설비가 설치되어 유효하게 환기되는 건축물에는 환기설비를 하지 않을 수 있다.

3) 배출설비

가연성증기 또는 미분이 체류할 우려가 있는 곳에 설치해야 한다.

① 배출설비는 국소방식으로 하여야 한다.

- 단, 위험물취급설비가 배관 이음 등으로만 된 경우나, 전역방식이 유효한 경우(예 : 위험물 취급설비가 배관이음 등으로만 된 경우) 전역방식으로 할 수 있다.

② 배출능력은 1시간당 배출장소 용적의 20배 이상인 것으로 한다.

- 단, 전역방식의 경우 바닥면적 $1m^2$당 $18m^3$ 이상으로 할 수 있다.

③ 배출설비는 배풍기(오염된 공기를 뽑아내는 통풍기), 배출 덕트(공기 배출통로), 후드 등을 이용하여 강제적으로 배출하는 것으로 해야 한다.

④ 급기구는 높은 곳에 설치하고, 가는 눈의 구리망으로 인화방지망을 설치해야 한다.

⑤ 배출구는 지상 2m 이상으로서 연소의 우려가 없는 장소에 설치해야 하고, 배출구가 관통하는 벽부분에는 화재시 자동으로 폐쇄되는 방화댐퍼를 설치하여야 한다.

⑥ 배풍기는 강제배기방식으로 하고, 옥내 덕트의 내압이 대기압 이상이 되지 않는 위치에 설치하여야 한다.

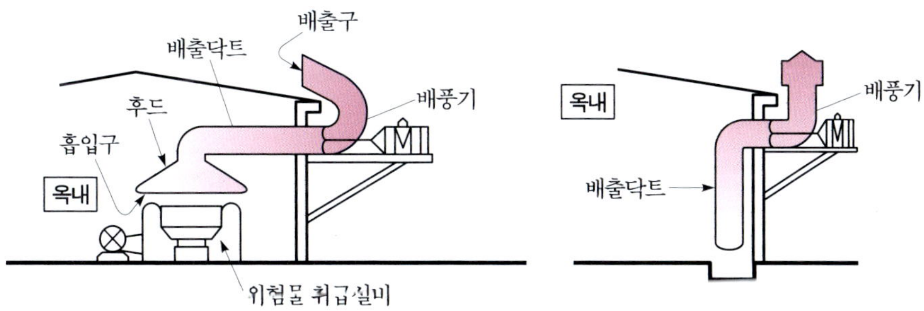

그림 2-6 국소방식과 전역방식의 배출설비 예

참고

방화댐퍼(fire damper) : 화재시에 불꽃 · 연기 등을 차단하기 위해 덕트 내에 설치하는 장치. 덕트가 방화 구획을 관통하는 부근에 설치된다. 온도가 상승하면 퓨즈가 녹아서 자동적으로 닫힌다(2).

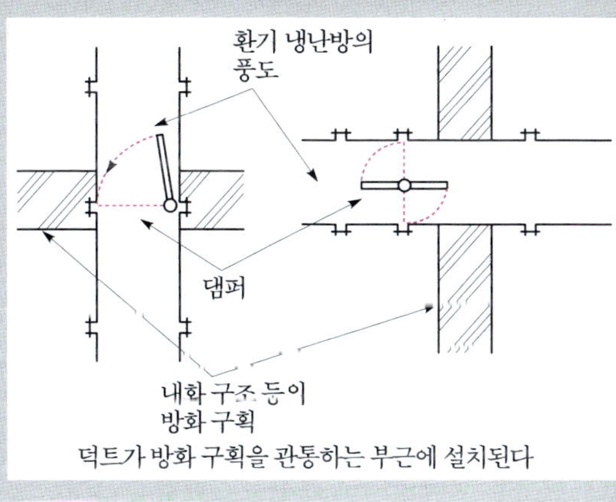

4) 채광 및 조명설비

그림 2-7 방폭등의 예

① 불연재료로 채광설비를 하여야 한다.

② 연소의 우려가 없는 장소에 설치하며, 채광면적을 최소로 해야 한다.

③ 조명설비

가) 가연성 가스 등이 체류할 우려가 있는 장소는 방폭등으로 해야 한다.

나) 전선은 내화 및 내열전선으로 하여야 한다.

다) 점멸스위치는 출입구 바깥에 설치해야 한다.
(단, 스위치의 스파크로 인한 화재 등의 위험이 없을 경우는 내부에 설치가능.)

④ 조명설비가 설치되어 유효하게 조도(밝기)가 확보되는 건축물에는 채광설비를 하지 않아도 무방하다.

5) 옥외에서 액체위험물을 취급하는 설비의 바닥

① 바닥의 둘레에 높이 0.15m 이상의 턱을 설치하는 등 위험물이 외부로 흘러나가지 않도록 한다.

② 바닥은 콘크리트 등 위험물이 스며들지 않는 재료로 하고, 턱이 있는 쪽이 낮게 경사지게 하여야 한다.

③ 바닥의 최저부에 집유설비를 설치한다.

④ 위험물(온도 20℃의 물 100g에 용해되는 양이 1g 미만인 것에 한한다)을 취급하는 설비에 있어서는 해당 위험물이 직접 배수구에 흘러들어가지 않도록 집유설비에 유분리장치를 설치하여야 한다.

6) 피뢰설비

① 지정수량 10배 이상의 위험물을 저장 및 취급하는 곳에 피뢰설비를 하여야 한다.

② 제6류 위험물을 취급 및 저장하는 곳은 피뢰설비에서 제외된다.

③ 피뢰설비의 구성

가) 피뢰침

- 돌침부, 피뢰도선 및 접지극 등으로 구성되는 피뢰설비.

나) 돌침(돌침부의 본체)

- 뇌격의 단자로 사용하기 위하여 공중에 돌출된 금속체.

- 그 선단은 가연물보다 30cm 이상 (1.5m정도가 좋다) 높이에 설치
- 구리봉, 알루미늄 도금을 한 철봉 또는 이것과 동등 이상의 강도를 가져야 한다.

나) 피뢰도선

- 뇌전류를 흘리기 위하여 돌침, 독립피뢰침, 독립가공지선 또는 케이지 등과 접지극과 접속하는 도선으로 수직부분은 인하도선이라 한다.

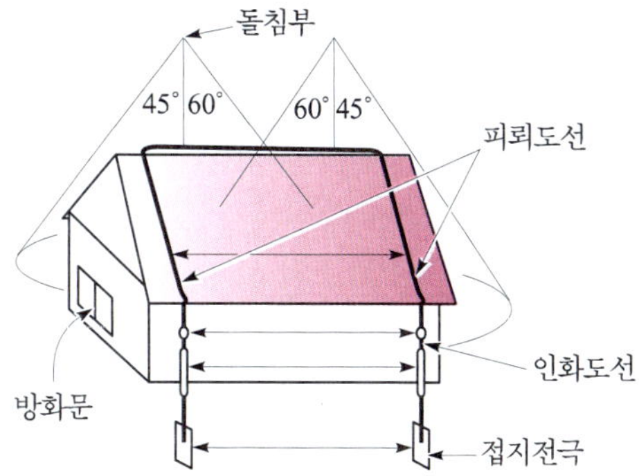

그림 2-8 피뢰설비의 예

- 피뢰도선과 인화도선은 2개 이상이어야 한다.

라) 접지전극

- 피뢰도선과 대지를 전기적으로 접속하기 위하여 지중매설한 도체.
- 도체는 동판, 아연도금 강관, 철파이프 등이 사용. 알루미늄은 전식되기 쉬우므로 사용하지 않는다.
- 지하 3m 위치에 설치하고 저항은 10Ω 이하로 하여야 한다.

마) 보호범위 (보호각)

- 피뢰침을 설치함으로써 벼락의 직격 위험으로부터 보호되는 범위.
- 보호범위를 이루는 각도를 보호각이라고 한다.
- 1개를 설치할 경우 사방 45°이고, 2개를 설치할 경우, 외각 45° 내각 60°의 보호각을 가진다.

6) 옥외 제조소의 위험물 취급탱크의 방유제

옥외에 용량이 지정수량의 1/5이상의 위험물을 취급하는 제조설비에 대한 기준은 다음과 같다(옥외탱크저장소의 기준 일부 준용).

① 하나의 취급탱크 주위에 설치하는 방유제의 용량

- 당해 탱크용량의 50% 이상

② 둘 이상의 취급탱크가 있는 방유제의 용량

- 용량이 최대인 것의 50%에 나머지 탱크용량 합계의 10%를 가산한 양 이상

  예) 각 6,000Liter, 3,000Liter, 2,000Liter 탱크를 두고 있을 경우,

  방유제의 용량은 6,000×0.5+3,000×0.1+2,000×0.1 = 3,500 Liter

③ 이황화탄소를 저장하는 탱크에 대해서는 방유제를 설치하지 않는다.

④ 방유제는 높이 0.5m 이상 3m 이하, 두께 0.2m 이상, 지하매설깊이 1m 이상으로 할 것.

⑤ 방유제는 철근콘크리트로 하고, 방유제와 옥외탱크 사이의 지표면은 불연성과 불침윤성이 있는 구조(철근콘크리트 등)로 할 것.

⑥ 방유제 또는 간막이 둑에는 해당 방유제를 관통하는 배관을 설치하지 아니할 것.
다만, 위험물을 이송하는 배관의 경우에는 배관이 관통하는 지점의 좌우방향으로 각 1m 이상까지의 방유제 또는 간막이 둑의 외면에 두께 0.1m 이상, 지하매설깊이 0.1m 이상의 구조물을 설치하여 방유제 또는 간막이 둑을 이중구조로 하고, 그 사이에 토사를 채운 후, 관통하는 부분을 완충재 등으로 마감하는 방식으로 설치할 수 있다.

⑦ 방유제에는 그 내부에 고인 물을 외부로 배출하기 위한 배수구를 설치하고 이를 개폐하는 밸브 등을 방유제의 외부에 설치할 것.

⑧ 높이가 1m를 넘는 방유제 및 간막이 둑의 안팎에는 방유제내에 출입하기 위한 계단 또는 경사로를 약 50m마다 설치할 것.

참고 **옥내에 있는 위험물저장탱크의 방유턱 용량**(지정수량의1/5미만의 것은 제외)
– 탱크 1기 : 당해 탱크에 수납하는 위험물을 전부 수용할 수 있는 양
– 탱크 2기 : 당해 탱크에 수납하는 위험물의 최대인 탱크의 양을 전부 수납할 수 있는 양

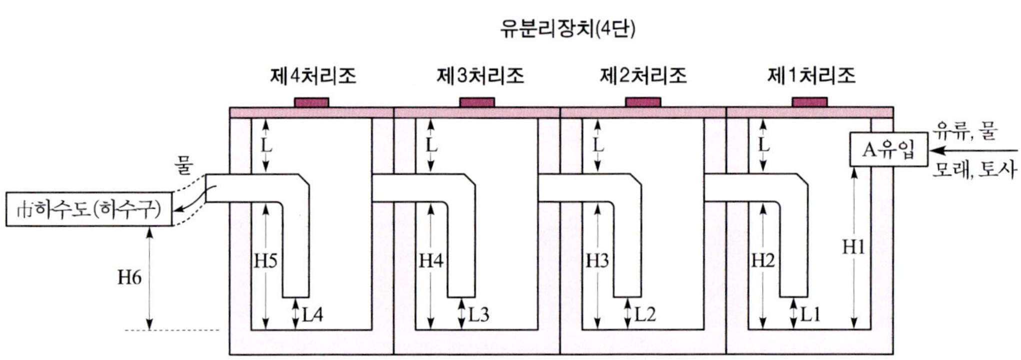

그림 2-9 4단 유분리장치

7) 배관 및 기타설비

(1) 배관

① 배관의 재질은 강관 및 기타 유사한 금속성으로 한다.

② 배관의 내압시험압력

가) 불연성 액체를 이용한 시험 : 최대상용압력의 1.5배 이상에서 실시

나) 불연성 기체를 이용한 시험 : 최대상용압력의 1.1배 이상에서 실시

③ 배관을 지상에 설치할 경우

가) 배관의 외면은 부식방지도장을 하여야 한다.

나) 천재지변에 대해서 안전한 구조의 지지물을 설치해야 하며, 지면에 닿지 않도록 한다.

④ 배관을 지하에 매설할 경우

가) 부식방지를 위하여 도장, 코팅, 전기방식 등 및 필요한 조치를 하여야 한다.

나) 배관의 접합부분에는 누설여부를 점검할 수 있는 점검구를 설치하여야 한다.

다) 지면에 미치는 하중이 배관에 미치지 않도록 보호해야 한다.

(2) 기타설비

① 위험물의 누출·비산방지

- 위험물을 취급하는 기계/기구, 그 밖의 설비는 위험물이 새거나 넘치거나 비산하는 것을 방지할 수 있는 구조로 하여야 함.

② 플로트 스위치(float switch)

- 부자의 움직임으로 스위치를 개폐하며, 전자밸브를 작동시켜 액의 유입을 조절하고 액면을 일정하게 유지하는 조절기

③ 위험물의 누출 및 비산을 방지하기 위한 설비

- 되돌림관(return pipe)과 수막설비 등

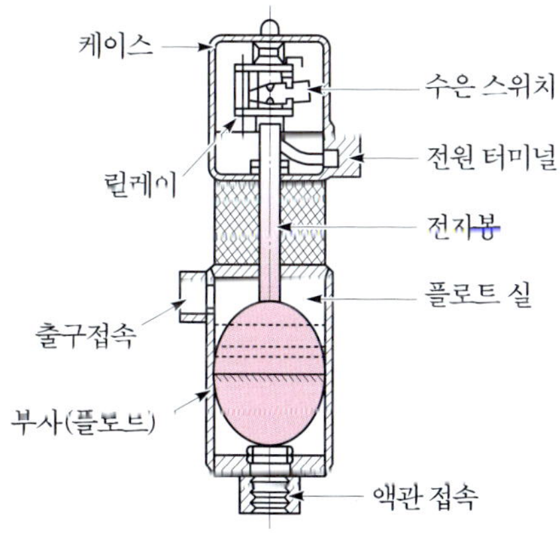

그림 2-10 플로트 스위치

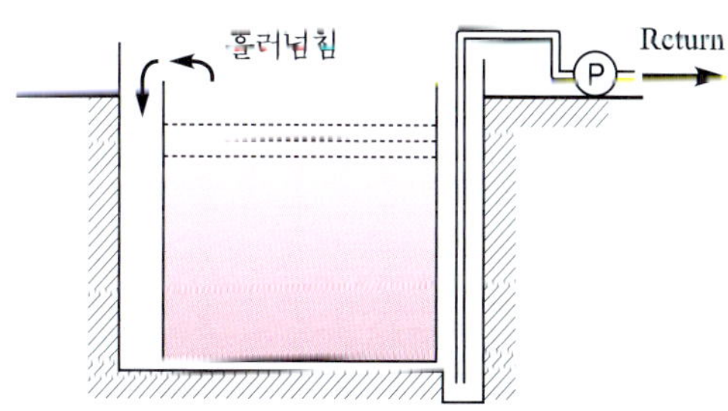

그림 2-11 되돌림관의 예

④ 가열, 냉각설비 등의 온도측정장치

- 위험물을 가열/냉각하는 설비 또는 위험물 취급에 따른 온도변화가 생기는 설비에 설치하여야 한다.

⑤ 가열건조설비

- 직접 불을 사용하지 않는 구조여야 한다.

⑥ 압력계 및 안전장치

가) 위험물을 가압하는 설비나 위험물의 압력이 상승할 우려가 있는 설비에 안전장치를 설치해야 한다.

나) 안전장치의 종류

- 자동적으로 압력의 상승을 정지시키는 장치
- 감압측에 안전밸브를 부착한 감압밸브
- 안전밸브를 병용하는 경보장치
- 안전밸브의 작동이 곤란한 가압설비에 한해서 파괴판을 설치한다.

⑦ 전기설비

⑧ 정전기제거 설비

가) 접지에 의한 방법

나) 공기를 이온화하는 방법

다) 공기 중 상대습도를 70% 이상으로 하는 방법

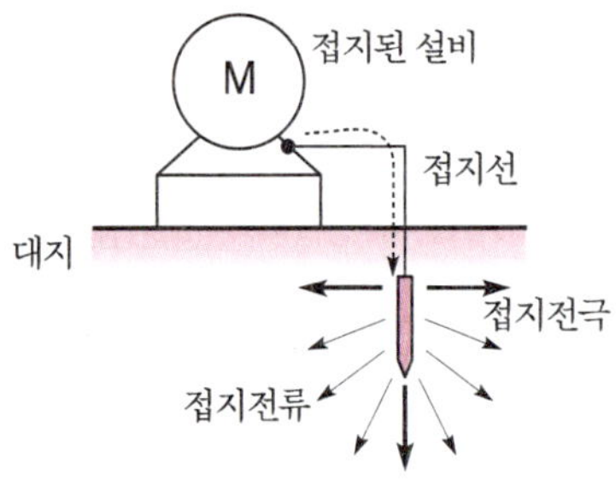

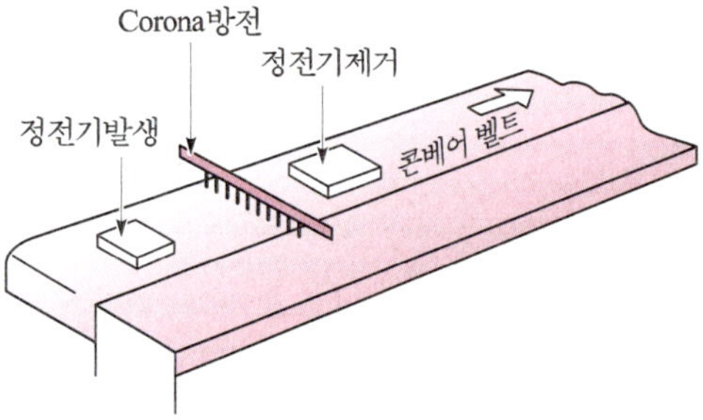

그림 2-12 (a) 접지에 의한 방법과 (b) 공기를 이온화하는 방법을 통한 정전기제거방식

8) 위험물 제조설비의 금속의 사용제한(제조소 특례)

몇몇 위험물들은 금속과 반응하여 폭발성 화합물을 생성하므로 그 사용을 제한한다.

① 대상위험물 : 아세트알데하이드, 산화프로필렌 또는 이들을 함유하고 있는 위험물
② 사용금지 금속 : 은, 수은, 동, 마그네슘 및 이의 합금

9) 불연성 기체 등의 봉입장치(제조소 특례)

① 아세트알데하이드, 산화프로필렌 : 불연성 기체 및 수증기 봉입
- 연소성 혼합기체의 생성에 의한 폭발방지

② 알킬알루미늄 및 알킬리튬(함유물 포함) : 불활성기체 봉입

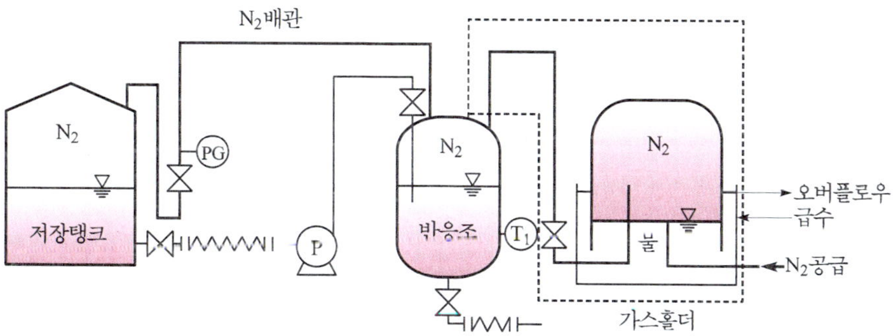

그림 2-13 불활성기체 봉입장치도

> ※ 아세트알데하이드 등을 취급하는 탱크에는 냉각장치 또는 저온을 유지하기 위한 장치(보냉장치)를 갖추어야 한다.
> (단, 지하에 있는 탱크가 아세트알데하이드등의 온도를 저온으로 유지할 수 있는 구조인 경우에는 냉각장치 및 보냉장치를 갖추지 아니할 수 있다.)
>
> ※ 냉각장치 또는 보냉장치는 2 이상 설치하여 하나의 냉각장치 또는 보냉장치가 고장난 때에도 일정 온도를 유지할 수 있도록 한다.
>
> ※ 다냉각장치 또는 보냉장치의 비상전원 기준
> - 상용전력원이 고장인 경우에 자동으로 비상전원으로 전환되어 가동되도록 할 것
> - 비상전원의 용량은 냉각장치 또는 보냉장치를 유효하게 작동할 수 있는 정도일 것

5 고인화점 위험물의 제조소의 특례

인화점이 100℃ 이상인 제4류 위험물을 고인화점 위험물이라 한다. 이 고인화점위험물만을 100℃ 미만의 온도에서 취급하는 제조소로서 안전거리, 보유공지, 구조 및 방유제 등에 대한 규정을 적용받지 않기 위해서는 아래의 기준에 모두 적합하여야 한다.

(1) 안전거리

① 주거용 : 10m 이상
  - 단, 불연재료로 된 방화상 유효한 담이나 벽을 설치하여 소방본부장 및 소방서장이 안전하다고 인정하는 거리로도 할 수 있다.

② 학교, 병원, 극장(300명 이상), 20인 이상 출입하는 곳 : 30m 이상

③ 유형 및 지정 문화재 : 50m 이상
  - 단, 불연재료로 된 방화상 유효한 담이나 벽을 설치하여 소방본부장 및 소방서장이 안전하다고 인정하는 거리로도 할 수 있다.

④ 고압가스(불활성 가스 제외) 등의 제조 및 저장시설 : 20m 이상

(2) 보유공지

위험물을 취급하는 건축물 그 밖의 공작물(위험물을 이송하기 위한 배관 그 밖에 이에 준하는 공작물을 제외한다)의 주위에 3m 이상의 너비의 공지를 보유하여야 한다. (단, 행정안전부령이 정하는 방화상 유효한 격벽(방화벽)을 내화구조(제6류 위험물은 불연재료)로 설치하였을 경우와 방화벽의 양단 및 상단이 외벽 또는 지붕으로부터 50cm 이상 돌출되도록 한 경우는 보유공지를 보유하지 않아도 된다.)

(3) 건축물의 구조

① 위험물을 취급하는 건축물은 그 지붕을 불연재료로 하여야 한다.

② 위험물을 취급하는 건축물의 창 및 출입구에는 60분+방화문, 60분방화문, 30분방화문 또는 불연재료나 유리로 만든 문을 달아야 한다.

③ 연소의 우려가 있는 외벽에 두는 출입구에는 수시로 열 수 있는 자동폐쇄식의 60분+방화문 또는 60분방화문을 설치하여야 한다.

④ 위험물을 취급하는 건축물의 연소의 우려가 있는 외벽에 두는 출입구에 유리를 이용하는 경우에는 망입유리로 하여야 한다.

6 위험물 저장탱크의 용량

1) 위험물 저장탱크의 용량(부피) 계산

(1) 타원형 탱크

① 양쪽이 볼록한 탱크

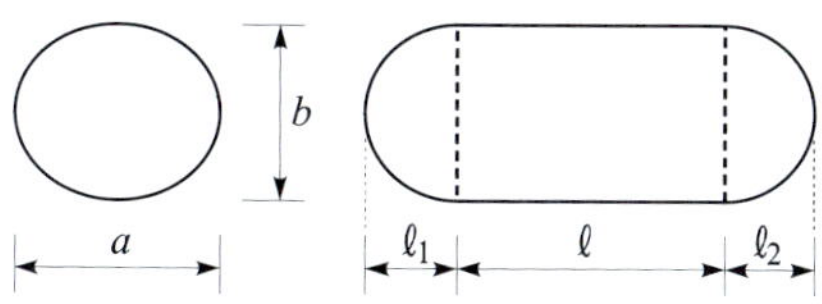

$$용량 = \frac{\pi ab}{4}\left(\ell + \frac{\ell 1 + \ell 2}{3}\right)$$

② 한쪽은 볼록하고 다른 한쪽은 오목한 탱크

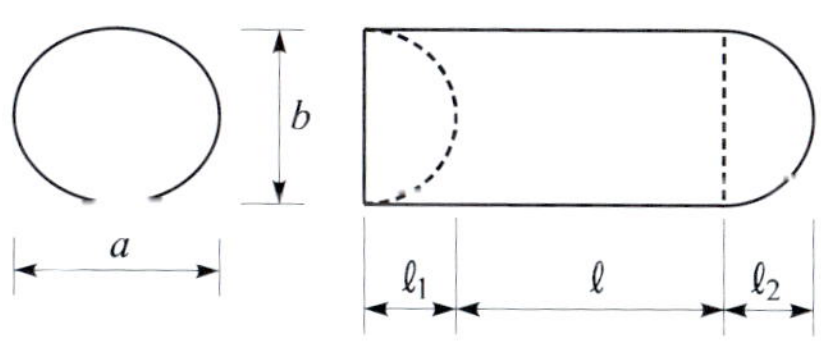

$$용량 = \frac{\pi ab}{4}\left(\ell + \frac{\ell 2 - \ell 1}{3}\right)$$

(2) 원형탱크

① 횡으로 설치된 탱크

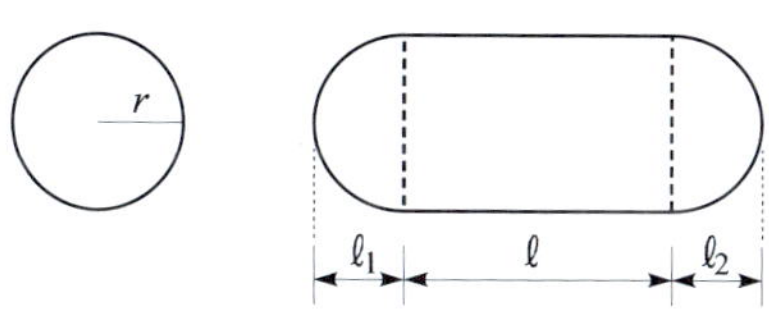

$$용량 = \pi r^2\left(\ell + \frac{\ell 1 + \ell 2}{3}\right)$$

② 세로형으로 설치된 탱크

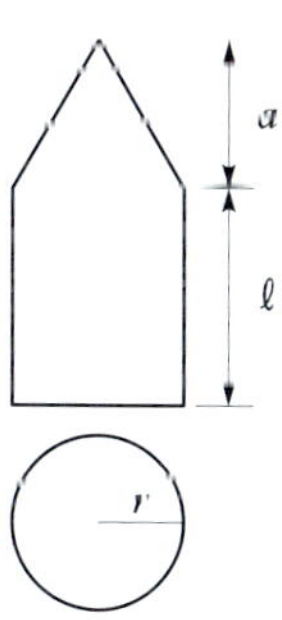

$$용량 = \pi r^2 \ell$$

2) 탱크의 공간용적

① 탱크의 내용적의 5/100 이상, 10/100 이하의 용적으로 한다. 즉, 탱크의 용량이 1,000Liter이고 공간용적이 5%라면 탱크의 저장량은 950Liter가 된다.

② 소화설비를 설치한 곳은 소화설비약제 방출구의 아래 0.3m 내지 1m 사이의 면으로부터 윗부분의 용적으로 한다.

③ 표면하 주입방식의 탱크의 경우는 5/100 이상의 공간용적을 갖는다.

④ 암반탱크에 대해서는 용출하는 7일간의 지하수 양에 상당하는 용적과 당해 탱크 내용적의 1/100의 용적 중에서 큰 용적을 공간용적으로 한다.

7 위험물의 성질에 따른 제조소의 특례

아래 해당 위험물을 취급하는 제조소에 있어서는 안전거리 내지 기타설비의 규정에 의한 기준과 더불어 위험물의 성질에 따라 다음의 기준을 따라야 한다.

(1) 해당 위험물

① 제3류 위험물 중 알킬알루미늄·알킬리튬 또는 이를 함유하는 것(이하 "알킬알루미늄등")

② 제4류 위험물중 특수인화물의 아세트알데하이드·산화프로필렌 또는 이를 함유하는 것(이하 "아세트알데하이드등")

③ 제5류 위험물 중 하이드드록실아민·하이드록실아민염류 또는 이를 함유하는 것(이하 "하이드록실아민등")

(2) 해당 위험물에 대한 특례

① 알킬알루미늄등 및 아세트알데하이드등을 취급하는 제조소

가) 앞서 기술한 8) 위험물 제조설비의 금속의 사용제한(제조소 특례) 및 9) 불연성 기체등의 봉입장치(제조소 특례) 참고

나) 아세트알데하이드등을 취급하는 탱크를 지하에 매설할 경우, 탱크전용실을 설치할 것.

② 하이드록실아민등을 취급하는 제조소의 특례

가) 안전거리

$$D = 51.1 \times \sqrt[3]{N}$$

(D: 안전거리, N: 취급하는 하이드록실아민의 지정수량의 배수)

나) 하이드록실아민등의 온도 및 농도의 상승에 의한 위험한 반응을 방지하기 위한 조치를 강구할 것.

다) 철이온 등의 혼입에 의한 위험한 반응을 방지하기 위한 조치를 강구할 것.

③ 담 또는 토제(土堤)의 규정

가) 담 또는 토제는 제조소의 외벽 또는 이에 상당하는 공작물의 외측으로부터 2m 이상 떨어진 장소에 설치할 것.

나) 담 또는 토제의 높이는 당해 제조소에 있어서 하이드록실아민 등을 취급하는 부분의 높이 이상으로 할 것.

다) 담의 두께

- 15cm 이상의 철근콘크리트조 · 철골철근콘크리트조
- 두께 20cm 이상의 보강콘크리트블록조

라) 토제의 경사면의 경사도는 60도 미만으로 할 것.

1 안전거리를 반드시 지켜야 하는 제조소 등을 3가지 이상 적으시오.

2 제조소의 안전거리 제외 대상 위험물류를 적으시오.

3 건축물의 높이 9m, 목조학교 건축물과 제조소와의 거리가 13m, 제조소와 방화상 유효한 담과의 거리가 4m, 제조소의 높이 2m, 상수값이 0.04일 때 제조소와 목조 학교건물과의 안전거리를 단축하기 위한 방화상 유효한 담의 높이는 몇 m 이상인가?

4 지정수량의 10배 이하를 취급하는 제조소의 보유공지는 얼마인가?

5 제조소에 방화상 유효한 격벽을 설치할 경우 보유공지를 설치하지 않을 수 있다. 방화벽 설치 기준에 있어서 외벽 및 지붕으로부터의 돌출길이는 얼마인가?

6 제조소의 환기설비의 설치기준에서 설치높이와 급기구 바닥면적에 따른 설치 기준을 적으시오.

7 바닥면적이 100m^2인 제조소에 설치하여야 하는 급기구의 면적은 얼마인가?
① 150cm^2 ② 300cm^2 ③ 450cm^2 ④ 600cm^2

8 제조소의 배출설비의 배출능력은 바닥면적 1m^2 당 얼마 이상으로 하는가?

9 아세트알데하이드 및 산화프로필렌을 취급할 경우 사용이 제한되는 금속 4가지를 적으시오.

10 부자의 움직임으로 스위치를 개폐하며, 전자밸브를 작동시켜 액의 유입을 조절하고 액면을 일정하게 유지하는 조절기를 무엇이라 하는가?

11 화재 시에 불꽃·연기 등을 차단하기 위해 덕트 내에 설치하는 장치로 덕트가 방화 구획을 관통하는 부근에 설치되며 온도가 상승하면 퓨즈가 녹아서 자동적으로 닫히도록 하는 장치를 무엇이라 하는가?

12 고인화점 위험물이란 무엇인가?

13 다음과 같은 형태의 탱크 내용적을 구하는 공식을 적으시오.

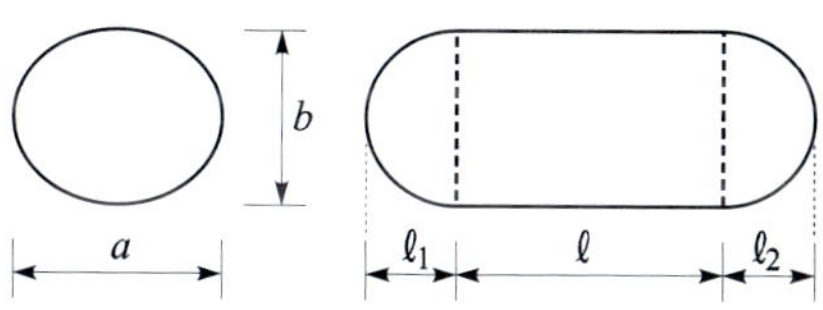

14 종으로 설치된 원형탱크의 지름이 4m이고 높이가 5m이고 공간 용적을 5%로 할 때, 탱크의 저장량은 얼마인가?

15 제조소 등의 게시판에 기재하여야 할 사항 3가지 이상을 적으시오.

16 아세트알데하이드, 산화프로필렌을 저장하는 탱크에 불연성 기체 및 수증기 봉입하는 이유는 무엇인가?

17 지정수량의 5/10이상의 위험물을 옥내에 있는 위험물저장탱크 2기에 저장할 경우 방유턱 용량은 얼마인가?

18 기업활동 규제완화에 관한 특별조치법에 따른 아래의 통합표시게시판에서 1)과 7)란에 기재하여야 할 내용은 무엇인가?

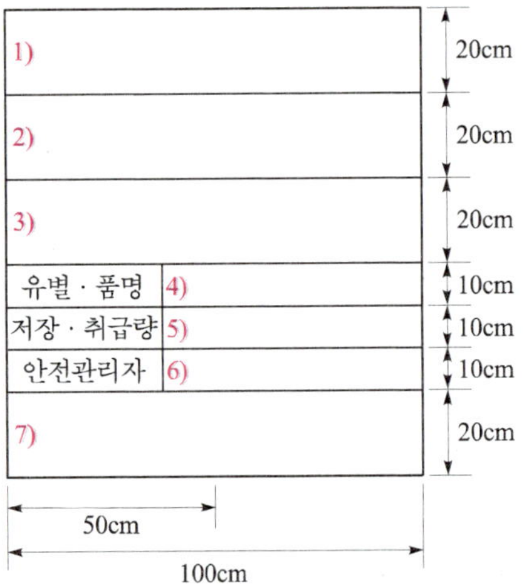

19 방화상 유효한 담의 구조에 있어서 불연재료를 사용하는 경우는 제조소등으로부터 얼마이상의 거리일 때인가?

20 방화상 유효한 담의 높이 산정에 따른 소화설비 기준에 있어서 제조소등이 옥내소화전설비·옥외소화전설비·스프링클러설비·물분무소화설비·포소화설비·불활성가스소화설비·할로젠화합물소화설비 또는 분말소화설비 설치대상인 경우에는 대형소화기 1개 이상을 증설하여야 하는 반경은 얼마인가?

① 10m ② 20m ③ 30m ④ 40m

CHAPTER 03

위험물 저장소

1. 옥내저장소
2. 옥외저장소
3. 옥외탱크저장소
4. 옥내탱크저장소
5. 지하탱크저장소
6. 이동탱크저장
7. 간이탱크저장소
8. 암반탱크저장소
9. 옥내탱크 및 옥외탱크저장시설이 변형시험

CHAPTER 03 Theory of Hazardous Materials Facilities

위험물 저장소

1 옥내저장소

위험물 옥내저장소는 지붕, 기둥 및 벽 등으로 둘러싸인 옥내에 위험물을 용기에 담아 저장하는 장소로 옥내탱크저장소는 제외한다. 옥내저장소의 구조는 주변에 보유공지를 두어야 하기 때문에 위험물의 저장을 전용으로 하는 독립된 건축물이어야 한다. 또한, 위험물을 저장하는 형태와 위험성에 따라 위치, 구조, 설비 등의 기술기준을 달리하고 있다. 표시와 게시판 기준은 위험물제조소의 기준을 따른다.

1) 안전거리

옥내저장소는 규정에 준하여 다른 건물 등에 대한 안전거리를 두어야 한다.

(1) 안전거리

위험물제조소의 규정에 따른다. 즉,

① 주거용 (제조소 부지내에 있는 것은 제외) 건축물/공작물 : 10m 이상
② 고압가공전선 7,000V~35,000V : 3m 이상
③ 고압가공전선 35,000V 초과 : 5m 이상
④ 고압가스(가연성 가스 포함) 등의 제조 및 저장시설 : 20m 이상
⑤ 학교, 병원, 극장(300명 이상), 20인 이상 출입하는 곳 : 30m 이상
⑥ 유형 및 지정 문화재 : 50m 이상
⑦ 하이드록실아민등(히드록실아민등)을 취급하는 제조소의 안전거리 계산(하이드록실아민등에 대한 특례)
$D = 51.1 \times \sqrt[3]{N}$ (D: 안전거리, N : 취급하는 하이드록실아민의 지정수량의 배수)

(2) 옥내저장소의 안전거리 제외 경우

① 위험물

가) 지정수량 20배 미만의 제4석유류 및 동식물유류

나) 제6류 위험물

② 지정수량 20배 이하의 위험물을 저장 및 취급하는 건축물

가) 창고의 벽, 기둥, 바닥, 보 및 지붕을 내화구조로 한 것.

나) 저장창고의 출입구에 수시로 열 수 있는 자동폐쇄방식의 60+방화문 또는 60분방화문을 설치한 경우

다) 저장창고에 창을 설치하지 아니한 것.

라) 지정수량 50배 이하로 할 경우 : 하나의 저장창고 바닥이 150m^2 이하인 경우

2) 보유공지

옥내저장소 주위에 그 저장 혹은 취급하는 위험물의 최대수량에 따라 다음 표에 의한 너비의 공지를 보유하여야 한다.

표 3-1 위험물 수량에 따른 옥내저장소의 보유공지 너비

저장 또는 취급하는 위험물의 최대수량	공지의 너비	
	벽, 기둥 및 바닥이 내화구조로 된 건축물	그 밖의 건축물
지정수량의 5배 이하		0.5m 이상
지정수량의 5배 초과 10배 이하	1m 이상	1.5m 이상
지정수량의 10배 초과 20배 이하	2m 이상	3m 이상
지정수량의 20배 초과 50배 이하	3m 이상	5m 이상
지정수량의 50배 초과 200배 이하	5m 이상	10m 이상
지정수량의 200배 초과	10m 이상	15m 이상

※ 지정수량의 20배를 초과하는 위험물을 저장 및 취급하는 옥내저장소를 동일 구역내에 2개 이상 인접하여 설치하는 경우 상호거리에 해당하는 보유공지 너비의 1/3이상을 보유할 수 있으며 3m 이상으로 한다.

3) 건축물

(1) 옥내저장소의 바닥 등

① 바닥면적 1,000m^2 이하로 하여야 하는 위험물

가) 제1류 위험물 중 아염소산염류, 염소산염류, 과염소산염류, 무기과산화물 그 밖에 지정수량이 50kg인 위험물

나) 제3류 위험물 중 칼륨, 나트륨, 알킬알루미늄, 알킬리튬 그 밖에 지정수량이 10kg인 위험물 및 황린

다) 제4류 위험물 중 특수인화물, 제1석유류 및 알코올류

라) 제5류 위험물 중 유기과산화물, 질산에스터류 그 밖에 지정수량이 10kg인 위험물

마) 제6류 위험물

② ①의 위험물 외의 위험물을 저장하는 창고의 바닥면적은 2,000m^2 이하

③ ①과 ②의 위험물을 내화구조의 격벽으로 완전히 구획된 실에 각각 저장할 경우 : 1,500m^2 이하 (단, ①의 위험물을 저장하는 창고의 바닥면적은 500m^2를 초과할 수 없음)

④ 지면에서 처마까지의 높이 (단층건물) : 6m 미만

⑤ 지면에서 처마까지의 높이를 20m 이하로 할 수 있는 경우

(제2류 위험물 또는 제4류 위험물만 저장하는 경우만 해당)

가) 가. 벽·기둥·보 및 바닥을 내화구조로 할 것.

나) 출입구에 60분+방화문 또는 60분방화문을 설치할 것.

다) 피뢰침을 설치할 것.

⑤ 바닥 : 지면보다 높게 할 것.

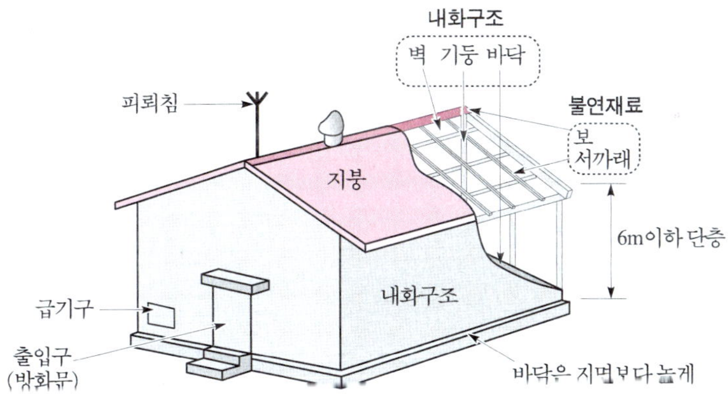

그림 3-1 위험물 옥내저장소

(2) 옥내저장소의 지붕 및 천장

저장창고는 지붕을 폭발력이 위로 방출될 정도의 가벼운 불연재료로 하고, 천장을 만들지 아니하여야 한다. 단, 제2류 위험물(분말상태의 것과 인화성고체는 제외)과 제6류 위험물만의 저장창고에 있어서는 지붕을 내화구조로 할 수 있고, 제5류 위험물만의 저장창고에 있어서는 해당 저장창고내의 온도를 저온으로 유지하기 위하여 난연재료 또는 불연재료로 된 천정을 설치할 수 있다.

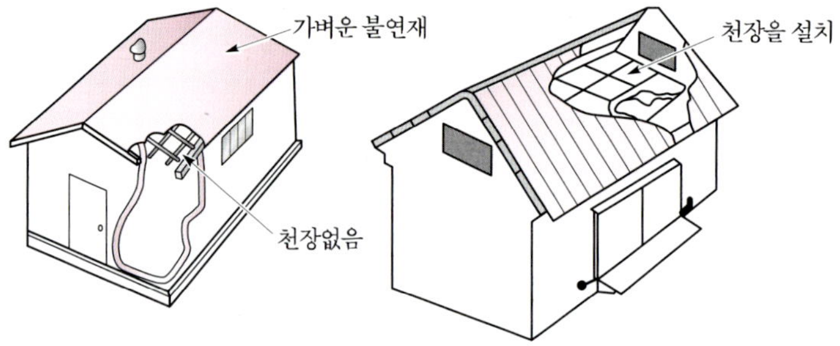

그림 3-2 옥내저장소의 일반 형식과 제5류 위험물 옥내저장소(천장 설치) 형식

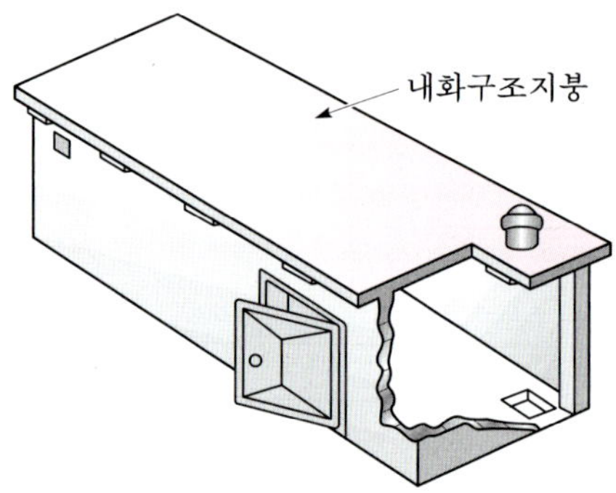

그림 3-3 지붕이 내화구조인 옥내저장소
(분상의 것과 인화성 고체를 제외한 제2류 위험물과 제6류 위험물만 저장할 경우)

(3) 채광, 조명 및 환기 설비의 기준

① 위험물제조소의 기준 준용

② 인화점이 70℃ 미만인 위험물의 저장창고에 있어서는 내부에 체류한 가연성의 증기를 지붕 위로 배출하는 설비를 갖추어야 한다.

(4) 물이 침투하지 않는 구조로 하여야 하는 위험물

① 제1류 위험물 : 알칼리금속의 과산화물

② 제2류 위험물 : 철분, 금속분, 마그네슘

③ 제3류 위험물 : 금수성물품

④ 제4류 위험물 : 전부

(5) 피뢰설비를 설치하여야 하는 곳

제6류 위험물은 제외하고 지정수량의 10배 이상의 저장창고에는 피뢰설비를 하여야 한다.

4) 저장기준

① 유별을 달리하는 위험물은 원칙적으로 동일 저장소에 저장을 금지한다.

② 제3류 위험물 중 황린과 금수성물품은 동일저장소에 저장을 금지한다.

③ 옥내저장소에 있어서 위험물은 규정에 따라 용기에 수납하여 저장하여야 한다. 다만, 덩어리 상태의 황과 규정에 의한 위험물에 있어서는 그러하지 아니하다.

④ 위험물과 위험물이 아닌 물품간의 상호거리 : 1m 이상
(원칙적으로는 위험물 외의 물품을 저장하지 않아야 한다.)

⑤ 1m 이상 간격을 두고 동일 장소에 저장 가능한 위험물
가) 제1류 위험물(알칼리금속의 과산화물 제외)과 제5류 위험물을 저장하는 경우
나) 제1류 위험물과 제6류 위험물을 저장하는 경우
다) 제1류 위험물과 제3류 위험물 중 황린을 저장하는 경우
라) 제2류 위험물 중 인화성고체와 제4류 위험물을 저장하는 경우
마) 제3류 위험물 중 알킬알루미늄등과 알킬알루미늄등을 함유한 제4류 위험물을 저장하는 경우
바) 유기과산화물을 함유한 제4류 위험물과 제5류 위험물 중 유기과산화물을 저장하는 경우

⑥ 동일 품목이라도 자연발화의 위험이 있는 위험물간의 상호거리 : 지정수량의 10배마다 0.3m 이상(규정에 의한 위험물 또는 기계에 의해 하역하는 구조로 된 용기에 수납한 용기는 제외)

⑦ 옥내저장소에서는 용기에 수납하여 저장하는 위험물의 온도가 55℃를 넘지 않도록 필요한 조치를 강구하여야 한다.

⑧ 수납장은 불연재료로 만들어 견고한 기초위에 고정할 것.

5) 저장높이

저장높이는 규정높이 초과하여 용기를 겹쳐 쌓지 않아야 함을 원칙으로 한다.

① 기계에 의해 하역하는 구조로 된 용기만을 겹쳐 쌓은 경우 : 6m

② 제4류 위험물 중 제3석유류, 제4석유류, 동식물유류를 수납하는 용기만을 겹쳐 쌓는 경우 : 4m

③ ①, ②의 경우 외 : 3m

6) 다층건물의 옥내저장소 기준

옥내저장소중 제2류 위험물(인화성고제 제외) 또는 제4류 위험물(인화점이 70℃ 미만 제외)만을 저장 또는 취급하는 저장창고가 다층건물인 옥내저장소의 위치·구조 및 설비의 기술기준은 위험물제조소 규정에 의하는 외에 다음의 기준을 따른다.

① 저장창고는 각층의 바닥을 지면보다 높게 하고, 바닥면으로부터 상층의 바닥(상층이 없는 경우에는 처마)까지의 높이(이하 "층고"라 한다)를 6m 미만으로 하여야 한다.
② 하나의 저장창고의 바닥면적 합계 : 1,000m^2 이하
③ 저장창고의 벽·기둥·바닥 및 보 : 내화구조
④ 계단 : 불연재료
⑤ 연소의 우려가 있는 외벽은 출입구외의 개구부를 갖지 아니하는 벽으로 하여야 한다.
⑥ 2층 이상의 층의 바닥에는 개구부를 두지 않는다.
 - 단, 내화구조의 벽과 60분+방화문 또는 60분방화문 또는 30분방화문으로 구획된 계단실에 있어서는 그러하지 아니하다.

7) 복합용도 건축물의 옥내저장소의 기준

옥내저장소중 지정수량의 20배 이하의 것(옥내저장소외의 용도로 사용하는 부분이 있는 건축물에 설치하는 것에 한한다)의 위치·구조 및 설비의 기술기준은 위험물제조소 규정에 의하는 외에 다음의 기준을 따른다.

① 벽·기둥·바닥 및 보가 내화구조인 건축물의 1층 또는 2층의 어느 하나의 층에 설치하여야 한다.
② 바닥의 높이 : 지면보다 높게 설치
③ 층고 : 6m 미만
④ 바닥면적 : 75m^2 이하
⑤ 벽·기둥·바닥·보 및 지붕(상층이 있는 경우에는 상층의 바닥) : 내화구조
 - 출입구외의 개구부가 없는 두께 70mm 이상의 철근콘크리트조 또는 이와 동등 이상의 강도가 있는 구조의 바닥 또는 벽으로 당해 건축물의 다른 부분과 구획되도록 하여야 한다.
⑥ 출입구 : 수시로 열 수 있는 자동폐쇄방식의 60분+방화문 또는 60분방화문
⑦ 옥내저장소의 용도에 사용되는 부분에는 창을 설치하지 아니하여야 한다.
⑧ 옥내저장소의 용도에 사용되는 부분의 환기설비 및 배출설비에는 방화상 유효한 댐퍼

등을 설치하여야 한다.

8) 소규모 옥내저장소의 특례

지정수량의 50배 이하인 소규모의 옥내저장소중 저장창고의 처마높이가 6m 미만인 저장창고의 특례규정은 다음과 같다.

① 보유공지

표 3-2 소규모 옥내저장소의 특례에 따른 보유공지 너비

저장 또는 취급하는 위험물의 최대수량	공지의 너비
지정수량의 5배 이하	
지정수량의 5배 초과 20배 이하	1m 이상
지정수량의 20배 초과 50배 이하	2m 이상

② 하나의 저장창고 바닥면적 : $150m^2$ 이하
③ 벽·기둥·바닥·보 및 지붕 : 내화구조
④ 출입구 : 수시로 개방할 수 있는 자동폐쇄방식의 60분+방화문 또는 60분방화문
⑤ 저장창고에는 창을 설치하지 아니할 것.
⑥ 지정수량의 50배 이하인 소규모의 옥내저장소중 저장창고의 처마높이가 6m 이상인 것으로서 저장창고가 $150m^2$ 이하 혹은 창이 없을 경우, 안전거리, 출입구 규정은 적용하지 않는다.

9) 고인화점 위험물의 단층건물 옥내저장소의 특례

고인화점 위험물만을 저장 또는 취급하는 단층건물의 옥내저장소중 저장창고의 처마높이가 6m 미만인 것으로서 위치 및 구조가 다음의 규정에 적합한 것은 옥내저장소의 안전거리, 보유공지, 피뢰침 규정 등을 적용받지 않는다.

(1) 지정수량의 20배를 초과하는 고인화점 위험물 옥내저장소의 안전거리

고인화점 위험물에 대한 제조소의 특례와 동일하다. 즉,

① 주거용 : 10m 이상
- 단, 불연재료로 된 방화상 유효한 담이나 벽을 설치하여 소방본부장 및 소방서장이 안전하다고 인정하는 거리로도 할 수 있다.

② 학교, 병원, 극장(300명 이상), 20인 이상 출입하는 곳 : 30 m 이상

③ 유형 및 지정 문화재 : 50m 이상

- 단, 불연재료로 된 방화상 유효한 담이나 벽을 설치하여 소방본부장 및 소방서장이 안전하다고 인정하는 거리로도 할 수 있다.

④ 고압가스(불활성 가스 제외) 등의 제조 및 저장시설 : 20m 이상

(2) 보유공지

표 3-3 고인화점 위험물의 단층건물 옥내저장소의 특례에 따른 보유공지 너비

저장 또는 취급하는 위험물의 최대수량	공지의 너비	
	당해 건축물의 벽 · 기둥 및 바닥이 내화구조로 된 경우	내화구조가 아닌 경우
20배 이하		0.5m 이상
20배 초과 50배 이하	1m 이상	1.5m 이상
50배 초과 200배 이하	2m 이상	3m 이상
200배 초과	3m 이상	5m 이상

(3) 건축물의 구조

① 지붕 : 불연재료

② 창 및 출입구 : 방화문 또는 불연재료나 유리로 된 문

③ 연소의 우려가 있는 외벽에 두는 출입구 : 수시로 열 수 있는 자동폐쇄방식의 60분+방화문 또는 60분방화문

④ 연소의 우려가 있는 외벽에 설치하는 출입구에 유리를 이용하는 경우에는 망입유리로 할 것.

⑤ 단층건물의 옥내저장소중 저장창고의 처마높이가 6m 이상인 것으로서 고인화점 위험물 옥내저장소에 대한 안전거리 특례에 적합한 것은 제조소의 안전거리 규정을 적용하지 않는다.

10) 지정유기과산화물의 옥내저장소의 특례

옥내저장소의 특례에서 말하는 지정유기과산화물이라 함은 제5류 위험물 중 유기과산화물 또는 이를 함유한 것으로서 지정수량이 10kg인 것을 말하며, 알킬알루미늄 등 및 하이드록실아민 등도 포함된다.

(1) 건축기준

① 담높이 : 추녀높이 이상

② 담의 두께

가) 철근콘크리트 및 철골콘크리트 : 15cm 이상

나) 보강콘크리트 블록 : 20cm 이상

③ 저장창고 외벽과 담간의 거리 : 2m 이상

(단, 담 또는 토제의 저장창고와의 간격은 공지의 너비의 1/5을 초과할 수 없다.)

④ 담 또는 토제의 경사도 : 60° 미만

⑤ 창문의 기준

가) 창문 1개의 면적 : 0.4m^2 이내

나) 창문 면적의 합계 : 창문이 있는 벽면적의 1/80 이내

다) 창문의 높이 : 바닥으로부터 2m 이상

⑥ 외벽의 두께

가) 철근콘크리트 및 철골철근콘크리트 : 20cm 이상

나) 보강콘크리트 블록 : 30cm 이상

⑦ 저장창고의 격벽

가) 바닥면적 150m^2 이내마다 완전히 구획하여 설치해야 한다.

나) 격벽의 두께

- 철근콘크리트 및 철골철근콘크리트 : 30cm 이상
- 보강콘크리트 블록 : 40cm 이상

다) 격벽의 돌출기준

- 격벽의 양측 : 외벽으로부터 1m 이상
- 격벽의 상부 : 지붕으로부터 0.5m 이상

⑧ 지붕의 기준

가) 지붕 아래쪽 면에 철망을 쳐서 불연재료의 도리, 보 및 서까래에 결합할 것.

나) 중도리 또는 서까래의 간격 : 30cm 이상

다) 지붕의 아래면 : 한변의 길이가 45cm 이하의 강제 격자를 설치해야 한다.

라) 받침대 : 두께5cm 이상, 너비 30cm 이상의 목재

⑨ 출입구 : 60분+방화문 또는 60분방화문

⑩ 알킬알루미늄 등을 저장하는 옥내저장소에는 누설범위를 국한하기 위한 설비 및 누설한 알킬알루미늄 등을 안전한 장소에 설치된 조(槽)로 끌어들일 수 있는 설비를 설치하여

야 한다.

⑪ 하이드록실아민 등을 저장 또는 취급하는 옥내저장소는 하이드록실아민 등의 온도의 상승에 의한 위험한 반응을 방지하기 위한 조치를 강구하여야 한다.

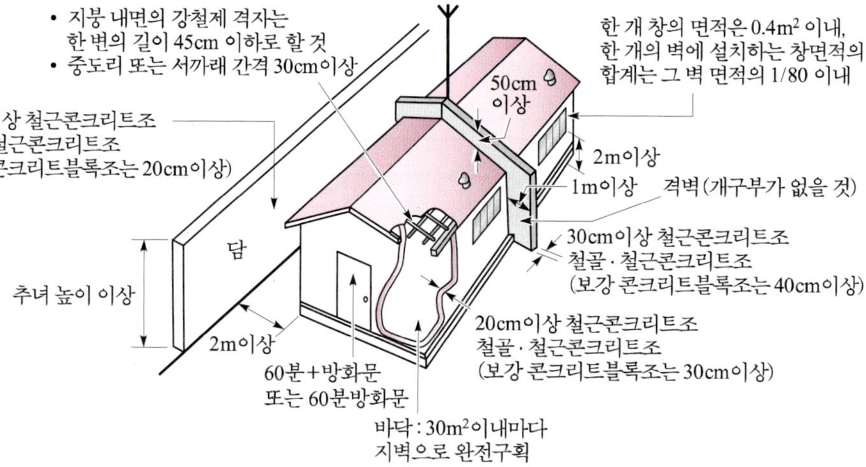

그림 3-4 지정유기과산화물의 옥내저장소

참고

- 추녀 : 건축물에서 네모지고 끝이 번쩍 들린, 처마의 네 귀에 있는 큰 서까래 또는 그 부분의 처마.
- 중도리 : 기둥에 얹어서 서까래나 지붕널을 받치는 가로재.
- 서까래 : 마룻대에서 도리 또는 보에 걸쳐 지른 나무.

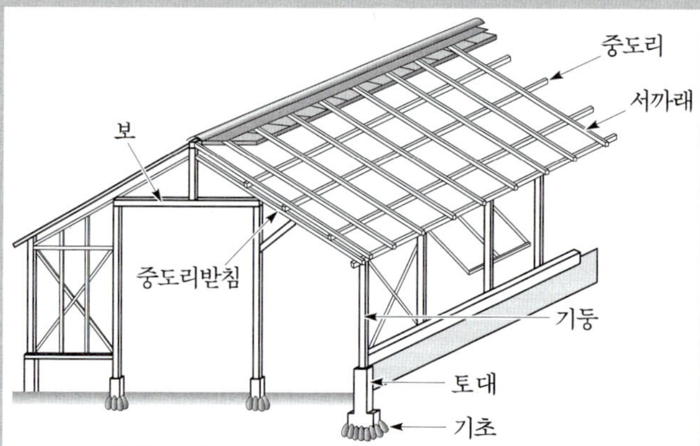

(2) 안전거리 및 보유공지

지정유기과산화물에 대한 옥내저장소의 안전거리와 보유공지는 담 또는 토제의 유무와 취급최대수량에 따라 거주지, 학교, 병원 등 다수인이 출입하는 곳, 문화재와의 거리 등이 달라진다.

① 안전거리

표 3-4 지정유기과산화물의 옥내저장소 특례에 따른 안전거리

저장 및 취급하는 최대수량	주거용(주택 등)		학교 · 병원 · 극장 그 밖에 다수인을 수용하는 시설		문화재	
	담 또는 토제를 설치한 경우	왼쪽 란에 정하는 경우 외의 경우	담 또는 토제를 설치한 경우	왼쪽 란에 정하는 경우 외의 경우	담 또는 토제를 설치한 경우	왼쪽 란에 정하는 경우 외의 경우
10배 이하	20m 이상	40m 이상	30m 이상	50m 이상	50m 이상	60m 이상
10배 초과 20배 이하	22m 이상	45m 이상	33m 이상	55m 이상	54m 이상	65m 이상
20배 초과 40배 이하	24m 이상	50m 이상	36m 이상	60m 이상	58m 이상	70m 이상
40배 초과 60배 이하	27m 이상	55m 이상	39m 이상	65m 이상	62m 이상	75m 이상
60배 초과 90배 이하	32m 이상	65m 이상	45m 이상	75m 이상	70m 이상	85m 이상
90배 초과 150배 이하	37m 이상	75m 이상	51m 이상	85m 이상	79m 이상	95m 이상
150배 초과 300배 이하	42m 이상	85m 이상	57m 이상	95m 이상	87m 이상	105m 이상
300배 초과	47m 이상	95m 이상	66m 이상	110m 이상	100m 이상	120m 이상

※ 지정수량 5배 이하인 지정과산물의 옥내저장소 외벽을 30cm 이상의 철근콘크리트조 또는 철골철근콘크리트조로 하고, 담 또는 토제를 설치할 때에는 주거용과의 안전거리를 10m 이상으로 할 수 있다.

② 보유공지

표 3-5 지정유기과산화물의 옥내저장소 특례에 따른 보유공지 너비

저장 및 취급하는 최대수량	담 또는 토제를 설치한 경우	왼쪽 란에 정하는 경우 외의 경우
5배 이하	3.0m 이상	10m 이상
5배 초과 10배 이하	5.0m 이상	15m 이상
10배 초과 20배 이하	6.5m 이상	20m 이상

저장 및 취급하는 최대수량	담 또는 토제를 설치한 경우	왼쪽 란에 정하는 경우 외의 경우
20배 초과 40배 이하	8.0m 이상	25m 이상
40배 초과 60배 이하	10.0m 이상	30m 이상
60배 초과 90배 이하	11.5m 이상	35m 이상
90배 초과 150배 이하	13.0m 이상	40m 이상
150배 초과 300배 이하	15.0m 이상	45m 이상
300배 초과	16.5m 이상	50m 이상

※ 지정수량 5배 이하인 지정유기과산물의 옥내저장소 외벽을 30cm 이상의 철근콘크리트조 또는 철골철근콘크리트조로 하고, 담 또는 토제를 설치한 때에는 보유공지를 2m이상으로 할 수 있다.

2 옥외저장소

옥외저장소는 위험물을 옥외에 저장 및 취급하기 때문에 위험성이 적은 위험물을 다루도록 규정한다. 단, 수출입 하역장에서의 취급 등의 편의를 위하여 국제해상위험물규칙에 적합한 용기에 수납된 위험물은 종류에 관계없이 옥외저장을 허용하며, 보유공지의 규정도 옥외저장소의 규정과는 달리한다. 표시와 게시판 기준은 위험물제조소의 기준을 따른다.

1) 안전거리

옥외저장소의 안전거리는 제조소의 규정에 준한다. 즉,

① 주거용(제조소 부지내에 있는 것은 제외) 건축물/공작물 : 10m 이상
② 고압가공전선 7,000V~35,000V : 3m 이상
③ 고압가공전서 35,000V 초과 : 5m 이상
④ 고압가스(가연성 가스 포함) 등의 제조 및 저장시설 : 20m 이상
⑤ 학교, 병원, 극장(300명 이상), 20인 이상 출입하는 곳 : 30m 이상
⑥ 유형 및 지정 문화재 : 50m 이상
⑦ 하이드록실아민등(히드록실아민등)을 취급하는 제조소의 안전거리 계산(하이드록실등에 대한 특례)

$D = 51.1 \times \sqrt[3]{N}$ (D: 안전거리, N : 취급하는 하이드록실아민의 지정수량의 배수)

2) 보유공지

표 3-6 위험물 수량에 따른 옥외저장소의 보유공지 너비

저장 또는 취급하는 위험물의 최대수량	보유공지의 너비
지정수량의 10배 이하	3m 이상
지정수량의 10배 초과 20배 이하	5m 이상
지정수량의 20배 초과 50배 이하	9m 이상
지정수량의 50배 초과 200배 이하	12m 이상
지정수량의 200배 초과	15m 이상

※ 단, 제4류 위험물 중 제4석유류와 제6류 위험물은 보유공지의 너비를 1/3로 감축할 수 있다.)

3) 옥외에 저장할 수 있는 위험물

① 제2류 위험물 중 황, 인화점이 0℃ 이상인 인화성 고체

② 인화점이 0℃ 이상인 제1석유류

③ 알코올류

④ 제2, 제3, 제4 석유류, 동식물유류

⑤ 제6류 위험물

⑥ 제2류 위험물 및 제4류 위험물 중 특별시 · 광역시 · 특별자치시 · 도 또는 특별자치도의 조례로 정하는 위험물

⑦ 「국제해사기구에 관한 협약」에 의하여 설치된 국제해사기구가 채택한 「국제해상위험물 규칙」(IMDG Code)에 적합한 용기에 수납된 위험물

4) 설치 및 저장기준

① 품명별 위험물 상호간의 거리 : 1m 이상

② 위험물과 위험물이 아닌 물품과의 상호거리 : 1m 이상

③ 저장높이

가) 기계에 의해 하역하는 구조로 된 용기만을 겹쳐 쌓는 경우 : 6m를 초과하면 안 됨.

나) 제4류 위험물 중 제3석유류, 제4석유류, 동식물유류를 수납하는 용기만을 겹쳐 쌓는 경우 : 4m를 조과하면 안됨.

다) 그 밖의 경우 : 3m를 초과하면 안됨.

④ 선반의 재질 : 불연재료

⑤ 과산화수소, 과염소산 : 불연성 또는 난연성의 차광막을 설치해야 한다.

⑥ 액체 위험물 취급시 바닥둘레 턱 높이 : 0.15m 이상

⑦ 습기가 없고 배수가 잘 되는 곳에 설치

⑧ 경계표시 설치

⑨ 덩어리 상태의 황을 경계표시 안쪽에서 저장 및 취급시

가) 하나의 경계표시 내부면적 : 100m^2 이하

나) 2개 이상의 경계표시의 합계 면적 : 1,000m^2 이하

다) 경계표시의 높이 : 1.5m 이하

라) 경계표시와 인접하는 경계표시와의 간격

- 해당보유공지의 1/2 이상
- 지정수량 200배 이상인 경우는 10m 이상

마) 넘치거나 비산하는 것을 방지하기 위하여 천막 등을 고정하는 장치를 경계표시 2m 마다 한 개 이상 설치할 것.

바) 경계표시는 불연재료로 하며, 황이 새지 않는 구조로 할 것.

사) 저장 또는 취급하는 장소 주위에 배수구와 분리장치를 설치할 것.

⑩ 열의 분산 및 가연성 증기의 확산, 소화활동에 지장을 주지 않는 구조의 캐노피나 지붕을 설치할 수 있다.

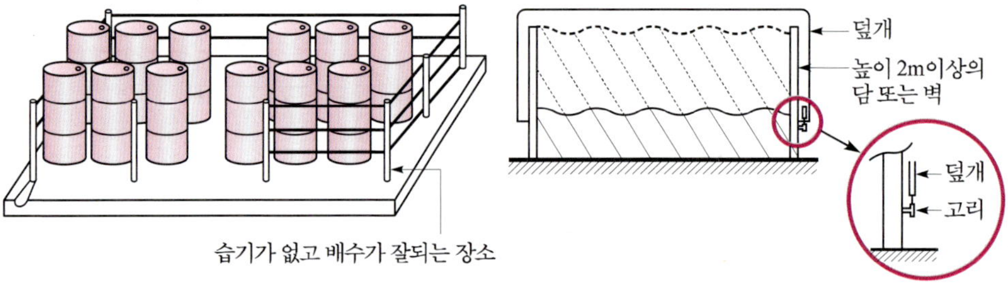

그림 3-5 옥외저장소

참고

캐노피 : 건축에서, 제단 따위의 위에 기둥으로 받치거나 매달아 놓은 덮개를 말한다.

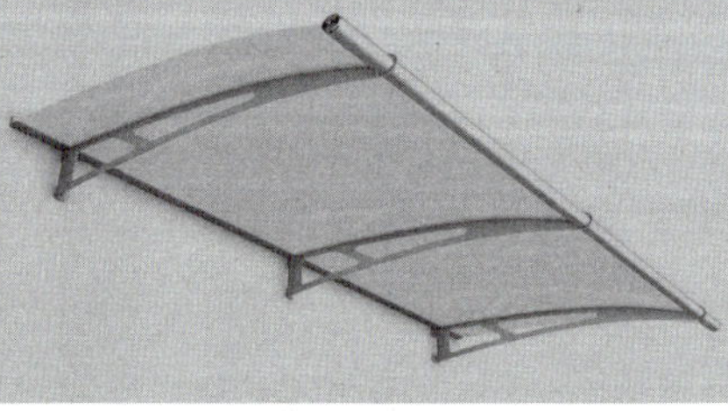

참고

옥외저장소는 옥외에 위험물을 취급 및 저장함으로 비나 습기 또는 화기와 같은 점화원으로부터 직접 위험이 없거나 적은 것만을 저장 · 취급하여야 한다.

5) 고인화점 위험물의 옥외저장소의 특례

(1) 보유공지

표 3-7 고인화점 위험물의 옥외저장소 특례에 따른 보유공지 너비

저장 또는 취급하는 위험물의 최대수량	공지의 너비
지정수량의 50배 이하	3m 이상
지정수량의 50배 초과 200배 이하	6m 이상
지정수량의 200배 초과	10m 이상

(2) 저장기준

① 제2류 위험물 중 인화점 21℃ 미만의 인화성고체, 제4류 위험물 중 제1석유류 또는 알코올류를 저장 또는 취급하는 장소에는 당해 위험물을 적당한 온도로 유지하기 위한 살수설비 등을 설치하여야 한다.

② 제1석유류 또는 알코올류를 저장 또는 취급하는 장소의 주위에는 배수구 및 집유설비를 설치하여야 한다. 이 경우 제1석유류(온도 20℃의 물 100g에 용해되는 양이 1g 미만인 것에 한한다)를 저장 또는 취급하는 장소에 있어서는 집유설비에 유분리장치를 설치하여야 한다.

6) 수출입 하역장소의 옥외저장소의 특례

관세법에 따른 보세구역, 항만법에 따른 항만 또는 항만배후단지 내에서 수출입을 위한 위험물을 저장 또는 취급하는 옥외저장소 중 제4석유류와 제6류 위험물의 보유공지감축 규정을 제외한 나머지에 대해서 아래 표에 정하는 너비의 공지를 보유할 수 있다.

표 3-8 수출입하역장소의 옥외저장소 특례에 따른 보유공지 너비

저장 또는 취급하는 위험물의 최대수량	공지의 너비
지정수량의 50배 이하	3m 이상
지정수량의 50배 초과 200배 이하	4m 이상
지정수량의 200배 초과	5m 이상

3 옥외탱크저장소

옥외에 위험물을 저장하는 탱크(옥외저장탱크)와 옥외저장탱크의 부속설비인 펌프설비, 방유제, 소화설비, 보유공지 등을 포괄하여 옥외탱크저장소라 한다. 옥외탱크저장소는 50만Liter미만에 대해서 규정하며, 100만Liter 이상의 액체위험물에 대해서는 특정옥외탱크저장소, 50만Liter 이상 100만Liter 미만의 액체위험물에 대해서는 준특정옥외저장소로 구분하여 그 설비 등에 대해서 달리 규정하고 있다. 표시와 게시판 기준은 위험물제조소의 기준을 따른다.

1) 옥외탱크의 종류

옥외탱크에는 개방형, 원추형, 원통형, 부동지붕식, 구형, 각형 탱크, 땅속에 있는 지중탱크와 바다위의 해상탱크 등이 있다.

> **참고**
> 지중탱크 : 옥외저장탱크의 밑부분은 지반면 아래에 있고 탱크의 상부가 지반면위에 있으며 탱크 내 위험물의 최고액면이지반면 아래에 있는 원통형의 위험물저장탱크.

① 개방형탱크(open tank)

가) 지붕부분이 없는 탱크.

나) 빗물, 화기의 유입이 있으므로 폭발이나 화재를 일으킬 가능성이 있는 위험물이나 물과 반응성이 있는 위험물, 유독가스를 발생할 수 있는 위험물의 저장은 불가하다.

② 원추형탱크(cone roof tank)

가) 저판은 편평하며, 원추형의 고정된 지붕으로 구성된다.

나) 주로 대기압에 가까운 증기압을 갖는 위험물 저장용으로 사용되며, 가장 일반적으로 사용된다(유지관리 쉽고, 저렴한 시설비, 대량으로 저장/취급가능).

③ 원통형탱크(horizontal tank)

가) 원통 몸체에 양쪽이 볼록한 형태

나) 횡형과 종형(세로형)이 있다.

다) 주로 약간의 압력이 가해지는 위험물을 저장하는데 사용하며 소량에서 대량을 저장하는 일반적으로 많이 사용되는 탱크이다.

④ 부동지붕식탱크(floating roof tank, F.R.T)

가) 저장하는 위험물이 휘발성분을 다량 함유하고 있을 때 그 증발손실 및 인화 가능 면적을 최소화하기 위하여 고안된 것.

나) 고정식 지붕 대신 저장 위험물의 증감에 따라 상·하로 움직이는 지붕을 갖는 탱크

다) 수분이 소량 유입되어 오염되어도 특별한 문제가 없는 원유 등을 저장하는 개방형 부동지붕식 탱크와, 수분 등이 혼입되면 곤란한 고품질의 제품인 항공유, 휘발유 등의 저장용으로 사용되는 고정식지붕형 부동지붕식 탱크가 있다.

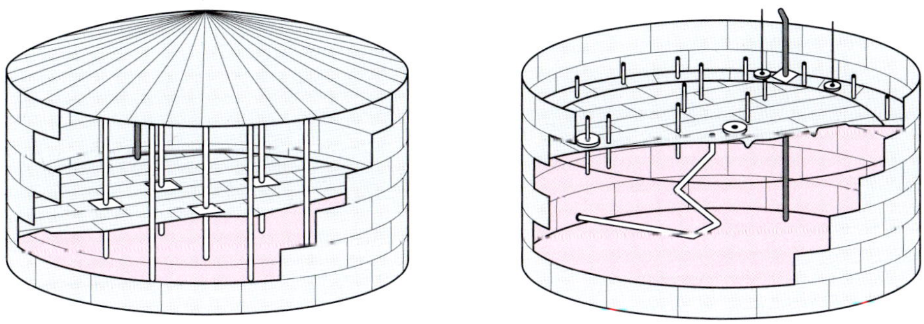

(a) 고정식지붕형 내부부동지붕식　　　(b) 외부부동식

그림 3-6 부동식지붕형 탱크

⑤ 구형탱크(ball tank)

가) 공 모양의 탱크

나) 이론적으로 고압의 위험물을 저장하기에 가장 적합한 형태의 탱크로서 제조소에서 고압 반응조 등으로 사용되는 경우가 많다.

다) 위험물뿐만 아니라 고압가스(산소, 도시가스, LPG, 암모니아 등) 저장에도 많이 사용.

⑥ 각형탱크

2) 안전거리

옥외탱크저장소의 안전거리는 제조소의 규정에 준한다. 즉,

① 주거용 (제조소 부지내에 있는 것은 제외) 건축물/공작물 : 10m 이상

② 고압가공전선 7,000V~35,000V : 3m 이상

③ 고압가공전서 35,000V 초과 : 5m 이상

④ 고압가스(가연성 가스 포함) 등의 제조 및 저장시설 : 20m 이상

⑤ 학교, 병원, 극장(300명 이상), 20인 이상 출입하는 곳 : 30m 이상

⑥ 유형 및 지정 문화재 : 50m 이상

⑦ 하이드록실아민등(히드록실아민등)을 취급하는 제조소의 안전거리 계산(하이드록실등에 대한 특례)

$D = 51.1 \times \sqrt[3]{N}$ (D: 안전거리, N : 취급하는 하이드록실아민의 지정수량의 배수)

3) 보유공지

표 3-9 위험물 저장량에 따른 옥외탱크저장소의 보유공지 너비

저장 및 취급하는 위험물의 최대저장량	공지의 너비
지정수량의 500배 이하	3m 이상
지정수량의 500배 초과 1,000배 이하	5m 이상
지정수량의 1,000배 초과 2,000배 이하	9m 이상
지정수량의 2,000배 초과 3,000배 이하	12m 이상
지정수량의 3,000배 초과 4,000배 이하	15m 이상
지정수량의 4,000배 초과	당해 탱크의 최대지름과 탱크의 높이(횡형인 경우는 긴 변) 중 큰 것과 같은 거리 이상 단, 30m 초과의 경우는 30m 이상으로 할 수 있고, 15m 미만의 경우에는 15m 이상으로 할 수 있다.

(1) 보유공지의 특례사항

① 제6류 위험물 외의 위험물인 경우
(지정수량의 4,000배를 초과하여 저장 또는 취급하는 경우는 제외)
- 저장소를 2개 이상 인접하여 설치하는 경우 보유공지 너비의 1/3 이상의 너비로 하고, 3m 이상이 되도록 한다.

② 제6류 위험물 : 보유공지 너비의 1/3 이상의 너비로 하며, 1.5m 이상으로 한다.

③ 제6류 위험물 저장소를 2개 인접할 경우
- 보유공지 너비의 1/3 이상의 너비로 하며, 1.5m 이상이어야 한다.

④ 옥외탱크저장소에 물분무설비로 방호조치를 할 경우 보유공지의 1/2 이상의 너비로 할 수 있으며, 최소 3m 이상이어야 한다.

참고 **옥외저장탱크의 물분무설비 기준** (화재시 20kW/m²의 복사열에 노출되는 탱크포함)

- 방사되는 물의 토출량 : 탱크의 원주 길이 1m에 대하여 37Liter/min. 이상
- 수원의 양 : 토출량을 20분 이상 방수할 수 있는 양
- 탱크에 보강링이 설치된 경우에 대한 물분무 헤드 : 탱크의 높이 및 구조를 고려하여 적절하게 보강링 아래에 설치

4) 탱크의 외부 구조 등

① 탱크의 두께 : 3.2mm 이상

② 부식방지 조치

가) 탱크의 외면 : 부식방지 도장

(단, 탱크의 재질이 부식의 우려가 없는 스테인레스 강판 등인 경우에는 부식방지도장을 하지 않아도 된다.)

나) 옥외저장탱크의 밑판 (에뉼러판 포함)

- 아스팔트샌드 등의 방식재료 사용
- 기타 부식방지조치를 하여야 한다(전기방식 등).

참고

에뉼러판 : 측판의 최하단에 설치하는 판으로 측판의 최소두께가 15mm를 초과하는 경우, 저장탱크의 내경이 30mm를 초과하는 경우, 측판을 고장력으로 사용해야 하는 경우에 측판의 직하에 설치하여야 한다.

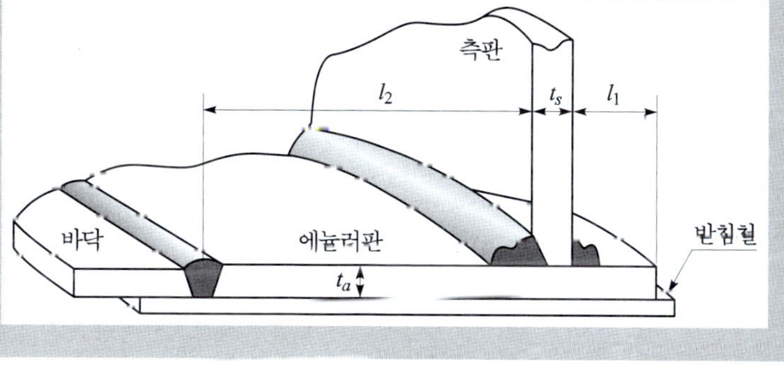

③ 통기관

가) 밸브없는 통기관

- 지름 30mm 이상

- 끝부분(선단) : 수평으로 45° 이상 구부려서 빗물 등이 들어가지 않도록 할 것.
  (빗물 등이 들어가지 않는 구조이면 45° 이상 구부리지 않아도 됨)
- 40메쉬(mesh) 이상의 구리망 또는 동등 이상의 성능을 가진 인화방지장치를 설치할 것(단, 인화점 70℃ 이상의 위험물만을 그 인화점 미만의 온도로 저장 또는 취급하는 탱크에 설치하는 통기관에 있어서는 인화방지장치를 설치하지 않아도 된다.).

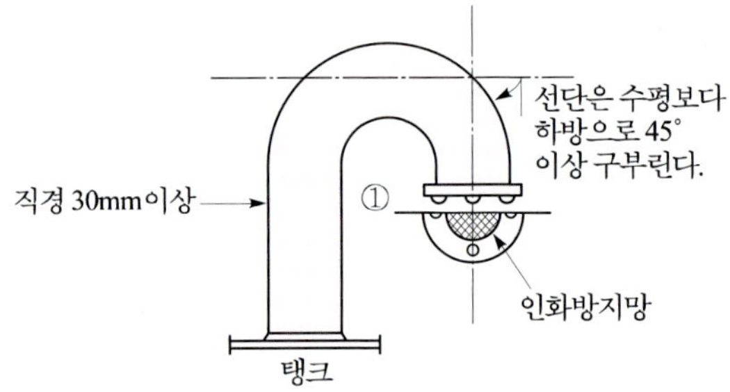

그림 3-7 밸브없는 통기관의 구조

나) 가연성증기 회수밸브
- 평상시 개방구조, 위험물 주입시 폐쇄
- 10kPa 이하의 압력에서 개방되는 구조
- 개방된 부분의 유효단면적 : 777.15mm^2 이상

다) 배기밸브 부착 통기관
- 5kPa 이하의 압력에서 작동
- 40메쉬(mesh) 이상의 구리망 또는 동등 이상의 성능을 가진 인화방지장치를 설치할 것(단, 인화점 70℃ 이상의 위험물만을 그 인화점 미만의 온도로 저장 또는 취급하는 탱크에 설치하는 통기관에 있어서는 인화방지장치를 설치하지 않아도 된다.).

라) 인화점이 38℃ 미만인 위험물만을 저장/취급하는 탱크에 설치하는 통기관
- 화염방지장치를 설치할 것.

※ **화염방지장치** (Flame arrestor)

폭발성 혼합가스로 가득한 배관 등의 내부에서 연소가 개시될 때, 연소가스가 출입할 수 있는 부분에 금속망 혹은 연소 차단용 금속판을 사용하여 고온의 화염이 좁은 간격의 벽면에 접촉하도록 하여 열전도에 의해 열이 제거되도록 하는 장치.

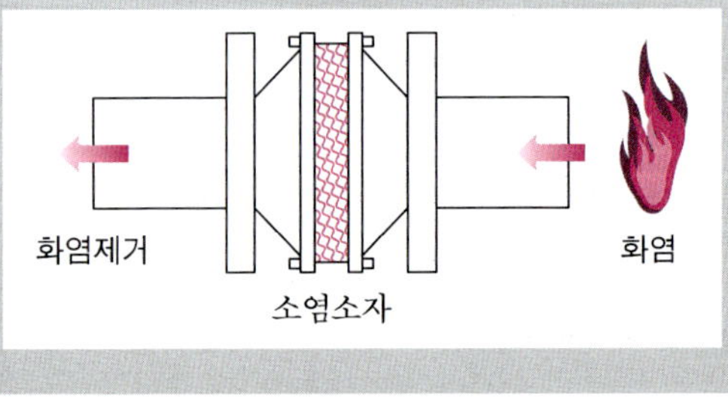

※산업안전보건기준에 관한 규칙에 따른 화염방지기 설치 기준
인화성 액체 및 인화성 가스를 저장 · 취급하는 화학설비에서 증기나 가스를 대기로 방출하는 경우에는 외부로부터의 화염을 방지하기 위하여 화염방지기를 그 설비 상단에 설치해야 한다. 다만, 대기로 연결된 통기관에 화염방지 기능이 있는 통기밸브가 설치되어 있거나, 인화점이 섭씨 38도 이상 60도 이하인 인화성 액체를 저장 · 취급할 때에 화염방지 기능을 가지는 인화방지망을 설치한 경우에는 그렇지 않다.

③ 주입구

가) 탱크 주입구에 게시판을 설치하여 할 위험물의 인화점 : 21℃ 미만

나) 화재예방상 지장이 없는 장소에 설치할 것.

다) 주입호스 또는 주입관과 결합할 수 있고, 결합하였을 때 위험물이 새지 아니할 것.

라) 주입구에는 밸브 또는 뚜껑을 설치할 것.

마) 휘발유, 벤젠 그 밖에 정전기에 의한 재해가 발생할 우려가 있는 액체위험물의 옥외저장탱크의 주입구 부근에는 정전기를 유효하게 제거하기 위한 섭지전극을 설치할 것.

바) 주입구 주위에는 새어나온 기름 등 액체가 외부로 유출되지 않도록 방유턱을 설치하거나 집유설비 등의 장치를 설치할 것.

④ 펌프설비

가) 펌프설비에 게시판을 설치하여야 할 위험물의 인화점 : 21℃ 미만

나) 펌프설비의 보유공지

- 너비 3m 이상
- 펌프설비와 옥외저장탱크 사이의 보유공지는 당해 옥외저장탱크 보유공지의 1/3 이상의 거리를 두어야 한다.
- 제6류 위험물과 지정수량 10배 이하의 위험물은 보유공지에서 제외

다) 펌프실의 벽·기둥·바닥 및 보 : 불연재료

라) 펌프실의 지붕 : 가벼운 불연재료

마) 펌프실의 창 및 출입구 : 60분+방화문 · 60분방화문 또는 30분방화문 설치

바) 펌프실의 창 및 출입구의 유리 : 망입유리

사) 펌프실의 바닥 기준

- 높이 0.2m 이상의 턱
- 바닥은 위험물이 스며들지 아니하는 재료
- 적당히 경사지게 하여 그 최저부에는 집유설비를 설치할 것.

아) 위험물을 취급하는데 필요한 채광, 조명 및 환기의 설비를 설치할 것.

자) 가연성 증기가 체류할 우려가 있는 경우 : 배출설비 설치할 것.

차) 펌프실외의 장소에 설치하는 펌프설비 기준

- 직하의 지반면의 주위에 높이 0.15m 이상의 턱
- 지반면은 위험물이 스며들지 아니하는 재료
- 최저부에는 집유설비를 할 것.
- 제4류 위험물(온도 20℃의 물 100g에 용해되는 양이 1g 미만인 것에 한한다)을 취급하는 펌프설비에 있어서는 당해 위험물이 직접 배수구에 유입하지 않도록 집유설비에 유분리장치를 설치하여야 한다.

카) 인화점이 21℃미만인 위험물을 취급하는 펌프설비는 「옥외저장탱크 펌프설비」라는 게시판과 방화에 관하여 필요한 사항을 게시한 게시판을 설치한다.

⑤ 피뢰설비

가) 지정수량의 10배 이상 (제6류 위험물제외)인 경우 피뢰설비 설치

나) 설치 예외 규정

- 탱크에 저항이 5Ω 이하인 접지시설을 설치한 경우
- 인근 피뢰설비의 보호범위 내에 들어가는 경우 등

⑥ 피복설비

- 제3류 위험물 중 고체성상의 금수성물질에 대해서는 방수성 불연재료로 만든 피복설비 설치

⑦ 이황화탄소의 저장

- 벽 및 바닥의 두께가 0.2m 이상이고 누수가 되지 않는 철근콘크리트 수조에 저장

5) 액체위험물의 옥외탱크저장소 방유제

탱크의 균열 및 파손에 의한 기름의 누설 확대를 방지하기 위한 둑으로 옥외 제조소의 위험물 취급탱크의 방유제와는 용량의 차이를 가진다. 대상이 되는 위험물은 제3류, 제4류 및 제5류 위험물 중 인화성이 있는 액체위험물(이황화탄소 제외)이다.

① 방유제의 용량

가) 하나의 탱크 : 당해 탱크용량의 110% 이상으로 할 것.

나) 탱크가 두 개 : 당해 탱크 중 최대인 것의 용량의 110% 이상

② 방유제의 크기 등

가) 면적 : 80,000m^2 이하로 한다.

나) 방유제 1개 안의 탱크의 개수 : 10기 이하

다) 방유제 1개 안의 탱크의 개수를 20기 이하로 할 경우 : 방유제 내의 전(全)탱크 용량이 20만리터 이하이고 인화점이 70℃이상 200℃미만이어야 한다.

라) 방유제의 높이 : 0.5m 이상 3m 이하 (두께 0.2m 이상, 지하매설깊이 1m 이상)

마) 방유제 안에 간막이 둑을 설치하여야 하는 탱크의 용량 : 1,000만 리터 이상

바) 간막이 둑의 높이 : 0.3m 이상 (2억 리터 이상은 1m 이상)

(단, 방유제 높이 보다 0.2m 이상 낮게 할 것)

사) 간막이 둑의 용량 : 간막이 둑안에 설치된 탱크 용량의 10%이상

③ 방유제와 옥외저장탱크와의 거리

가) 지름이 15m 미만인 경우에는 탱크 높이의 1/3 이상

나) 지름이 15m 이상인 경우에는 탱크 높이의 1/2 이상

(단, 인화점이 200℃ 이상인 위험물을 저장 또는 취급하는 것에 있어서는 그러하지 아니하다.)

④ 방유제 및 간막이 둑의 재질 및 구조

가) 방유제의 재질 : 철근콘크리트

나) 간막이 둑의 재질 : 흙 또는 철근콘크리트

다) 방유제와 저장탱크사이의 지표면 : 불연성과 불침윤성이 있는 철근콘크리트 등의 구조 (누출된 위험물을 수용할 수 있는 전용유조 및 펌프등의 설비가 있는 경우는 흙으로 대체 가능)

⑤ 구내도로의 폭 : 3m 이상

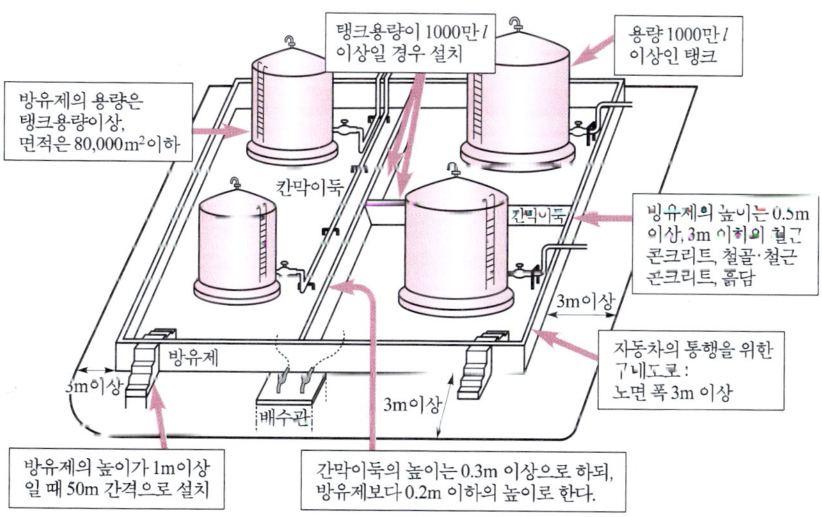

그림 3-8 액체위험물의 옥외탱크저장소 방유제

6) 특정옥외저장탱크

옥외탱크저장소 중 그 저장 또는 취급하는 액체위험물의 최대수량이 100만리터 이상의 것을 특정옥외탱크저장소라 하며, 그 저장탱크를 특정옥외저장탱크라 한다. 특정옥외저장탱크의 기초 및 지반은 해당 기초 및 지반상에 설치하는 특정옥외저장탱크 및 그 부속설비의 자중, 저장하는 위험물의 중량 등의 하중(탱크하중)에 의하여 발생하는 응력에 대하여 안전한 것으로 하여야 한다.

※ 특정옥외저장탱크 풍하중 계산 (부록Ⅲ 참고)

$$q = 0.588k\sqrt{n}$$

여기서, q : 풍하중 (단위 kN/m^2)

k : 풍력계수(원통형탱크의 경우는 0.7, 그 외의 탱크는 1.0)

n : 지반면으로부터의 높이 (단위 m)

※ 특정옥외저장탱크의 풍하중

- 해안, 하안, 산지 등 강풍을 받는 우려가 있는 장소에 설치하는 탱크의 풍하중 : 1m^{2}당 2.05kN
- 원통형탱크로서 지반면으로부터의 높이가 25m 이상인 것의 풍하중 : 1m^{2}당 2.05kN
- 원통형탱크 외의 탱크로서 지반면으로부터의 높이가 25m 이상인 것의 풍하중 : 1m^{2}당 2.94kN

(1) 기초 및 지반

① 지반은 암반의 단층, 절토 및 성토에 걸쳐 있는 등 활동을 일으키지 않아야 한다.

② 지반의 시험기준

– 표준관입시험(標準貫入試驗, standard penetration test) 및 평판재하시험(平板載荷試驗, plate bearing test)을 통해 1m^{3}당 100MN 이상의 값이어야 한다.

③ 지반의 기준

가) 기초의 표면에서 3m 이내의 기초직하의 지반부분이 기초와 동등 이상의 견고성이 있어야 한다.

나) 점성토 지반의 경우 : 압밀도시험에서 압밀하중에 대하여 압밀도가 90%이상의 값이어야 한다.

다) 사질토 지반의 경우 : 표준관입시험에서 평균 15 이상의 값일 것.

라) 지반이 바다, 하천, 호수와 늪 등에 접하고 있는 경우 : 활동에 관하여 기준에 따른 안전율이 있을 것.

※ **안전율** (본 교재에서 말하는 안전율은 지반공학적 안전율을 말함.)
– 안전율 < 1 : 사면이 미끄러져 붕괴
– 안전율 = 1 : 균형을 유지하지만 불안한 사면
– 안전율 1.0 ~ 1.2 : 안전에 의문이 있을 수 있음
– 안전율 1.2 이상 : 안전하다고 평가
(위험물안전관리법 세부기준에서는 계산방법에 따라 1.2~3.0의 안전율을 적용한다.)

③ 기초

가) 기초는 사질토 또는 이와 동등 이상의 견고성이 있는 것을 이용하여 평판재하시험의 평판재하시험치가 1m^3당 100MN 이상의 값을 나타내는 것 또는 이와 동등 이상의 견고함이 있는 것으로 하여야 한다.

나) 성토인 기초는 그 윗면이 준특정옥외저장탱크를 설치하는 장소의 지하수위와 2m 이상의 간격을 확보하여야 한다.

다) 기초 또는 기초의 주위에는 기초를 보강하기 위한 조치를 강구하여야 한다.

※ **표준관입시험(標準貫入試驗, standard penetration test)** [3]
- 원위치에서의 지반 조사의 가장 보편적인 방법.
- 로드(rod) 끝에 외경 5.1cm, 내경 3.5cm, 길이 81cm의 스플릿 스푼 샘플러를 부착하고, 보링 구멍 내에서 무게 63.5kg의 해머를 높이 75cm에 서 낙하시켜 30cm 관입시키는 데 요하는 타격 횟수(N값)를 측정하는 시험.
- 사질토의 경우에는 N값에서 전단 강도나 모래의 압축성 등을 판정할 수 있으며, 지반 지지력의 추정에 쓰인다.

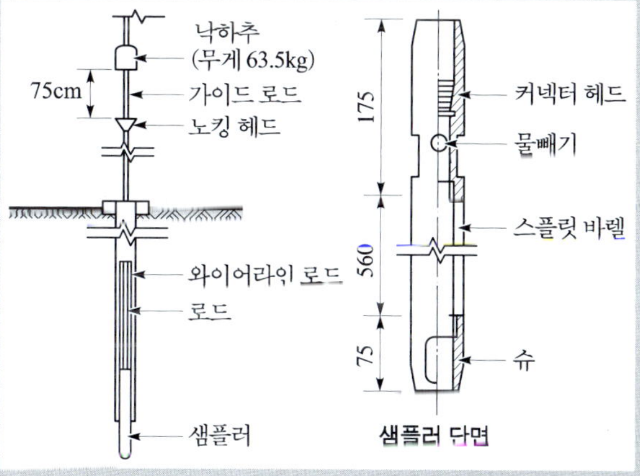

※ 평판재하시험(平板載荷試驗, plate bearing test)[3]

- 원위치에서 평평한 재하판을 사용하여 하중을 가하고, 그 하중의 크기와 재하면의 변위 관계로부터 기초 지반이나 흙쌓기 지반의 지지력이나 지반 계수를 구하는 시험.

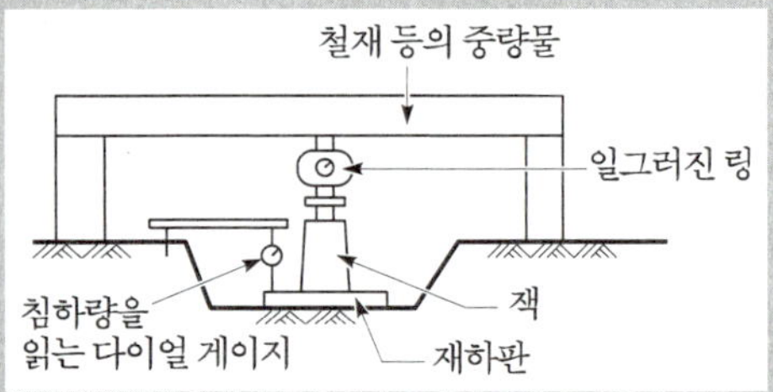

(2) 특정옥외저장탱크의 구조 등

특정옥외저장탱크는 주하중(탱크하중, 탱크와 관련되는 내압, 온도변화의 영향 등에 의한 것) 및 종하중(적설하중, 풍하중, 지진의 영향 등에 의한 것)에 의하여 발생하는 응력 및 변형에 대하여 안전한 것으로 한다.

① 특정옥외저장탱크의 구조

가) 주하중과 주하중 및 종하중의 조합에 의하여 특정옥외저장탱크의 본체에 발생하는 응력은 소방청장이 정하여 고시하는 허용응력 이하여야 한다.

나) 특정옥외저장탱크의 보유수평내력은 지진의 영향에 의한 필요보유수평내력 이상이어야 한다. (보유 및 필요보수수평내력의 계산방법은 소방청장이 정하여 고시)

다) 옆판, 밑판 및 지붕의 최소두께와 에뉼러판의 너비(옆판외면에서 바깥으로 연장하는 최소길이, 옆판내면에서 탱크중심부로 연장하는 최소길이) 및 최소두께는 규정에 적합하여야 한다.

② 특정옥외저장탱크의 용접 (겹침보수 및 육성보수와 관련되는 것 제외)방법

가) 옆판의 용접

- 세로이음 및 가로이음은 완전용입 맞대기용접으로 할 것.
- 옆판의 세로이음은 단을 달리하는 옆판의 각각의 세로이음과 동일선상에 위치하지 않도록 할 것. 이 경우 당해 세로이음간의 간격은 서로 접하는 옆판 중 두꺼운 쪽 옆판의 5배 이상으로 하여야 한다.

나) 옆판과 에뉼러판(에뉼러판이 없는 경우에는 밑판)과의 용접

- 부분용입그룹용접 또는 이와 동등 이상의 용접강도가 있는 용접방법으로 용접할 것.

다) 에뉼러판과 에뉼러판은 뒷면에 재료를 댄 맞대기용접으로 하고, 에뉼러판과 밑판 및 밑판과 밑판의 용접은 뒷면에 재료를 댄 맞대기용접 또는 겹치기용접으로 용접할 것.

7) 준특정옥외저장탱크

옥외탱크저장소 중 그 저장 또는 취급하는 액체위험물의 최대수량이 50만Liter 이상 100만Liter 미만의 것을 준특정옥외탱크저장소라 하며, 그 저장탱크를 준특정옥외저장탱크라 한다. 준특정옥외저장탱크의 기초 및 지반은 해당 기초 및 지반상에 설치하는 특정옥외저장탱크 및 그 부속설비의 자중, 저장하는 위험물의 중량 등의 하중(탱크하중)에 의하여 발생하는 응력에 대하여 안전한 것으로 하여야 한다.

(1) 기초 및 지반

① 지반은 암반의 단층, 절토 및 성토에 걸쳐 있는 등 활동을 일으킬 우려가 없어야 한다.

② 지반

가) 소방청장이 정하여 고시하는 범위내에 있는 지반이 암반 그 밖의 견고한 것이어야 한다.

나) 지반의 기준

- 당해 지반에 설치하는 준특정옥외저장탱크의 탱크하중에 대한 지지력 계산에 있어서의 지지력안전율 및 침하량 계산에 있어서의 계산침하량이 소방청장이 정하여 고시하는 값이어야 한다.
- 소방청장이 정하여 고시하는 지질 외의 것이어야 한다.
  (기초가 소방청장이 정하여 고시하는 구조인 경우를 제외한다)
- 지반이 바다, 하천, 호수와 늪 등에 접하고 있는 경우에는 활동에 관하여 소방청장이 정하여 고시하는 안전율이 있을 것.

③ 기초의 기준

가) 사질토 또는 이와 동등 이상의 견고성이 있는 것을 이용하여 소방청장이 정하여 고시하는 바에 따라 만들거나 이와 동등 이상의 견고함이 있어야 한다.

나) 기초의 윗면은 준특정옥외저장탱크를 설치하는 장소의 지하수위와 2m 이상의 간격을 확보하여야 한다.

(2) 준특정옥외저장탱크의 구조

준특정옥외저장탱크는 주하중 및 종하중에 의하여 발생하는 응력 및 변형에 대하여 안전한 것으로 하여야 한다.

① 두께가 3.2mm 이상일 것.

② 준특정옥외저장탱크의 옆판에 발생하는 원주방향인장응력은 소방청장이 정하여 고시하는 허용응력 이하이어야 한다.

③ 준특정옥외저장탱크의 옆판에 발생하는 지진시의 축방향압축응력은 소방청장이 정하여 고시하는 허용응력 이하이어야 한다.

④ 준특정옥외저장탱크의 보유수평내력은 지진의 영향에 의한 필요보유수평내력 이상이어야 한다. 이 경우에 있어서의 보유수평내력 및 필요보수수평내력의 계산방법은 소방청장이 정하여 고시한다.

8) 고인화점 위험물의 옥외탱크저장소의 특례

고인화점 위험물만을 100℃ 미만의 온도로 저장 또는 취급하는 옥외탱크저장소중 그 위치·구조 및 설비는 아래의 기준에 따른다.

(1) 보유공지

표 3-10 고인화점 위험물의 옥외탱크저장소 특례에 따른 보유공지 너비

저장 또는 취급하는 위험물의 최대수량	공지의 너비
지정수량의 2,000배 이하	3m 이상
지정수량의 2,000배 초과 4,000배 이하	5m 이상
지정수량의 4,000배 초과	탱크의 수평단면의 최대지름(횡형인 경우에는 긴 변)과 높이중 큰 것의 1/3과 같은 거리 이상 다만, 5m 미만으로 하여서는 아니된다.

(2) 옥외저장탱크의 지주

철근콘크리트조, 철골콘크리트구조 그 밖에 이들과 동등 이상의 내화성능이 있을 것.
(단, 하나의 방유제안에 설치하는 모든 옥외저장탱크가 고인화점 위험물만을 100℃ 미만의 온도로 저장 또는 취급하는 경우에는 지주를 불연재료로 할 수 있다.)

(3) 옥외저장탱크의 펌프설비

① 펌프설비의 주위에 1m 이상의 너비의 공지를 보유할 것.
(단, 내화구조로 된 방화상 유효한 격벽을 설치하는 경우 또는 지정수량의 10배 이하의 위험물을 저장하는 옥외저장탱크의 펌프설비에 있어서는 그러하지 아니하다.)

② 펌프실의 창 및 출입구 : 60분+방화문 또는 60분방화문 또는 30분방화문

(단, 연소의 우려가 없는 외벽에 설치하는 창 및 출입구에는 불연재료 또는 유리로 만든 문을 달 수 있다.)

③ 펌프실의 연소의 우려가 있는 외벽에 설치하는 창 및 출입구의 유리 : 망입유리

④ 옥외저장탱크의 주위에 위험물의 유출을 방지하기 위한 방유제를 설치할 것. (단, 방유제의 용량은 110%가 아닌 100%로 준용한다)

9) 위험물의 성질에 따른 옥외탱크저장소의 특례 (부록 II 참고)

알킬알루미늄등, 아세트알데하이드등 및 하이드록실아민등을 저장 또는 취급하는 옥외탱크저장소는 다음의 기준에 의하여야 한다.

(1) 알킬알루미늄등의 옥외탱크저장소

① 옥외저장탱크의 주위에는 누설범위를 국한하기 위한 설비 및 누설된 알킬알루미늄 등을 안전한 장소에 설치된 조에 이끌어 들일 수 있는 설비를 설치할 것.

② 옥외저장탱크에는 불활성의 기체를 봉입하는 장치를 설치할 것.

(2) 아세트알데하이드등의 옥외탱크저장소

① 옥외저장탱크의 설비는 동·마그네슘·은·수은 또는 이들을 성분으로 하는 합금으로 만들지 아니할 것.

② 옥외저장탱크에는 냉각장치 또는 보냉장치, 그리고 연소성 혼합기체의 생성에 의한 폭발을 방지하기 위한 불활성의 기체를 봉입하는 장치를 설치할 것.

(3) 하이드록실아민등의 옥외탱크저장소

① 옥외탱크저장소에는 하이드록실아민등의 온도의 상승에 의한 위험한 반응을 방지하기 위한 조치를 강구할 것.

② 옥외탱크저장소에는 철이온 등의 혼입에 의한 위험한 반응을 방지하기 위한 조치를 강구할 것.

10) 지중탱크에 관계된 옥외탱크저장소의 특례

옥외저장탱크의 밑 부분과 위험물의 액면이 지반면 아래에 위치하고, 탱크의 상부는 지반면 위에 있는 위험물 저장탱크를 지중탱크라 한다. 제4류 위험물(인화성액체)을 지중탱크에

저장 또는 취급하는 옥외탱크저장소는 다음 기준에 적합하여야 한다.

(1) 설치금지장소

① 급경사지 등으로서 지반붕괴, 산사태 등의 위험이 있는 장소

② 융기, 침강 등의 지반변동이 생기고 있거나 지중탱크의 구조에 지장을 미치는 지반변동이 발생할 우려가 있는 장소

(2) 위치

옥외탱크저장소가 보유하는 부지의 경계선에서 지중탱크의 지반면의 옆판까지의 사이에, 당해 지중탱크 수평단면의 내경의 수치에 0.5를 곱하여 얻은 수치(당해 수치가 지중탱크의 밑판표면에서 지반면까지 높이의 수치보다 작은 경우에는 당해 높이의 수치)또는 50m(당해 지중탱크에 저장 또는 취급하는 위험물의 인화점이 21℃ 이상 70℃ 미만의 경우에 있어서는 40m, 70℃ 이상의 경우에 있어서는 30m)중 큰 것과 동일한 거리 이상의 거리를 유지할 것.

(3) 보유공지

지중탱크 수평단면의 내경의 수치에 0.5를 곱하여 얻은 수치 또는 지중탱크의 밑판표면에서 지반면까지 높이의 수치중 큰 것과 동일한 거리 이상의 너비의 공지를 보유할 것.

(4) 지중탱크의 지반

① 지반은 당해 지반에 설치하는 지중탱크 및 그 부속설비의 자중, 저장하는 위험물의 중량 등의 하중(지중탱크하중)에 의하여 발생하는 응력에 대하여 안전할 것.

② 지반의 기준

가) 소방청장이 정하여 고시하는 범위내의 지반은 지중탱크하중에 대한 지지력계산에서의 지지력안전율 및 침하량계산에서의 계산침하량이 소방청장이 정하여 고시하는 수치와 기준에 적합하여야 한다.

나) 지중탱크 하부의 지반의 표면의 평판재하시험에 있어서 평판재하시험치(극한 지지력의 값으로 한다)가 지중탱크하중에 안전율을 곱하여 얻은 값 이상의 값이어야 한다.

다) 소방청장이 정하여 고시하는 범위내의 지반의 지질이 소방청장이 정하여 고시하는 것외의 것일 것.

라) 지반이 바다·하천·호소(湖沼)·늪 등에 접하고 있는 경우 또는 인공지반을 조성하는 경우에는 활동과 관련하여 소방청장이 정하여 고시하는 기준에 적합할 것.

마) 인공지반에 있어서는 소방청장이 정하여 고시하는 기준에 적합할 것.

(5) 지중탱크의 구조

① 지중탱크는 옆판 및 밑판을 철근콘크리트 또는 프리스트레스트콘크리트로 만들고 지붕을 강철판으로 만들며, 옆판 및 밑판의 안쪽에는 누액방지판을 설치하여 틈이 없도록 할 것.

② 지중탱크의 재료는 소방청장이 정하여 고시하는 규격에 적합한 것 또는 이와 동등 이상의 강도 등이 있을 것.

③ 지중탱크는 당해 지중탱크 및 그 부속설비의 자중, 저장하는 위험물의 중량, 토압, 지하수압, 양압력(揚壓力), 콘크리트의 건조수축 및 크립(creep)의 영향, 온도변화의 영향, 지진의 영향 등의 하중에 의하여 발생하는 응력 및 변형에 대해서 안전하게 하고, 유해한 침하 및 부상(浮上)을 일으키지 않도록 할 것.

④ 하중에 의하여 지중탱크본체(지붕 및 누액방지판을 포함한다)에 발생하는 응력은 소방청장이 정하여 고시하는 허용응력 이하일 것.

⑤ 옆판 및 밑판의 최소두께 : 소방청장이 정하여 고시하는 기준

⑥ 지붕 : 2매판 구조의 부상지붕, 외면에는 녹 방지를 위한 도장

⑦ 누액방지판은 소방청장이 정하여 고시하는 바에 따라 강철판으로 만들고, 그 용접부는 소방청장이 정하여 고시하는 바에 따라 실시한 자분탐상시험 등의 시험에 있어서 소방청장이 정하여 고시하는 기준에 적합하도록 한 것.

(6) 지중탱크의 펌프설비

① 위험물 중에 설치하는 펌프설비는 그 전동기의 내부에 냉각수를 순환시키는 동시에 금속제의 보호관내에 설치할 것.

② ①에 해당하지 아니하는 펌프설비는 옥외저장탱크의 펌프설비의 기준을 준용할 것.

(7) 기타

① 지중탱크에는 당해 지중탱크내의 물을 적절히 배수할 수 있는 설비를 설치할 것.

② 지중탱크의 옥외탱크저장소에 갱도를 설치하는 경우

가) 갱도의 출입구는 지중탱크내의 위험물의 최고액면보다 높은 위치에 설치할 것.
(단, 최고액면을 넘는 위치를 경유하는 경우에 있어서는 그러하지 아니하다.)

나) 가연성의 증기가 체류할 우려가 있는 갱도에는 가연성의 증기를 외부에 배출할 수

있는 설비를 설치할 것.

③ 지중탱크는 그 주위가 소방청장이 정하여 고시하는 구내도로에 직접 면하도록 설치할 것(단, 2기 이상의 지중탱크를 인접하여 설치하는 경우에는 당해 지중탱크 전체가 포위될 수 있도록 하되, 각 탱크의 2 방향 이상이 구내도로에 직접 면하도록 하는 것으로 할 수 있다.).

④ 지중탱크의 옥외탱크저장소에는 소방청장이 정하여 고시하는 바에 따라 위험물 또는 가연성 증기의 누설을 자동적으로 검지하는 설비 및 지하수위의 변동을 감시하는 설비를 설치할 것.

⑤ 지중탱크의 옥외탱크저장소에는 지중벽을 설치할 것(단, 누설된 위험물이 확산할 우려가 없는 경우에는 그러하지 아니하다.).

11) 해상탱크에 관계된 옥외탱크저장소의 특례

원유·등유·경유 또는 중유를 해상탱크에 저장 또는 취급하는 옥외탱크저장소 중 해상탱크를 용량 10만Liter 이하마다 물로 채운 이중의 격벽으로 완전하게 구분하고, 해상탱크의 옆부분 및 밑부분을 물로 채운 이중벽의 구조로 한 것은 아래 기준에 따른다.

(1) 해상탱크의 위치 및 구조

① 해상탱크는 자연적 또는 인공적으로 거의 폐쇄된 평온한 해역에 설치할 것.

② 육지, 해저 또는 당해 해상탱크에 관계된 옥외탱크저장소와 관련되는 공작물외의 해양공작물로부터 당해 해상탱크의 외면까지의 사이에 안전을 확보하는데 필요하다고 인정되는 거리를 유지할 것.

③ 해상탱크의 구조는 선박안전법에 정하는 바에 의할 것.

(2) 해상탱크의 정치(定置)설비

① 정치설비는 해상탱크를 안전하게 보존·유지할 수 있도록 배치할 것.

② 정치설비는 당해 정치설비에 작용하는 하중에 의하여 발생하는 응력 및 변형에 대하여 안전한 구조로 할 것.

③ 정치설비의 직하의 해저면으로부터 정치설비의 자중 및 정치설비에 작용하는 하중에 의한 응력에 대하여 정치설비를 안전하게 지지하는데 필요한 깊이까지의 지반은 표준관입시험에서의 표준관입시험치가 평균적으로 15 이상의 값을 나타내는 동시에 정치설비의 자중 및 정치설비에 작용하는 하중에 의한 응력에 대하여 안전할 것.

(3) 해상탱크의 펌프설비

① 옥외저장탱크의 펌프설비의 기준을 준용

② 현장상황에 따라 동 규정의 기준에 의하는 것이 곤란한 경우에는 안전조치를 강구하여 동 규정의 기준 중 일부를 적용하지 않을 수 있다.

(4) 배관의 기준

① 해상탱크의 배관의 위치·구조 및 설비

가) 옥외저장탱크의 배관의 기준을 준용

나) 현장상황에 따라 동 규정의 기준에 의하는 것이 곤란한 경우에는 안전조치를 강구하여 동 규정의 기준 중 일부를 적용하지 아니할 수 있다.

② 배관과 그 밖의 배관과의 결합부분 : 파도 등에 의하여 당해 부분에 손상을 주지 않도록 조치할 것.

(5) 전기설비 등

①「전기사업법」에 의한 전기설비기술기준의 규정준용

② 열 및 부식에 대하여 내구성이 있는 동시에 기후의 변화에 내성이 있을 것.

③ 규정외에 해상탱크에 설치하는 펌프설비, 배관 및 전기설비

- 「선박안전법」에 정하는 바에 따른다.

④ 해상탱크의 주위에는 위험물이 새었을 경우에 그 유출을 방지하기 위한 방유제(부유식의 것을 포함한다)를 설치할 것.

⑤ 해상탱크에 관계된 옥외탱크저장소에는 위험물 또는 가연성 증기의 누설 또는 위험물의 폭발 등의 재해의 발생 또는 확대를 방지하는 설비를 설치할 것.

12) 옥외탱크저장소의 충수시험의 특례

옥외탱크저장소의 구조 또는 설비에 관하여 탱크의 옆판 또는 밑판의 교체공사를 제외한 변경공사 중 탱크본체에 관한 공사를 포함하는 변경공사로서 당해 탱크본체에 관한 공사가 다음에 정하는 변경공사에 해당하는 경우에는 당해 변경공사에 관계된 옥외탱크저장소에 대한 충수시험은 적용하지 않는다.

① 노즐·맨홀 등의 설치공사
② 노즐·맨홀 등과 관련되는 용접부의 보수공사
③ 지붕에 관련되는 공사(고정지붕식으로 된 옥외탱크저장소에 내부부상지붕을 설치하는 공사를 포함한다)
④ 옆판과 관련되는 겹침보수공사
⑤ 옆판과 관련되는 육성보수공사(용접부에 대한 열영향이 경미한 것에 한한다)
⑥ 최대저장높이 이상의 옆판에 관련되는 용접부의 보수공사
⑦ 에뉼러판 또는 밑판의 겹침보수공사 중 옆판으로부터 600mm 범위 외의 부분에 관련된 것으로서 당해 겹침보수부분이 저부면적(에뉼러판 및 밑판의 면적을 말한다)의 2분의 1 미만인 것.
⑧ 에뉼러판 또는 밑판에 관한 육성보수공사(용접부에 대한 열영향이 경미한 것에 한한다)
⑨ 밑판 또는 에뉼러판이 옆판과 접하는 용접이음부의 겹침보수공사 또는 육성보수공사(용접부에 대한 열영향이 경미한 것에 한한다)

4 옥내탱크저장소

옥내탱크저장소는 지붕과 기둥 또는 벽 등에 의하여 둘러싸인 옥내에 있는 탱크에 위험물을 저장하는 장소를 말한다. 표시와 게시판 기준은 위험물제조소의 기준을 따른다.

1) 안전거리 및 보유공지

옥내탱크저장소는 비교적 안전한 구조이므로 안전거리 및 보유공지에 대해서는 해당사항 없다.

2) 옥내탱크저장소의 탱크전용실의 기준

위험물을 저장 또는 취급하는 옥내탱크는 단층건물에 설치된 탱크전용실에 설치하는 것을 원칙으로 한다.

① 벽, 기둥, 바닥
가) 내화구조 (보는 불연재료)
나) 연소의 우려가 있는 외벽은 출입구외에는 개구부가 없도록 한다. 다만, 인화점이 70℃

이상인 제4류 위험물만의 옥내저장탱크를 설치하는 탱크전용실에 있어서는 연소의 우려가 없는 외벽·기둥 및 바닥을 불연재료로 할 수 있다.

다) 액체위험물 탱크전용실의 바닥

- 위험물이 침투하지 않는 구조
- 적당히 경사를 두며, 최저부에는 집유설비를 한다.

② 지붕

가) 불연재료

나) 천장은 내부에 위험물 증기가 체류할 수 있으므로 설치하지 않는다.

③ 창 및 출입구

가) 60분+방화문 또는 60분방화문 또는 30분방화문을 설치한다.

나) 연소의 우려가 있는 외벽에 두는 출입구에는 수시로 열 수 있는 자동폐쇄식 60분+방화문 또는 60분방화문을 설치한다.

④ 출입구의 턱

- 탱크전용실의 출입구의 턱의 높이를 당해 탱크전용실내의 옥내저장탱크(옥내저장탱크가 2 이상인 경우에는 모든 탱크)의 용량을 수용할 수 있는 높이 이상으로 하거나 옥내저장탱크로부터 누설된 위험물이 탱크전용실 외의 부분으로 유출되지 않는 구조로 하여야 한다.

3) 옥내탱크의 구조 및 저장기준

옥내저장탱크의 구조는 옥외저장탱크의 기준을 준용한다.

① 강철판의 두께 : 3.2mm 이상

② 탱크의 용량

가) 단층, 1층 및 지하층

- 지정수량의 40배 이하로 하여야 한다.
- 제4석유류 및 동식물유류 외의 제4류 위험물은 20,000Liter 이하

나) 복층 이상

- 지정수량 10배 이하로 한다.
- 제4석유류 및 동식물유류 외의 것은 5,000Liter 이하

③ 단층이 아닌 건축물의 1층 혹은 지하층에서 취급할 수 있는 위험물

가) 제2류 위험물 중 황화인, 적린, 덩어리상태의 황

　나) 제3류 위험물 중 황린
　다) 제6류 위험물 중 질산
④ 옥내탱크저장소의 탱크와 탱크전용실과의 거리
　가) 탱크와 탱크전용실 외벽 : 0.5m 이상
　나) 탱크와 탱크상호간의 거리 : 0.5m 이상
　다) 탱크의 점검 및 보수에 지장이 없는 경우에는 상호거리 제한은 없다.
⑤ 액체위험물의 옥내저장탱크에는 위험물의 양을 자동적으로 표시하는 장치를 설치하여야 한다.

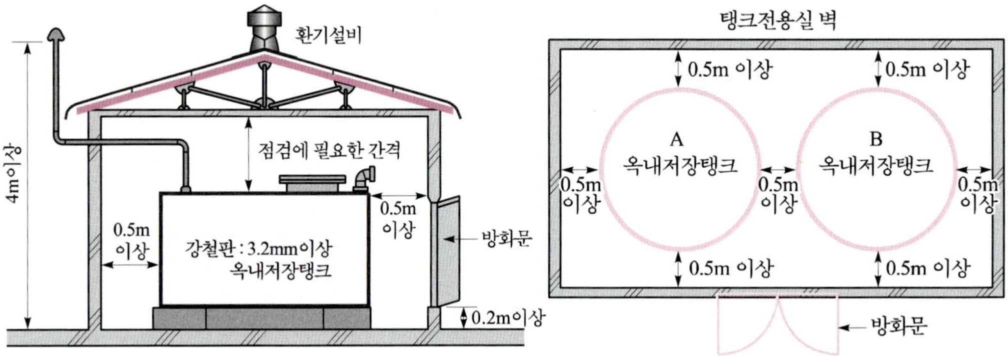

그림 3-9 옥내탱크저장소의 구조

4) 통기관의 기준

옥내저장탱크 중 압력탱크(최대상용압력이 부압 또는 정압 5kPa을 초과하는 탱크)외의 탱크(제4류 위험물의 옥내저장탱크로 한정)에 있어서는 밸브없는 통기관 또는 대기밸브부착 통기관을 설치하고, 압력탱크에 있어서는 기준에 따른 압력계 및 안전장치를 설치하여야 한다.

(1) 통기관의 기준

① 지면으로부터 선단까지의 거리 : 4m 이상
② 건축물의 창 및 개구부로부터 1m 이상 떨어지도록 할 것.
③ 인화점 40℃ 미만인 위험물의 통기관은 부지경계선과 1.5m 이격시킨다.
④ 선단은 수평면보다 45° 이상 구부려 빗물 등의 침투를 막는 구조로 하여야 한다.
⑤ 인화점이 100℃ 미만의 고인화점 위험물의 통기관 선단은 탱크전용실 내에 설치할 수 있다.

⑥ 통기관은 가스 등이 체류할 우려가 있는 굴곡이 없어야 한다.

⑦ 옥외탱크저장소의 밸브없는 통기관 기준 준용
(인화점이 38℃ 미만인 위험물만을 저장 또는 취급하는 탱크에 설치하는 통기관에는 화염방지장치를 설치하고, 그 외의 탱크에 설치하는 통기관에는 40메쉬(mesh) 이상의 구리망 또는 동등 이상의 성능을 가진 인화방지장치를 설치할 것(단, 인화점 70℃ 이상의 위험물만을 그 인화점 미만의 온도로 저장 또는 취급하는 탱크에 설치하는 통기관에 있어서는 인화방지장치를 설치하지 않아도 된다.).)

5) 옥내탱크저장소의 펌프설비

(1) 탱크전용실이 있는 건축물 외의 장소에 설치하는 펌프설비

- 옥외저장탱크의 펌프설비의 기준을 준용

(2) 탱크전용실이 있는 건축물에 설치하는 펌프설비

① 탱크전용실외의 장소에 설치하는 경우

가) 벽, 기둥, 바닥, 보 : 내화구조

나) 펌프실의 상층이 있는 경우 : 상층의 바닥을 내화구조로 한다.

다) 펌프실의 상층이 없는 경우
- 지붕을 가벼운 불연재료로 하며, 천장을 설치하지 않는다.

라) 출입구에는 60분+방화문 또는 60분방화문을 설치할 것. 다만, 제6류 위험물의 탱크전용실에 있어서는 30분방화문을 설치할 수 있다.

마) 펌프실에는 창을 설치하지 않지만, 제6류 위험물의 탱크전용실에 대해서는 60분+방화문 또는 60분방화문 혹은 30분방화문이 있는 창을 설치할 수 있다.

바) 환기 및 배출설비
- 방화상 유효한 댐퍼를 설치하여야 한다.
- 가연성 증기가 체류할 우려가 있는 경우 그 증기를 옥외의 높은 곳으로 배출하는 설비를 설치하여야 한다.

사) 출입구의 턱높이 : 0.2m 이상

아) 펌프실의 바닥
- 위험물이 침투하지 않는 구조
- 적당히 경사를 지게하고 최저부에는 집유설비를 한다.

자) 인화점이 21℃미만인 위험물을 취급하는 펌프설비는 「옥외저장탱크 펌프설비」라는

게시판과 방화에 관하여 필요한 사항을 게시한 게시판을 설치한다.

② 탱크전용실에 펌프설비를 설치하는 경우

가) 견고한 기초위에 고정한다.

나) 불연재료로 된 턱을 탱크전용실의 문턱높이(0.2m) 이상의 높이로 설치한다.

다) 가연성 증기를 옥외의 높은 곳으로 배출하는 설비를 설치할 것.

라) 누설된 위험물이 유출되거나 유입되지 않도록 한다.

6) 탱크주입구의 설치기준

① 옥외탱크저장소의 기준을 준용한다.

② 화재예방상 지장이 없는 곳에 설치한다.

③ 밸브 및 뚜껑을 설치하여야 한다.

④ 휘발유, 벤젠 및 정전기 발생의 우려가 있는 액체위험물은 접지전극을 설치하여 정전기를 제거한다.

⑤ 인화점 21℃ 미만의 위험물을 취급하는 경우는 주의사항 게시판을 설치하여야 한다.

7) 옥내탱크저장소의 특례(부록 II 참고)

알킬알루미늄등, 아세트알데하이드등 및 하이드록실아민등을 저장 또는 취급하는 옥내탱크저장소에 있어서는 알킬알루미늄등 · 아세트알데하이드등 · 하이드록실아민등의 옥외탱크저장소의 규정을 준용하여야 한다.

(1) 알킬알루미늄등의 옥외탱크저장소

① 옥외저장탱크의 주위에는 누설범위를 국한하기 위한 설비 및 누설된 알킬알루미늄 등을 안전한 장소에 설치된 조에 이끌어 들일 수 있는 설비를 설치할 것.

② 옥외저장탱크에는 불활성의 기체를 봉입하는 장치를 설치할 것.

(2) 아세트알데하이드등의 옥외탱크저장소

① 옥외저장탱크의 설비는 동·마그네슘·은·수은 또는 이들을 성분으로 하는 합금으로 만들지 아니할 것.

② 옥외저장탱크에는 냉각장치 또는 보냉장치, 그리고 연소성 혼합기체의 생성에 의한 폭발을 방지하기 위한 불활성의 기체를 봉입하는 장치를 설치할 것.

(3) 하이드록실아민등의 옥외탱크저장소

① 옥외탱크저장소에는 하이드록실아민등의 온도의 상승에 의한 위험한 반응을 방지하기 위한 조치를 강구할 것.

② 옥외탱크저장소에는 철이온 등의 혼입에 의한 위험한 반응을 방지하기 위한 조치를 강구할 것.

5 지하탱크저장소

위험물지하탱크저장소는 위험물을 지반면 아래 설치된 탱크전용실에 설치하여야 한다. 용량 등에 관한 제한으로 인한 비교적 안전한 구조이므로 안전거리 및 보유공지에 대한 해당사항이 없다. 표시와 게시판 기준은 위험물제조소의 기준을 따른다.

지하탱크는 설치방식에 따라 크게 전용실 방식과 직접매설방식으로 나뉘며, 탱크 구조에 따라 누설방지구조인 강제탱크와 강제강화플라스틱제 이중벽탱크, 그리고 강제이중벽탱크와 강제플라스틱제 이중벽탱크로 나눌 수 있다. 탱크의 공간용적은 내용적에 대하여 5%이상 10% 이하의 용적으로 한다.

1) 탱크의 구조

① 본체의 두께 : 3.2mm 이상의 강철판

② 주입배관 선단과 탱크 밑바닥 상호거리 : 0.1m 이하

③ 배관은 위쪽으로 할 것.

2) 탱크전용실의 기준

① 지면에서 탱크 본체까지의 매설깊이 : 0.6m 이상

② 지하탱크 외면의 보호조치 방법

가) 부식방지도장방법

나) 모르타르(몰탈)방법

- 부식방지제 및 아스팔트 프라이머 도장 후 아스팔트 루핑 및 철망으로 피복하고, 그 위에 두께 2cm 이상의 모르타르(몰탈) 도장을 해야 한다.
- 아스팔트 및 아스팔트 루핑의 두께 : 1cm 이상

다) 모르타르(몰탈)방법의 기준

- 아스팔트 루핑 : 아스팔트루핑(KSF 4902)의 규격에 의한 성능 이상의 것.
- 철망 : 와이어라스(wire laths) (KSF 4551)의 규격에 의한 성능 이상의 것.
- 모르타르에는 방수제를 혼합할 것.
  (단, 모르타르를 도장한 표면에 방수제를 도장하는 경우는 제외.)

라) 에폭시수지 등을 이용하는 방법

- 프라이머를 도장하고 그 표면에 복장재를 감은 후 에폭시수지 혹은 타르에폭시수지에 의한 피복을 탱크의 외면으로부터 2mm 이상될 때까지 실시한다.
- 복장재 : 수도용 강관아스팔트복장방법 (KS D 8306)으로 정하는 비닐론클로스 혹은 헤시안클래스에 적합하여야 한다.

마) 강화플라스틱을 이용하는 방법

- 탱크외면에 프라이머 도장을 하고, 그 표면에 유리섬유 등을 강화재로 한 강화플라스틱에 의한 피복을 3mm 이상될 때까지 실시한다.

※ 와이어라스의 종류

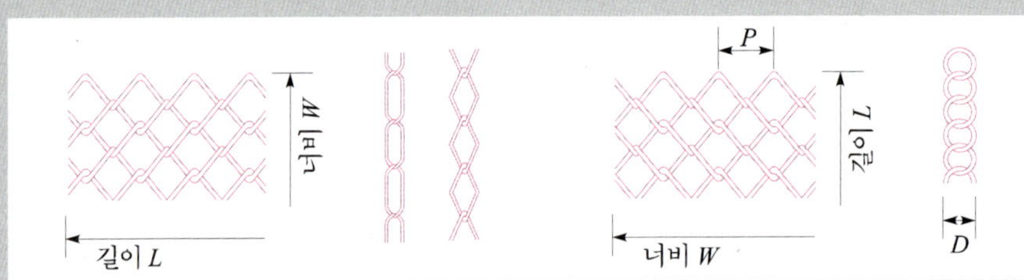

(a) 마름모형 및 갑옷형의 평면도 및 단면도

(b) 둥근형의 평면도 및 단면도

※ 부식방지도료 (방청도료, rust resisting paint) (4)

- 금속 소재에 녹이 발생하는 것을 방지하는 도료.
- 프탈산수지, 염화고무, 에폭시수지, 아연분말도료 등이 있다.

※ 아스팔트 프라이머 (asphalt primer) (2)

- 아스팔트를 휘발성 용제로 녹인 것.
- 바탕과의 접착력을 높이기 위해 아스팔트 방수의 밑칠 등에 사용한다.

※ 아스팔트 루핑 (asphalt roofing) (2)

- 동식물 섬유를 원료로 한 펠트에 스트레이트 아스팔트를 침투시켜 양면을 블론 아스팔트(blown asphalt)로 피복하고, 표면에 점착 방지재를 살포한 것.
- 방수성이 크므로 방수 공사나 지붕 바탕에 쓰인다.

③ 탱크전용실과 탱크 최외측과의 상호거리 : 0.1m 이상

④ 탱크전용실의 철근콘크리트 두께 : 0.3m 이상

⑤ 탱크실 내부

가) 건조사 또는 습기에 응고되지 않는 입자지름이 5mm 이하의 마른 자갈분으로 채워야 한다.

나) 탱크전용실의 벽, 바닥, 두껑의 내부 : 직경 9mm부터 13mm까지의 철근을 가로 및 세로 5cm부터 20cm까지의 간격으로 배치할 것.

다) 탱크전용실의 벽, 바닥, 두껑의 재료 : 수밀콘크리트를 혼입하거나 벽, 바닥, 두껑의 중간층에 아스팔트층을 만드는 방법으로 적절한 방수조치를 한다.

⑥ 2개 이상의 탱크를 인접하여 설치하는 경우 : 상호간 거리 1m 이상
(단, 용량의 합계가 100배 미만일 경우, 상호거리는 0.5m 이상)

⑦ 탱크전용실과 대지경계선과의 거리 : 0.1m 이상

⑧ 탱크전용실과 벽, 피트, 가스관 등과 같은 지하매설물간의 거리 : 0.1m 이상

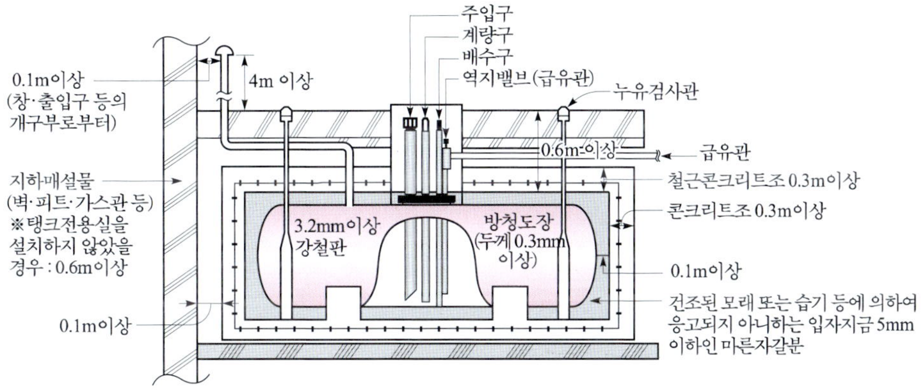

그림 3-10 탱크전용실이 있는 지하탱크저장소의 구조

3) 탱크전용실을 설치하지 않는 지하탱크저장소의 기준

제4류 위험물의 지하저장탱크는 탱크전용실을 설치하지 않아도 되며, 아래의 기준에 따라야 한다.

① 탱크를 지하철·지하가 또는 지하터널로부터 수평거리 10m 이상의 장소에 설치하여야 한다.

② 탱크의 길이 및 너비보다 0.6m 이상 크고 두께가 0.3m 이상인 철근콘크리트조의 뚜껑

으로 덮어야 하며, 이 때 뚜껑에 걸리는 중량이 직접 탱크에 걸리지 않아야 한다.

③ 탱크를 견고한 기초 위에 고정시킨다.

④ 탱크와 대지경계선과의 거리 : 0.6m 이상

⑤ 외면보호조치방법

가) 몰탈방법

나) 에폭시수지 등을 이용하는 방법

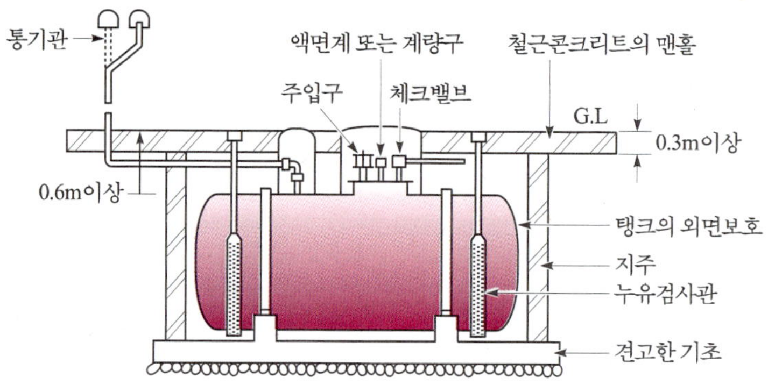

그림 3-11 탱크전용실이 없는 지하탱크저장소의 구조

4) 지하저장탱크의 용량에 따른 성능 기준

지하저장탱크는 용량에 따라 아래 표에 정하는 기준에 적합하게 강철판 또는 동등 이상의 성능이 있는 금속재질로 완전용입용접 또는 양면겹침이음용접으로 틈이 없도록 만드는 동시에, 최대상용압력이 46.7kPa 이상인 압력탱크 외의 탱크에 있어서는 70kPa의 압력으로, 압력탱크에 있어서는 최대상용압력의 1.5배의 압력으로 각각 10분간 수압시험을 실시하여 새거나 변형되지 않아야한다. (수압시험은 소방청장이 정하여 고시하는 기밀시험과 비파괴시험을 동시에 실시하는 방법으로 대신할 수 있다.)

표 3-11 지하저장탱크 용량에 따른 강철판의 최소두께

탱크용량 (Liter)	탱크의 최대직경 (mm)	강철판의 최소두께 (mm)
1,000 이하	1,067	3.20
1,000 초과 2,000 이하	1,219	3.20
2,000 초과 4,000 이하	1,625	3.20
4,000 초과 15,000 이하	2,450	4.24

15,000 초과 45,000 이하	3,200	6.10
45,000 초과 75,000 이하	3,657	7.67
75,000 초과 189,000 이하	3,657	9.27
189,000 초과	-	10.00

5) 누유검사관의 설치규정

지하탱크저장소는 땅속에 탱크저장소를 매설하므로 위험물의 누설을 확인하기 어려우므로 누유검사관을 설치한다.

① 탱크 1개에 대하여 4개 이상을 적당한 곳에 설치한다.
② 검사관은 이중관으로 하며, 소공이 없는 상부는 단관으로 한다.
③ 재질은 금속관 혹은 경질 합성수지관으로 한다.
④ 검사관은 탱크전용실의 바닥 또는 탱크의 기초까지 닿아야 한다.
⑤ 검사관의 상부는 물이 침투하지 않는 구조로 하고 뚜껑은 검사를 위해 쉽게 열 수 있는 구조여야 한다.
⑥ 검사관의 밑부분으로부터 탱크의 중심 높이까지의 부분에는 소공이 뚫려 있어야 한다. (단, 지하수위가 높은 장소에 있어서는 지하수위 높이까지의 부분에 소공이 뚫려 있어야 한다.)

6) 통기관의 기준

최대상용압력이 부압 또는 정압 5kPa을 초과하는 탱크외의 제4류 위험물의 탱크에 있어서는 밸브 없는 통기관 또는 대기밸브 부착 통기관을 설치하고, 압력탱크에 있어서는 제조소의 안전장치의 기준을 따라야 한다.

(1) 밸브 없는 통기관

① 통기관은 지하저장탱크의 윗부분에 연결해야 한다.
② 통기관 중 지하의 부분은 그 상부의 지면에 걸리는 중량이 직접 해당 부분에 미치지 않도록 보호하고, 해당 통기관의 접합부분에 내하여는 해당 접합부분의 손상유무를 점검할 수 있는 조치를 해야 한다.
③ 지면으로부터 선단까지의 거리 : 4m 이상

④ 건축물의 창 및 개구부로부터 1m 이상 떨어지도록 할 것.
⑤ 인화점 40℃ 미만인 위험물의 통기관은 부지경계선과 1.5m 이격시킨다.
⑥ 선단은 수평면보다 45° 이상 구부려 빗물 등의 침투를 막는 구조로 하여야 한다.
⑦ 가는 눈의 동망 등으로 인화방지장치 설치
(단, 인화점 70℃ 이상의 위험물만을 그 인화점 미만의 온도로 저장 또는 취급하는 탱크에 설치하는 통기관에 있어서는 인화방지장치를 설치하지 않아도 된다.)
⑧ 통기관은 가스 등이 체류할 우려가 있는 굴곡이 없어야 한다.

(2) 대기밸브 부착 통기관

① 통기관은 지하저장탱크의 윗부분에 연결해야 한다.
② 통기관 중 지하의 부분은 그 상부의 지면에 걸리는 중량이 직접 해당 부분에 미치지 않도록 보호하고, 해당 통기관의 접합부분에 대하여는 해당 접합부분의 손상유무를 점검할 수 있는 조치를 해야 한다.
③ 가는 눈의 동망 등으로 인화방지장치 설치
(단, 인화점 70℃ 이상의 위험물만을 그 인화점 미만의 온도로 저장 또는 취급하는 탱크에 설치하는 통기관에 있어서는 인화방지장치를 설치하지 않아도 된다.)
④ 5kPa 이하의 압력차이로 작동할 수 있을 것.
⑤ 제4류 위험물 중 제1석유류를 저장하는 지하탱크의 경우
가) 정압 : 0.6kPa 이상 1.5kPa 이하에서 작동하여야 한다.
나) 부압 : 1.5kPa 이상 3.0kPa 이하에서 작동하여야 한다.

7) 펌프설비 및 과충전방지와 맨홀의 기준

(1) 액중펌프설비의 전동기의 구조

지하저장탱크안에 설치하는 펌프설비 또는 전동기를 액중펌프설비라 한다.

① 고정자는 위험물에 침투되지 않는 수지가 충전된 금속 용기에 수납되어 있어야 한다.
② 운전 중에 고정자가 냉각되는 구조로 하여야 한다.
③ 전동기의 내부에 공기가 체류하지 않는 구조로 되어야 한다.
④ 전선은 위험물이 침투되지 않는 것으로 하고, 직접 위험물에 접하지 않도록 보호해야 한다.
⑤ 액중펌프설비는 체절운전에 의한 전동기의 온도상승을 방지하기 위한 조치가 강구될 것.
⑥ 전동기의 정지

가) 전동기의 온도가 현저하게 상승한 경우

나) 펌프의 흡입구가 노출된 경우

※ 체절운전

펌프 토출측의 게이트 밸브를 완전 폐쇄하고 펌프가 작동하여 압력이 최대인 점에서 운전할 때를 체절운전이라 한다. 이 때 펌프 토출측의 압력이 더 이상 올라가질 않을 때를 체절압력이라 한다.

(2) 액중펌프설비의 설치

① 액중펌프설비는 지하저장탱크와 플랜지접합으로 할 것.

② 액중펌프설비중 지하저장탱크내에 설치되는 부분은 보호관내에 설치하여야 한다. (단, 충분한 강도가 잇는 외장에 의하여 보호되어 있는 경우는 그러하지 아니하다.)

③ 액중펌프설비중 지하저장탱크의 상부에 설치되는 부분은 위험물의 누설을 점검할 수 있는 조치가 강구된 안전상 필요한 강도가 있는 피트내에 설치할 것.

※ 플랜지접합

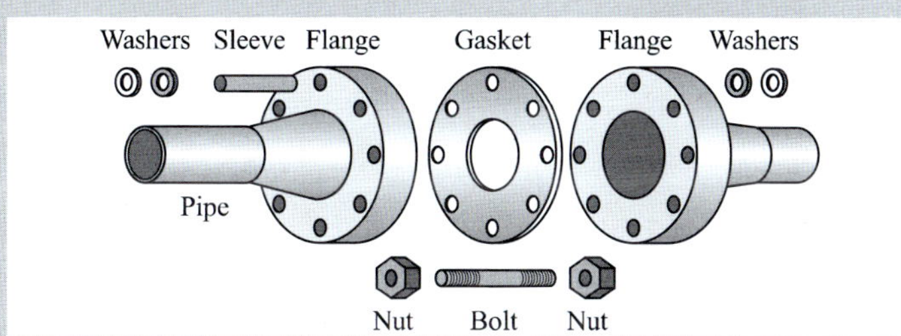

(3) 과충전방지

① 탱크용량을 초과하는 위험물이 주입될 때 자동으로 그 주입구를 폐쇄하거나 위험물의 공급을 자동으로 차단하는 방법

② 탱크용량의 90%가 찰 때 경보음을 울리는 방법

(4) 맨홀이 설치기준

① 맨홀은 지면까지 올라오지 않도록 하되, 가급적 낮게 하여야 한다.

② 보호틀의 기준

가) 보호틀을 탱크에 완전히 용접하는 등 보호틀과 탱크를 기밀하게 접합할 것.

나) 보호틀의 뚜껑에 걸리는 하중이 직접 보호틀에 미치지 않도록 설치할 것.

다) 빗물 등이 침투하지 않도록 할 것.

8) 이중벽탱크의 지하탱크저장소의 기준

이중벽탱크는 위험물을 저장하는 탱크의 외면에 누설을 감지할 수 있는 틈(감지층)이 생기도록 강판 또는 강화플라스틱 등으로 피복하여 만든 탱크를 말한다.

(1) 강판을 피복한 경우

① 내벽탱크의 외면에 간격을 두고 외벽탱크를 설치하여, 위험물의 누설을 검지할 수 있는 조치를 강구한 탱크이다. 내벽과 외벽이 모두 강(Steel)제이기 때문에 'SS이중벽탱크'라고도 한다.

② 지하저장탱크에 당해 탱크의 저부로부터 위험물의 최고액면을 넘는 부분까지의 외측에 감지층이 생기도록 두께 3.2mm 이상의 강판을 피복하여야 한다.

③ 피복된 강판과 지하저장탱크 사이의 감지층에는 적당한 액체를 채우고 채워진 액체의 누설을 감지할 수 있는 설비를 갖추어야 하며, 감지층에 채워진 액체는 강판의 부식을 방지하는 조치를 강구한 것이어야 한다.

(2) 강화플라스틱 또는 고밀도폴리에틸렌으로 피복한 경우

① 탱크의 저부로부터 위험물의 최고액면을 넘는 부분까지의 외측에 감지층이 생기도록 두께 3mm 이상의 유리섬유강화플라스틱 또는 고밀도폴리에틸렌을 피복하며, 이 경우 유리섬유강화플라스틱 또는 고밀도폴리에틸렌의 휨강도, 인장강도 등은 소방청장이 정하여 고시하는 성능이 있어야 한다.

② 수지 및 강화재로 만들어진 강화플라스틱 : 당해 탱크의 외측에 감지층이 생기도록 유리섬유강화플라스틱을 피복하여야 한다.

③ 피복된 강화플라스틱 또는 고밀도폴리에틸렌과 지하저장탱크의 사이의 감지층에는 누설한 위험물을 감지할 수 있는 설비를 갖추어야 한다.

> **※ 강제강화플라스틱제 이중벽탱크**
>
> 강제의 지하저장탱크의 외면에 간극을 갖도록 한 후 강화플라스틱을 피복을 하고 위험물의 누설을 검지할 수 있는 조치를 강구한 탱크로 강(Steel)제의 탱크에 섬유강화플라스틱(FRP : Fiber Reinforced Plastics)을 피복하기 때문에 'SF이중벽탱크'라 한다.

> **※ 강화플라스틱제 이중벽탱크**
> 강화플라스틱제의 지하저장탱크에 강화플라스틱 간극을 갖도록 피복함과 동시에 위험물의 누설을 검지할 수 있는 조치를 강구한 탱크로 'FF이중벽탱크'라 한다.

(3) 기밀 재료

표 3-12 위험물 종류에 따른 기밀재료

저장 또는 취급하는 위험물의 종류	수지		강화재
	위험물과 접하는 부분	그 밖의 부분	
휘발유(KS M 2612에 규정한 자동차용가솔린), 등유, 경유 또는 중유(KS M 2614에 규정한 것 중 1종)	KS M 3305(섬유강화플라스틱용 액상불포화폴리에스터수지)(UP-CM, UP-CE 또는 UP-CEE에 관한 규격으로 한정)에 적합한 수지 또는 이와 동등 이상의 내약품성이 있는 바이닐에스터수지	두께 3mm 이상의 유리섬유강화플라스틱 또는 고밀도폴리에틸렌	유리섬유강화플라스틱

9) 위험물의 성질에 따른 특례

아세트알데하이드등 및 하이드록실아민등을 저장 또는 취급하는 지하탱크저장소는 아래 기준을 따른다.

① 아세트알데하이드 등

가) 지하저장탱크는 탱크전용실에 설치할 것.

나) 지하저장탱크의 설비는 아세트알데하이드등의 옥외저장탱크의 설비의 기준을 준용하여야 한다.

(단, 지하저장탱크가 아세트알데하이드 등의 온도를 적당한 온도로 유지할 수 있는 구조인 경우에는 냉각장치 또는 보냉장치를 설치하지 아니할 수 있다.)

② 하이드록실아민 등 : 하이드록실아민등을 저장 또는 취급하는 옥외탱크저장소의 규정을 준용한다.

10) 기타

① 액체위험물의 지하저장탱크에는 위험물의 양을 자동으로 표시하는 장치와 계량구를설치하고, 계량구 아래에 있는 탱크의 밑판에는 손상을 방지하기 위한 조치를 하여야 한다.

② 액체위험물의 지하저장탱크의 주입구는 옥외저장탱크주입구의 기준을 준용하여 옥외에 설치한다.

6 이동탱크저장소

이동탱크저장소는 차량에 고정된 탱크에 위험물을 저장하는 것으로 일명 탱크로리 (tank lorry, 영어권에서는 tank truck 혹은 tanker)라고도 한다.

1) 상치장소(차고)

(1) 옥외 상치장소

① 화기를 취급하는 장소 및 인근 건축물과의 상호거리 : 5m 이상

② 인근 건축물이 단층인 경우 : 3m 이상
(하천의 공지나 수면, 내화구조 또는 불연재료의 담 또는 벽 그 밖에 이와 유사한 것에 접하는 경우는 제외한다.)

③ 금연구역임을 알리는 표지를 설치해야 한다.

(2) 옥내 상치장소

① 벽, 바닥, 보, 서까래 및 지붕 : 내화구조 또는 불연재료

② 건물의 1층에 설치하여야 한다.

2) 이동저장탱크의 구조

(1) 탱크의 기준

① 맨홀 및 주입관의 뚜껑을 포함한 탱크의 본체 : 두께 3.2mm 이상의 강철판

② 수압시험

가) 최대상용압력이 46.7kPa이상인 압력탱크 : 최대상용압력의 1.5배의 압력으로 10분간 수압시험

나) 최대상용압력이 46.7kPa이상인 압력탱크 외의 탱크 : 70kPa의 압력으로 10분간 수압시험

③ 탱크의 외면 : 부식방지도장 (단, 부식의 우려가 없는 경우는 제외)

④ 위험물의 유별에 따른 이동탱크저장소의 착색

표 3-13 위험물의 유별에 따른 이동탱크저장소 도장 색상

유 별	도장의 색상	비 고
제1류 위험물	회 색	1. 탱크의 앞면과 뒷면을 제외한 면적의 40%이내의 면적은 다른 유별의 색상 외의 색상으로 도장할 수 있다.
제2류 위험물	적 색	
제3류 위험물	청 색	2. 제4류 위험물에 대해서는 도장색상의 제한은 없으나 적색을 권장한다.
제5류 위험물	황 색	
제6류 위험물	청 색	

(2) 안전칸막이

칸막이로 구획된 각 부분에 설치해야 할 장치는 맨홀, 안전장치, 방파판이다. 안전칸막이는 사고 등으로 탱크의 일부가 파손되더라도 위험물이 누출되는 것을 방지하기 위해 설치한다.

① 탱크 내부에 4,000Liter 마다 3.2mm 이상의 강철판으로 칸막이 설치
(즉, 탱크용량 4,000Liter일 때는 칸막이 필요 없음.)
예) 탱크용량이 8,000Liter일 때는 1개의 칸막이로 2개의 칸이 생기게 되고,
12,000Liter인 경우는 2개의 칸막이로 3개의 칸이 생긴다.

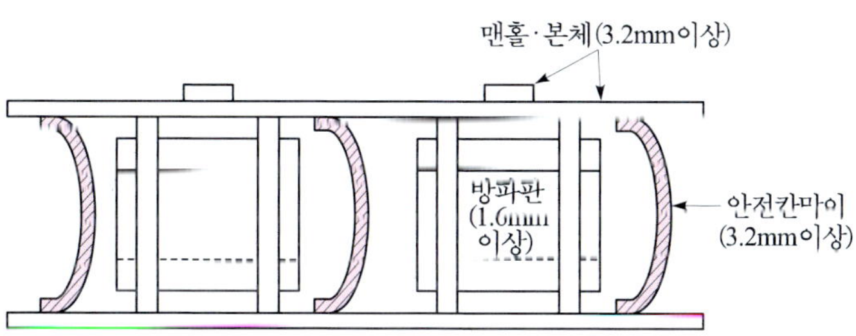

그림 3-12 안전칸막이와 방파판

② 안전칸막이의 예외 : 고체위험물 혹은 고체위험물을 가열하여 액체상태로 저장하는 경우 안전칸막이를 설치하지 않을 수 있다.

(3) 안전장치와 방파판

안전칸막이로 구획된 각 부분마다 맨홀과 안전장치 및 방파판을 설치하여야 한다. 방파판은 탱크가 급회전할 경우, 탱크 내의 유체가 원심력에 의해 탱크가 전복되는 것을 막고 주행 안전성을 확보하기 위해 설치하는 것이다.

① 안전장치의 작동압력

가) 상용압력이 20kPa 이하인 탱크 : 20kPa 이상 24kPa 이하에서 작동

나) 상용압력이 20kPa 초과하는 탱크 : 상용압력의 1.1배이하에서 작동

② 방파판

가) 하나의 구획부분에 2개 이상의 방파판을 탱크의 진행방향과 평행으로 설치

나) 방파판의 두께 : 1.6mm 이상의 강철판

다) 각 방파판은 그 높이 및 칸막이로부터의 거리를 다르게 한다.

라) 탱크용량 2,000Liter 이상의 탱크실에 설치

마) 각 방파판의 면적 합계는 당해 구획부분의 최대 수직단면의 50% 이상으로 할 것.

바) 수직단면이 원형이거나 짧은 지름이 1m 이하의 타원형일 경우는 40% 이상으로 할 수 있다.

(4) 측면틀 및 방호틀

맨홀, 주입구 및 안전장치 등이 탱크의 상부에 돌출되어 있는 탱크에 있어서는 부속장치의 손상을 방지하기 위하여 측면틀과 방호틀을 설치하여야 한다.

① 측면틀

가) 탱크 뒷부분의 입면도에서 측면틀의 최외측과 탱크의 최외측을 연결한 직선의 수평면에 대한 내각 : 75° 이상

나) 탱크 중심점과 측면틀의 최외측을 연결한 직선 : 35° 이상

다) 탱크 상부 네모퉁이의 전단 및 후단으로부터의 수평거리 : 1m 이내

라) 측면틀에 걸리는 하중에 의해 탱크가 손상되지 않도록 측면틀의 부착부분에 받침판을 설치해야 한다.

마) 피견인차량에 고정된 탱크에는 측면틀을 설치하지 않아도 된다.

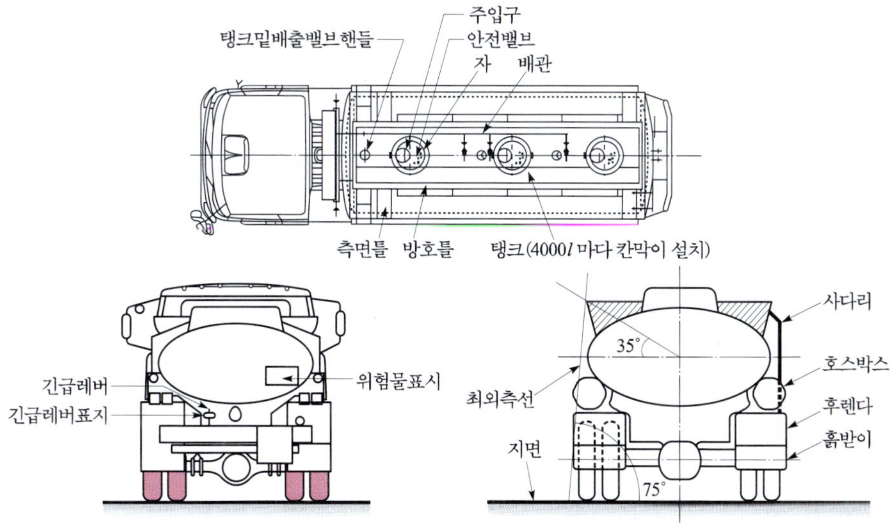

그림 3-13 이동탱크저장소의 구조

② 방호틀

가) 두께 2.3mm 이상의 산모양의 형상

나) 정상부분은 부속장치보다 50mm 이상 높게 한다.

다) 방호틀의 구성 : 주입구, 안전장치, 맨홀, 계량장치

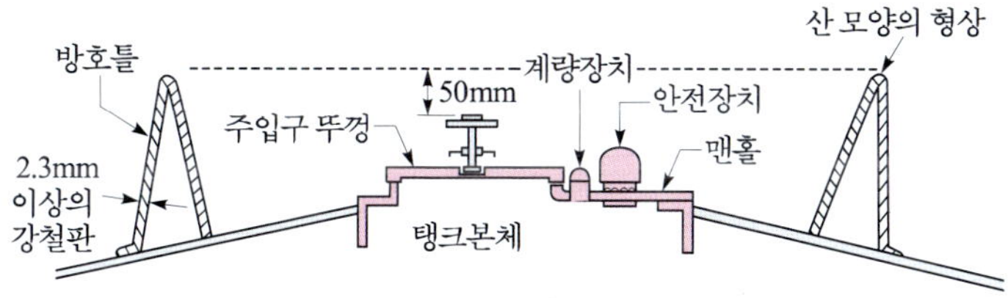

그림 3-14 방호틀의 구조

(5) 배출밸브 및 폐쇄장치

① 배출밸브

가) 이동저장탱크의 아랫부분에 배출구를 설치하는 경우에는 탱크의 배출구에 배출밸브를 설치하고 비상시 직접 배출밸브를 폐쇄할 수 있는 수동 및 자동 폐쇄장치 설치하여야 한다.

나) 배출밸브는 외부의 충격으로부터 보호할 수 있는 장치를 하여야 한다.

② 수동폐쇄장치

가) 레버의 길이 : 15cm 이상

나) 레버의 가까운 곳에 '레버'라는 표시와 작동방식을 표지하여야 한다.

(6) 주입호스와 결합금속구의 기준

① 결합금속구의 재질 : 놋쇠 (제6류 위험물의 탱크는 제외)

② 주입호스의 재질과 규격 및 결합금속구의 규격

가) 주입호스의 재질

- 재질은 저장 또는 취급하는 위험물과 반응될 우려가 없는 것.
- 탄성이 풍부한 것으로 할 것.
- 위험물 취급중의 탄력에 충분히 견뎌내는 강도를 가진 것.

나) 내경 및 두께

- 균등해야 하며, 균열·손상이 없는 것.
- 주입호스의 내경 : 23mm 이상
- 0.3MPa 이상의 압력에 견딜 수 있는 것.
- 필요 이상으로 길게 하지 아니할 것.

③ 결합금속구의 기준

가) 마찰, 충격 등에도 불꽃을 튀기거나 점화원이 되지 않는 재료

나) 위험물 취급중에 위험물이 샐 우려가 없는 구조

다) 결합금속구의 접합면에 사용되는 패킹

- 저장 또는 취급하는 위험물이 침투될 우려가 없어야 함.
- 접합에 의한 압력 등에 충분히 견뎌내는 강도를 가진 것.
- 결합금속구는 나사식결합금속구, 맞대기고정식결합금속구 또는 이와 동등 이상의 결합성을 가진 것.

(a) 나사식결합금속구를 이용하는 경우

- 나사의 호칭이 50 이하의 것 : 관용평행나사(KS B 0221)
- 나사의 호칭이 50 이하 외의 것 : 미터가는나사 (KS B 0204) 중 아래 표에 정한 것으로 하고, 이음부의 나사산 개수는 암나사 4개 이상, 수나사 6개 이상일 것.

표 3-14 나사 포칭에 따른 미터가는나사 치수

나사호칭	피 치	암 나 사		
		골지름	유효지름	안지름
		수 나 사		
		바깥지름	유효지름	골지름
64	3	64.000mm	62.051mm	60.752mm
75	3	75.000mm	73.051mm	71.752mm
90	3	90.000mm	88.051mm	86.752mm
110	3	110.000mm	108.051mm	106.752mm
115	3	115.000mm	113.051mm	111.752mm

(b) 맞대기고정식 결합금속구를 이용하는 경우

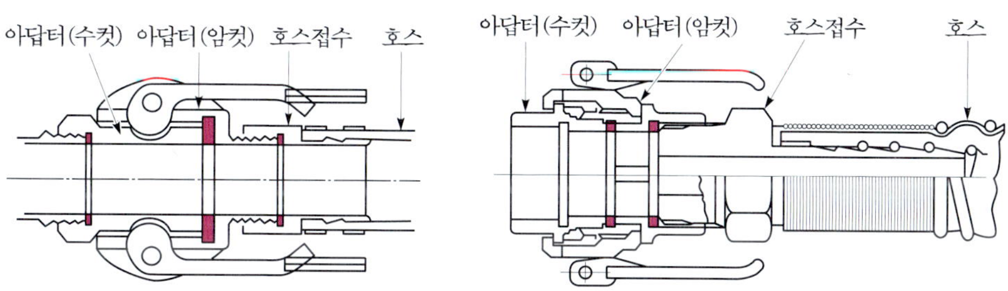

(7) 주입설비의 기준

이동탱크저장소의 주입설비는 주입호스의 선단에 개폐밸브를 설치한 것을 말한다.

① 위험물이 샐 우려가 없고 화재예방상 안전한 구조로 하여야 한다.

② 주입설비의 길이 : 50m 이내로 하고 정전기를 제거할 수 있는 장치를 설치한다.

③ 배출량 : 200 Liter/min. 이하

(8) 이동탱크저장소의 표시판 및 게시판

① 표시판

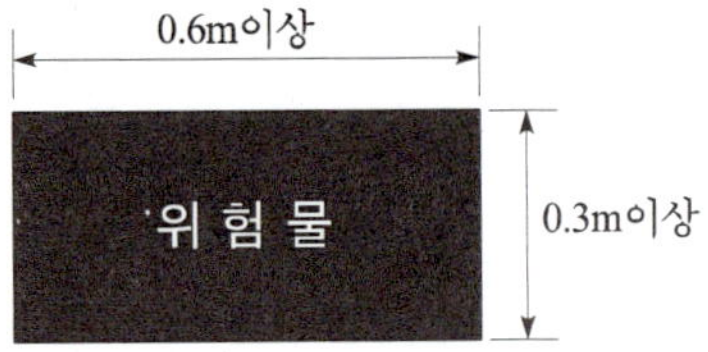

흑색 바탕 황색 반사도료

② 게시판

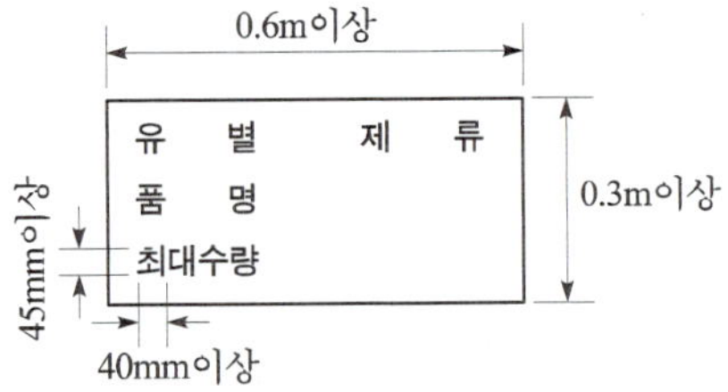

백색 바탕 흑색 문자

(9) 펌프설비

① 이동탱크저장소에 설치하는 펌프설비는 차량구동용엔진(피견인식 이동탱크저장소의 견인부분에 설치된 것은 제외한다)의 동력원을 직접 이용하여 위험물을 이송하여야 한다.

② 외부로부터 전원을 공급받는 방식의 모터펌프를 설치할 경우

가) 저장 또는 취급 위험물은 인화점 40℃ 이상 혹은 비인화성일 것.

나) 화재예방상 지장이 없는 위치에 고정하여 설치할 것.

③ 피견인식 이동탱크저장소의 견인부분에 설치된 차량구동용 엔진의 동력원을 이용하는 경우

가) 견인부분 : 작동유탱크 및 유압펌프 설치

나) 피견인부분 : 오일모터 및 펌프 설치

다) 트랜스미션(Transmission)으로부터 동력전동축을 경유하여 견인부분의 유압펌프를 작동시키고 그 유압에 의하여 피견인부분의 오일모터를 경유하여 펌프를 작동시키는 구조이어야 한다.

④ 이동탱크저장소에 설치하는 펌프설비는 이동저장탱크로부터 위험물을 토출하는 용도에 한한다.

⑤ 폐유의 회수 등의 용도에 사용되는 이동탱크저장소에는 진공흡입방식의 펌프를 설치할

수 있는 경우

가) 저장 또는 취급 위험물은 인화점이 70℃ 이상인 폐유 또는 비인화성일 것.

나) 감압장치의 배관 및 배관의 이음 : 금속제

(단, 완충용이음은 내압 및 내유성이 있는 고무제품을, 배기통의 최상부는 합성수지 제품을 사용할 수 있다.)

다) 호스 선단(끝부분) : 돌 등의 고형물이 혼입되지 않도록 망 등을 설치할 것.

라) 이동저장탱크로부터 위험물을 다른 저장소로 옮겨 담는 경우

- 저장소의 펌프 또는 자연하류의 방식에 의하는 구조이어야 한다.

(10) 접지도선의 설치 기준

제4류 위험물 중 특수인화물, 제1석유류 또는 제2석유류의 이동탱크저장소에는 접지도선을 설치하여야 한다.

① 양도체(良導體)의 도선에 비닐 등의 절연재료로 피복하여 선단에 접지전극등을 결착시킬 수 있는 클립(clip) 등을 부착하여야 한다.

② 도선이 손상되지 않도록 도선을 수납할 수 있는 장치를 부착하여야 한다.

3) 취급기준

주유취급소, 판매취급소, 이송취급소 및 이동탱크저장소에서의 위험물취급기준은 동일한 기준을 적용한다. 아래 기준은 컨테이너식 이동탱크저장소를 제외하고 적용되는 중요 취급기준이다.

① 이동저장탱크로부터 이동저장탱크로의 위험물 주입은 허용되지 않는다.

② 이동저장탱크로부터 액체위험물을 용기에 옮겨 담지 아니할 것. 다만, 주입호스의 끝부분에 수동개폐장치를 한 주입노즐(수동개폐장치를 개방상태로 고정하는 장치를 한 것을 제외한다)을 사용하여 위험물 운반에 관한 기준에 적합한 운반용기에 인화점 40℃ 이상의 제4류 위험물을 옮겨 담는 경우에는 그러하지 아니하다.

③ 이동저장탱크로부터 위험물을 저장 또는 취급하는 탱크에 인화점이 40℃ 미만인 위험물을 주입할 때에는 이동탱크저장소의 원동기를 정지시킬 것.

④ 이동저장탱크로부터 직접 위험물을 일반 자동차와 덤프트럭 및 콘크리트믹서트럭의 연료탱크에 주입하지 말 것.

⑤ 휘발유·벤젠 그 밖에 정전기에 의한 재해발생의 우려가 있는 액체의 위험물을 이동저장

탱크에 주입하거나 이동저장탱크로부터 배출하는 때에는 도선으로 이동저장탱크와 접지전극 등과의 사이를 긴밀히 연결하여 당해 이동저장탱크를 접지할 것.

⑥ 휘발유·벤젠·그 밖에 정전기에 의한 재해발생의 우려가 있는 액체의 위험물을 이동저장탱크의 상부로 주입하는 때에는 주입관을 사용하되, 당해 주입관의 끝부분을 이동저장탱크의 밑바닥에 밀착할 것.

⑦ 재해방지 기준 (휘발유를 저장하던 이동저장탱크에 등유나 경유를 주입할 때 또는 등유나 경유를 저장하던 이동저장탱크에 휘발유를 주입할 때에 대한 기준)

가) 이동저장탱크의 상부로부터 위험물을 주입할 때에는 위험물의 액표면이 주입관의 끝부분을 넘는 높이가 될 때까지 그 주입관내의 유속을 초당 1m 이하로 할 것.

나) 이동저장탱크의 밑부분으로부터 위험물을 주입할 때에는 위험물의 액표면이 주입관의 정상부분을 넘는 높이가 될 때까지 그 주입배관내의 유속을 초당 1m 이하로 할 것.

다) 그 밖의 방법에 의한 위험물의 주입은 이동저장탱크에 가연성증기가 잔류하지 않도록 조치하고 안전한 상태로 있음을 확인한 후에 할 것.

4) 컨테이너식 이동탱크저장소의 특례

이동저장탱크를 차량 등에 옮겨 싣는 구조로 된 이동탱크저장소를 컨테이너식 이동탱크저장소라고 한다.

① 강철판의 두께

가) 본체, 맨홀 및 주입구의 뚜껑 : 6mm 이상

나) 당해 탱크의 직경 또는 장축(긴 지름)이 1.8m 이하인 것은 5mm 이상

다) 안전칸막이 : 3.2mm 이상

② 상자틀

가) 이동저장탱크 및 맨홀, 주입구 및 안전장치 등과 같은 부속장치를 수납하기 위해 만든 틀

나) 부속장치와 상자틀 최외측간의 거리 : 50mm 이상

다) 탱크의 이동방향과 수직 및 평행인 것 : 이동저장탱크하중의 2배 이상을 견디는 강도를 가져야 한다.

라) 탱크의 이동방향과 직각으로 설치하여야 한다.

마) 이동저장탱크하중 이상을 견디는 강도를 가져야 한다.

※ 이동저장탱크하중

이동저장탱크, 부속장치 및 상자틀의 자중 + 저장하는 위험물의 무게

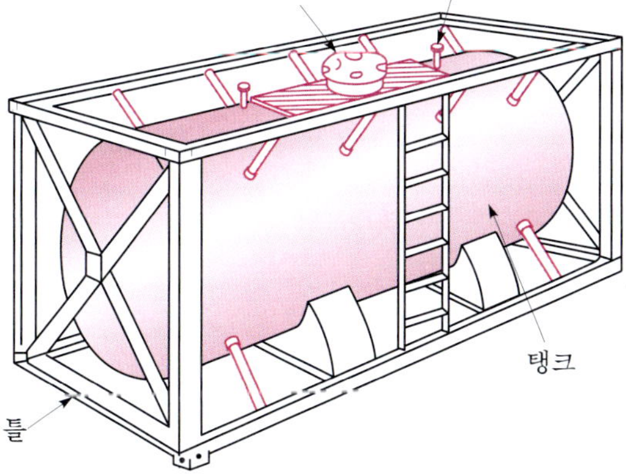

그림 3-15 상지틀의 구조

③ 허가청의 명칭 및 완공검사번호 표시

- 가로 0.4m 이상, 세로 0.15m 이상의 백색바탕에 흑색문자

④ 기타

가) 이동저장탱크는 옮겨 싣는 때에 이동저장탱크하중에 의하여 생기는 응력 및 변형에 대하여 안전한 구조로 할 것.

나) 컨테이너식 이동탱크저장소에는 이동저장탱크하중의 4배의 전단하중에 견디는 걸고리체결금속구 및 모서리체결금속구를 설치할 것. (단, 용량이 6,000Liter 이하인 이동저장탱크를 싣는 이동탱크저장소의 경우에는 이동저장탱크를 차량의 섀시프레임(차대 고정틀)에 체결하도록 만든 구조의 유(U)자볼트를 설치할 수 있다.)

다) 컨테이너식 이동탱크저장소에 주입호스를 설치하는 경우에는 이동탱크저장소의 주입호스 기준을 따른다.

5) 주유탱크차의 특례

항공기주유취급소에 있어서 항공기의 연료탱크에 직접 주유하기 위한 주유설비를 갖춘 이동탱크저장소를 주유탱크차라고 한다.

① 엔진배기통의 선단부에 화염분출방지장치 설치할 것.

② 주유호스 등이 적정하게 격납되지 아니하면 발진되지 않는 장치를 설치할 것.
③ 주유호스의 수압시험 : 최대 상용압력의 2배 이상에서 누설 등이 없을 것.
④ 주유배관의 수압시험 : 최대 상용압력의 1.5배 이상에서 10분간 수압시험
⑤ 공항 안에서 40km/h로 운행하는 주유탱크차에 대한 특례
(이동탱크저장소의 방파판 규정을 적용받지 않는 기준)
가) 길이 1.5m 이하 또는 4,000Liter마다 3.2mm 이상의 안전칸막이 설치할 것.
나) 설치된 칸막이에 구멍을 낼 수 있으나, 직경은 40cm 이내일 것.

6) 위험물 성질에 따른 이동탱크저장소의 특례

① 알킬알루미늄 등의 이동탱크
가) 강철판의 두께 : 10mm 이상
나) 용량 : 1,900 Liter 미만
다) 불활성기체를 봉입할 수 있는 구조로 할 것.
라) 안전장치 : 이동저장탱크의 수압시험 압력의 2/3를 초과하고 4/5를 넘지 않는 범위의 압력에서 작동할 것.
마) 이동저장탱크하중의 4배의 전단하중에 견딜 수 있는 걸고리체결금속구 및 모서리체결금속구를 설치할 것.
바) 외면 도장 : 적색
사) 주의사항 표시 : 백색문자로 동판의 양측면 및 경판에 주의사항 표시
(경판 : 동체의 양 끝부분에 부착하는 판)
② 아세트알데하이드 및 산화프로필렌 등의 이동탱크 (부록 II 참고)
가) 보냉장치가 있는 탱크의 저장시 유지 온도 : 비점 이하
나) 보냉장치가 없는 탱크의 저장시 유지 온도 : 40℃ 이하, 불연성 가스를 봉입할 수 있는 구조로 할 것.

7) 이동탱크저장소에 의한 위험물의 운송 기준

① 위험물운송자는 운송의 개시전에 이동저장탱크의 배출밸브 등의 밸브와 폐쇄장치, 맨홀 및 주입구의 뚜껑, 소화기 등의 점검을 충분히 실시할 것.
② 위험물운송자는 장거리(고속국도에 있어서는 340km 이상, 그 밖의 도로에 있어서는 200km 이상)에 걸치는 운송을 하는 때에는 2명 이상의 운전자로 할 것.
③ 2명 이상 운전자에 대한 예외규정

가) 운송책임자를 동승시킨 경우

나) 운송하는 위험물이 제2류 위험물·제3류 위험물(칼슘 또는 알루미늄의 탄화물과 이것만을 함유한 것에 한한다)또는 제4류 위험물(특수인화물 제외)인 경우

다) 운송도중에 2시간 이내마다 20분 이상씩 휴식하는 경우

④ 위험물운송자는 이동저장탱크로부터 위험물이 현저하게 새는 등 재해발생의 우려가 있는 경우에는 재난을 방지하기 위한 응급조치를 강구하는 동시에 소방관서 그 밖의 관계기관에 통보할 것.

7 간이탱크저장소

간이탱크저장소란 간이탱크에 위험물을 저장하는 저장소를 말한다. 간이탱크는 말 그대로 작은 탱크를 말하며 실제로 용량을 600Liter 이하로 정하고 있다. 원동기 및 기타 기계설비 등에 주유할 목적으로 사용할 수 있으나 현실적으로 많이 활용되지 않는 실정이다. 관련 기준은 제조소, 옥내탱크저장소, 옥내저장소 등의 규정을 준용한다.

1) 전용실의 기준

① 벽·기둥 및 바닥 : 내화구조

(단, 인화점이 70℃ 이상인 제4류 위험물만의 옥내저장탱크를 설치하는 탱크전용실의 경우에는 연소의 우려가 없는 외벽·기둥 및 바닥을 불연재료로 할 수 있다.)

② 보, 지붕 : 불연재료 (천장을 설치하지 않는다.)

③ 연소의 우려가 있는 외벽 : 출입구외에는 개구부가 없도록 하여야 한다.

④ 창 및 출입구 : 60분+방화문 또는 60분방화문 또는 30분방화문

(연소의 우려가 있는 외벽 출입구의 경우에는 수시로 열 수 있는 자동폐쇄식이 60분+방화문 또는 60분방화문)

⑤ 창 또는 출입구의 유리 : 망입유리

⑥ 바닥 : 위험물이 침투하지 않는 구조 및 적당한 경사와 집유설비 설치

⑦ 채광 및 조명 설비

가) 채광설비 : 불연재료

나) 연소의 우려가 없는 장소에 설치하되 채광면적을 최소로 할 것.

다) 조명설비의 기준

- 가연성가스 등이 체류할 우려가 있는 장소의 조명등 : 방폭등
- 전선 : 내화·내열전선
- 점멸스위치 위치 : 출입구 바깥부분에 설치할 것.
  (단, 스위치의 스파크로 인한 화재·폭발의 우려가 없을 경우는 제외)

⑧ 환기 및 배출 설비

가) 환기설비

- 자연배기방식
- 가는 눈의 구리망 등으로 인화방지장치를 설치할 것.
- 급기구 : 바닥면적 150m^2마다 1개 이상으로 낮은 곳에 설치
- 급기구의 크기 : 800cm^2 이상
- 바닥면적이 150m^2 미만인 경우

바닥면적	급기구의 면적
60m^2 미만	150cm^2 이상
60m^2 이상 90m^2 미만	300cm^2 이상
90m^2 이상 120m^2 미만	450cm^2 이상
120m^2 이상 150m^2 미만	600cm^2 이상

- 환기구 : 지붕위 또는 지상 2m 이상의 높이에 회전식 고정벤틸레이터 또는 루푸팬 방식으로 설치

나) 배출설비

- 배출구의 위치 : 지상 2m 이상, 연소의 우려가 없는 장소에 설치
- 배출덕트가 관통하는 벽부분의 바로 가까이에 화재시 자동으로 폐쇄되는 방화댐퍼를 설치할 것.
- 국소방식을 원칙으로 한다.
- 전역방식으로 할 수 있는 경우
  (a) 위험물취급설비가 배관이음 등으로만 된 경우
  (b) 건축물의 구조·작업장소의 분포 등의 조건에 의하여 전역방식이 유효한 경우
- 배풍기·배출닥트·후드 등을 이용하여 강제적으로 배출하는 것으로 하여야 한다.
- 배출능력 : 1시간당 배출장소 용적의 20배 이상
  (단, 전역방식의 경우에는 바닥면적 1m^2당 18m^3 이상)
- 배출설비의 급기구 및 배출구 기준

(a) 급기구는 높은 곳에 설치

(b) 가는 눈의 구리망 등으로 인화방지망 설치

(c) 배풍기 : 강제배기방식, 옥내닥트의 내압이 대기압 이상이 되지 않는 위치에 설치

> **참고**
> ① ~ ⑥ 까지의 기준은 옥내탱크저장소의 설치기준을 따른 것이다.
> ⑦ ~ ⑧ 까지의 기준은 제조소의 채광, 조명, 화기 및 배출설비 기준을 따른 것이다.

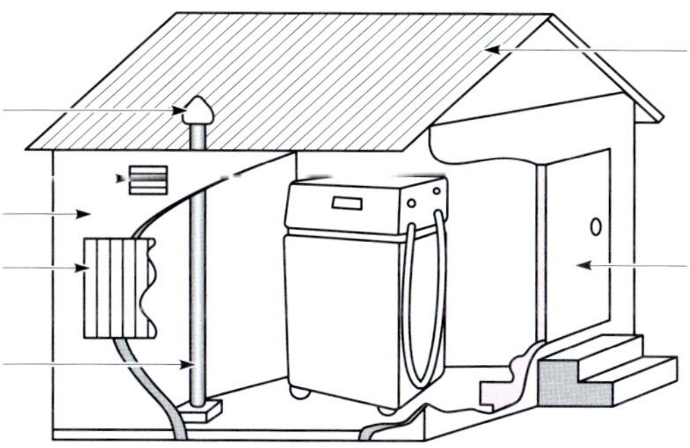

그림 3-16 간이탱크저장소의 탱크전용실의 구조

2) 간이탱크저장소의 구조

(1) 탱크의 구조

① 바퀴와 주유기가 달려 있어야 한다.

② 용량 : 600Liter 이하

③ 강철판의 두께 : 3.2mm 이하

(2) 설치규정

① 하나의 간이탱크저장시설에 설치하는 간이탱크는 3개까지 설치

② 동일한 위험물의 탱크는 2개 이상 금지

③ 보기 쉬운 곳에 '위험물 간이탱크저장소'라는 표지와 방화상 필요한 게시판 설치

④ 간이저장탱크는 움식이거나 넘어지지 않도록 지면 또는 가설대에 고정시켜야 한다.

⑤ 옥외에서 탱크의 보유공지 : 1m 이상

⑥ 탱크전용실과 탱크와의 거리 : 0.5m 이상

⑦ 간이저장탱크에 고정주유설비 또는 고정급유설비를 설치하는 경우에는 고정주유설비 또는 고정급유설비의 기준에 적합하여야 한다. (Chapter 4 참고)

(3) 통기관

① 밸브없는 통기관

가) 지름 : 25mm 이하

나) 가는 눈의 동망 등으로 인화방지망 설치

다) 지면에서 선단까지의 거리 : 1.5m 이상

라) 선단은 수평면으로부터 45° 이상 구부려 빗물 등의 침투를 막아야 한다.

② 대기밸브부착 통기관

가) 가는 눈의 동망 등으로 인화방지망 설치

나) 지면에서 선단까지의 거리 : 1.5m 이상

다) 5kPa 이하의 압력차이로 작동할 수 있을 것.

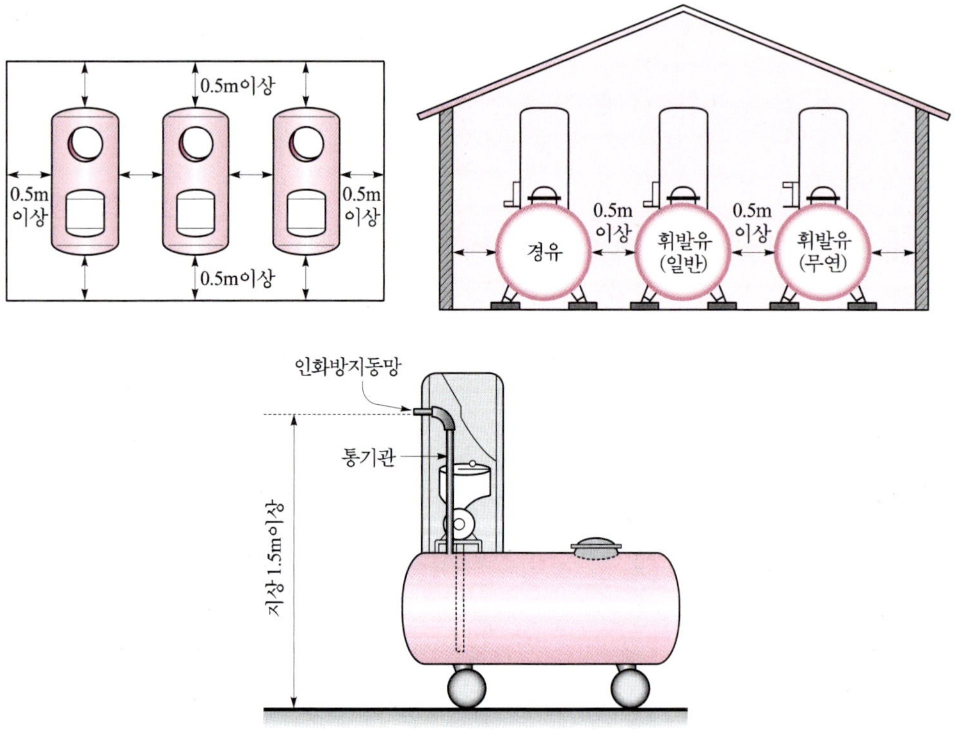

그림 3-17 간이탱크저장소의 설치기준

8 암반탱크저장소

암반탱크저장소는 지하 암반내의 공간을 이용한 탱크에 액체위험물을 저장하는 장소를 말한다. 원유나 석유의 대량 비축에 주로 사용된다. 표시와 게시판 기준은 위험물제조소의 기준을 따른다.

1) 설치기준

① 암반투수계수가 10^{-5}m/sec 이하인 천연암반 내에 설치할 것.

② 저장할 위험물의 증기압을 억제할 수 있는 지하수면 아래에 설치할 것.

③ 내벽은 암반균열에 의한 낙반을 방지할 수 있도록 볼트, 콘크리트 등으로 보강할 것.

④ 위험물 암반탱크의 공간용적은 탱크내에 용출하는 7일간의 지하수양과 상당하는 용적과 탱크 내용적의 1/100의 용적 중에서 큰 용적을 공간용적으로 한다.

2) 암반탱크의 수리(水理)조건

① 암반탱크내로 유입되는 지하수의 양은 암반내의 지하수 충전량보다 적을 것.

② 암반탱크의 상부로 물을 주입하여 수압을 유지할 필요가 있는 경우에는 수벽공을 설치할 것.

③ 암반탱크에 가해지는 지하수압은 저장소의 최대운영압보다 항상 크게 유지할 것.

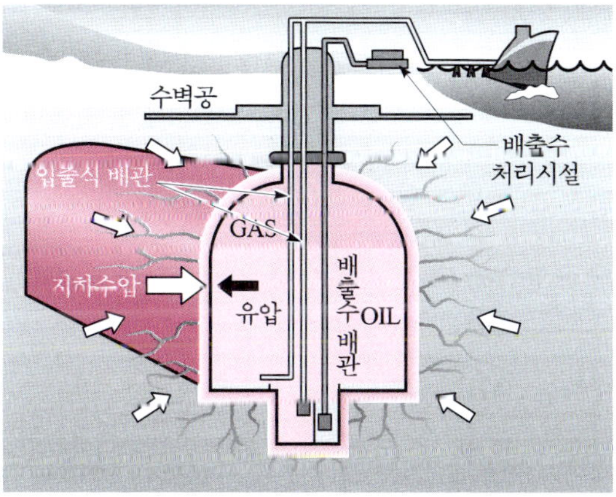

3-17 암반탱크저장소

3) 암반탱크의 설비기준

(1) 지하수위 관측공의 설치

암반탱크저장소 주위에는 지하수위 및 지하수의 흐름 등을 확인·통제할 수 있는 관측공을 설치하여야 한다.

(2) 계량장치

암반탱크저장소에는 위험물의 양과 내부로 유입되는 지하수의 양을 측정할 수 있는 계량구와 자동측정이 가능한 계량장치를 설치하여야 한다.

(3) 배수시설

암반탱크저장소에는 주변 암반으로부터 유입되는 침출수를 자동으로 배출할 수 있는 시설을 설치하고 침출수에 섞인 위험물이 직접 배수구로 흘러 들어가지 않도록 유분리장치를 설치하여야 한다.

(4) 펌프설비

암반탱크저장소의 펌프설비는 점검 및 보수를 위하여 사람의 출입이 용이한 구조의 전용공동에 설치하여야 한다. 다만, 액중펌프를 설치한 경우에는 그러하지 아니하다.

> ※ 액중펌프 : 펌프 또는 전동기를 저장탱크 또는 암반탱크안에 설치하는 것을 말한다

(5) 기타

① 암반탱크저장소에는 보기 쉬운 곳에 "위험물 암반탱크저장소"라는 표시를 한 표지와 방화상 필요한 사항을 게시한 게시판 및 금연구역임을 알리는 표지를 설치하여야 한다.

② 압력계 및 안전장치의 설치
  가) 자동적으로 압력의 상승을 정지시키는 장치
  나) 감압측에 안전밸브를 부착한 감압밸브
  다) 안전밸브를 병용하는 경보장치
  라) 파괴판

③ 정전기 제거설비
  가) 접지에 의한 방법
  나) 공기 중의 상대습도를 70% 이상으로 하는 방법

다) 공기를 이온화하는 방법

④ 액체위험물의 주입구의 기준

가) 화재예방상 지장이 없는 장소에 설치할 것.

나) 주입호스 또는 주입관과 결합할 수 있고, 위험물이 새지 아니할 것.

다) 주입구에는 밸브 또는 뚜껑을 설치할 것.

라) 정전기에 의한 재해가 발생할 우려가 있는 액체위험물의 암반탱크의 주입구 부근에는 정전기를 유효하게 제거하기 위한 접지전극을 설치할 것.

마) 인화점이 21℃ 미만인 위험물의 옥외저장탱크의 주입구에는 보기 쉬운 곳에 다음의 기준에 의한 게시판을 설치할 것.

- 한변이 0.3m 이상, 다른 한변이 0.6m 이상인 직사각형
- 게시판에는 "위험물 암반탱크 주입구"라고 표시
- 위험물의 유별, 품명 및 주의사항 표시
- 백색바탕에 흑색문자(주의사항은 적색문자)

바) 주입구 주위에는 새어나온 기름 등 액체가 외부로 유출되지 않도록 방유턱을 설치하거나 집유설비 등의 장치를 설치할 것.

9 옥내탱크 및 옥외탱크저장시설의 변형시험

1) 탱크의 구분

아세트알데하이드나 산화프로필렌 등과 같이 불연성 가스로 봉입하는 압력탱크(최대상용압력이 46.7kPa 이상인 탱크)와 일반 위험물을 저장하는 압력탱크가 아닌 탱크로 크게 2종으로 구분한다.

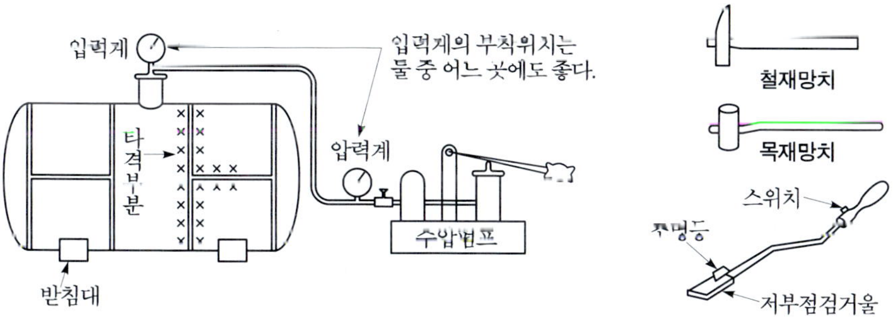

3-19 탱크수압시험 및 검사기구

2) 시험방법

충수 및 수압시험은 탱크가 완성된 상태에서 배관 등의 접속이나 내외부에 대한 도장작업 등을 하기 전에 위험물 탱크의 최대상용높이 이상으로 물을 가득 채워 실시한다.

3) 변형시험

① 압력탱크의 수압시험
- 최대상용압력의 1.5배로 10분간 실시하여 압력이 내려가거나 변형되지 않아야 한다.

② 압력탱크가 아닌 탱크의 수압시험 : 충수시험

③ 특정옥외저장탱크의 용접부
가) 특정옥외저장탱크 : 탱크의 용량이 100만Liter 이상인 탱크
나) 비파괴시험

④ 지하탱크 및 이동탱크저장시설의 변형시험
가) 압력탱크
- 수압시험
- 기밀시험 및 비파괴시험
- 기밀시험 : 탱크가 완성된 상태에서 배관 등을 접속하기 전에 , 공기 등으로 내부를 설계압력 이상으로 가압하여 실시한다.

나) 압력탱크 외의 탱크
- 수압시험 :70kPa의 압력으로 10분간 실시
- 기밀 및 비파괴시험

다) 알킬알루미늄 이동탱크의 수압시험
- 1MPa이상의 압력으로 10분간 실시

⑤ 간이탱크저장소의 변형시험
- 수압시험 : 70kPa의 압력으로 10분간 실시

⑥ 탱크시험자가 갖추어야 하는 장비
- 초음파탐상시험기, 초음파두께측정기, 자기탐상시험기, 진공누설시험기, 방사선투과시험기

1 옥외저장탱크의 밸브없는 통기관은 지름이 얼마 이상인 것으로 설치해야 하는가?

2 옥외저장탱크시설 주위의 보유공지에 대한 설명으로 잘못된 것은?
① 지정수량의 500배 이하 – 3m 이상
② 지정수량의 500배 초과 1,000배 이하 – 5m 이상
③ 지정수량의 1,000배 초과 2,000배 이하 – 10m 이상
④ 지정수량의 2,000배 초과 3,000배 이하 – 12m 이상

3 이동탱크저장소의 탱크중량의 중심점에서 측면틀 최외측을 연결하는 직선과 중심점을 지나는 직선 중 최외측선과 직각을 이루는 직선과의 내각은 얼마인가?

4 옥내저장탱크 압력탱크에 아세트알데하이드를 저장하는 경우 유지해야 할 온도는 얼마인가 ?

5 이동탱크의 부속장치가 아닌 것은?
① 맨홀 ② 안전장치 ③ 결합금속구 ④ 주입구

6 이동탱크저장소에서 압력탱크는 몇 kPa 이상이 탱크인가?
① 20.5kPa ② 37.5kPa ③ 46.7kPa ④ 52.4kPa

7 1층 이하의 옥내저장탱크 탱크전용실에 설치하는 탱크는 그 용량이 지정수량의 얼마 이하인가?

8 옥외저장탱크로서 압력탱크의 수압시험의 방법으로 알맞은 것은?
① 50kPa 압력으로 10분간 실시
② 70kPa 압력으로 10분간 실시
③ 최대상용압력의 1.1배의 압력으로 10분간 실시
④ 최대상용압력의 1.5배의 압력으로 10분간 실시

9 지하탱크저장소의 탱크전용실의 탱크외면에 방청도장의 두께는 몇 mm 이상인가?
① 0.2mm ② 0.3mm ③ 0.4mm ④ 0.5mm

10 간이탱크저장소 하나에 설치하는 간이탱크의 개수는?

11 이동탱크저장소의 밑밸브에 설치하는 수동식 폐쇄장치의 레버의 길이는 얼마인가?

12 위험물의 유별에 따른 이동탱크저장소의 착색이 바르게 짝지어진 것은?
① 제1류 위험물 - 청색
② 제2류 위험물 - 청색
③ 제3류 위험물 - 황색
④ 제5류 위험물 - 황색

13 위험물을 압력탱크에 저장할 경우 불활성 기체를 봉입해야 하는 위험물 3가지를 적으시오.

14 지하저장탱크를 2개 이상 인접할 경우, 그 용량의 합이 지정수량 100배를 초과할 경우와 100배 미만일 때 탱크간 상호거리는 각각 얼마인가?

15 지하탱크저장소의 배관은 탱크의 위쪽으로 설치하여야 하지만, 배관을 설치하지 않아도 되는 경우는 제4류 위험물 중 무엇인가?

16 옥외탱크저장소의 펌프설비에서 주의사항게시판을 설치하여야 하는 제4류 위험물의 인화점은 몇 ℃미만인가?

17 인화점이 40℃인 액체 위험물을 저장하기 위한 옥외탱크저장소에서 방유제의 면적이 75,000리터일 때 하나의 방유제에 설치할 수 있는 최대 개수와 방유제의 높이는 얼마인가?

18 옥외저장소에 용기에 수합하지 않고 덩어리상태의 유황을 저장할 때 경계표시 하나의 면적과 높이는 각각 얼마인가?

19 옥외저장소에 제4류 위험물 중 제1석유류를 저장할 수 있는 조건은 무엇인가?

20 지정유기과산화물을 저장하는 창고의 기준 중 담의 높이와 서까래의 간격을 각각 적으시오.

21 이동탱크저장소의 주입설비 길이는 얼마인가?

① 20m 이내 ② 30m 이내 ③ 40m 이내 ④ 50m 이내

22 옥내탱크저장소의 기준에 있어서 단층이 아닌 건축물의 1층 혹은 지하층에서 취급할 수 있는 위험물로 잘못 짝지어진 것은?

① 제2류 위험물 – 황화인
② 제2류 위험물 – 덩어리상태의 황
③ 제3류 위험물 – 황린
④ 제6류 위험물 – 과산화수소

CHAPTER 04

위험물 취급소

1. 주유취급소
2. 판매취급소
3. 이송취급소
4. 일반취급소

CHAPTER 04 Theory of Hazardous Materials Facilities

위험물 취급소

위험물취급소라 함은 지정수량 이상의 위험물을 제조 외의 목적으로 취급하기 위한 장소로 규정에 따른 허가를 받은 장소를 말한다. 위험물취급소에는 고정된 주유설비에 의하여 자동차·항공기 및 선박 등의 연료탱크에 직접 주유하기 위하여 위험물을 취급하는 주유취급소, 점포에서 위험물을 용기에 담에 판매하기 위하여 지정수량의 40배 이하의 위험물을 취급하는 판매취급소, 배관 빛 이에 부속하는 설비에 의하여 위험물을 이송하는 이송취급소와 주유/판매/이송취급소에 해당하지 않는 취급소로 위험물을 이용하여 최종생산물이 아닌 제품을 제조·생산 및 위험물을 생산하지 않는 일반취급소로 구분된다.

1 주유취급소

주유취급소는 고정된 주유설비에 의하여 자동차·항공기 및 선박 등의 연료탱크에 직접 주유하기 위하여 위험물을 취급하는 장소로 위험물을 용기에 채우거나 차량에 주입하기 위해 고정된 급유설비를 병설한 장소 포함한다. 석유 및 석유대체연료사업법에 의한 유사석유제품에 해당하는 물품을 취급하여서는 안된다

표 4-1 주유취급소의 분류

대상에 따라	자동차용, 항공기용, 선박용, 철도용
이용형태에 따라	영업용, 자가용
주유취급소 구조에 따라	옥내형, 옥외형

주유설비는 펌프기기 및 호스기기로 되어 위험물을 자동차 등에 직접 주유하기 위한 설비로서 현수식을 포함하며 급유설비는 펌프기기 및 호스기기로 되어 위험물을 용기에 옮겨 담거나 이동저장탱크에 주입하기 위한 설비를 말한다.

1) 주유취급소의 건축물 기준

(1) 건축물의 구조

① 주유공지

가) 너비 15m 이상, 길이 6m 이상의 콘크리트로 포장한 공지.

나) 공지의 바닥 : 주위 지면보다 높게 하고, 표면을 적당하게 경사지게 하여 유출된 기름이나 그 밖의 액체가 공지의 외부로 유출되지 않도록 배수구·집유설비 및 유분리장치를 설치한다.

② 건축물의 벽, 기둥, 바닥, 보 및 지붕 : 내화구조 또는 불연재료

(주유취급소의 직원 외의 자가 출입하는 사무소, 작업장, 점포/휴게음식점 및 전시장의 면적의 합이 $500m^2$를 초과하는 경우에는 건축물의 벽을 내화구조로 하여야 한다.)

③ 옥내주유취급소에서 자동차 등의 출입 및 통풍을 위해 설치하지 아니하는 벽 : 2 이상

- 2 이상의 방면

④ 방화벽의 높이 : 지면으로부터 2m 이상

(인근에 건축물이 없는 고속도로변이나 이와 유사한 도로변에 설치하는 것은 제외)

⑤ 사무실 및 화기를 사용하는 곳의 출입구 및 창

가) 출입구 : 안에서 밖으로 수시로 개방할 수 있는 자동폐쇄식

나) 출입구의 턱 : 15cm 이상

다) 밀폐시켜야 하는 창 : 지면으로부터 높이 1m 이하의 것.

라) 출입구 및 창의 유리

- 종류 : 망입유리 및 강화유리
- 강화유리(창)의 두께 : 8mm 이상
- 강화유리(출입구)의 두께 : 12mm 이상
- 캔틸레버의 돌출길이 : 1.5m 이상

⑥ 창 및 출입구에는 60분+방화문, 60분방화문, 30분방화문 또는 불연재료로 된 문을 설치할 것(이 경우 주유취급소의 직원 외의 자가 출입하는 사무소, 작업장, 점포/휴게음식점 및 전시장의 면적의 합이 $500m^2$를 초과하는 주유취급소로서 하나의 구획실의 면적이 $500m^2$를 초과하거나 2층 이상의 층에 설치하는 경우에는 해당 구획실 또는 해당 층의 2면 이상의 벽에 각각 출입구를 설치하여야 한다.).

※ 캔틸레버

건축물에서 옥내주유취급소의 용도에 사용되는 부분 중에서 상층이 있는 경우, 화재발생시 상층으로의 연소를 방지하기 위해 설치한 외팔보

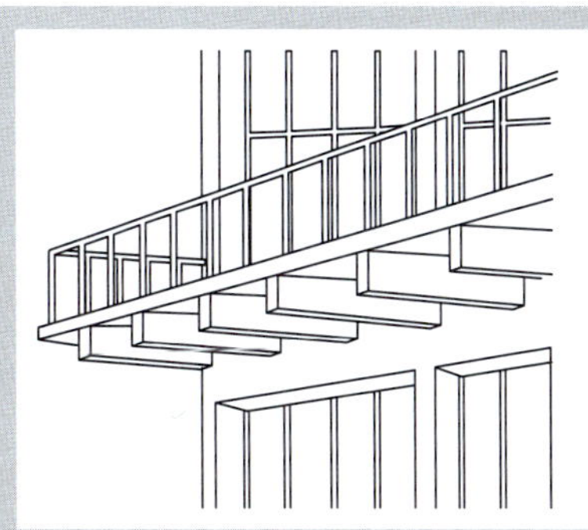

〈캔틸레버〉

⑦ 담 또는 벽의 유리에 관한 기준

가) 부착하는 위치 : 주입구, 고정주유설비 및 고정급유설비로부터 4m 이상 이격

나) 부착하는 방법

- 주유취급소 내의 지반면으로부터 70cm를 초과하는 부분에 부착
- 하나의 유리판의 가로의 길이 : 2m 이내
- 유리의 구조 : 접합유리(두 장의 유리를 두께 0.76mm 이상의 폴리바이닐뷰티랄 필름으로 접합한 구조). (비차열 30분 이상의 방화성능이 인정되어야 함.)
- 부착하는 범위 : 전체의 담 또는 벽의 길이의 2/10를 초과하지 말 것.

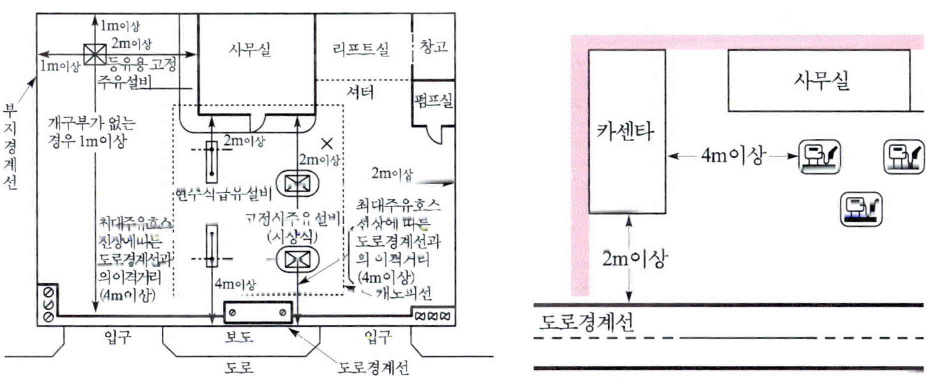

그림 4-1 주유취급소의 설치기준

※ **폴리바이닐뷰티랄**(polyvinyl butyral) (5)

- 중합도 200~1500, 부틸화도 약 57~70mol% 이며, 공업용은 바이닐뷰티랄, 아세트산바이닐, 바이닐알코올의 혼성 중합물이다.
- 조성에 따라 물리적, 화학적 성질이 변하며, 중합도에 따라 기계적 성질, 용액 점성도가 좌우된다.
- 도막은 무색 투명, 강인하고, 휘는 성질이 있으며 특히 저온에서의 충격 강도가 크다. 유리, 금속, 플라스틱, 목재, 피혁 등에 접착성이 좋다. 단독으로도 가교성을 가지며, 다른 수지(페놀 수지, 요소 수지, 멜라민 수지, 어느 종의 알키드 수지, 말레산 수지, 술폰아미드 수지 등)와 상용성이 있고, 열가소성이나 열경화성의 어떤 형으로도 사용할 수 있으며 우수한 내약품성을 얻을 수 있다.
- 자동차 및 휴대전화의 안전유리용으로 사용된다.

⑧ 캐노피

가) 배관이 캐노피 내부를 통과할 경우에는 1개 이상의 점검구를 설치할 것.

나) 캐노피 외부의 점검이 곤란한 장소에 배관을 설치하는 경우에는 용접이음으로 할 것.

다) 캐노피 외부의 배관이 일광열의 영향을 받을 우려가 있는 경우에는 단열재로 피복할 것.

⑨ 주유원 간이대기실의 기준

가) 불연재료

나) 바퀴가 부착되지 않은 고정식일 것.

다) 위치 : 차량의 출입 및 주유작업에 장애를 주지 않는 위치

러) 바닥면적 : 2.5m^2 이하

(단, 주유공지 및 급유공지 외의 장소에 설치하는 것은 그러하지 아니하다.)

⑩ 전기자동차용 충전설비의 기준

가) 충전기기(케이블로 전기자동차에 전기를 직접 공급하는 기기)의 주위에 전기자동차 충전을 위한 전용 공지(주유공지 또는 급유공지 외의 장소로 충전공지라 한다)를 확보하고, 충전공지 주위를 페인트 등으로 표시하여 그 범위를 알아보기 쉽게 하여야 한다.

나) 전기자동차용 충전설비를 주유취급소에서 허용되는 건축물의 밖에 설치하는 경우, 충전공지는 한국산업표준에서 정한 폭발성 가스에 의한 폭발위험장소 외의 장소에 두어야 한다.

다) 전기자동차용 충전설비를 건축물 안에 설치하는 경우

- 해당 건축물의 1층에 설치할 것.
- 위험물제조소 설비기준에 따른 환기설비 또는 배출설비를 설치할 것.

라) 전기자동차용 충전설비의 전력공급설비의 기준

- 분전반 : 방폭성능을 갖추어야 한다.

- 전력량계, 누전차단기 및 배선용 차단기 : 분전반 내에 설치
- 인입구 배선 : 지하에 설치하여야 한다.
- 궁극적으로 「전기사업법」에 따른 전기설비의 기술기준에 적합하여야 한다.

마) 충전기기와 인터페이스(커플러(coupler), 인렛(inlet), 케이블 등)의 기준
- 충전기기 : 방폭성능을 갖추어야 하다.
- 충전기기와 전기자동차를 연결할 때에는 연장코드를 사용할 수 없다.
- 구성 부품 : 「전기용품 및 생활용품 안전관리법」에 따른 기준에 적합하여야 한다.

바) 충전기기의 방폭성능 제외 기준
- 충전기기의 전원공급을 긴급히 차단할 수 있는 장치를 사무소 내부 또는 충전기기 주변에 설치할 것.
- 충전기기를 폭발위험장소 외의 장소에 설치할 것.

사) 충전작업에 필요한 주차장의 기준
- 충전작업은 충전된 전지를 전기자동차에 장착하는 작업도 포함하다
- 주유공지, 급유공지 및 충전공지 외의 장소
- 주유를 위한 자동차 등의 진입 · 출입에 지장을 주지 않는 장소
- 주차장의 주위를 페인트 등으로 표시하여 쉽게 범위식별이 가능하여야 한다.
- 지면에 직접 주차하는 구조

(2) 건축물 등의 제한 등

① 주유취급소에 주유 및 그 부대 업무를 위하여 사용되는 건축물 및 시설
(항목 외에는 다른 건축물 및 그 밖의 공작물을 설치불가)

가) 주유 또는 등유·경유를 옮겨 담기 위한 작업장
나) 주유취급소의 업무를 행하기 위한 사무소
다) 자동차 등의 점검 및 간이정비를 위한 작업장
라) 자동차 등의 세정을 위한 작업장
마) 주유취급소에 출입하는 사람을 대상으로 한 점포·휴게음식점 또는 전시장
바) 주유취급소의 관계자가 거주하는 주거시설
사) 전기자동차용 충전설비
아) 그 밖의 소방청장이 정하여 고시하는 건축물 또는 시설

② 주유취급소의 직원 외의 자가 출입하는 사무소, 작업장, 점포/휴게음식점 및 전시장(①의 나, 다, 마항)의 면적의 합 : 1,000m^2 이하

③ 자동화재탐지설비 등이 설치된 건축물에 설치할 수 있는 옥내주유취급소의 기준

가) 건축물안에 설치하는 주유취급소

나) 캐노피, 처마, 차양, 부연, 발코니 및 루버(louver)의 수평투영면적이 주유취급소의 공지면적(주유취급소의 부지면적에서 건축물 중 벽 및 바닥으로 구획된 부분의 수평투영면적을 뺀 면적을 말한다)의 1/3을 초과하는 주유취급소

> ※ **루버**(louver)
> 통풍이나 빛가림을 위해 폭이 좁은 판을 빗대는 창살

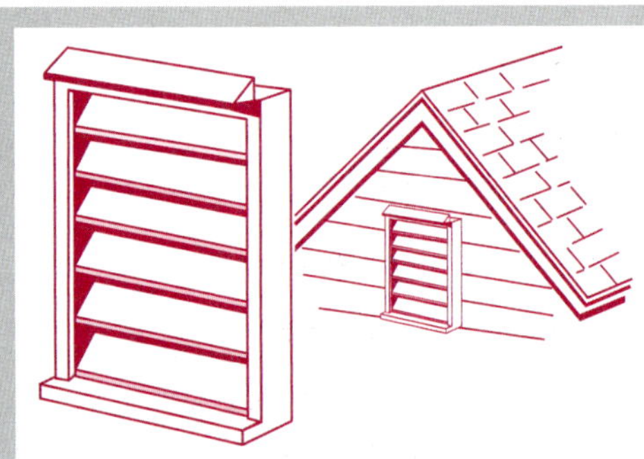

〈루버〉

2) 고정주유설비

(1) 설비의 기준

① 주유관의 길이

가) 5m 이내

나) 현수식은 지면위 0.5m의 수평면에 수직으로 내려 만나는 점을 중심으로 반경 3m 이내

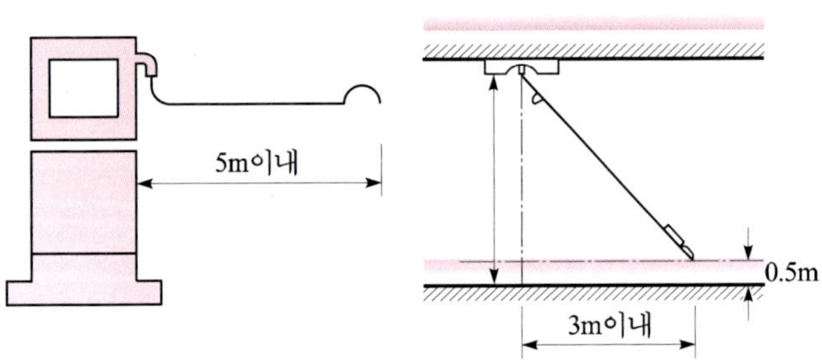

그림 4-2 고정 주유설비의 주유관 기준

② 도로경계선으로부터의 거리 : 4m 이상

③ 부지경계선, 담 및 건축물 벽으로부터의 거리 : 2m 이상

④ 개구부가 없는 벽으로부터의 거리 : 1m 이상
⑤ 자동차 등의 점검 및 정비, 세정을 하는 설비와의 상호거리 : 4m 이상
⑥ 고정주유설비와 고정급유설비와의 상호거리 : 4m 이상
⑦ 정전기제거장치 : 고정주유설비 또는 고정급유설비의 본체 및 노즐 손잡이에 설치
⑧ 고정급유설비와 부지경계선 및 담까지의 거리 : 1m 이상
⑨ 고정주유설비 또는 고정급유설비의 외장 : 난연성재료
⑩ 이동저장탱크의 상부를 통하여 주입하는 고정급유설비의 주유관에는 탱크의 밑부분에 도달하는 주입관을 설치하고, 배출량이 분당 80리터를 초과하는 것은 이동저장탱크에 주입하는 용도로만 사용할 것.

(2) 고정주유설비 펌프기기의 주유관 선단에서 최대 토출량

① 제1석유류(휘발유) : 분당 50Liter 이하
② 등유 : 분당 80Liter 이하
③ 경유 : 분당 180Liter 이하
④ 이동저장탱크에 주입하기 위한 등유용 고정급유설비 : 분당 300Liter 이하
⑤ 분당토출량이 200Liter 이상인 경우 모든 배관의 안지름은 40mm 이상

3) 전용탱크

지하에 매설하는 전용탱크 또는 폐유탱크 등의 위치·구조 및 설비는 지하탱크저장소의 규정에 의한 지하저장탱크의 기준을 따라야 하며, 지하에 매설하지 않는 폐유탱크 등의 위치·구조 및 설비는 옥내저장탱크의 기준 또는 시·도의 조례에 정하는 지정수량 미만인 탱크의 기준을 따라야 한다. 간이탱크의 구조 및 설비는 간이저장탱크의 구조 및 설비의 기준을 준용하고, 자동차 등과 충돌할 우려가 없도록 설치하여야 한다.

① 자동차 등에 주유하기 위한 고정주유설비에 직접 접속하는 전용탱크 : 50,000Liter 이하
② 고정급유설비에 직접 접속하는 전용탱크 : 50,000Liter 이하
③ 보일러에 직접 접속하는 탱크 : 10,000Liter 이하
④ 자동차 등의 점검 및 정비로 인한 폐유, 윤활유용 탱크 (폐유탱크등) : 2,000Liter 이하
⑤ ①~④의 탱크 (보일러와 폐유탱크등은 1,000Liter를 초과하는 것)는 옥외의 지하 또는 캐노피 아래의 지하에 매설하여야 한다.
⑥ 고속도로변 주유취급소의 탱크 : 60,000Liter 이하 (고속국도주유취급소의 특례)

4) 펌프실 등의 구조

① 바닥

가) 위험물이 침투하지 아니하는 구조

나) 적당한 경사를 두어 집유설비를 설치할 것.

② 위험물을 취급하는데 필요한 채광·조명 및 환기의 설비를 할 것.

③ 가연성 증기를 옥외에 배출하는 설비를 설치할 것.

④ 고정주유설비 또는 고정급유설비중 펌프기기를 호스기기와 분리하여 설치하는 경우

가) 펌프실의 출입구를 주유공지 또는 급유공지에 접하도록 한다.

나) 자동폐쇄식의 60분+방화문 또는 60분방화문을 설치할 것.

⑤ 펌프실 등에는 보기 쉬운 곳에 "위험물 펌프실", "위험물 취급실" 등의 표시를 한 표지와 방화에 관하여 필요한 사항을 게시한 게시판을 설치

⑥ 출입구 턱의 높이 : 바닥으로부터 0.1m 이상

5) 셀프용 고정주유설비 및 셀프용 고정급유설비

(1) 셀프용 고정주유설비 기준

① 주유호스의 끝부분(선단)에 수동개폐장치를 부착한 주유노즐을 설치할 것.

가) 수동개폐장치를 개방한 상태로 고정시키는 장치가 부착된 경우

- 주유작업을 개시함에 있어서 주유노즐의 수동개폐장치가 개방상태에 있는 때에는 당해 수동개폐장치를 일단 폐쇄시켜야만 다시 주유를 개시할 수 있는 구조로 할 것.
- 주유노즐이 자동차 등의 주유구로부터 이탈된 경우 주유를 자동적으로 정지시키는 구조일 것.

나) 주유노즐은 연료탱크가 가득 찬 경우 자동적으로 정지시키는 구조일 것.

다) 주유호스는 200kg중 이하의 하중에 의하여 깨져 분리되거나 이탈되어야 하고, 깨져 분리되거나 이탈된 부분으로부터의 위험물 누출을 방지할 수 있는 구조일 것.

라) 휘발유와 경유 상호간의 오인에 의한 주유를 방지할 수 있는 구조일 것.

② 1회 주유량 및 주유시간의 상한

가) 휘발유 : 100Liter 이하, 4분 이하

나) 경유 : 600Liter 이하, 12분

(2) 셀프용 고정급유설비 기준

① 급유호스의 끝부분에 수동개폐장치를 부착한 급유노즐을 설치할 것.

② 급유노즐은 용기가 가득한 경우에 자동적으로 정지시키는 구조일 것.
③ 1회 연속 급유량의 상한 : 100Liter 이하
④ 1회 급유시간의 상한 : 6분 이하

(3) 표시 및 기타 기준

① 각 설비 주위의 보기 쉬운 곳에 고객이 직접 주유할 수 있다는 의미의 표시를 하고 자동차의 정차위치 또는 용기를 놓는 위치를 표시할 것.
② 주유호스 등의 직근에 기기 등의 사용방법 및 위험물의 품목을 표시할 것.
③ 셀프용이 아닌 고정주유설비 또는 고정급유설비를 함께 설치하는 경우에는 셀프용이 아닌 것의 주위에 고객이 직접 사용할 수 없다는 의미의 표시를 할 것.
④ 고객의 주유작업을 감시·제어 및 필요한 지시를 하기 위한 감시대와 필요 설비의 기준
가) 감시대 위치 : 고객의 취급작업을 직접 볼 수 있는 위치에 설치할 것.
나) 고객의 취급작업을 직접 볼 수 없는 부분이 있는 경우 : 카메라 설치
다) 감시대 설비
- 모든 셀프용설비로의 위험물 공급을 정지시킬 수 있는 제어장치를 설치할 것.
- 고객에게 필요한 지시를 할 수 있는 방송설비를 설치할 것.
라) 감시대에서 근무하는 감시원은 안전관리자 또는 위험물안전관리에 관한 전문지식이 있는 자일 것.

6) 취급기준

주유취급소에서의 취급기준은 이동탱크저장소에서의 취급기준을 준용한다.

① 자동차 등에 주유할 때에는 고정주유설비를 사용하여 직접 주유할 것(중요기준).
② 자동차 등에 인화점 40℃ 미만의 위험물을 주유할 때에는 자동차 등의 원동기를 정지시킬 것. 다만, 연료탱크에 위험물을 주유하는 동안 방출되는 가연성 증기를 회수하는 설비가 부착된 고정주유설비에 의하여 주유하는 경우에는 그러하지 아니하다.
③ 이동저장탱크에 급유할 때에는 고정급유설비를 사용하여 직접 급유할 것.
④ 고정주유설비 또는 고정급유설비에 접속하는 탱크에 위험물을 주입할 때에는 당해 탱크에 접속된 고정주유설비 또는 고정급유설비의 사용을 중지하고, 자동차 등을 당해 탱크의 주입구에 접근시키지 아니할 것.
⑤ 고정주유설비 또는 고정급유설비에는 해당 설비에 접속한 전용탱크 또는 간이탱크의 배관외의 것을 통하여서는 위험물을 공급하지 아니할 것.

⑥ 자동차 등에 주유할 때에는 고정주유설비 또는 고정주유설비에 접속된 탱크의 주입구로부터 4m 이내의 부분(간이점검등을 위한 작업장 및 세정 작업장용도로 제공되는 부분 중 바닥 및 벽에서 구획된 것의 내부는 제외)에, 이동저장탱크로부터 전용탱크에 위험물을 주입할 때에는 전용탱크의 주입구로부터 3m 이내의 부분 및 전용탱크 통기관의 끝부분으로부터 수평거리 1.5m 이내의 부분에 있어서는 다른 자동차 등의 주차를 금지하고 자동차 등의 점검·정비 또는 세정을 하지 아니할 것.

7) 항공기 주유취급소의 특례

(1) 비행장에서 항공기, 비행장에 소속된 차량 등에 주유하는 주유취급소에 대한 예외 규정

주유취급소에 대한 아래 ①~⑩ 규정을 적용하지 않는다.

① 주유공지 및 급유공지
② 표지 및 게시판의 설치
③ 자동차용 고정주유설비에 직접 접속하는 전용탱크로서 50,000Liter 이하의 것.
④ 고정급유설비에 직접 접속하는 전용탱크로서 50,000Liter 이하의 것.
⑤ 보일러 등에 직접 접속하는 전용탱크로서 10,000Liter 이하의 것.
⑥ 자동차 등을 점검·정비하는 작업장 등(주유취급소안에 설치된 것에 한한다)에서 사용하는 폐유·윤활유 등의 위험물을 저장하는 폐유탱크로서 용량(2기 이상의 경우에는 용량의 합계)이 2,000Liter 이하인 탱크
⑦ 고정주유설비 또는 고정급유설비에 직접 접속하는 3기 이하의 간이탱크
⑧ 고정주유설비 전용탱크와 폐유탱크의 옥외 지하매설 또는 캐노피 아래의 지하 매설
⑨ 고정주유 및 급유설비의 분당 토출량, 주유관의 길이
⑩ 담과 벽, 캐노피

(2) 항공기주유취급소에 대한 특례

① 공지
가) 항공기 등에 직접 주유하는데 필요한 공지를 보유할 것.
나) 공지의 지면 : 콘크리트 등으로 포장하여야 한다.
다) 누설한 위험물 등의 액체가 공지의 외부로 유출되지 않도록 배수구 및 유분리장치를 설치할 것.

② 지하식(호스기기가 지하의 상자에 설치된 형식)의 고정주유설비를 사용하여 주유하는

항공기주유취급소의 경우

가) 호스기기를 설치한 상자에는 적당한 방수조치를 할 것.

나) 고정주유설비의 펌프기기와 호스기기를 분리하여 설치한 경우에는 위험물저장탱크로부터 위험물의 이송을 긴급히 정지할 수 있는 장치를 설치할 것.

③ 주유배관 및 주유배관의 호스기기 기준

가) 주유배관의 끝부분에는 밸브를 설치할 것.

나) 주유배관의 끝부분을 지면 아래의 상자에 설치한 경우에는 상자에 대하여 방수조치를 할 것.

다) 주유배관의 끝부분에 접속하는 호스기기 기준

- 화재예방상 안전한 구조로 할 것.
- 정전기를 유효하게 제거하는 장치를 설치할 것.

④ 항공기주유취급소에는 펌프기기를 정지하는 등의 방법에 의하여 위험물저장탱크로부터 위험물의 이송을 긴급히 정지할 수 있는 장치를 설치할 것.

⑤ 주유호스차를 사용하여 주유하는 항공기주유취급소의 기준

가) 주유호스차는 화재예방상 안전한 장소에 상치할 것.

나) 주유호스차에는 엔진배기통의 선단부에 화염의 분출을 방지하는 장치를 설치할 것.

다) 주유호스차에는 주유호스 등이 적정하게 격납되지 아니하면 발진되지 않는 장치를 설치할 것.

라) 주유호스차의 주유설비 기준

- 가연성 증기가 체류할 우려가 있는 펌프실 등에는 증기를 옥외에 배출하는 설비를 설치할 것.
- 주유설비에는 개방조작시에만 개방하는 자동폐쇄식의 개폐장치를 설치할 것.
- 주유호스의 선단부 : 연료탱크의 주입구에 연결하는 결합금속구를 설치할 것 (단, 주유호스의 선단부에 수동개폐장치를 설치한 주유노즐을 설치한 경우는 제외)
- 주유호스의 수압시험 : 최대상용압력의 2배 이상의 압력

마) 주유호스차의 호스기기에는 항공기와 전기적으로 접속하기 위한 도선을 설치하고, 정전기를 제거할 수 있는 장치를 설치할 것.

바) 항공기주유취급소에는 정전기를 제거할 수 있는 접지전극을 설치할 것.

⑥ 주유탱크차를 사용하여 주유하는 항공기주유취급소에는 정전기를 제거할 수 있는 접지전극을 설치할 것.

8) 철도주유취급소의 특례

(1) 철도주유취급소에 대한 예외 규정

주유취급소에 대한 아래 ①~② 규정을 적용하지 않는다.

① 주유공지 및 급유공지
② 캐노피

(2) 철도주유취급소에 대한 특례

① 공지
  가) 철도 및 궤도에 의해 운행하는 차량에 주유하는데 필요한 공지를 보유할 것.
  나) 위험물이 누설할 우려가 있는 부분과 고정주유설비 또는 주유배관의 선단부 주위의 지면을 콘크리트 등으로 포장할 것.
  다) 누설한 위험물 등의 액체가 외부로 유출되지 않도록 배수구 및 유분리장치를 설치할 것.
② 지하식(호스기기가 지하의 상자에 설치된 형식)의 고정주유설비를 사용하여 주유하는 고정주유설비의 경우 (항공기 주유취급소 특례기준 적용)
  가) 호스기기를 설치한 상자에는 적당한 방수조치를 할 것.
  나) 고정주유설비의 펌프기기와 호스기기를 분리하여 설치한 경우에는 위험물저장탱크로부터 위험물의 이송을 긴급히 정지할 수 있는 장치를 설치할 것.
③ 주유배관 및 주유배관의 호스기기 기준 (항공기 주유취급소 특례기준 적용)
  가) 주유배관의 끝부분에는 밸브를 설치할 것.
  나) 주유배관의 끝부분을 지면 아래의 상자에 설치한 경우에는 상자에 대하여 방수조치를 할 것.
  다) 주유배관의 끝부분에 접속하는 호스기기 기준
    - 화재예방상 안전한 구조로 할 것.
    - 정전기를 유효하게 제거하는 장치를 설치할 것.

9) 고속국도주유취급소의 특례

고속국도의 도로변에 설치된 주유취급소에 있어서는 탱크의 용량을 60,000Liter까지 할 수 있다.

10) 자가용주유취급소의 특례

주유취급소의 관계인이 소유·관리 또는 점유한 자동차 등에 대하여만 주유하기 위하여 설치하는 자가용주유취급소에 대하여는 보유공지의 규정을 적용하지 않는다.

11) 선박주유취급소의 특례

(1) 선박에 주유하는 주유취급소에 주유하는 주유취급소에 대한 예외 규정

주유취급소에 대한 아래 ①~⑩ 규정을 적용하지 않는다.

① 주유공지 및 급유공지
② 표지 및 게시판의 설치
③ 자동차용 고정주유설비에 직접 접속하는 선용탱크로서 50,000Liter 이하의 것.
④ 고정급유설비에 직접 접속하는 전용탱크로서 50,000Liter 이하의 것.
⑤ 보일러 등에 직접 접속하는 전용탱크로서 10,000Liter 이하의 것.
⑥ 자동차 등을 점검·정비하는 작업장 등(주유취급소안에 설치된 것에 한한다)에서 사용하는 폐유·윤활유 등의 위험물을 저장하는 폐유탱크로서 용량(2기 이상의 경우에는 용량의 합계)이 2,000Liter 이하인 탱크
⑦ 고정주유설비 또는 고정급유설비에 직접 접속하는 3기 이하의 간이탱크
⑧ 고정주유설비 전용탱크와 폐유탱크의 옥외 지하매설 또는 캐노피 아래의 지하 매설
⑨ 고정주유 및 급유설비의 분당 토출량, 주유관의 길이
⑩ 담과 벽

(2) 선박주유취급소에 대한 특례

(고정주유설비를 수상의 구조물에 설치하는 선박주유취급소는 제외)

① 선박주유취급소에는 선박에 직접 주유하기 위한 공지와 계류시설을 보유할 것.
② 공지, 고정주유설비 및 주유배관의 선단부의 주위에는 콘크리트 등으로 포장할 것.
③ 포장된 부분에는 누설한 위험물 등의 액체가 공지의 외부로 유출되지 않도록 배수구 및 유분리장치를 설치할 것.
④ 지하식의 고정주유설비를 이용하여 주유하는 경우 (항공기 주유취급소 특례기준 적용)
  가) 호스기기를 설치한 상자에는 적당한 방수조치를 할 것.
  나) 고정주유설비의 펌프기기와 호스기기를 분리하여 설치한 경우에는 위험물저장탱크로부터 위험물의 이송을 긴급히 정지할 수 있는 장치를 설치할 것.

⑤ 주유배관 및 주유배관의 호스기기 기준 (항공기 주유취급소 특례기준 적용)

가) 주유배관의 선단부에는 밸브를 설치할 것.

나) 주유배관의 선단부를 지면 아래의 상자에 설치한 경우에는 상자에 대하여 방수조치를 할 것.

다) 주유배관의 선단부에 접속하는 호스기기

- 화재예방상 안전한 구조로 할 것.
- 정전기를 유효하게 제거하는 장치를 설치할 것.

⑥ 위험물이 유출될 경우 회수 등의 응급조치를 강구할 수 있는 설비를 설치할 것.

(3) 고정주유설비를 수상의 구조물에 설치하는 선박주유취급소에 대한 특례

① 배수구 및 유분리장치 규정 적용을 받지 않는다.

② 고정주유설비 및 고정급유설비의 위치설치기준에서 거리기준 적용을 받지 않는다.

③ 수상구조물의 기준

가) 수상구조물

- 철재, 목재 등의 견고한 재질로 하고, 해저 또는 하저에 견고하게 고정시킬 것.

나) 기둥, 수상구조물의 손상을 방지할 수 있는 철재로 된 보호구조물

- 해저 또는 하저에 견고하게 고정시킬 것.

다) 수상구조물에 설치하는 고정주유설비의 주유작업 장소의 바닥

- 불침윤성·불연성의 재료로 포장

라) 집유설비의 기준

- 새어나온 위험물을 직접 또는 배수구를 통하여 집유설비로 수용할 수 있는 구조로 할 것.
- 집유설비는 수시로 용이하게 개방하여 고여 있는 빗물과 위험물을 제거할 수 있는 구조로 할 것.

④ 수상구조물에 설치하는 고정주유설비의 기준

가) 주유호스의 선단부에 수동개폐장치를 부착한 주유노즐을 설치하고, 개방한 상태로 고정시키는 장치를 부착하지 않을 것.

나) 주유노즐은 선박의 연료탱크가 가득 찬 경우 자동적으로 정지시키는 구조

다) 주유호스는 200kg중 이하의 하중에 의하여 깨져 분리되거나 이탈되어야 하고, 깨져 분리되거나 이탈된 부분으로부터의 위험물 누출을 방지할 수 있는 구조일 것.

라) 주유작업시에는 5m 이내에 다른 선박의 정박 또는 계류를 금지할 것.

마) 주유작업은 총 톤수가 300톤 미만인 선박에 대해서만 실시할 것(중요기준).

⑤ 수상구조물에 설치하는 위험물 차단밸브의 기준
(단, 위험물을 공급하는 탱크의 최고 액표면의 높이가 배관계의 높이보다 낮은 경우에는 아래의 기준이 적용되지 않는다.)

가) 주유작업자가 직접 위험물 공급을 차단할 수 있는 수동식 차단밸브 설치

나) 배관경로 중 육지에서 위험물 공급을 차단할 수 있는 수동식 차단밸브 설치

⑥ 고정주유설비의 펌프를 정지시킬 수 있는 긴급제어장치를 설치할 것.

⑦ 지하식의 고정주유설비를 이용하여 주유하는 경우 (항공기 주유취급소 특례기준 적용)

가) 호스기기를 설치한 상자에는 적당한 방수조치를 할 것.

나) 고정주유설비의 펌프기기와 호스기기를 분리하여 설치한 경우에는 위험물저장탱크로부터 위험물의 이송을 긴급히 정지할 수 있는 장치를 설치할 것.

⑧ 주유배관 및 주유배관의 호스기기 기준 (항공기 주유취급소 특례기준 적용)

가) 주유배관의 선단부에는 밸브를 설치할 것.

나) 주유배관의 선단부를 지면 아래의 상자에 설치한 경우에는 상자에 대하여 방수조치를 할 것.

다) 주유배관의 선단부에 접속하는 호스기기

- 화재예방상 안전한 구조로 할 것.
- 정전기를 유효하게 제거하는 장치를 설치할 것.

⑨ 위험물 회수 등의 응급조치설비의 기준

가) 오일펜스(기름막이)

- 수면 위로 20cm 이상 30cm 미만으로 노출
- 수면 아래로 30cm 이상 40cm 미만으로 잠기는 것.
- 길이 : 60m 이상

나) 유처리제, 유흡착제 또는 유겔화제의 양

$$20X + 50Y + 15Z = 10,000 \text{ 이상}$$

X : 유처리제의 양(Liter)

Y : 유흡착제의 양(kg)

Z : 유겔화제의 양[액상(Liter), 분말(kg)]

12) 수소충전설비를 설치한 주유취급소의 특례

전기를 원동력으로 하는 자동차 등에 수소를 충전하기 위한 설비는 압축수소를 충전하는

설비에 한정한다. 압축수소를 충전하는 설비를 설치하는 주유취급소는 옥내주유취급소 외의 주유취급소에 한정하며, "압축수소충전설비 설치 주유취급소"라 한다.

① 수소제조 개질장치에 접속하는 원료탱크의 기준

가) 용량 : 50,000Liter 이하

나) 원료탱크 : 지하에 매설

다) 원료탱크 위치, 구조 및 설비 : 지하저장탱크의 위치, 구조 및 설비규정 준용

② 압축수소충전설비 설치 주유취급소 설비의 기술기준

가) 개질장치의 위치, 구조 및 설비 : 제조소의 위치, 구조 및 설비규정 준용 (부록 II 참고)

나) 개질장치 : 자동차등이 충돌할 우려가 없는 옥외에 설치

다) 개질원료 및 수소가 누출된 경우

- 개질장치의 운전을 자동으로 정지시키는 장치를 설치할 것.

라) 펌프설비

- 개질원료의 토출압력이 최대상용압력을 초과하는 것을 방지하기 위한 장치를 설치할 것.

마) 개질장치의 위험물 취급량 : 지정수량의 10배 미만

③ 압축기의 기준

가) 가스의 토출압력이 최대상용압력을 초과하는 경우

- 압축기의 운전을 자동으로 정지시키는 장치를 설치할 것.

나) 토출측과 가장 가까운 배관에 역류방지밸브를 설치할 것.

다) 자동차 등의 충돌을 방지하는 조치를 마련할 것.

④ 충전설비의 기준

가) 위치

- 주유공지 또는 급유공지 외의 장소
- 주유공지 또는 급유공지에서 압축수소를 충전하는 것이 불가능한 장소로 할 것.

나) 충전호스

- 자동차 등의 가스충전구와 정상적으로 접속하지 않는 경우에는 가스가 공급되지 않는 구조
- 200kg중 이하의 하중에 의하여 깨져 분리되거나 이탈되어야 하며, 깨져 분리되거나 이탈된 부분으로부터 가스 누출을 방지할 수 있는 구조일 것.

다) 자동차등의 충돌을 방지하는 조치를 마련할 것.

라) 자동차등의 충돌을 감지하여 운전을 자동으로 정지시키는 구조일 것.

⑤ 가스배관의 기준

가) 위치

- 주유공지 또는 급유공지 외의 장소
- 자동차 등이 충돌할 우려가 없는 장소로 하거나 자동차 등의 충돌을 방지하는 조치를 마련할 것.

나) 가스배관으로부터 화재가 발생한 경우

- 주유공지·급유공지 및 전용탱크·폐유탱크등·간이탱크의 주입구로의 연소확대를 방지하는 조치를 마련할 것.

다) 누출된 가스가 체류할 우려가 있는 장소에 설치하는 경우

- 접속부를 용접할 것(단, 접속부의 주위에 가스누출 검지설비를 설치한 경우에는 제외).

라) 축압기로부터 충전설비로의 가스 공급을 긴급히 정지시킬 수 있는 장치를 설치할 것. 이 경우 당해 장치의 기동장치는 화재발생 시 신속히 조작할 수 있는 장소에 두어야 한다.

⑥ 압축수소의 수입설비(受入設備)의 기준

가) 위치

- 주유공지 또는 급유공지 외의 장소
- 주유공지 또는 급유공지에서 가스를 수입하는 것이 불가능한 장소로 할 것.

나) 자동차등의 충돌을 방지하는 조치를 마련할 것.

⑦ 압축수소충전설비 설치 주유취급소의 기타 안전조치의 기술기준

가) 압축기, 축압기 및 개질장치가 설치된 장소와 주유공지, 급유공지 및 전용탱크·폐유탱크 등·간이탱크의 주입구가 설치된 장소 사이에는 화재가 발생한 경우에 상호 연소확대를 방지하기 위하여 높이 1.5m 정도의 불연재료의 담을 설치할 것.

나) 고정주유설비·고정급유설비 및 전용탱크·폐유탱크등·간이탱크의 주입구로부터 누출된 위험물이 충전설비·축압기·개질장치에 도달하지 않도록 깊이 30cm, 폭 10cm의 집유 구조물을 설치할 것.

다) 현수식을 제외한 고정주유 및 고정급유설비, 간이탱크의 주위에는 자동차등의 충돌을 방지하는 조치를 마련할 것.

⑧ 압축수소충전설비와 관련된 설비의 기술기준

- 위험물안전관리법에서 규정한 사항 외에 「고압가스 안전관리법 시행규칙」에서 정하는 바에 따른다.

13) 표지 및 게시판

해당 주유취급소가 금연구역임을 알리는 표지도 설치하여야 한다.

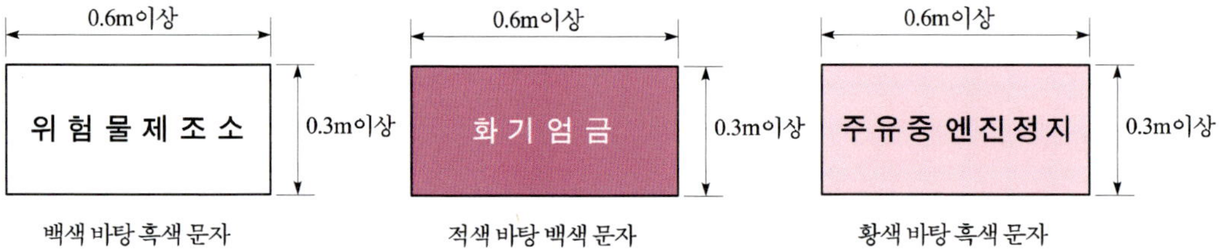

2 판매취급소

위험물판매취급소는 점포에서 위험물을 용기에 담아 판매 등을 하는 곳으로 지정수량의 40배 이하의 위험물을 취급하는 장소를 말하며, 저장 및 취급하는 위험물의 지정수량 배수에 따라 제1종 판매취급소와 제2종 판매취급소로 구분된다. 판매취급소는 생활과 직접적인 관련이 있는 시설로서 안전거리 및 보유공지에 대한 제한이 없다.

제1종 및 제2판매취급소의 공통기준은 건축물의 1층에 설치함을 원칙으로 하며, 보기 쉬운 곳에 "위험물 판매취급소(제1종)"라는 표시를 한 표지와 방화에 관하여 필요한 사항을 게시한 게시판과 금연구역임을 알리는 표지를 설치하여야 한다.

1) 제1종 판매취급소

① 취급량 : 지정수량의 20배 이하

② 위치 및 시설의 기준

가) 건축물의 1층에 설치한다.

나) 제1종 판매취급소의 용도로 사용되는 건축물 부분 : 내화구조 또는 불연재료

다) 판매취급소로 사용되는 부분과 다른 부분과의 격벽 : 내화구조

라) 보와 천장 : 불연재료

마) 제1종 판매취급소의 용도로 사용하는 부분에 상층이 있는 경우

- 상층의 바닥 : 내화구조
- 상층이 없는 경우 : 지붕을 내화구조 또는 불연재료

바) 창 및 출입구 : 60분+방화문 또는 60분방화문 또는 30분방화문

사) 창 또는 출입구의 유리 : 망입유리

아) 제1종 판매취급소의 전기설비 : 전기사업법에 의한 전기설비기술기준 준용

③ 작업실 및 배합실의 기준

가) 바닥면적 : 6m^2 이상 15m^2 이하

나) 바닥 : 적당한 경사와 집유설비

다) 환기장치설치

라) 벽 : 내화구조로 구획

마) 출입구 : 자동폐쇄식 60분+방화문 또는 60분방화문

바) 출입구의 턱높이 : 바닥으로부터 0.1m 이상

사) 내부에 체류한 가성성 증기 및 미분을 지붕 위로 방출하는 설비를 할 것.

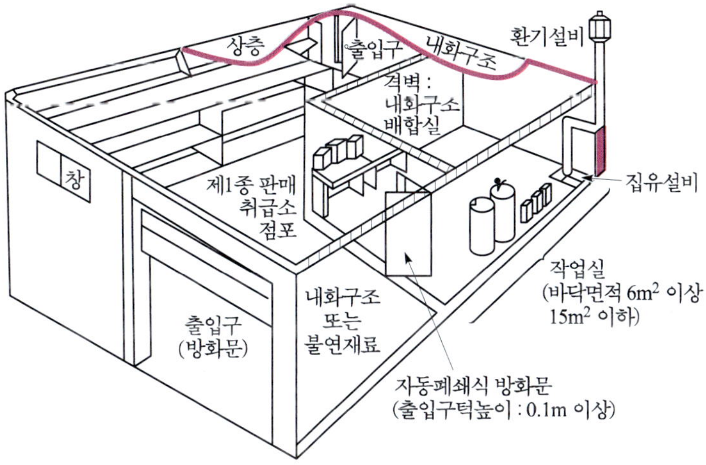

그림 4-3 제1종판매취급소와 그 배합실의 구조

2) 제2종 판매취급소

① 취급량 : 지정수량의 40배 이하

② 위치 및 시설의 기준

가) 건축물이 1층에 설치한다.

나) 벽·기둥·바닥 및 보 : 내화구조

다) 천장 : 불연재료

라) 판매취급소로 사용되는 부분과 다른 부분과의 격벽 : 내화구조

마) 제2종 판매취급소의 용도로 사용하는 부분에 상층이 있는 경우

- 상층의 바닥 : 내화구조 및 상층으로의 연소방지조치
- 상층이 없는 경우 : 지붕을 내화구조

바) 창 : 60분+방화문 또는 60분방화문 또는 30분방화문 설치
(단, 제2종 판매취급소 용도로 사용하는 부분중 연소의 우려가 없는 부분에 한함)

사) 출입구 : 60분+방화문 또는 60분방화문 또는 30분방화문

아) 연소의 우려가 있는 벽 또는 창의 부분에 설치하는 출입구 : 자동폐쇄식 60분+방화문 또는 60분방화문

③ 작업실 및 배합실의 기준은 제1종판매취급소의 기준과 동일하다.

3) 판매취급소의 작업실에서 배합할 수 있는 위험물

① 황
② 도료류
③ 제1류 위험물 중 염소산염류 및 염소산염류만을 함유한 것.
④ 인화점이 38℃ 이상인 제4류 위험물

3 이송취급소

이송취급소는 배관 및 이에 부속하는 설비를 이용하여 위험물을 이송하는 시설로서 일종의 파이프라인 시설이다.

1) 설치금지장소

① 철도 및 도로의 터널안
② 고속국도 및 자동차 전용도로의 차도, 갓길 및 중앙분리대
③ 호수 및 저수지 등으로 수원이 되는 곳
④ 급경사지역으로 붕괴의 위험이 있는 곳

단, 지형상황 등 부득이한 상황이 있고, 안전상 필요한 조치를 한 경우에는 설치금지 장소에도 이송취급소를 설치할 수 있으며, 고속국도 및 자동차 전용도로의 차도, 갓길 및 중앙분리대와 호수 및 저수지 등에 횡단하여 설치하는 경우는 가능하다.

2) 배관 등의 재료 및 구조

(1) 배관,관이음쇠 및 밸브의 재료

① 배관

- 고압배관용 탄소강관(KS D 3564), 압력배관용 탄소강관(KS D 3562), 고온배관용 탄소강관(KS D 3570) 또는 배관용 스테인레스강관(KS D 3576)

표 4-2 배관의 종류에 따른 기호 및 용도 등

종류	기호	주요용도 외 기타사항
배관용탄소강관	SPP	사용압력이 비교적 낮은(10kg/cm^2 이하)증기, 물, 가스 및 공기 등의 배관용, 흑관과 백관이 있으며, 호칭지름 6~500A
압력배관용탄소강관	SPPS	350℃이하의 온도에서 압력이 10~100kg/cm^{2}까지의 배관에 사용, 호칭은 호칭지름과 두께(스케줄번호)에 의한다. 호칭지름은 6~500A
고압배관용탄소강관	SPPH	350℃ 이하의 온도에서 압력 100kg/cm^2 이상의 배관에 사용, 호칭은 SPPS와 동일, 호칭지름 6~500A
고온배관용탄소강관	SPHT	350℃ 이상 온도에서 사용하는 배관, 호칭은 SPPS관과 동일, 호칭지름 6~500A
배관용아크용접탄소강관	SPW	사용압력 10kg/cm^2 이하의 비교적 낮은 증기, 물, 기름, 가스 및 공기 등의 배관, 호칭지름 350~1,500A
배관용합금강관	SPA	주로 고온도의 배관에 사용, 두께는 스케줄 번호에 따름, 호칭지름 6~500A
저온배관용강관	SPLT	빙점 이하의 특히 저온도 배관에 사용, 두께는 스케줄번호에 따름, 호칭지름 6~500A

② 관이음쇠

- 배관용강제 맞대기용접식 관이음쇠(KS B 1541), 철강재 관플랜지 압력단계(KS B 1501), 관플랜지의 치수허용차(KS B 1502), 강제 용접식 관플랜지(KS B 1503), 철강재 관플랜지의 기본치수(KS B 1511)또는 관플랜지의 개스킷자리치수(KS B 1519)

③ 밸브

- 주강 플랜지형 밸브(KS B 2361)

(2) 배관 등의 구조

① 위험물의 중량, 배관등의 내압, 배관등과 그 부속설비의 자중, 토압, 수압, 열차하중, 자동차하중 및 부력 등의 주하중에 대한 안전성이 있어야 한다.

② 풍하중, 설하중, 온도변화의 영향, 진동의 영향, 지진의 영향, 배의 닻에 의한 충격의 영

향, 파도와 조류의 영향, 설치공정상의 영향 및 다른 공사에 의한 영향 등의 종하중에 대한 안전성이 있어야 한다.

(3) 교량에 설치하는 배관

교량의 굴곡· 신축 · 진동 등에 대하여 안전한 구조로 하여야 한다.

(4) 배관의 두께

표 4-3 배관의 외경에 따른 관의 두께

배관의 외경(단위 mm)	배관의 두께(단위 mm)
114.3 미만	4.5
114.3 이상 139.8 미만	4.9
139.8 이상 165.2 미만	5.1
165.2 이상 216.3 미만	5.5
216.3 이상 355.6 미만	6.4
356.6 이상 508.0 미만	7.9
508.0 이상	9.5

(압력배관용 탄소강 SPPS 기준 : Sch No. 20이상)

※ 스케쥴(Sch, SCH) 번호

배관의 두께를 뜻하는 것으로 ANSI에서 1938년 스케쥴 번호를 발표하여 배관의 두께를 계열화하였다. 나사절삭여유와 관 두께에 대한 허용오차 등을 고려하여 관 두께를 산출한다.

※ 스케쥴(Sch, SCH) 번호 구하는 방법

$$\text{Sch No.} = 10 \times P/S$$

P : 압력 (kg_f/cm^2)

S : 허용응력, S=인장강도/안전율

인장강도 : kg_f/mm^2

예) 사용압력이 2MPa, 관의 인장강도가 $20kg_f/mm^2$일 때, 스케쥴 번호는
S=20/4=5, P=$20kg_f/cm^2$, Sch=10×20/5=40이 된다.

(5) 지하 또는 해저에 설치한 배관 등의 외면부식방지 조치

① 도장재 및 복장재(覆裝材)의 기준

가) 도장재 : 수도용강관아스팔트도복장방법(KS D 8306)에 정한 아스팔트 에나멜, 수도용강관콜타르에나멜도복장방법(KS D 8307)에 정한 콜타르 에나멜

나) 복장재 : 수도용강관아스팔트도복장방법(KS D 8306)에 정한 비니론크로즈, 글라스크로즈, 글라스매트 또는 폴리에틸렌, 헤시안크로즈, 타르에폭시, 페트로라튬테이프, 경질염화비닐라이닝강관, 폴리에틸렌열수축튜브, 나이론12수지

② 방식피복의 방법

- 수도용강관아스팔트도복장방법(KS D 8306)에 정한 방법, 수도용강관콜타르에나멜도복장방법(KS D 8307)에 정한 방법 또는 이와 동등 이상의 부식방지효과가 있는 방법에 의할 것.

(6) 지하 또는 해저에 설치한 배관 등의 전기방식조치

① 방식전위 : 포화황산동전극 기준으로 마이너스 0.8V 이하로 할 것.

② 적절한 간격(200m 내지 500m)으로 전위측정단자를 설치할 것.

③ 전기철로 부지 등 전류의 영향을 받는 장소에 배관등을 매설하는 경우에는 강제배류법 등에 의한 조치를 할 것.

※ 전기방식 종류

① 희생양극법 : 지중 또는 수중에 설치된 양극금속과 매설배관 등을 전선으로 연결하여 양극금속과 매설배관 등 사이의 전지작용에 의하여 전기적 부식을 방지하는 방법

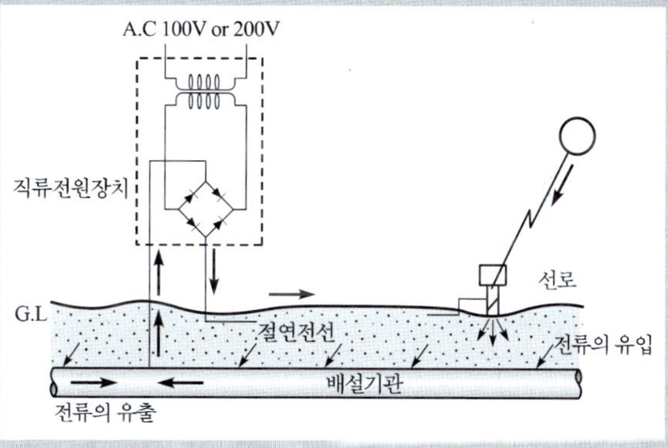

〈강제배류법〉

② 외부전원법 : 외부직류전원장치의 양극(+)은 매설배관 등이 설치되어 있는 토양이나 수중에 설치한 외부 전원용 전극에 접속하고, 음극(−)은 매설배관 등에 접속시켜 전기적 부식을 방지하는 방법

③ 배류법 : 매설배관 등의 전위가 주위의 타 금속 구조물의 전위보다 높은 장소에서 매설배관 등과 주위의 타 금속 구조물을 전기적으로 접속시켜 매설배관 등에 유입된 누출전류를 복귀시킴으로서 전기적 부식을 방지하는 방법으로 선택배류법과 강제배류법이 있다.

가) 선택배류법 : 전철부근의 누설전류에 의한 전식방지만 가능. 누설전류에 대한 전식 방지 대책으로 효과가 크다.

나) 강제배류법 : 선택배류법과 외부전원법을 합성한 형태로 선택배류가 가능한 시간대는 선택배류기가 작동하고 레일의 전압이 높아져 선택배류가 불가능한 경우에는 레일을 전극으로 하는 외부전원법의 직류전원장치로서 작동할 수 있다.

(7) 기타

① 규정한 것 외에 배관등의 구조에 관하여 필요한 사항은 소방청장이 정하여 고시한다.

② 배관의 안전에 영향을 미칠 수 있는 신축이 생길 우려가 있는 부분에는 그 신축을 흡수하는 조치를 강구하여야 한다.

③ 배관 등의 이음은 아크용접 또는 이와 동등 이상의 효과를 갖는 용접방법에 의하여야 한다. 다만, 용접에 의하는 것이 적당하지 아니한 경우는 안전상 필요한 강도가 있는 플랜지이음으로 할 수 있다.

④ 플랜지이음을 하는 경우에는 당해 이음부분의 점검을 하고 위험물의 누설확산을 방지하기 위한 조치를 하여야 한다. 다만, 해저 입하배관의 경우에는 누설확산방지조치를 아니할 수 있다.

⑤ 배관등에 가열 또는 보온하기 위한 설비를 설치하는 경우에는 화재예방상 안전하고 다른 시설물에 영향을 주지 아니하는 구조로 하여야 한다.

3) 배관설치의 기준

(1) 지하매설 기준

① 배관의 외면으로부터 건축물·지하가·터널 또는 수도시설까지의 안전거리
(다만, 지하가 및 터널 또는 수도시설에 있어서는 적절한 누설확산방지조치를 한 경우에는 그 안전거리를 1/2의 범위 안에서 단축할 수 있다.)
가) 건축물(지하가내의 건축물을 제외) : 1.5m 이상
나) 지하가 및 터널 : 10m 이상
다) 수도시설(위험물의 유입우려가 있는 것에 한한다) : 300m 이상

② 배관은 그 외면으로부터 다른 공작물에 대하여 0.3m 이상의 거리를 보유할 것.
(다만, 0.3m 이상의 거리를 보유하기 곤란한 경우로서 당해 공작물의 보전을 위하여 필요한 조치를 하는 경우에는 그러하지 아니하다.)

③ 배관의 외면과 지표면과의 거리
가) 산이나 들 : 0.9m 이상
나) 그 밖의 지역 : 1.2m 이상

④ 배관은 지반의 동결로 인한 손상을 받지 아니하는 적절한 깊이로 매설할 것.

⑤ 성토 또는 절토를 한 경사면의 부근에 배관을 매설하는 경우에는 경사면의 붕괴에 의한 피해가 발생하지 않도록 매설할 것.

⑥ 배관의 입상부, 지반의 급변부 등 지지조건이 급변하는 장소에 있어서는 굽은관을 사용하거나 지반개량 그 밖에 필요한 조치를 강구할 것.

⑦ 배관의 하부

가) 사질토 또는 모래로 20cm(하중이 없는 경우에는 10cm) 이상

나) 배관의 상부 : 사질토 또는 모래로 30cm(하중이 없는 경우에는 20cm) 이상

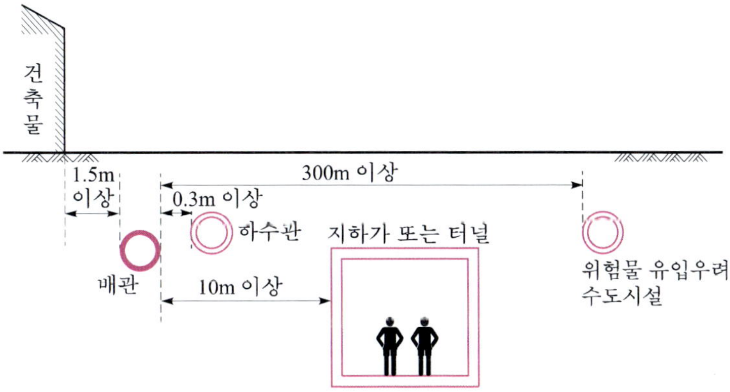

그림 4-4 이송취급소의 지하매설 기준

(2) 도로 밑 매설의 기준

① 배관은 원칙적으로 자동차하중의 영향이 적은 장소에 매설할 것.

② 배관은 그 외면으로부터 도로의 경계에 대하여 1m 이상의 안전거리를 둘 것.

③ 시가지 도로의 밑에 매설하는 경우에는 배관의 외경보다 10cm 이상 넓은 견고하고 내구성이 있는 재질의 보호판을 배관의 상부로부터 30cm 이상 위에 설치할 것. 다만, 방호구조물 안에 설치하는 경우에는 그러하지 아니하다.

④ 배관(보호판 또는 방호구조물에 의하여 배관을 보호하는 경우에는 보호판 또는 방호구조물)은 그 외면으로부터 다른 공작물에 대하여 0.3m 이상의 거리를 보유할 것(다만, 배관의 외면에서 다른 공작물에 대하여 0.3m 이상의 거리를 보유하기 곤란한 경우로서 당해 공작물의 보전을 위하여 필요한 조치를 하는 경우에는 그러하지 아니하다.).

⑤ 시가지 도로의 노면 아래에 매설하는 경우

가) 배관(방호구조물의 안에 설치된 것 제외) 외면과 노면과의 거리 : 1.5m 이상

나) 보호판 또는 방호구조물의 외면과 노면과의 거리 : 1.2m 이상

⑥ 시가지 외의 도로의 노면 아래에 매설하는 경우

- 배관의 외면과 노면과의 거리 : 1.2m 이상

⑦ 포장된 차도에 매설하는 경우

가) 포장부분의 노반(차단층이 있는 경우는 그 차단층)의 밑에 매설한다.

나) 배관의 외면과 노반의 최하부와의 거리 : 0.5m 이상

⑧ 노면밑 외의 도로 밑에 매설하는 경우

가) 배관의 외면과 지표면과의 거리 : 1.2m 이상

나) 보호판 또는 방호구조물에 의하여 보호된 배관의 경우 : 0.6m 이상

다) 시가지의 도로 밑에 매설하는 경우 : 0.9m 이상

⑨ 전선·수도관·하수관·가스관 또는 이와 유사한 것이 매설되어 있거나 매설할 계획이 있는 도로에 매설하는 경우에는 이들의 상부에 매설할 수 없다. (단, 다른 매설물의 깊이가 2m 이상인 때에는 매설가능.)

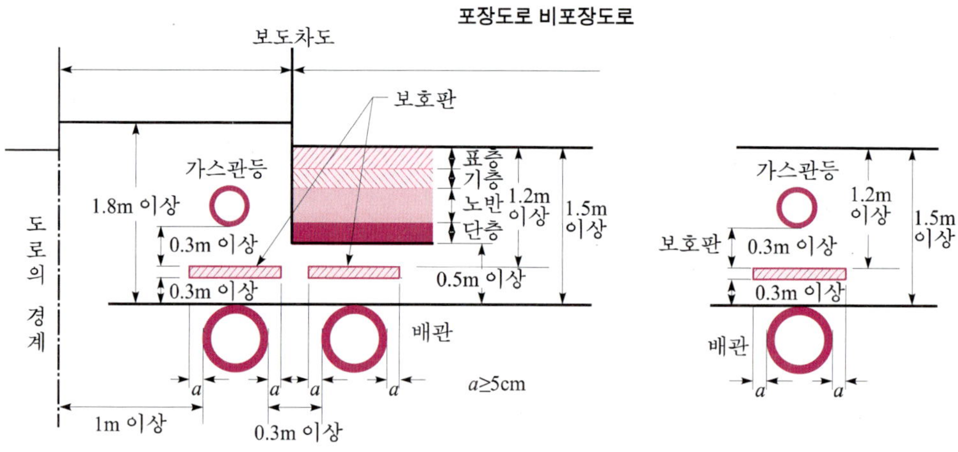

그림 4-5 이송취급소의 도로밑 매설 기준

(3) 철도부지밑 매설의 기준

① 배관은 그 외면으로부터 철도 중심선에 대하여는 4m 이상, 당해 철도부지(도로에 인접한 경우는 제외)의 용지경계에 대하여는 1m 이상의 거리를 유지할 것. 다만, 열차하중의 영향을 받지 않도록 매설하거나 배관의 구조가 열차하중에 견딜 수 있도록 된 경우에는 그러하지 아니하다.

② 배관의 외면과 지표면과의 거리 : 1.2m 이상

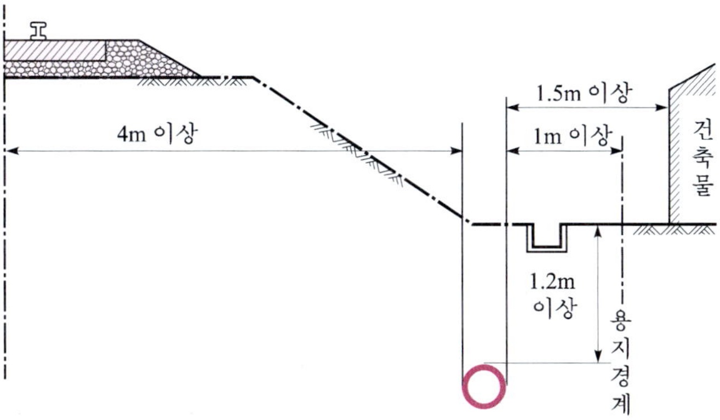

그림 4-6 이송취급소의 철도부지밑 매설 기준

(4) 하천 홍수관리구역 내 매설

배관을 「하천법」에 따라 지정된 홍수관리구역 내에 매설하는 경우에는 지하매설의 규정을 준용하는 것 외에 제방 또는 호안이 하천 홍수관리구역의 지반면과 접하는 부분으로부터 하천관리상 필요한 거리를 유지하여야 한다.

(5) 지상설치의 기준

① 배관이 지표면에 접하지 않도록 할 것.

② 배관의 안전거리

가) 철도(화물수송용으로만 쓰이는 것을 제외) 또는 도로(공업지역 또는 전용공업지역에 있는 것을 제외)의 경계선으로부터 25m 이상

나) 학교, 의료기관, 공연장, 영화관, 복지시설 및 보건시설로부터 45m 이상

다) 유형 및 지정문화재로부터 65m 이상

라) 고압가스제조 및 정제시설, 액화산소소비시설, LPG제조 및 저장시설, 가스공급시설로부터 35m 이상

마) 공공공지 또는 도시공원으로부터 45m 이상

바) 판매시설·숙박시설·위락시설 등 불특정다중을 수용하는 시설 중 연면적 1,000m^2 이상인 것으로부터 45m 이상

사) 1일 평균 20,000명 이상 이용하는 기차역 또는 버스터미널로부터 45m 이상

아) 수도시설 중 위험물이 유입될 가능성이 있는 것으로부터 300m 이상

자) 주택 또는 다수의 사람이 출입하거나 근무하는 것으로부터 25m 이상

③ 배관의 보유공지

배관(이송기지의 구내에 설치된 것을 제외)의 양측면으로부터 당해 배관의 최대상용압력에 따라 아래 표에 의한 너비(「국토의 계획 및 이용에 관한 법률」에 의한 공업지역 또는 전용공업지역에 설치한 배관에 있어서는 그 너비의 1/3)의 공지를 보유할 것. 다만, 양단을 폐쇄한 밀폐구조의 방호구조물 안에 배관을 설치하거나 위험물의 유출확산을 방지할 수 있는 방화상 유효한 담을 설치하는 등 안전상 필요한 조치를 하는 경우에는 그러하지 아니하다.

표 4-4 배관의 최대상용압력에 따른 공지의 너비

배관의 최대상용압력	공지의 너비
0.3MPa 미만	5m 이상
0.3MPa 이상 1MPa 미만	9m 이상
1MPa 이상	15m 이상

④ 배관은 지진·풍압·지반침하·온도변화에 의한 신축 등에 대하여 안전성이 있는 철근콘크리트조 또는 이와 동등 이상의 내화성이 있는 지지물에 의하여 지지되도록 할 것. 다만, 화재에 의하여 당해 구조물이 변형될 우려가 없는 지지물에 의하여 지지되는 경우에는 그러하지 아니하다.

⑤ 자동차·선박 등의 충돌에 의하여 배관 또는 그 지지물이 손상을 받을 우려가 있는 경우에는 견고하고 내구성이 있는 보호설비를 설치할 것. 보호설비는 소방청장이 정하여 고시하는 계산방법을 따른다.

⑥ 배관은 다른 공작물(당해 배관의 지지물을 제외)에 대하여 배관의 유지관리상 필요한 간격을 가질 것.

⑦ 단열재 등으로 배관을 감싸는 경우에는 일정구간마다 점검구를 두거나 단열재 등을 쉽게 떼고 붙일 수 있도록 하는 등 점검이 쉬운 구조로 할 것.

(6) 해저설치의 기준

① 해저면 밑에 매설할 것. 다만, 선박의 닻 내림 등에 의하여 배관이 손상을 받을 우려가 없거나 그 밖에 부득이한 경우에는 그러하지 아니하다.

② 이미 설치된 배관과 교차하지 말 것. 다만, 교차가 불가피한 경우로서 배관의 손상을 방지하기 위한 방호조치를 하는 경우에는 그러하지 아니하다.

③ 원칙적으로 이미 설치된 배관에 대하여 30m 이상의 안전거리를 둘 것.

④ 2본 이상의 배관을 동시에 설치하는 경우에는 배관이 상호 접촉하지 않도록 필요한 조치를 할 것.

⑤ 입상부에는 방호시설물을 설치할 것. 다만, 계선부표(繫船浮標)에 도달하는 입상배관이 강제 외의 재질인 경우에는 그러하지 아니하다.

⑥ 배관을 매설하는 경우에는 배관외면과 해저면(당해 배관을 매설하는 해저에 대한 준설계획이 있는 경우에는 그 계획에 의한 준설 후 해저면의 0.6m 아래를 말한다)과의 거리는 닻 내림의 충격, 토질, 매설하는 재료, 선박교통사정 등을 감안하여 안전한 거리로 할 것.

⑦ 패일 우려가 있는 해저면 아래에 매설하는 경우에는 배관의 노출을 방지하기 위한 조치를 할 것.

⑧ 배관을 매설하지 아니하고 설치하는 경우에는 배관이 연속적으로 지지되도록 해저면을 고를 것.

⑨ 배관이 부양 또는 이동할 우려가 있는 경우에는 이를 방지하기 위한 조치를 할 것.

> ※ **계선부표(繫船浮標)** : 항만내의 부두 외에 외항에 선박을 매어두어 정박하기 위한 설비이며 통상 직경 3m 내외의 원통형의 철제통을 해상에 띄우고 움직이지 않도록 해저에 고정시킨 매어두는 시설

(7) 해상설치의 기준

① 지진·풍압·파도 등에 대하여 안전한 구조의 지지물에 의하여 지지할 것.

② 선박 등의 항행에 의하여 손상을 받지 않도록 해면과의 사이에 필요한 공간을 확보하여 설치할 것.

③ 선박의 충돌 등에 의해서 배관 또는 그 지지물이 손상을 받을 우려가 있는 경우에는 견고하고 내구력이 있는 보호설비를 설치할 것.

④ 다른 공작물(당해 배관의 지지물은 제외)에 대하여 배관의 유지관리상 필요한 간격을 보유할 것.

(8) 도로횡단설치의 기준

① 도로 아래에 매설할 것.
(다만, 지형의 상황 그 밖에 특별한 사유에 의하여 도로 상공 외의 적당한 장소가 없는 경우에는 안전상 적절한 조치를 강구하여 도로상공을 횡단하여 설치할 수 있다.)

② 금속관 또는 방호구조물 안에 설치할 것.

③ 도로상공을 횡단하여 설치하는 경우

- 배관 및 당해 배관에 관계된 부속설비는 아래의 노면과 5m 이상의 수직거리 유지

(9) 철도 밑 횡단매설

철도부지를 횡단하여 배관을 매설하는 경우에는 철도부지밑 매설항목과 도로 횡단설치의 규정을 준용한다.

(10) 하천 등 횡단설치의 기준

① 배관에 과대한 응력이 생기지 않도록 필요한 조치를 하여 교량에 설치할 것.
(단, 교량에 설치하는 것이 적당하지 않은 경우, 하천 또는 수로의 밑에 매설할 수 있다.)

② 배관을 금속관 또는 방호구조물 안에 설치하고, 당해 금속관 또는 방호구조물의 부양이나 선박의 닻 내림 등에 의한 손상을 방지하기 위한 조치를 할 것.

③ 배관의 외면과 계획하상(계획하상이 최심하상보다 높은 경우에는 최심하상)과의 거리

가) 호안 그 밖에 하천관리시설의 기초에 영향을 주지 않아야 한다.

나) 하천바닥의 변동·패임 등에 의한 영향을 받지 않는 깊이로 매설하여야 한다.

다) 하천을 횡단하는 경우 : 4.0m

라) 수로를 횡단하는 경우

- 하수도(상부가 개방되는 구조로 된 것에 한함) 또는 운하 : 2.5m
- 좁은 수로(용수로 그 밖에 유사한 것을 제외) : 1.2m

마) 나머지는 도로 밑 매설과 지상설치에 대한 일부 규정을 준용한다.

4) 기타설비

(1) 누설확산방지조치

배관을 시가지·하천·수로·터널·도로·철도 또는 투수성(透水性) 지반에 설치하는 경우에는 누설된 위험물의 확산을 방지할 수 있는 강철제의 관·철근콘크리트조의 방호구조물 등 견고하고 내구성이 있는 구조물의 안에 설치하여야 한다.

(2) 가연성증기의 체류방지조치

배관을 설치하기 위하여 설치하는 터널(높이 1.5m 이상인 것에 한한다)에는 가연성 증기의 체류를 방지하는 조치를 하여야 한다.

(3) 부등침하 등의 우려가 있는 장소에 설치하는 배관

부등침하 등 지반의 변동이 발생할 우려가 있는 장소에 배관을 설치하는 경우에는 배관이 손상을 받지 않도록 필요한 조치를 하여야 한다.

(4) 굴착에 의하여 주위가 노출된 배관의 보호

굴착에 의하여 주위가 일시 노출되는 배관은 손상되지 않도록 적절한 보호조치를 하여야 한다.

(5) 비파괴시험

① 배관등의 용접부는 비파괴시험을 실시하여 합격할 것. 이 경우 이송기지내의 지상에 설치된 배관등은 전체 용접부의 20% 이상을 발췌하여 시험할 수 있다.

② 비파괴시험의 방법, 판정기준 등은 소방청장이 정하여 고시하는 바에 의할 것.

(6) 내압시험

① 배관등은 최대상용압력의 1.25배 이상의 압력으로 4시간 이상 수압을 가하여 누설 그 밖의 이상이 없을 것. 다만, 수압시험을 실시한 배관등의 시험구간 상호간을 연결하는 부분 또는 수압시험을 위하여 배관등의 내부공기를 뽑아낸 후 폐쇄한 곳의 용접부는 비파괴시험으로 갈음할 수 있다.

② 규정에 의한 내압시험의 방법, 판정기준 등은 소방청장이 정하여 고시하는 바에 의할 것.

(7) 운전상태의 감시장치

① 배관계(배관등 및 위험물 이송에 사용되는 일체의 부속설비)에는 펌프 및 밸브의 작동상황 등 배관계의 운전상태를 감시하는 장치를 설치할 것.

② 배관계에는 압력 또는 유량의 이상변동 등 이상한 상태가 발생하는 경우에 그 상황을 경보하는 장치를 설치할 것.

(8) 안전제어장치

① 압력안전장치·누설검지장치·긴급차단밸브 그 밖의 안전설비의 제어회로가 정상으로 있지 아니하면 펌프가 작동하지 않도록 하는 제어기능

② 안전상 이상상태가 발생한 경우에 펌프·긴급차단밸브 등이 자동 또는 수동으로 연동하여 신속히 정지 또는 폐쇄되도록 하는 제어기능

(9) 압력안전장치

① 배관내의 압력이 최대상용압력을 초과하거나 유격작용 등에 의하여 생긴 압력이 최대상용압력의 1.1배를 초과하지 않도록 제어하는 장치(압력안전장치) 설치

② 압력안전장치의 재료 및 구조는 배관 등의 재료·구조에 따른 규정에 의할 것.

③ 압력안전장치는 배관계의 압력변동을 충분히 흡수할 수 있는 용량을 가질 것.

(10) 누설검지장치 등

① 누설검지장치의 기준

가) 가연성증기를 발생하는 위험물을 이송하는 배관계의 점검상자에는 가연성증기를 검지하는 장치

나) 배관계내의 위험물의 양을 측정하는 방법에 의하여 자동적으로 위험물의 누설을 검지하는 장치 또는 이와 동등 이상의 성능이 있는 장치

다) 배관계내의 압력을 측정하는 방법에 의하여 위험물의 누설을 자동적으로 검지하는 장치 또는 이와 동등 이상의 성능이 있는 장치

라) 배관계내의 압력을 일정하게 정지시키고 당해 압력을 측정하는 방법에 의하여 위험물의 누설을 검지하는 장치 또는 이와 동등 이상의 성능이 있는 장치

② 배관을 지하에 매설한 경우에는 안전상 필요한 장소(하천 등의 아래에 매설한 경우에는 금속관 또는 방호구조물의 안)에 누설검지구를 설치할 것. 다만, 배관을 따라 일정한 간격으로 누설을 검지할 수 있는 장치를 설치하는 경우에는 설치할 필요가 없다.

(11) 긴급차단밸브

① 긴급차단밸브의 기준

가) 시가지에 설치하는 경우 : 약 4km의 간격

나) 하천·호소 등을 횡단하여 설치하는 경우 : 횡단하는 부분의 양 끝

다) 해상 또는 해저를 통과하여 설치하는 경우 : 통과하는 부분의 양 끝

라) 산림지역에 설치하는 경우 : 약 10km의 간격

마) 도로 또는 철도를 횡단하여 설치하는 경우: 횡단하는 부분의 양 끝

② 긴급차단밸브의 기능

가) 원격조작 및 현지조작에 의하여 폐쇄되는 기능

나) 누설검지장치에 의하여 이상이 검지된 경우에 자동으로 폐쇄되는 기능

③ 개폐상태가 당해 긴급차단밸브의 설치장소에서 용이하게 확인될 수 있을 것.

④ 지하에 설치하는 경우에는 긴급차단밸브를 점검상자 안에 유지할 것. 다만, 긴급차단밸브를 도로외의 장소에 설치하고 당해 긴급차단밸브의 점검이 가능하도록 조치하는 경우에는 그러하지 아니하다.

⑤ 긴급차단밸브의 관리에 관계하는 자외의 자가 수동으로 개폐할 수 없도록 할 것.

(12) 위험물 제거조치

배관에는 서로 인접하는 2개의 긴급차단밸브 사이의 구간마다 당해 배관안의 위험물을 안전하게 물 또는 불연성기체로 치환할 수 있는 조치를 하여야 한다.

(13) 지진감진장치 등

배관의 경로에는 안전상 필요한 장소와 25km의 거리마다 지진감지장치 및 강진계를 설치하여야 한다.

(14) 경보설비의 기준

① 이송기지에는 비상벨장치 및 확성장치를 설치할 것.

② 가연성증기를 발생하는 위험물을 취급하는 펌프실등에는 가연성증기 경보설비를 설치할 것.

(15) 순찰차 등

① 순찰차

가) 배관계의 안전관리상 필요한 장소에 둘 것.

나) 평면도·종횡단면도 그 밖에 배관등의 설치상황을 표시한 도면, 가스탐지기, 통신장비, 휴대용조명기구, 응급누설방지기구, 확성기, 방화복/방열복, 소화기, 경계로프, 삽, 곡괭이 등 점검·정비에 필요한 기자재를 비치할 것.

② 기자재창고

가) 이송기지, 배관경로(5km 이하인 것을 제외)의 5km 이내마다의 방재상 유효한 장소 및 주요한 하천·호소·해상·해저를 횡단하는 장소의 근처에 각각 설치할 것.

나) 기자재창고에 비치하여야 하는 기자재

3%로 희석하여 사용하는 포소화약제 400Liter 이상

- 방화복(또는 방열복) 5벌 이상
- 삽 및 곡괭이 각 5개 이상
- 유출한 위험물을 처리하기 위한 기자재 및 응급조치를 위한 기자재.

(16) 비상전원

운전상태의 감시장치·안전제어장치·압력안전장치·누설검지장치·긴급차단밸브·소화설비 및 경보설비에는 상용전원이 고장인 경우에 자동적으로 작동할 수 있는 비상전원을 설치하여야 한다.

(17) 접지 등

① 배관계에는 안전상 필요에 따라 접지 등의 설비를 할 것.
② 배관계는 안전상 필요에 따라 지지물 그 밖의 구조물로부터 전열을 차단할 것.
③ 배관계에는 안전상 필요에 따라 전열차단용 접속을 할 것.
④ 피뢰설비의 접지장소에 근접하여 배관을 설치하는 경우에는 전열차단을 위하여 필요한 조치를 할 것.

(18) 피뢰설비

이송취급소(위험물을 이송하는 배관등의 부분을 제외)에는 피뢰설비를 설치하여야 한다. 다만, 주위의 상황에 의하여 안전상 지장이 없는 경우에는 그러하지 하지 아니하다.

(19) 전기설비

. 이송취급소에 설치하는 전기설비는 「전기사업법」에 의한 전기설비기술기준에 의하여야 한다.

(20) 표지 및 게시판

① 이송취급소(위험물을 이송하는 배관등의 부분을 제외)에는 보기 쉬운 곳에 "위험물 이송취급소"라는 표시를 한 표지와 방화에 관하여 필요한 사항을 게시한 게시판 및 금연구역임을 알리는 표지를 설치하여야 한다.
② 배관의 경로에는 소방청장이 정하여 고시하는 바에 따라 위치표지·주의표시 및 주의표지를 설치하여야 한다.

(21) 안전설비의 작동시험

안전설비로서 소방청장이 정하여 고시하는 것은 소방청장이 정하여 고시하는 방법에 따라 시험을 실시하여 정상으로 작동하는 것이어야 한다.

(22) 선박에 관계된 배관계의 안전설비 등

위험물을 선박으로부터 이송하거나 선박에 이송하는 경우의 배관계의 안전설비 등에 있어서 운전상태의 감시장치 및 안전설비의 작동시험에 관한 규정에 의하는 것이 현저히 곤란한 경우에는 다른 안전조치를 강구할 수 있다.

(23) 펌프 및 그 부속설비의 기준

① 펌프등은 그 주위에 다음 표에 의한 공지를 보유할 것(다만, 벽·기둥 및 보를 내화구조로 하고 지붕을 폭발력이 위로 방출될 정도의 가벼운 불연재료로 한 펌프실에 펌프를 설치한 경우에는 아래 표에 의한 공지의 너비의 1/3로 할 수 있다.).

표 4-5 펌프등의 최대상용압력에 따른 공지의 너비

펌프등의 최대상용압력	공지의 너비
1MPa 미만	3m 이상
1MPa 이상 3MPa 미만	5m 이상
3MPa 이상	15m 이상

② 펌프등은 배관의 지상설치 규정에 따른 안전거리를 둘 것. 다만, 위험물의 유출확산을 방지할 수 있는 방화상 유효한 담 등의 공작물을 주위상황에 따라 설치하는 등 안전상 필요한 조치를 하는 경우에는 그러하지 아니하다.

③ 펌프는 견고한 기초 위에 고정하여 설치할 것.

④ 펌프실의 기준

가) 불연재료 구조. 지붕은 폭발력이 위로 방출될 정도의 가벼운 불연재료

나) 창 또는 출입구 : 60분+방화문 또는 60분방화문 또는 30분방화문

다) 창 또는 출입구에 유리를 이용하는 경우 : 망입유리

라) 바닥 : 위험물이 침투하지 않는 구조, 높이 20cm 이상의 턱을 설치할 것.

마) 바닥 : 적당한 경사를 두고 최저부에 집유설비를 할 것.

바) 가연성증기가 체류할 우려가 있는 펌프실에는 배출설비를 할 것.

사) 펌프실에는 위험물을 취급하는데 필요한 채광·조명 및 환기 설비를 할 것.

⑤ 펌프등을 옥외에 설치하는 경우의 기준

가) 펌프등을 설치하는 부분의 지반

- 위험물이 침투하지 아니하는 구조
- 높이 15cm 이상의 턱을 설치할 것.

나) 배수구 및 집유설비를 설치할 것.

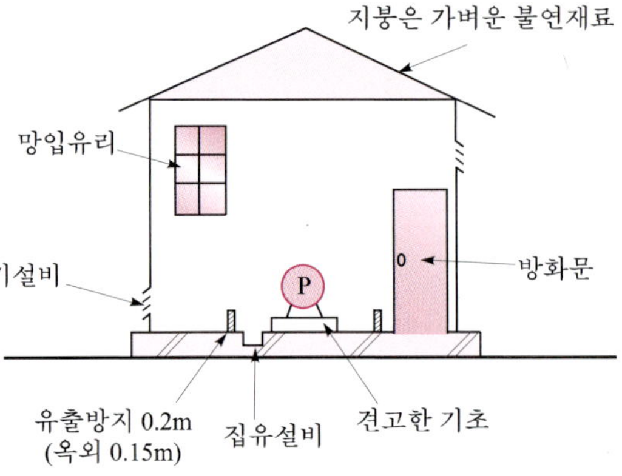

그림 4-7 이송취급소의 펌프실

(24) 피그장치의 기준

① 배관의 강도와 동등 이상의 강도를 가질 것.

② 당해 장치의 내부압력을 안전하게 방출할 수 있고 내부압력을 방출한 후가 아니면 피그를 삽입하거나 배출할 수 없는 구조로 할 것.

③ 배관 내에 이상응력이 발생하지 않도록 설치할 것.

④ 피그장치를 설치한 장소의 바닥은 위험물이 침투하지 아니하는 구조로 하고 누설한 위험물이 외부로 유출되지 않도록 배수구 및 집유설비를 설치할 것.

⑤ 피그장치의 주변에는 너비 3m 이상의 공지를 보유할 것. 다만, 펌프실내에 설치하는 경우에는 그러하지 아니하다.

> ※ 피그(pig) : 관의 지름과 크기가 같은 공 혹은 작은 포탄처럼 생긴 것으로 흐르는 수송물질을 따라가면서 관 내부를 문질러 청소를 하거나 유류의 혼합억제, 위험물의 제거 조치 등의 역할을 한다.
> ※ 피그장치 : 피그를 보내거나 받는 장치
> ※ 피그의 종류 : 구형(sphere)피그, 우산형 피그, 포탄형 피그 등

(25) 밸브(교체밸브 및 제어밸브 등) 의 설치기준.

① 원칙적으로 이송기지 또는 전용부지내에 설치할 것.

② 개폐상태가 해당 밸브의 설치장소에서 쉽게 확인할 수 있도록 할 것.

③ 지하에 설치하는 경우에는 점검상자 안에 설치할 것.

④ 밸브의 관리에 관계하는 자가 아니면 수동으로 개폐할 수 없도록 할 것.

(26) 위험물의 주입구 및 토출구의 기준

① 화재예방상 지장이 없는 장소에 설치할 것.

② 위험물을 주입하거나 토출하는 호스 또는 배관과 결합이 가능하고 위험물의 유출이 없도록 할 것.

③ 위험물의 주입구 또는 토출구가 있다는 내용과 화재예방과 관련된 주의사항을 표시한 게시판을 설치할 것.

④ 개폐가 가능한 밸브를 설치할 것.

(27) 이송기지의 안전조치

① 이송기지 구내에는 관계자 외의 자가 함부로 출입할 수 없도록 경계표시를 할 것.

② 이송기지 밖으로 위험물이 유출되는 것을 방지할 수 있는 조치를 할 것.

가) 위험물을 취급하는 시설(지하에 설치된 것을 제외)은 이송기지의 부지경계선으로부터 당해 배관의 최대상용압력에 따라 아래 표에 정한 거리(전용공업지역 또는 공업지역에 설치하는 경우에는 당해 거리의 1/3의 거리)를 둘 것.

표 4-6 배관의 최대상용압력에 따른 위험물 취급시설과 이송기지 부지경계선과의 거리

배관의 최대상용압력	거리
0.3MPa 미만	5m 이상
0.3MPa 이상 1MPa 미만	9m 이상
1MPa 이상	15m 이상

나) 온도 20℃의 물 100g에 용해되는 양이 1g 미만인 제4류 위험물을 취급하는 장소에는 누설한 위험물이 외부로 유출되지 않도록 유분리장치를 설치할 것.

다) 이송기지의 부지경계선에 높이 50cm 이상의 방유제를 설치할 것.

5) 이송취급소의 특례기준

① 위험물을 이송하기 위한 배관의 연장(당해 배관의 기점 또는 종점이 2 이상인 경우에는 임의의 기점에서 임의의 종점까지의 당해 배관의 연장 중 최대의 것.)이 15km를 초과하거나 특정이송취급소가 아닌 이송취급소에 대하여는 배관계를 감시하는 장치, 펌프의 작동을 멈추도록 하는 제어기능, 자동적으로 위험물의 누설을 검지하는 장치와 지진감지장치에 대한 규정은 적용하지 않는다.

※ 특정이송취급소 : 위험물을 이송하기 위한 배관에 관계된 최대상용압력이 950kPa 이상이고 위험물을 이송하기 위한 배관의 연장이 7km 이상인 이송취급소

② 압력안전장치의 규정은 유격작용 등에 의하여 배관에 생긴 응력이 주하중에 대한 허용응력도를 초과하지 않는 배관계로서 특정이송취급소 외의 이송취급소에 관계된 것에는 적용하지 않는다.

③ 누설검지구의 규정은 위험물을 이송하기 위한 배관에 관계된 최대상용압력이 1MPa 미만이고 내경이 100mm 이하인 배관으로서 특정이송취급소 외의 이송취급소에 관계된 것에는 적용하지 않는다.

④ 특정이송취급소 외의 이송취급소에 설치된 배관의 긴급차단밸브는 규정에도 불구하고 현지조작에 의하여 폐쇄하는 기능이 있는 것으로 할 수 있다. 다만, 긴급차단밸브를 아래에 해당하는 배관에 설치된 경우에는 그러하지 아니하다.

가) 「하천법」에 따른 국가하천·하류부근에 「수도법」에 따른 취수시설에 한하는 수도시설이 있는 하천 또는 계획하폭이 50m 이상인 하천으로서 위험물이 유입될 우려가 있는 하천을 횡단하여 설치된 배관

나) 해상·해저·호소등을 횡단하여 설치된 배관

다) 산 등 경사가 있는 지역에 설치된 배관

라) 철도 및 도로 중 산이나 언덕을 절개하여 만든 부분을 횡단하여 설치된 배관

⑤ ①항에서 ④항에 규정하지 않은 것으로서 특정이송취급소가 아닌 이송취급소의 기준의 특례에 관하여 필요한 사항은 소방청장이 정하여 고시할 수 있다.

6) 외관상 이송취급소이나 위험물안전관리법상 이송취급소에 해당되지 않는 경우

① 송유관안전관리법에 의한 송유관에 의한 위험물을 이송하는 경우

② 배관을 제외한 제조소 등에 관계된 시설 및 그 부지가 같은 사업소 안에 있고 해당 사업소 안에서만 위험물을 이송하는 경우

③ 사업소와 사업소 사이에 폭 2m 이상의 일반교통에 이용되는 도로만 있고 사업소와 사업소 사이의 이송배관이 이 도로를 횡단하는 경우

④ 사업소와 사업소 사이의 이송배관이 해당 제3자(해당 사업소와 관련이 있거나 유사한 사업을 하는 자에 한함)의 토지만을 통과하는 경우로 배관의 길이가 100m 이하인 경우

⑤ 해상구조물에 설치된 배관(이송되는 위험물이 제4류 위험물 중 제1석유류인 경우에는 배관 내경 30cm 미만인 경우에 한함)으로 그 해상구조물에 설치된 배관의 길이가 30m

이하인 경우. ⑤의 규정에 의한 경우

⑥ 사업소와 사업소 사이의 이송배관이 ③에서 2이상에 해당하는 경우

⑦ 농어촌 전기공급사업 촉진법에 따라 설치된 자가발전시설에 사용되는 위험물을 이송하는 경우

4 일반취급소

주유/판매/이송취급소에 해당하지 않는 취급소를 말한다. 또한, 석유 및 석유대체연료 사업법에 정한 규정에 따라 가짜석유제품에 해당하는 위험물을 취급하는 경우의 장소도 제외된다. 위험물을 이용하여 최종생산물이 아닌 제품을 제조·생산 및 위험물을 생산하지 않는 제반 취급소를 일반취급소라 하며, 일반적으로, 제품을 생산하는 공정 중에 위험물을 이용하여 제품을 가공하거나 세척 혹은 버너 등을 이용하여 소비하는 취급소가 해당된다. 제조공정을 가지고 있더라도 생산제품이 위험물이 아닌 점에서 제조소와 구별된다.

1) 일반취급소의 기준

일반취급소의 안전거리, 보유공지, 표지 및 게시판, 건축물의 구조, 채광, 조명 및 환기설비, 배출설비, 기타 설비 및 배관등은 제조소의 기준을 준용한다.

(1) 안전거리

① 주거용 (제조소 부지내에 있는 것은 제외) 건출물/공작물 : 10m 이상

② 고압가공전선 7,000V~35,000V : 3m 이상

③ 고압가공전선 35,000V 초과 : 5m 이상

④ 고압가스(가연성 가스 포함) 등의 제조 및 저장시설 : 20m 이상

⑤ 학교, 병원, 극장(300명 이상), 20인 이상 출입하는 곳 : 30m 이상

⑥ 유형 및 지정 문화재 : 50m 이상

⑦ 하이드록실아민등(히드록실아민등)을 취급하는 제조소의 안전거리 계산(하이드록실등에 대한 특례)

$D = 51.1 \times \sqrt[3]{N}$ (D: 안전거리, N: 취급하는 하이드록실아민의 지정수량의 배수)

(2) 배관

① 배관의 재질 및 구조

가) 강관 그 밖에 이와 유사한 금속성

나) 강관이나 이와 유사한 금속성이 아닌 경우

- 유리섬유강화플라스틱·고밀도폴리에틸렌 또는 폴리우레탄

다) 배관의 구조 : 내관 및 외관의 이중

- 내관과 외관의 사이에는 틈새공간을 두어 누설여부를 외부에서 쉽게 확인할 수 있도록 할 것(단, 배관의 재질이 취급하는 위험물에 의해 열화될 우려가 없는 경우에는 그러하지 아니하다.).

라) 국내 및 국외 공인시험기관으로부터 안전성 시험 또는 인증을 받을 것.

마) 지하 매설을 원칙으로 할 것.

② 배관 시험 : 최대상용압력의 1.5배 이상의 압력으로 수압시험(불연성 액체 및 기체를 이용하여 실시하는 시험 포함)

③ 배관의 지상 설치

가) 지진·풍압·지반침하 및 온도변화에 안전한 구조의 지지물에 설치

나) 지면에 닿지 않도록 하고 배관의 외면에 부식방지 도장

④ 배관의 지하 매설

가) 금속성 배관의 외면에 부식방지 조치

나) 접합부분(용접에 의한 접합부 또는 위험물의 누설의 우려가 없다고 인정되는 방법에 의하여 접합된 부분을 제외한다)에는 위험물의 누설여부를 점검할 수 있는 점검구 설치

다) 지면에 미치는 중량이 당해 배관에 미치지 않도록 보호할 것.

2) 특례적용 대상 일반취급소

특례에 적용되는 일반취급소는 위험물을 취급하는 설비를 건축물에 설치하는 것에 한한다.

① 분무도장작업등의 일반취급소 : 도장, 인쇄 또는 도포를 위하여 제2류 위험물 또는 제4류 위험물(특수인화물 제외)을 취급하는 일반취급소로서 지정수량의 30배 미만의 것

② 세정작업의 일반취급소 : 세정을 위하여 위험물(인화점이 40℃ 이상인 제4류 위험물에 한한다)을 취급하는 일반취급소로서 지정수량의 30배 미만의 것

③ 열처리작업등의 일반취급소 : 열처리작업 또는 방전가공을 위하여 위험물(인화점이 70℃ 이상인 제4류 위험물에 한한다)을 취급하는 일반취급소로서 지정수량의 30배 미만의 것

④ 보일러등으로 위험물을 소비하는 일반취급소 : 보일러, 버너 그 밖의 이와 유사한 장치로 위험물(인화점이 38℃ 이상인 제4류 위험물에 한한다)을 소비하는 일반취급소로서 지정수량의 30배 미만의 것

⑤ 충전하는 일반취급소 : 이동저장탱크에 액체위험물(알킬알루미늄등, 아세트알데하이드등 및 하이드록실아민 등은 제외)을 주입하는 일반취급소.

⑥ 옮겨 담는 일반취급소 : 고정급유설비에 의하여 위험물(인화점이 38℃ 이상인 제4류 위험물에 한한다)을 용기에 옮겨 담거나 4,000Liter 이하의 이동저장탱크(용량이 2,000Liter를 넘는 탱크에 있어서는 그 내부를 2,000Liter 이하마다 구획한 것에 한한다)에 주입하는 일반취급소로서 지정수량의 40배 미만인 것

⑦ 유압장치등을 설치하는 일반취급소 : 위험물을 이용한 유압장치 또는 윤활유 순환장치를 설치하는 일반취급소(고인화점 위험물만을 100℃ 미만의 온도로 취급하는 것에 한한다)로서 지정수량의 50배 미만의 것

⑧ 절삭장치등을 설치하는 일반취급소 : 절삭유의 위험물을 이용한 절삭장치, 연삭장치 그 밖의 이와 유사한 장치를 설치하는 일반취급소(고인화점 위험물만을 100℃ 미만의 온도로 취급하는 것에 한한다)로서 지정수량의 30배 미만의 것

⑨ 열매체유 순환장치를 설치하는 일반취급소 : 위험물 외의 물건을 가열하기 위하여 위험물(고인화점 위험물에 한한다)을 이용한 열매체유 순환장치를 설치하는 일반취급소로서 지정수량의 30배 미만의 것

⑩ 화학실험의 일반취급소 : 화학실험을 위하여 위험물을 취급하는 일반취급소로서 지정수량의 30배 미만의 것

⑪ 반도체 제조공정의 일반취급소 : 국가첨단전략산업 경쟁력 강화 및 보호에 관한 특별조치법에 따른 국가첨단전략기술 중 반도체 관련 제품의 제조를 위하여 위험물을 취급하는 일반취급소

⑫ 이차전지 제조공정의 일반취급소 : 국가첨단전략산업 경쟁력 강화 및 보호에 관한 특별조치법에 따른 국가첨단전략기술 중 이차전지 관련 제품의 제조를 위하여 위험물을 취급하는 일반취급소

⑬ 기타

가) 고인화점 위험물만을 취급하는 일반취급소에 있어서는 고인화점위험물의 제조소의 특례에 의할 수 있다.

나) 알킬알루미늄등, 아세트알데하이드등 또는 하이드록실아민등을 취급하는 일반취급소는 일반취급소의 규정을 따르되, 해당 위험물의 성질에 따라 강화되는 기준은 위험물의 성질에 따른 제조소의 특례 규정을 따라야 한다.

다) 제조소의 기준을 따르는 규정에 불구하고 발전소·변전소·개폐소 그 밖에 이에 준하는 장소(이하 이 호에서 "발전소등"이라 한다)에 설치되는 일반취급소에 대하여는 안전거리, 보유공지, 건축물의 구조 및 옥외설비의 바닥에 관한 규정을 적용하지 아니하며, 발전소등에 설치되는 변압기·반응기·전압조정기·유입(油入)개폐기·차단기·유입콘덴서·유입케이블 및 이에 부속된 장치로서 기기의 냉각 또는 절연을 위한 유류를 내장하여 사용하는 것에 대하여는 준용되는 제조소규정을 적용하지 않는다.

3) 각 일반취급소의 특례

(1) 분무도장작업등의 일반취급소의 특례

① 건축물 중 일반취급소의 용도로 사용하는 부분에 지하층이 없을 것.

② 건축물 중 일반취급소의 용도로 사용하는 부분은 벽·기둥·바닥·보 및 지붕(상층이 있는 경우에는 상층의 바닥)을 내화구조로 하고, 출입구 외의 개구부가 없는 두께 70mm 이상의 철근콘크리트조 또는 이와 동등 이상의 강도가 있는 구조의 바닥 또는 벽으로 당해 건축물의 다른 부분과 구획될 것.

③ 건축물 중 일반취급소의 용도로 사용하는 부분에는 창을 설치하지 아니할 것.

④ 건축물 중 일반취급소의 용도로 사용하는 부분의 출입구에는 60분+방화문 또는 60분방화문을 설치하되, 연소의 우려가 있는 외벽 및 당해 부분 외의 부분과의 격벽에 있는 출입구에는 수시로 열 수 있는 자동폐쇄식의 것으로 할 것.

⑤ 액상의 위험물을 취급하는 건축물 중 일반취급소의 용도로 사용하는 부분의 바닥은 위험물이 침투하지 아니하는 구조로 하고, 적당한 경사를 두어 집유설비를 설치할 것.

⑥ 건축물 중 일반취급소의 용도로 사용하는 부분에는 위험물을 취급하는데 필요한 채광·

조명 및 환기의 설비를 설치할 것.

⑦ 가연성의 증기 또는 가연성의 미분이 체류할 우려가 있는 일반취급소의 용도로 사용하는 부분에는 그 증기 또는 미분을 옥외의 높은 곳으로 배출하는 설비를 설치할 것.

⑧ 환기설비 및 배출설비에는 방화상 유효한 댐퍼 등을 설치할 것.

(2) 세정작업의 일반취급소의 특례

① 아래에 정하는 기준에 적합한 것에 대하여는 제조소의 위치, 구조 및 설비의 기술기준에서 안전거리, 보유공지, 건축물의 구조, 채광조명 및 환기설비, 배출설비의 규정은 적용하지 않는다.

가) 지정수량의 1/5 이상의 위험물을 취급하는 탱크에 대한 방유턱을 설치할 것.

- 하나의 취급탱크 주위에 설치하는 방유제의 용량 : 당해 탱크용량의 50% 이상
- 둘 이상의 취급탱크가 있는 방유제의 용량 : 용량이 최대인 것의 50%에 나머지 탱크용량 합계의 10%를 가산한 양 이상
- 바닥의 재질은 콘크리트 등으로 하여 위험물이 스며들지 않도록 한다.
- 바닥은 적당히 경사지게 하며, 최저부에 집유설비를 하여야 한다.

나) 위험물을 가열하는 설비에는 위험물의 과열을 방지할 수 있는 장치를 설치할 것.

다) 분무도장작업등의 일반취급소의 특례의 기준에 적합할 것.

② 지정수량의 10배 미만의 것에 대한 특례

가) 벽·기둥·바닥·보 및 지붕 : 불연재료, 천장이 없는 단층 건축물에 설치할 것.

나) 위험물을 취급하는 설비(위험물을 이송하기 위한 배관 제외)는 바닥에 고정하고, 당해 설비의 주위에 너비 3m 이상의 공지를 보유할 것. 다만, 당해 설비로부터 3m 미만의 거리에 있는 건축물의 벽(수시로 열 수 있는 자동폐쇄식의 60분+방화문 또는 60분방화문이 달려 있는 출입구 외의 개구부가 없는 것에 한한다) 및 기둥이 내화구조인 경우에는 당해 설비에서 당해 벽 및 기둥까지의 공지를 보유하는 것으로 할 수 있다.

다) 건축물 중 일반취급소의 용도로 사용하는 부분(보유공지 포함)의 바닥은 위험물이 침투하지 아니하는 구조로 하고 적당한 경사를 두어 집유설비를 설치하는 한편, 집유설비 및 해당 바닥의 주위에 배수구를 설치할 것.

라) 위험물을 취급하는 설비의 내부에서 발생한 가연성의 증기 또는 가연성의 미분이 해당 설비의 외부에 확산하지 않는 구조

마) 증기 또는 미분을 직접 옥외의 높은 곳으로 유효하게 배출할 수 있는 설비에는 방화

상 유효한 댐퍼 등을 설치

(3) 열처리작업등의 일반취급소의 기준

① 벽·기둥·바닥 및 보 : 내화구조, 출입구 외의 개구부가 없는 두께 70mm 이상의 철근콘크리트조 또는 이와 동등 이상의 강도가 있는 구조의 바닥 및 벽으로 구획

② 상층의 바닥 : 내화구조, 상층이 없는 경우에 있어서는 지붕을 불연재료로 할 것.

③ 위험물이 위험한 온도에 이르는 것을 경보할 수 있는 장치를 설치할 것.

④ 분무도장작업등의 일반취급소의 특례의 기준에 적합하여야 한다.

⑤ 지정수량의 10배 미만의 것에 대한 특례

가) 위험물을 취급하는 설비(위험물을 이송하기 위한 배관 제외)는 바닥에 고정하고, 당해 설비의 주위에 너비 3m 이상의 공지를 보유할 것. 다만, 당해 설비로부터 3m 미만의 거리에 있는 건축물의 벽(수시로 열 수 있는 자동폐쇄식의 60분+방화문 또는 60분방화문이 달려 있는 출입구 외의 개구부가 없는 것에 한한다) 및 기둥이 내화구조인 경우에는 당해 설비에서 당해 벽 및 기둥까지의 공지를 보유하는 것으로 할 수 있다.

나) 건축물 중 일반취급소의 용도로 사용하는 부분(보유공지 포함)의 바닥은 위험물이 침투하지 아니하는 구조로 하고 적당한 경사를 두어 집유설비를 설치하는 한편, 집유설비 및 해당 바닥의 주위에 배수구를 설치할 것.

다) 건축물 중 일반취급소의 용도로 사용하는 부분에는 위험물을 취급하는데 필요한 채광·조명 및 환기의 설비를 설치할 것.

라) 가연성의 증기 또는 가연성의 미분이 체류할 우려가 있는 일반취급소의 용도로 사용하는 부분에는 그 증기 또는 미분을 옥외의 높은 곳으로 배출하는 설비를 설치할 것.

마) 환기설비 및 배출설비에는 방화상 유효한 댐퍼 등을 설치할 것.

바) 위험물을 가열하는 설비에는 위험물의 과열을 방지할 수 있는 장치를 설치할 것.

(4) 보일러등으로 위험물을 소비하는 일반취급소의 특례

① 창을 설치하지 않아야 한다.

② 건축물 중 일반취급소의 용도로 사용하는 부분의 출입구에는 60분+방화문 또는 60분방화문을 설치하되, 연소의 우려가 있는 외벽 및 당해 부분 외의 부분과의 격벽에 있는 출입구에는 수시로 열 수 있는 자동폐쇄식의 것으로 할 것.

③ 액상의 위험물을 취급하는 건축물 중 일반취급소의 용도로 사용하는 부분의 바닥은 위험물이 침투하지 아니하는 구조로 하고, 적당한 경사를 두어 집유설비를 설치할 것.

④ 건축물 중 일반취급소의 용도로 사용하는 부분에는 위험물을 취급하는데 필요한 채광·조명 및 환기의 설비를 설치할 것.

⑤ 가연성의 증기 또는 가연성의 미분이 체류할 우려가 있는 일반취급소의 용도로 사용하는 부분에는 그 증기 또는 미분을 옥외의 높은 곳으로 배출하는 설비를 설치할 것.

⑥ 환기설비 및 배출설비에는 방화상 유효한 댐퍼 등을 설치할 것.

⑦ 벽·기둥·바닥 및 보 : 내화구조, 출입구 외의 개구부가 없는 두께 70mm 이상의 철근콘크리트조 또는 이와 동등 이상의 강도가 있는 구조의 바닥 및 벽으로 구획.

⑧ 상층의 바닥 : 내화구조, 상층이 없는 경우에 있어서는 지붕을 불연재료로 할 것.

⑨ 지진 및 정전 등의 긴급시에 보일러, 버너 그 밖에 이와 유사한 장치(비상용전원과 관련되는 것을 제외한다)에 대한 위험물의 공급을 자동적으로 차단하는 장치를 설치할 것.

⑩ 위험물을 취급하는 탱크는 그 용량의 총계를 지정수량 미만으로 하고, 해당 탱크(용량이 지정수량의 1/5미만의 것 제외)의 주위에 방유턱을 설치할 것.

가) 하나의 취급탱크 주위에 설치하는 방유제의 용량

- 당해 탱크용량의 50% 이상

나) 둘 이상의 취급탱크가 있는 방유제의 용량

- 용량이 최대인 것의 50%에 나머지 탱크용량 합계의 10%를 가산한 양 이상

다) 바닥 둘레의 높이는 0.15m이상으로 하여 위험물이 외부로 흘러나가지 않도록 한다.

라) 바닥의 재질은 콘크리트 등으로 하여 위험물이 스며들지 않도록 한다.

마) 바닥은 적당히 경사지게 하며, 최저부에 집유설비를 하여야 한다.

⑪ 지정수량의 10배 미만의 것에 대한 특례

가) 벽·기둥·바닥·보 및 지붕이 내화구조인 건축물의 옥상에 설치할 것.

나) 위험물을 취급하는 설비(위험물을 이송하기 위한 배관 제외)는 옥상에 고정할 것.

다) 위험물을 취급하는 설비(위험물을 취급하는 탱크 및 위험물을 이송하기 위한 배관 제외)는 큐비클식(강판으로 만들어진 보호상자에 수납되어 있는 방식)의 것으로 하고, 당해 설비의 주위에 높이 0.15m 이상의 방유턱을 설치할 것.

라) 설비의 내부 : 위험물을 취급하는데 필요한 채광·조명 및 환기의 설비 설치

마) 위험물을 취급하는 탱크는 그 용량의 총계를 지정수량 미만으로 할 것.

바) 옥외 위험물 탱크의 주위에는 높이 0.15m 이상의 방유턱을 설치할 것.

사) 방유턱의 주위에 너비 3m 이상의 공지를 보유할 것. 다만, 당해 설비로부터 3m 미

만의 거리에 있는 건축물의 벽(수시로 열 수 있는 자동폐쇄식의 60분+방화문 또는 60분방화문이 달려 있는 출입구 외의 개구부가 없는 것에 한한다) 및 기둥이 내화구조인 경우에는 당해 설비에서 당해 벽 및 기둥까지의 공지를 보유하는 것으로 할 수 있다.

아) 방유턱 내부 : 위험물이 침투하지 않는 구조로 하고, 적당한 경사를 두어 집유설비를 설치할 것. 이 경우 위험물이 직접 배수구에 유입되지 않도록 집유설비에 유분리 장치를 설치하여야 한다.

자) 옥내에 있는 위험물을 취급하는 탱크용 탱크전용실의 기준
- 탱크전용실은 지붕을 불연재료로 하고, 천장을 설치하지 아니할 것.
- 액상의 위험물의 옥내저장탱크를 설치하는 탱크전용실의 바닥은 위험물이 침투하지 아니하는 구조로 하고, 적당한 경사를 두는 한편, 집유설비를 설치할 것.
- 바닥 : 내화구조로 하고, 벽·기둥 및 보를 불연재료로 할 것.
- 위험물을 취급하는데 필요한 채광·조명 및 환기의 설비를 설치할 것.
- 가연성의 증기 또는 미분을 옥외의 높은 곳으로 배출하는 설비를 설치할 것.
- 탱크의 주위에는 방유턱을 설치하거나 탱크전용실의 출입구의 턱의 높이를 높게 할 것.

타) 환기설비 및 배출설비에는 방화상 유효한 댐퍼 등을 설치할 것.

(5) 충전하는 일반취급소의 특례

① 벽·기둥·바닥·보 및 지붕 : 내화구조 또는 불연재료로 하고, 창 및 출입구에 60분+방화문 또는 60분방화문 또는 30분방화문을 설치할 것.

② 창 또는 출입구의 유리 : 망입유리

③ 통풍을 위하여 벽을 설치하지 아니하여야 한다.

④ 위험물을 이동저장탱크에 주입하기 위한 설비(위험물을 이송하는 배관 제외)의 주위에 필요한 공지를 보유하여야 한다.

⑤ 위험물을 용기에 옮겨 담기 위한 설비를 설치하는 경우에는 설비(위험물을 이송하는 배관 제외)의 주위에 필요한 공지를 제④호의 공지 외의 장소에 보유하여야 한다.

⑥ 공지는 그 지반면을 주위의 지반면보다 높게 하고, 그 표면에 적당한 경사를 두며, 콘크리트 등으로 포장하여야 한다.

⑦ 공지에는 누설한 위험물 그 밖의 액체가 당해 공지 외의 부분에 유출하지 아니 하도록 집유설비 및 주위에 배수구를 설치하여야 한다. 이 경우 온도 20℃의 물 100g에 용해되

는 양이 1g미만인 제4류 위험물을 취급하는 공지에 있어서는 집유설비에 유분리장치를 설치하여야 한다.

(6) 옮겨 담는 일반취급소의 특례

① 일반취급소에는 고정급유설비 중 호스기기의 주위(현수식의 고정급유설비에 있어서는 호스기기의 아래)에 용기에 옮겨 담거나 탱크에 주입하는데 필요한 공지를 보유하여야 한다.

② 공지의 기준

가) 그 지반면을 주위의 지반면보다 높게 한다.

나) 그 표면에 적당한 경사를 두며, 콘크리트 등으로 포장하여야 한다.

다) 누설한 위험물 등이 당해 공지 외의 부분에 유출하지 않도록 배수구 및 유분리장치를 설치하여야 한다.

③ 고정급유설비에 접속하는 용량 40,000Liter 이하의 지하의 전용탱크(지하전용탱크)를 지반면하에 매설하는 경우 외에는 위험물을 취급하는 탱크를 설치하지 않도록 한다.

④ 지하전용탱크의 위치·구조 및 설비는 지하저장탱크의 위치·구조 및 설비의 기준을 준용하여야 한다.

⑤ 고정급유설비에 위험물을 주입하기 위한 배관은 당해 고정급유설비에 접속하는 지하전용탱크로부터의 배관만으로 하여야 한다.

⑥ 고정급유설비는 주유취급소의 고정주유설비 또는 고정급유설비의 기준을 준용하여야 한다.

⑦ 고정급유설비와 도로경계선과의 거리

표 4-7 고정급유설비 구분에 따른 도로경계선과의 거리

고정급유설비의 구분		거리
현수식의 고정급유설비		4m 이상
그 밖의 고정급유설비	고정급유설비에 접속되는 급유호스중 그 전체길이가 최대인 것의 전체길이(최대급유호스길이)가 3m 이하의 것	4m 이상
	최대급유호스길이가 3m 초과 4m 이하의 것	5m 이상
	최대급유호스길이가 4m 초과 5m 이하의 것	6m 이상

⑧ 고정급유설비와 건축물과의 거리

가) 2m 이상

나) 일반취급소의 건축물의 벽에 개구부가 없는 경우는 1m 이상

다) 부지경계선으로부터 1m 이상

라) 호스기기와 분리하여 주유취급소의 기준에 적합하고 벽·기둥·바닥·보 및 지붕(상층이 있는 경우에는 상층의 바닥)이 내화구조인 펌프실에 설치하는 펌프기기 또는 액중펌프기기에 있어서는 거리의 규정을 적용하지 않는다.

⑨ 현수식의 고정급유설비를 설치하는 일반취급소 : 고정급유설비의 펌프기기를 정지하는 등에 의하여 지하전용탱크로부터의 위험물의 이송을 긴급히 중단할 수 있는 장치를 설치하여야 한다.

⑩ 담 또는 벽

가) 높이 2m 이상의 내화구조 또는 불연재료

나) 일반취급소에 인접하여 연소의 우려가 있는 건축물이 있는 경우

- 담 또는 벽을 주유취급소의 규정에 준하여 방화상 안전한 높이로 한다.

⑪ 출입구 : 60분+방화문 또는 60분방화문 또는 30분방화문

⑫ 펌프실 그 밖에 위험물을 취급하는 실은 주유취급소의 규정에 의한 주유취급소의 펌프실 그 밖에 위험물을 취급하는 실의 기준을 준용하여야 한다.

⑬ 지붕, 캐노피 및 그 밖에 위험물을 옮겨 담는데 필요한 건축물(이하 "지붕등")을 설치하는 경우에는 불연재료로 하여야 한다.

⑭ 지붕등의 수평투영면적은 일반취급소의 부지면적의 1/3 이하이어야 한다.

(7) 유압장치등을 설치하는 일반취급소의 특례

① 벽·기둥·바닥·보 및 지붕이 불연재료로 만들어진 단층의 건축물에 설치할 것.

② 연소의 우려가 있는 외벽 : 출입구 외의 개구부가 없는 내화구조

③ 창 및 출입구

가) 60분+방화문 또는 60분방화문 또는 30분방화문

나) 연소의 우려가 있는 외벽에 있는 출입구 : 자동폐쇄식의 60분+방화문 또는 60분방화문

④ 창 또는 출입구의 유리 : 망입유리

⑤ 위험물을 취급하는 설비(위험물을 이송하기 위한 배관 제외)는 건축물 중 일반취급소의 용도로 사용하는 부분의 바닥에 견고하게 고정할 것.

⑥ 지정수량의 1/5이상의 위험물을 취급하는 탱크의 직하에는 방유턱을 설치하거나 건축물 중 일반취급소의 용도로 사용하는 부분의 문턱의 높이를 높게 할 것.

⑦ 지정수량의 30배 미만의 것에 대한 특례

가) 설비는 바닥에 고정한다.

나) 설비의 주위에 너비 3m 이상의 공지를 보유할 것.

다) 설비로부터 3m 미만의 거리에 있는 건축물의 벽(수시로 열 수 있는 자동폐쇄식의 60분+방화문 또는 60분방화문이 달려 있는 출입구 외의 개구부가 없는 것에 한함) 및 기둥이 내화구조인 경우에는 당해 설비에서 당해 벽 및 기둥까지의 공지를 보유하는 것으로 할 수 있다.

라) 위험물을 취급하는 건축물 중 일반취급소의 용도로 사용하는 부분의 바닥은 위험물이 침투하지 아니하는 구조로 하고, 적당한 경사를 두어 집유설비를 설치할 것.

마) 지정수량의 1/5이상의 탱크의 직하에는 방유턱 설치

(8) 절삭장치등을 설치하는 일반취급소의 특례

① 건축물 중 일반취급소의 용도로 사용하는 부분에 지하층이 없을 것.

② 상층의 바닥 : 내화구조, 상층이 없는 경우에 있어서는 지붕을 불연재료로 할 것.

③ 건축물 중 일반취급소의 용도로 사용하는 부분에는 창을 설치하지 아니할 것.

④ 건축물 중 일반취급소의 용도로 사용하는 부분의 출입구에는 60분+방화문 또는 60분방화문을 설치하되, 연소의 우려가 있는 외벽 및 당해 부분 외의 부분과의 격벽에 있는 출입구에는 수시로 열 수 있는 자동폐쇄식의 것으로 할 것.

⑤ 액상의 위험물을 취급하는 건축물 중 일반취급소의 용도로 사용하는 부분의 바닥은 위험물이 침투하지 아니하는 구조로 하고, 적당한 경사를 두어 집유설비를 설치할 것.

⑥ 건축물 중 일반취급소의 용도로 사용하는 부분에는 위험물을 취급하는데 필요한 채광·조명 및 환기의 설비를 설치할 것.

⑦ 가연성의 증기 또는 가연성의 미분이 체류할 우려가 있는 일반취급소의 용도로 사용하는 부분에는 그 증기 또는 미분을 옥외의 높은 곳으로 배출하는 설비를 설치할 것.

⑧ 환기설비 및 배출설비에는 방화상 유효한 댐퍼 등을 설치할 것.

⑨ 지정수량의 1/5이상의 위험물을 취급하는 탱크의 직하에는 방유턱을 설치하거나 건축물 중 일반취급소의 용도로 사용하는 부분의 문턱의 높이를 높게 할 것.

⑩ 지정수량의 10배 미만의 것에 대한 특례

가) 위험물을 이송하기 위한 배관 제외한 설비

- 바닥에 고정.
- 설비의 주위에 너비 3m 이상의 공지를 보유할 것.

- 설비로부터 3m 미만의 거리에 있는 건축물의 벽(수시로 열 수 있는 자동폐쇄식의 60분+방화문 또는 60분방화문이 달려 있는 출입구 외의 개구부가 없는 것에 한함) 및 기둥이 내화구조인 경우에는 당해 설비에서 당해 벽 및 기둥까지의 공지를 보유하는 것으로 할 수 있다.

나) 일반취급소의 용도로 사용하는 부분(보유공지 포함)의 바닥은 위험물이 침투하지 아니하는 구조로 하고 적당한 경사를 두어 집유설비를 설치하는 한편, 집유설비 및 해당 바닥의 주위에 배수구를 설치할 것.

(9) 열매체유 순환장치를 설치하는 일반취급소의 특례

① 건축물 중 일반취급소의 용도로 사용하는 부분에 지하층이 없을 것.

② 상층의 바닥 : 내화구조, 상층이 없는 경우에 있어서는 지붕을 불연재료로 할 것.

③ 건축물 중 일반취급소의 용도로 사용하는 부분에는 창을 설치하지 아니할 것.

④ 건축물 중 일반취급소의 용도로 사용하는 부분의 출입구에는 60분+방화문 또는 60분방화문을 설치하되, 연소의 우려가 있는 외벽 및 당해 부분 외의 부분과의 격벽에 있는 출입구에는 수시로 열 수 있는 자동폐쇄식의 것으로 할 것.

⑤ 액상의 위험물을 취급하는 건축물 중 일반취급소의 용도로 사용하는 부분의 바닥은 위험물이 침투하지 아니하는 구조로 하고, 적당한 경사를 두어 집유설비를 설치할 것.

⑥ 건축물 중 일반취급소의 용도로 사용하는 부분에는 위험물을 취급하는데 필요한 채광·조명 및 환기의 설비를 설치할 것.

⑦ 가연성의 증기 또는 가연성의 미분이 체류할 우려가 있는 일반취급소의 용도로 사용하는 부분에는 그 증기 또는 미분을 옥외의 높은 곳으로 배출하는 설비를 설치할 것.

⑧ 환기설비 및 배출설비에는 방화상 유효한 댐퍼 등을 설치할 것.

⑨ 지정수량의 1/5이상의 위험물을 취급하는 탱크에 대한 방유턱을 설치할 것.

가) 하나의 취급탱크 주위에 설치하는 방유제의 용량 : 당해 탱크용량의 50% 이상

나) 둘 이상의 취급탱크가 있는 방유제의 용량 : 용량이 최대인 것의 50%에 나머지 탱크용량 합계의 10%를 가산한 양 이상

다) 바닥의 재질은 콘크리트 등으로 하여 위험물이 스며들지 않도록 한다.

라) 바닥은 적당히 경사지게 하며, 최저부에 집유설비를 하여야 한다.

⑩ 위험물을 가열하는 설비에는 위험물의 과열을 방지할 수 있는 장치를 설치할 것.

⑪ 벽·기둥·바닥 및 보 : 내화구조, 출입구 외의 개구부가 없는 두께 70mm 이상의 철근콘크리트조 또는 이와 동등 이상의 강도가 있는 구조의 바닥 및 벽으로 구획.

⑫ 위험물을 취급하는 설비는 위험물의 체적팽창에 의한 위험물의 누설을 방지할 수 있는 구조의 것으로 하여야 한다.

(10) 화학실험의 일반취급소의 특례

① 화학실험의 일반취급소는 벽 · 기둥 · 바닥 및 보가 내화구조인 건축물의 지하층 외의 층에 설치할 것.

② 벽·기둥·바닥·보 및 지붕 (상층이 있는 경우에는 상층의 바닥) : 내화구조

③ 창 또는 출입구의 기준

가) 복도를 제외한 해당 건축물의 다른 용도 부분과 구획하는 벽에는 설치금지

나) 해당 건축물의 복도 또는 외부와 구획하는 벽에 설치하는 창은 망입유리 또는 방화유리로 하고, 출입구에는 수시로 열 수 있는 자동폐쇄식의 60분+방화문 및 60분방화문을 설치할 것.

④ 건축물 중 화학실험의 일반취급소의 용도로 사용하는 부분에는 위험물을 취급하는데 필요한 채광 · 조명 및 환기를 위한 설비를 설치할 것.

⑤ 가연성의 증기 또는 가연성의 미분이 체류할 우려가 있는 화학실험의 일반취급소의 용도로 사용하는 부분에는 그 증기 또는 미분을 옥외의 높은 곳으로 배출하는 설비를 설치하고, 배출덕트가 관통하는 벽부분의 바로 가까이에 화재 시 자동으로 폐쇄되는 방화댐퍼를 설치할 것.

⑥ 위험물을 보관하는 설비는 외장을 불연재료로 하되, 제3류 위험물 중 자연발화성물질 또는 제5류 위험물을 보관하는 설비는 다음의 기준에 모두 적합한 것으로 할 것.

가) 외장을 금속재질로 할 것.

나) 보냉장치를 갖출 것.

다) 밀폐형 구조로 할 것.

라) 문에 유리를 부착하는 경우에는 망입유리 또는 방화유리로 할 것.

(11) 반도체 제조공정의 일반취급소의 특례

① 위험물을 취급하는 건축물의 벽, 기둥, 바닥, 보, 서까래, 계단 및 지붕 : 불연재료 또는 내화구조

② 위험물을 취급하는 건축물의 지붕을 내화구조로 하는 경우에는 해당 건축물에 가연성의 증기 체류를 방지하기 위한 조치를 마련할 것.

③ 연소의 우려가 있는 외벽 : 출입구 외의 개구부가 없는 내화구조의 벽으로 할 것.

④ 위험물을 취급하는 건축물의 창 및 출입구의 유리 : 망입유리 또는 방화유리

⑤ 액체위험물을 취급하는 건축물의 바닥은 위험물이 스며들지 못하는 재료를 사용하고, 위험물 취급설비의 주위에 턱 또는 도랑을 설치하는 등 해당 설비에서 누설된 액체 위험물의 유출을 방지하기 위한 조치를 할 것.

⑥ 환기설비 또는 배출설비를 공조설비로 갈음하는 경우 해당 공조설비는 소방청장이 정하여 고시하는 기준에 적합할 것.

⑦ 위험물을 취급하는 배관의 재질 : 강관 그 밖에 이와 유사한 금속성으로 해야 한다. 다만, 다음의 기준에 정한 재질 중 어느 하나에 해당할 경우에는 그렇지 않다.

가) 산업표준화법에 따른 한국산업표준에서 정하는 유리섬유강화플라스틱 · 고밀도폴리에틸렌 또는 폴리우레탄

나) 불소수지 중 과불화알콕시 알케인(Perfluoroalkoxy alkane) 또는 이와 같은 수준 이상의 강도를 갖는 불소 중합체

⑧ 배관의 구조 및 기준

가) 내관 및 외관의 이중으로 하고, 내관과 외관의 사이에는 틈새공간을 두어 누설여부를 외부에서 쉽게 확인할 수 있도록 할 것. 다만, 배관의 재질이 취급하는 위험물에 의해 쉽게 열화될 우려가 없는 경우에는 그렇지 않다.

나) 국내 또는 국외의 관련 공인시험기관으로부터 안전성에 대한 시험 또는 인증을 받을 것.

다) 배관은 지하에 매설할 것. 다만, 화재 등 열에 의하여 쉽게 변형될 우려가 없는 재질이거나 화재 등 열에 의한 악영향을 받을 우려가 없는 장소에 설치되는 경우에는 그렇지 않다.

⑧ 반도체 제조공정의 일반취급소 외의 용도로 사용하는 부분이 있는 건축물에 설치하는 반도체 제조공정의 일반취급소의 기준

가) 반도체 제조공정의 일반취급소는 벽 · 기둥 · 바닥 및 보가 내화구조인 건축물의 지하층 외의 층에 설치할 것.

나) 건축물 중 반도체 제조공정의 일반취급소의 용도로 사용하는 부분은 벽 · 기둥 · 바닥 · 보 및 지붕(상층이 있는 경우에는 상층의 바닥)을 내화구조로 할 것.

다) 건축물 중 반도체 제조공정의 일반취급소의 용도로 사용하는 부분의 창은 망입유리 또는 방화유리로 하고, 출입구에는 60분+방화문 · 60분방화문(화재로 인한 연기 · 불꽃 · 열 등을 감지하여 자동으로 폐쇄되는 구조인 것으로 한정한다)을 설치하되, 연소의 우려가 있는 외벽에 있는 출입구에는 수시로 열 수 있는 자동폐쇄식의 것으로 할 것.

라) 건축물 중 반도체 제조공정의 일반취급소의 용도로 사용하는 부분의 바닥은 위험물이 스며들지 못하는 재료를 사용하고, 적당한 경사를 두어 그 최저부에 집유설비를 설치할 것. 다만, 위험물 취급설비의 주위에 턱 또는 도랑을 설치하는 등 위험물 취급설비에서 누설된 액체위험물의 유출을 방지하기 위한 조치를 한 경우에는 경사 및 집유설비를 두지 않을 수 있다.

마) 환기설비 또는 배출설비를 공조설비로 갈음하는 경우 해당 공조설비는 소방청장이 정하여 고시하는 기준에 적합할 것.

바) 위험물을 취급하는 배관의 재질은 ⑧의 기준에 적합할 것.

(12) 이차전지 제조공정의 일반취급소의 특례

(11) 반도체 제조공정의 일반취급소의 특례와 동일하나 공조설비에서 소방청장이 정하여 고시하는 기준과 더불어 건설기술 진흥법에 따른 국가건설기준센터가 정하는 기준이 추가되어 있다. 즉, 반도체 제조공정의 일반취급소를 이차전지 제조공정의 일반취급소로 바꿈으로써 특례를 확인할 수 있다.

(13) 고인화점 위험물의 일반취급소의 특례

벽·기둥·바닥·보 및 지붕을 내화구조 또는 불연재료로 하고, 창 및 출입구에는 60분+방화문 또는 60분방화문·30분방화문 또는 불연재료나 유리로 된 문을 설치할 것.

1 위험물 안전관리법상 위험물 취급소를 적으시오.

2 위험물에 관한 표시사항 중 "물기엄금"에 관한 표시색깔은?

3 위험물을 운반할 때 위험물의 성질 등을 운반용기 및 포장의 외부에 주의사항을 표시하여야 한다. 틀린 것은?
① 제2류 위험물에는 "화기주의"
② 제3류 위험물에는 "물기엄금"
③ 제4류 위험물에는 "화기주의"
④ 제5류 위험물에는 "화기엄금"

4 다음 중 위험물시설안전원을 두어야 하는 곳은?
① 지정수량 10,000배 이상의 위험물을 취급하는 저장취급소
② 보일러와 같은 위험물을 소비하는 일반 취급시설
③ 차량에 고정된 탱크에 위험물을 충전하는 저장취급소
④ 철제드럼과 같은 위험물을 옮겨 담는 저장취급소

5 소방법상 위험물을 운반 및 수납할 때 운반용기 중 내장용기의 종류에 포함되지 않는 것은?
① 금속제 용기
② 유리용기
③ 도자기 용기
④ 플라스틱 용기

6 제1종 판매취급소의 배합실에서 바닥의 면적과 출입구의 턱높이 기준을 적으시오.

7 제2종 판매취급소의 작업실에서 배합할 수 있는 제1류 위험물을 적으시오.

8 위험물일반취급소의 공지에 누설한 위험물 및 그 밖의 액체가 당해 공지 외의 부분에 유출하지 않도록 하기 위한 설비 3가지를 적으시오.

9 제2종 판매취급소의 용도로 사용하는 출입구 중 연소의 우려가 있는 외벽에 설치하는 출입구의 형식은 무엇인가?

10 주유취급소의 통기관의 높이는 지면으로부터 몇 m 이상인가?

11 주유관 선단에서 휘발유 주유시 토출량은 분당 최대 몇 리터인가?

12 현수식 주유설비의 주유관 길이규정은?

13 주유취급소의 배관이 개노피 내부를 통과할 경우에는 점검구를 몇 개 이상 설치하여야 하는가?

14 고정주유설비와 부지경계선과의 거리는 몇 m 이상인가?

15 주유취급소에 밸브없는 통기관을 설치하는 이유를 적으시오.

16 위험물안전관리법에 따른 지정유기과산화물의 옥내저장소 지붕에 대한 기준이 잘못된 것은?

① 지붕 아래쪽 면에 구리망을 쳐서 도리, 보 또는 서까래에 결합할 것.

② 중도리 또는 서까래의 간격은 30cm이상이어야 한다.

③ 지붕의 아래면은에는 한번의 길이가 45cm이하의 강제 격자를 설치하여야 한다.

④ 받침대는 두께 5cm이상, 너비 30cm 이상의 목재이어야 한다.

17 옥외탱크저장소의 물분무설비기준에서 탱크의 원주길이가 30m이면 방사되는 물의 토출량은 분당 얼마 이상이어야 하는가?

18 폭발성혼합가스로 가득한 배관 등의 내부에서 연소가 개시될 때, 연소가스가 출입할 수 있는 부분에 금속망 혹은 연소 차단용 금속판을 사용하여 고온의 화염이 좁은 간격의 벽면에 접촉하도록 하여 열전도에 의해 열이 제거되도록 하는 장치를 무엇이라 하는가?

19 반도체 제조공정의 일반취급소 외의 용도로 사용하는 부분이 있는 건축물에 설치하는 반도체 제조공정의 일반취급소의 기준으로 잘못된 것은?

① 반도체 제조공정의 일반취급소는 벽 · 기둥 · 바닥 및 보가 내화구조인 건축물의 지하층 외의 층에 설치하여야 한다.

② 건축물 중 반도체 제조공정의 일반취급소의 용도로 사용하는 부분은 벽 · 기둥 · 바닥 · 보 및 지붕을 불연구조로 하여야 한다.

③ 건축물 중 반도체 제조공정의 일반취급소의 용도로 사용하는 부분의 창은 망입유리 또는 방화유리로 하여야 한다.

④ 건축물 중 반도체 제조공정의 일반취급소의 취급설비의 주위에 턱 또는 도랑을 설치하는 등 위험물 취급설비에서 누설된 액체 위험물의 유출을 방지하기 위한 조치를 한 경우에는 경사 및 집유설비를 두지 않을 수 있다.

20 특례적용 대상 일반취급소의 기준으로 바른 것은?

① 분무도장작업등의 일반취급소 : 도장, 인쇄 또는 도포를 위하여 제2류 위험물 또는 제4류 위험물(특수인화물 제외)을 취급하는 일반취급소로서 지정수량의 20배 미만의 것.

② 세정작업의 일반취급소 : 세정을 위하여 위험물(인화점이 40℃ 이상인 제4류 위험물에 한한다)을 취급하는 일반취급소로서 지정수량의 20배 미만의 것.

③ 열처리작업등의 일반취급소 : 열처리작업 또는 방전가공을 위하여 위험물(인화점이 70℃ 이상인 제4류 위험물에 한한다)을 취급하는 일반취급소로서 지정수량의 30배 미만의 것.

④ 유압장치등을 설치하는 일반취급소 : 위험물을 이용한 유압장치 또는 윤활유 순환장치를 설치하는 일반취급소(고인화점 위험물만을 100℃ 미만의 온도로 취급하는 것에 한한다)로서 지정수량의 30배 미만의 것.

21 옥외탱크저장소 중 준특정옥외탱크저장소의 저장 또는 취급하는 액체위험물의 최대수량의 기준은 어떻게 되는가?

22 다음 보기 중 안전거리 적용 대상이 아닌 저장소 및 취급소를 모두 고르시오.

> [보기]
> 옥내저장소, 옥내 탱크저장소, 특정 옥외탱크저장소, 지하탱크 저장소, 일반취급소

23 고온배관용 탄소강관의 배관기호는 무엇인가?

① SPW ② SPPH ③ SPHT ④ SPPS

24 위험물제조소와 20,000V 고압가공전선, 학교, 지정문화재와의 안전거리의 최소합은 얼마인가?

25 아래 그림과 같은 양쪽이 볼록한 타원형 탱크에서 a=7m, b=3m, l_1=l_2=2m이고 l=12m일 때, 물음에 답하시오.

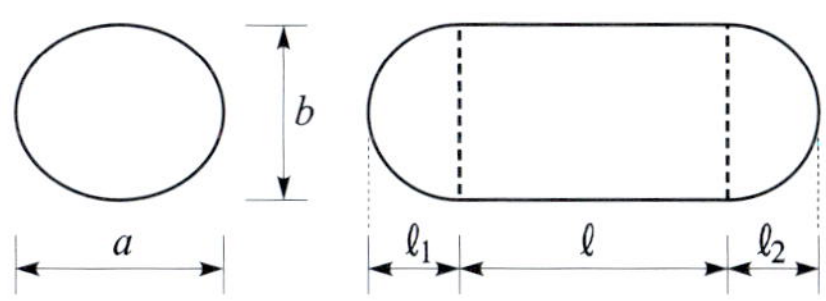

(1) 이 탱크의 용량은 몇 m^3 인가?

(2) 5%의 공간용적을 적용하여 등유를 저장하였을 때 지정수량의 약 몇 배인지 구하시오.

(3) 주어진 탱크에 (2)의 등유를 저장한 위험물옥외탱크저장소의 보유공지너비는 얼마 이상인가?

26 비중이 0.85인 벤젠 1000kg을 다루는 위험물제조소의 보유공지는 최소 몇 미터인가?

27 위험물제조소등의 안전거리의 단축기준과 관련하여 다음 물음에 답하시오.

(1) $H < pD^2 + a$ 인 경우 방화상 유효한 담의 높이는 얼마 이상인가?

(2) (1)의 식에서 H, D, a는 각각 무엇을 의미하는가? (3점)

CHAPTER 05

위험물제조소 등의 소화설비

1. 소방시설 등에 관한 용어의 법률적 정의
2. 소화설비
3. 대형 수동식 소화설비 및 소형 수동식 소화설비
4. 경보설비
5. 피난설비

CHAPTER 05 Theory of Hazardous Materials Facilities

위험물제조소 등의 소화설비

위험물안전관리법에 따른 소화설비의 설치기준은 국가화재안전기준(성능기준 및 기술기준)과는 다소 차이가 있으며, 보다 강화된 규정이 적용된다. (일부는 동일기준 적용)

1 소방시설 등에 관한 용어의 법률적 정의

① 소방시설 : 소화설비·경보설비·피난구조설비·소화용수설비 그밖에 소화 활동설비로서 대통령령이 정하는 것을 말한다.

② 소방시설 등 : 소방시설과 비상구, 그 밖에 소방 관련시설로서 대통령령이 정하는 것을 말한다.

③ 특정소방대상물 : 건축물 등의 규모, 용도 및 수용인원 등을 고려하여 소방시설을 설치하여야 하는 소방대상물로서 대통령령이 정하는 것을 말한다.

④ 화재안전성능 : 화재를 예방하고 화재발생 시 피해를 최소화하기 위하여 소방대상물의 재료, 공간 및 설비 등에 요구되는 안전성능

⑤ 화재안전기준 : 소방시설 설치 및 관리를 위한 기준으로 성능기준과 기술기준이 있다.

⑥ 소방용품 : 소방시설등을 구성하거나 소방용으로 사용되는 제품 또는 기기로서 대통령령이 정하는 것을 말한다.

2 소화설비

소화설비는 물 또는 그 밖의 소화약제를 사용하여 소화하는 기계·기구 또는 설비를 말한다.

① 소화기구

가) 소화기

나) 간이소화용구 : 에어로졸식 소화용구, 투척용 소화용구, 소공간용 소화용구 및 소화약제 외의 것을 이용한 간이소화용구

다) 자동확산소화기

② 자동소화장치

가) 주거용 주방자동소화장치

나) 상업용 주방자동소화장치

다) 캐비닛형 자동소화장치

라) 가스자동소화장치

마) 분말자동소화장치

바) 고체에어로졸자동소화장치

③ 옥내소화전설비 (이동식(호스릴) 옥내소화전설비 포함)

④ 스프링클러설비등

가) 스프링클러설비

나) 간이스프링클러설비 (캐비닛형 간이스프링클러설비 포함)

다) 화재조기진압용 스프링클러설비

⑤ 물분무등 소화설비

가) 물분무소화설비

나) 미분무소화설비

다) 포 소화설비

라) 이산화탄소 소화설비

마) 할로젠화합물 및 불활성기체 소화설비

바) 분말 소화설비

사) 강화액 소화설비

아) 고체에어로졸 소화설비

⑥ 옥외소화전설비

⑦ 대형수동식 소화기 및 소형수동식 소화기

1) 소화난이도등급 I 의 제조소등 및 소화설비

(1) 소화난이등급 I 에 해당하는 제조소등

표 5-1 소화난이도등급 I에 해당하는 제조소등의 구분

제조소등의 구분	제조소등의 규모, 저장 또는 취급하는 위험물의 품명 및 최대수량 등
제조소 일반취급소	연면적 1,000m^2 이상인 것
	지정수량의 100배 이상인 것(고인화점위험물만을 100℃ 미만의 온도에서 취급하는 것 및 제48조의 위험물을 취급하는 것은 제외)
	지반면으로부터 6m 이상의 높이에 위험물 취급설비가 있는 것(고인화점위험물만을 100℃ 미만의 온도에서 취급하는 것은 제외)
	일반취급소로 사용되는 부분 외의 부분을 갖는 건축물에 설치된 것(내화구조로 개구부 없이 구획 된 것, 고인화점위험물만을 100℃ 미만의 온도에서 취급하는 것 및 일반취급소의 화학실험의 일반취급소는 제외)
주유취급소	주유취급소의 업무용 사무소와 검섬 및 간이정비를 위한 작업장 및 휴게음식점 또는 전시장의 전체 면적의 합이 500m^2를 초과하는 것
옥내저장소	지정수량의 150배 이상인 것(고인화점위험물만을 저장하는 것 및 제48조의 위험물을 저장하는 것은 제외)
	연면적 150m^2를 초과하는 것(150m^2 이내마다 불연재료로 개구부없이 구획된 것 및 인화성고체 외의 제2류 위험물 또는 인화점 70℃ 이상의 제4류 위험물만을 저장하는 것은 제외)
	처마높이가 6m 이상인 단층건물의 것
	옥내저장소로 사용되는 부분 외의 부분이 있는 건축물에 설치된 것(내화구조로 개구부 없이 구획된 것 및 인화성고체 외의 제2류 위험물 또는 인화점 70℃ 이상의 제4류 위험물만을 저장하는 것은 제외)
옥외탱크저장소	액표면적이 40m^2 이상인 것(제6류 위험물을 저장하는 것 및 고인화점위험물만을 100℃ 미만의 온도에서 저장하는 것은 제외)
	지반면으로부터 탱크 옆판의 상단까지 높이가 6m 이상인 것(제6류 위험물을 저장하는 것 및 고인화점위험물만을 100℃ 미만의 온도에서 저장하는 것은 제외)
	지중탱크 또는 해상탱크로서 지정수량의 100배 이상인 것(제6류 위험물을 저장하는 것 및 고인화점위험물만을 100℃ 미만의 온도에서 저장하는 것은 제외)
	고체위험물을 저장하는 것으로서 지정수량의 100배 이상인 것

※ 제48조의 위험물 : 위험물안전관리법 시행규칙 제 48조를 의미하며, 화약류에 해당하는 위험물의 특례조항을 말한다.

표 5-1 소화난이도등급 I에 해당하는 제조소등의 구분 (계속)

제조소등의 구분	제조소등의 규모, 저장 또는 취급하는 위험물의 품명 및 최대수량 등
옥내탱크저장소	액표면적이 $40m^2$ 이상인 것(제6류 위험물을 저장하는 것 및 고인화점위험물만을 100℃ 미만의 온도에서 저장하는 것은 제외)
	바닥면으로부터 탱크 옆판의 상단까지 높이가 6m 이상인 것(제6류 위험물을 저장하는 것 및 고인화점위험물만을 100℃ 미만의 온도에서 저장하는 것은 제외)
	탱크전용실이 단층건물 외의 건축물에 있는 것으로서 인화점 38℃ 이상 70℃ 미만의 위험물을 지정수량의 5배 이상 저장하는 것(내화구조로 개구부없이 구획된 것은 제외한다)
옥외저장소	덩어리 상태의 황을 저장하는 것으로서 경계표시 내부의 면적(2 이상의 경계표시가 있는 경우에는 각 경계표시의 내부의 면적을 합한 면적)이 $100m^2$ 이상인 것
	인화성고체, 제1석유류 및 알코올류의 위험물을 저장하는 것으로서 지정수량의 100배 이상인 것
암반탱크저장소	액표면적이 $40m^2$ 이상인 것(제6류 위험물을 저장하는 것 및 고인화점위험물만을 100℃ 미만의 온도에서 저장하는 것은 제외)
	고체위험물만을 저장하는 것으로서 지정수량의 100배 이상인 것
이송 취급소	모든 대상

(2) 소화난이등급 Ⅰ의 제조소등에 설치하여야 하는 소화설비

표 5-2 소화난이도등급 I에 설치하는 소화설비

제조소등의 구분		소화설비
제조소 및 일반취급소		옥내소화전설비, 옥외소화전설비, 스프링클러설비 또는 물분무등소화설비(화재발생시 연기가 충만할 우려가 있는 장소에는 스프링클러설비 또는 이동식 외의 물분무등소화설비에 한한다)
주유취급소		스프링클러설비(건축물에 한정한다), 소형수동식소화기등(능력단위의 수치가 건축물 그 밖의 공작물 및 위험물의 소요단위의 수치에 이르도록 설치할 것)
옥내 저장소	처마높이가 6m 이상인 단층건물 또는 다른 용도의 부분이 있는 건축물에 설치한 옥내저장소	스프링클러설비 또는 이동식 외의 물분무등소화설비
	그 밖의 것	옥외소화전설비, 스프링클러설비, 이동식 외의 물분무등소화설비 또는 이동식 포소화설비(포소화전을 옥외에 설치하는 것에 한한다)

표 5-2 소화난이도등급 I에 설치하는 소화설비 (계속)

<table>
<tr><th colspan="3">제조소등의 구분</th><th>소화설비</th></tr>
<tr><td rowspan="5">옥외
탱크
저장소</td><td rowspan="3">지중탱크
또는
해상탱크
외의 것</td><td>황만을 저장 취급하는 것</td><td>물분무소화설비</td></tr>
<tr><td>인화점 70℃ 이상의 제4류 위험물만을 저장취급하는 것</td><td>물분무소화설비 또는 고정식 포소화설비</td></tr>
<tr><td>그 밖의 것</td><td>고정식 포소화설비(포소화설비가 적응성이 없는 경우에는 분말소화설비)</td></tr>
<tr><td colspan="2">지중탱크</td><td>고정식 포소화설비, 이동식 이외의 불활성가스소화설비 또는 이동식 이외의 할로젠화합물소화설비</td></tr>
<tr><td colspan="2">해상탱크</td><td>고정식 포소화설비, 물분무소화설비, 이동식이외의 불활성가스소화설비 또는 이동식 이외의 할로젠화합물소화설비</td></tr>
<tr><td rowspan="3">옥내
탱크
저장소</td><td colspan="2">황만을 저장취급하는 것</td><td>물분무소화설비</td></tr>
<tr><td colspan="2">인화점 70℃ 이상의 제4류 위험물만을 저장취급하는 것</td><td>물분무소화설비, 고정식 포소화설비, 이동식 이외의 불활성가스소화설비, 이동식 이외의 할로젠화합물소화설비 또는 이동식 이외의 분말소화설비</td></tr>
<tr><td colspan="2">그 밖의 것</td><td>고정식 포소화설비, 이동식 이외의 불활성가스소화설비, 이동식 이외의 할로젠화합물소화설비 또는 이동식 이외의 분말소화설비</td></tr>
<tr><td colspan="3">옥외저장소 및 이송취급소</td><td>옥내소화전설비, 옥외소화전설비, 스프링클러설비 또는 물분무등소화설비(화재발생시 연기가 충만할 우려가 있는 장소에는 스프링클러설비 또는 이동식 이외의 물분무등소화설비에 한한다)</td></tr>
<tr><td rowspan="3">암반
탱크
저장소</td><td colspan="2">황만을 저장취급하는 것</td><td>물분무소화설비</td></tr>
<tr><td colspan="2">인화점 70℃ 이상의 제4류 위험물만을 저장취급하는 것</td><td>물분부소화설비 또는 고정식 포소화설비</td></tr>
<tr><td colspan="2">그 밖의 것</td><td>고정식 포소화설비(포소화설비가 적응성이 없는 경우에는 분말소화설비)</td></tr>
</table>

※ 비고

1. 위 표 오른쪽란의 소화설비를 설치함에 있어서는 당해 소화설비의 방사범위가 당해 제조소, 일반취급소, 옥내저장소, 옥외탱크저장소, 옥내탱크저장소, 옥외저장소, 암반탱크저장소(암반탱크에 관계되는 부분을 제외한다) 또는 이송취급소(이송기지 내에 한한다)의 건축물, 그 밖의 공작물 및 위험물을 포함하도록 하여야 한다. 다만, 고인화점위험물만을 100℃ 미만의 온도에서 취급하는 제조소 또는 일반취급소의 경우에는 당해 제조소 또는 일반취급소의 건축물 및 그 밖의 공작물만 포함하도록 할 수 있다.

2. 고인화점위험물만을 100℃ 미만의 온도에서 취급하는 제조소 또는 일반취급소의 위험물에 대해서는 대

형수동식소화기 1개 이상과 당해 위험물의 소요단위에 해당하는 능력단위의 소형수동식소화기를 설치하여야 한다. 다만, 당해 제조소 또는 일반취급소에 옥내 · 외소화전설비, 스프링클러설비 또는 물분무등소화설비를 설치한 경우에는 당해 소화설비의 방사능력범위 내에는 대형수동식소화기를 설치하지 아니할 수 있다.

3. 가연성증기 또는 가연성미분이 체류할 우려가 있는 건축물 또는 실내에는 대형수동식소화기 1개 이상과 당해 건축물, 그 밖의 공작물 및 위험물의 소요단위에 해당하는 능력단위의 소형수동식소화기 등을 추가로 설치하여야 한다.

4. 제4류 위험물을 저장 또는 취급하는 옥외탱크저장소 또는 옥내탱크저장소에는 소형수동식소화기 등을 2개 이상 설치하여야 한다.

5. 제조소, 옥내탱크저장소, 이송취급소, 또는 일반취급소의 작업공정상 소화설비의 방사능력범위 내에 당해 제조소등에서 저장 또는 취급하는 위험물의 전부가 포함되지 아니하는 경우에는 당해 위험물에 대하여 대형수동식소화기 1개 이상과 당해 위험물의 소요단위에 해당하는 능력단위의 소형수동식소화기 등을 추가로 설치하여야 한다.

(3) 소화난이등급 Ⅱ에 해당하는 제조소등

표 5-3 소화난이도등급 Ⅱ에 해당하는 제조소등의 구분

제조소등의 구분	제조소등의 규모, 저장 또는 취급하는 위험물의 품명 및 최대수량 등
제조소 일반취급소	연면적 600m^2 이상인 것
	지정수량의 10배 이상인 것(고인화점위험물만을 100℃ 미만의 온도에서 취급하는 것 및 제48조의 위험물을 취급하는 것은 제외)
	분무도장작업등의 일반취급소, 세정작업의 일반취급소, 열처리작업등의 일반취급소, 보일러등으로 위험물을 소비하는 일반취급소, 유압장치등을 설치하는 일반취급소, 절삭장치등을 설치하는 일반취급소, 열매체유 순환장치를 설치하는 일반취급소 및 화학실험의 일반취급소로서 소화난이도등급 Ⅰ의 제조소등에 해당하지 아니하는 것(고인화점위험물만을 100℃ 미만의 온도에서 취급하는 것은 제외)
옥내저장소	단층건물 이외의 것
	다층건물옥재저장소 또는 지정수량 50배이하인 소규모 옥내저장소 중 저장창고의 처마높이가 6m미만인 옥내저장소
	지정수량의 10배 이상인 것(고인화점위험물만을 저장하는 것 및 제48조의 위험물을 저장하는 것은 제외)
	연면적 150m^2 초과인 것
	복합용도 건묵물의 옥내저장소로서 소화난이도등급 Ⅰ의 제조소등에 해당하지 아니하는 것

표 5-3 소화난이도등급 Ⅱ에 해당하는 제조소등의 구분 (계속)

제조소등의 구분	제조소등의 규모, 저장 또는 취급하는 위험물의 품명 및 최대수량 등
옥외탱크저장소 옥내탱크저장소	소화난이도등급 Ⅰ의 제조소등 외의 것(고인화점위험물만을 100℃ 미만의 온도로 저장하는 것 및 제6류 위험물만을 저장하는 것은 제외)
옥외저장소	덩어리 상태의 황을 저장하는 것으로서 경계표시 내부의 면적(2 이상의 경계표시가 있는 경우에는 각 경계표시의 내부의 면적을 합한 면적)이 $5m^2$ 이상 $100m^2$ 미만인 것
	인화성고체, 제1석유류 또는 알코올류의 위험물을 저장하는 것으로서 지정수량의 10배 이상 100배 미만인 것
	지정수량의 100배 이상인 것(덩어리 상태의 황 또는 고인화점위험물을 저장하는 것은 제외)
주유취급소	옥내주유취급소로서 소화난이도등급 Ⅰ의 제조소등에 해당하지 아니하는 것
판매취급소	제2종 판매취급소

(4) 소화난이등급 Ⅱ의 제조소등에 설치하여야 하는 소화설비

표 5-4 소화난이도등급 Ⅱ에 설치하는 소화설비

제조소등의 구분	소화설비
제조소 옥내저장소 옥외저장소 주유취급소 판매취급소 일반취급소	방사능력범위 내에 당해 건축물, 그 밖의 공작물 및 위험물이 포함되도록 대형수동식소화기를 설치하고, 당해 위험물의 소요단위의 1/5 이상에 해당되는 능력단위의 소형수동식소화기등을 설치할 것
옥외탱크저장소 옥내탱크저장소	대형수동식소화기 및 소형수동식소화기등을 각각 1개 이상 설치할 것

※ 비고

1. 옥내소화전설비, 옥외소화전설비, 스프링클러설비 또는 물분무등소화설비를 설치한 경우에는 당해 소화설비의 방사능력범위 내의 부분에 대해서는 대형수동식소화기를 설치하지 아니할 수 있다.
2. 소형수동식소화기등이란 제4호의 규정에 의한 소형수동식소화기 또는 기타 소화설비를 말한다. 이하 같다.

(6) 소화난이등급Ⅲ에 해당하는 제조소등

표 5-5 소화난이도등급 Ⅲ에 해당하는 제조소등의 구분

제조소등의 구분	제조소등의 규모, 저장 또는 취급하는 위험물의 품명 및 최대수량 등
제조소 일반취급소	제48조의 위험물을 취급하는 것
	제48조의 위험물외의 것을 취급하는 것으로서 소화난이도등급Ⅰ 또는 소화난이도등급Ⅱ의 제조소등에 해당하지 아니하는 것
옥내저장소	제48조의 위험물을 취급하는 것
	제48조의 위험물외의 것을 취급하는 것으로서 소화난이도등급Ⅰ 또는 소화난이도등급Ⅱ의 제조소등에 해당하지 아니하는 것
지하탱크저장소 간이탱크저장소 이동탱크저장소	모든 대상
옥외저장소	덩어리 상태의 황을 저장하는 것으로서 경계표시 내부의 면적(2 이상의 경계표시가 있는 경우에는 각 경계표시 내부 면적을 합한 면적)이 $5m^2$ 미만인 것
	덩어리 상태의 황 외의 것을 저장하는 것으로서 소화난이도등급Ⅰ 또는 소화난이도등급Ⅱ의 제조소등에 해당하지 아니하는 것
주유취급소	옥내주유취급소 외의 것으로서 소화난이도등급 Ⅰ의 제조소등에 해당하지 아니하는 것
제1종 판매취급소	모든 대상

(6) 소화난이등급Ⅲ의 제조소등에 설치하여야 하는 소화설비

표 5-6 소화난이도등급 Ⅲ에 설치하는 소화설비

제조소등의 구분	소화설비	설치기준	
지하탱크저장소	소형수동식소화기등	능력단위의 수치가 3 이상	2개 이상
이동탱크저장소	자동차용소화기	무상의 강화액 8L 이상	2개 이상
		이산화탄소 3.2kg 이상	
		브로모클로로다이플루오로메탄(CF_2ClBr) 2L 이상	
		브로모트라이플루오로메탄(CF_3Br) 2L 이상	
		다이브로모테트라플루오로에탄($C_2F_4Br_2$) 1L 이상	
		소화분말 3.3kg 이상	
	마른 모래 및 팽창질석 또는 팽창진주암	마른모래 150L 이상	
		팽창질석 또는 팽창진주암 640L 이상	

표 5-6 소화난이도등급 Ⅲ에 설치하는 소화설비 (계속)

제조소등의 구분	소화설비	설치기준
그 밖의 제조소등	소형수동식소화기등	능력단위의 수치가 건축물 그 밖의 공작물 및 위험물의 소요단위의 수치에 이르도록 설치할 것. 다만, 옥내소화전설비, 옥외소화전설비, 스프링클러설비, 물분무등소화설비 또는 대형수동식소화기를 설치한 경우에는 당해 소화설비의 방사능력범위내의 부분에 대하여는 수동식소화기등을 그 능력단위의 수치가 당해 소요단위의 수치의 1/5 이상이 되도록 하는 것으로 족하다

(7) 소화설비의 적응성

표 5-7 화재대상물에 따른 소화설비의 적응성

소화설비의 구분		대상물 구부											
		건축물·그 밖의 공작물	전기설비	제1류 위험물		제2류 위험물			제3류 위험물		제4류 위험물	제5류 위험물	제6류 위험물
				알칼리금속과산화물등	그 밖의 것	철분·금속분·마그네슘등	인화성고체	그 밖의 것	금수성물품	그 밖의 것			
옥내소화전 또는 옥외소화전설비		○			○		○	○		○		○	○
스프링클러설비		○			○		○	○		○	△	○	○
물분무등소화설비	물분무소화설비	○	○		○		○	○		○	○	○	○
물분무등소화설비	포소화설비	○			○		○	○		○	○	○	○
물분무등소화설비	불활성가스소화설비		○				○				○		
물분무등소화설비	할로젠화합물소화설비		○				○				○		
물분무등소화설비 - 분말소화설비	인산염류등	○	○		○		○	○			○		○
물분무등소화설비 - 분말소화설비	탄산수소염류등		○	○		○	○		○		○		
물분무등소화설비 - 분말소화설비	그 밖의 것			○		○			○				

표 5-7 화재대상물에 따른 소화설비의 적응성 (계속)

소화설비의 구분			대상물 구분											
			건축물 · 그 밖의 공작물	전기설비	제1류 위험물		제2류 위험물			제3류 위험물		제4류 위험물	제5류 위험물	제6류 위험물
					알칼리금속과산화물등	그 밖의 것	철분 · 금속분 · 마그네슘등	인화성고체	그 밖의 것	금수성물품	그 밖의 것			
대형 · 소형 수동식소화기	봉상수(棒狀水)소화기		○			○		○	○		○		○	○
	무상수(霧狀水)소화기		○	○		○		○	○		○		○	○
	봉상강화액소화기		○			○		○	○		○		○	○
	무상강화액소화기		○	○		○		○	○		○	○	○	○
	포소화기		○			○		○	○		○	○	○	○
	이산화탄소소화기			○				○				○		△
	할로젠화합물소화기			○				○				○		
	분말소화기	인산염류소화기	○	○		○		○	○			○		○
		탄산수소염류소화기		○	○		○	○		○		○		
		그 밖의 것			○		○			○				
기타	물통 또는 수조		○			○		○	○		○		○	○
	건조사				○	○	○	○	○	○	○	○	○	○
	팽창질석 또는 팽창진주암				○	○	○	○	○	○	○	○	○	○

※ 비고

1. "○"표시는 소화설비가 적응성이 있음을 표시하고, "△"표시는 제4류 위험물을 저장 또는 취급하는 장소의 살수기준면적에 따라 스프링클러설비의 살수밀도가 다음 표에 정하는 기준 이상인 경우에는 당해 스프링클러설비가 제4류 위험물에 대하여 적응성이 있음을, 제6류 위험물을 저장 또는 취급하는 장소로서 폭발의 위험이 없는 장소에 한하여 이산화탄소소화기가 제6류 위험물에 대하여 적응성이 있음을 각각 표시한다.

2. 살수면적에 따른 방사밀도

살수면적(m^2)	방사밀도(ℓ/m^2분) (인화점기준)		비고
	38℃ 미만	38℃ 이상	
279미만 279 ~ 372미만 372 ~ 465미만 465이상	16.3 이상 15.5 이상 13.9 이상 12.2 이상	12.2 이상 11.8 이상 9.8 이상 8.1 이상	1. 살수기준면적 : 내화구조의 벽 및 바닥으로 구획된 하나의 실의 바닥면적 2. 하나의 실의 바닥면적이 465m^2 이상인 경우의 살수기준면적은 465m^2로 한다. (다만, 위험물의 취급을 주된 작업내용으로 하지 아니하고 소량의 위험물을 취급하는 설비 또는 부분이 넓게 분산되어 있는 경우에는 방사밀도는 8.2ℓ/m^2분 이상, 살수기준 면적은 279m^2 이상으로 할 수 있다.

2) 소화설비의 설치기준

제조소능에 전기설비(전기배선 및 조명기구 등은 제외)가 설치된 경우에는 100m^2마다 소형수동식소화기를 1개 이상 설치하여야 한다.

(1) 소요단위 및 능력단위

소화설비의 설치대상이 되는 건축물 그 밖의 공작물의 규모 및 위험물의 양의 기준단위를 소요단위라 하며, 소요단위에 대응하는 소화설비의 소화능력의 기준단위를 능력단위라 한다.

(2) 소요단위의 기준

① 제조소 또는 취급소용 건축물로 외벽이 내화구조인 것 : 연면적 100m^2

② 제조소 또는 취급소용 건축물로 외벽이 내화구조 이외의 것 : 연면적 50m^2

③ 저장소용 건축물로 외벽이 내화구조인 것 : 연면적 150m^2

④ 저장소용 건축물로 외벽이 내화구조 이외의 것 : 연면적 75m^3

⑤ 제조소등의 옥외에 설치된 공작물 : 외벽이 내화구조인 것으로 간주하고 공작물의 최대 수평투영면적을 연면적으로 간주하여 소요단위 산정

⑥ 위험물 : 지정수량의 10배

(3) 소화설비의 능력단위

표 5-8 수동식 소화설비의 용량에 따른 능력단위

소화설비	용량(Liter)	능력단위
소화전용(轉用)물통	8	0.3
수조(소화전용물통 3개 포함)	80	1.5
수조(소화전용물통 6개 포함)	190	2.5
마른 모래(삽 1개 포함)	50	0.5
팽창질석 또는 팽창진주암(삽 1개 포함)	160	1.0

3) 옥내소화전의 설치기준

옥내소화전설비 및 이동식물분무등소화설비는 화재발생시 연기가 충만할 우려가 없는 장소 등 쉽게 접근이 가능하고 화재 등에 의한 피해를 받을 우려가 적은 장소에 한하여 설치하여야 한다.

① 저수량

- 옥내소화전의 설치개수가 가장 많은 층의 설치개수(옥내소화전이 5개 이상 설치된 경우에는 5개)에 7.8m^{3}를 곱한 양 이상

② 하나의 호스 접속구까지의 수평거리 : 25m 이하 (각층의 출입구 부근에 1개 이상 설치)

③ 방수량 : 260liter/min. 이상

④ 방수압력 : 350kPa(0.35MPa) 이상

⑤ 비상전원 : 45분 이상 작동되어야 함.

⑥ 펌프의 분당 토출량 : 옥내소화전 개수 × 260liter/min. 이상

⑦ 방수구(호스) 구경 :40mm (이동식(호스릴)일 경우는 25mm)

⑧ 바닥에서 개폐밸브 및 호스접속구까지의 높이 : 1.5m 이하

⑨ 이동식(호스릴)옥내소화전설비의 경우 그 노즐에는 노즐을 쉽게 개폐할 수 있는 장치를 부착할 것.

⑨ 표시등

가) 색상 : 적색

나) 위치 : 표시등의 부착면과 15° 이상의 각도가 되는 방향으로 10m 떨어진 곳에서 식별이 가능한 위치

다) 옥내소화전설비의 함에는 옥내소화전설비의 위치를 표시하는 표시등을 설치

라) 가압송수장치의 기동을 표시하는 표시등을 설치

⑩ 표지 및 표지판

가) 옥내소화전함의 표면에 소화전이라는 표시를 해야 한다.

나) 사용요령을 기재한 표지판 설치

- 표지판을 함의 문에 부착하는 경우 : 문의 내외부 모두에 부착
- 사용요령은 외국어와 시작적인 그림 포함해야 함.

⑪ 소방자동차 전용 옥내소화전 송구의 높이 : 바닥에서 0.5m 이상 1m 이하

⑫ 배관의 기준

가) 주배관중 입상관의 직경 : 50mm 이상

나) 가압송수장치의 토출측 직근부분의 배관에는 체크밸브 및 개폐밸브 설치

다) 신축이음배관 (플렉시블 조인트)의 설치

- 가압송수장치와 토출측 배관의 사이
- 가압송수장치 직구의 흡입배관 부분

4) 옥외소화전설비의 설치기준

옥외소화전설비는 건축물의 1층 및 2층 부분만을 방사능력범위로 하고 건축물의 지하층 및 3층 이상의 층에 대하여 다른 소화설비를 설치하여야 한다. 또한, 옥외소화전설비를 옥외 공작물에 대한 소화설비로 하는 경우에도 유효방수거리 등을 고려한 방사능력범위에 따라 설치하여야 한다.

① 저수량

- 옥외소화전의 설치개수가 가장 많은 층의 설치개수(옥외소화전이 4개 이상 설치된 경우에는 4개)에 13.5m³를 곱한 양 이상

② 옥외소화전 설비의 방수압력 : 350kPa 이상

③ 옥외소화전 설비의 방수량 : 450liter/min. 이상

④ 하나의 호스접속구까지의 수평거리 : 40m 이하

⑤ 비상전원 : 45분 이상 작동

⑥ 방수구(호스)의 구경 : 65mm

⑦ 옥외소화전과 소화전함의 거리 : 5m 이내에 설치

⑧ 바닥에서 개폐밸브 및 호스접속구까지의 높이 : 1.5m 이하

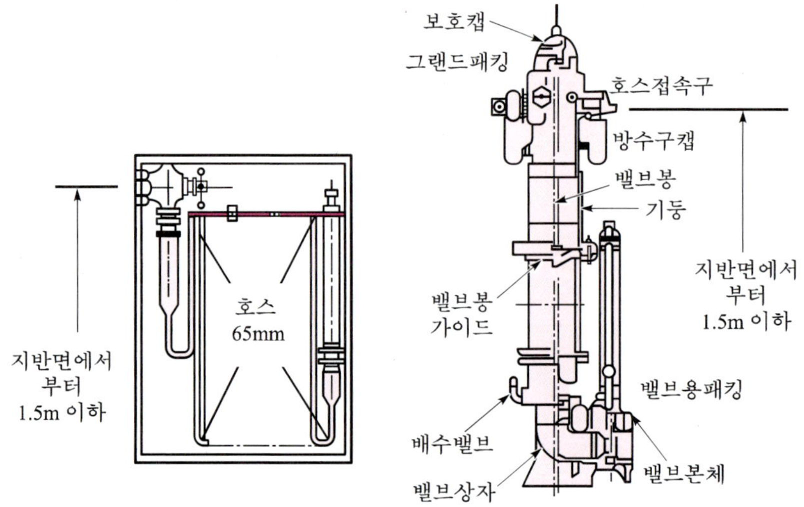

그림 5-1 옥외소화전의 구조

5) 스프링클러설비의 설치기준

스프링클러설비는 옥내소화전설비, 옥외소화전설비와 마찬가지로 물 및 가압송수장치를 이용하여 물에 의하여 소화작용을 하는 것으로 고정살수설비라고 말할 수 있다. 스프링클러설비의 주요 구성은 수원, 가압송수장치, 배관, 유수검지장치, 일제개방밸브, 제어밸브, 스프링클러헤드 등이다.

(1) 구분

① 스프링클러 설비의 헤드에 의해 구분

가) 개방형 : 개방헤드 사용

나) 폐쇄형 : 폐쇄헤드 (열에 의해 개방.)

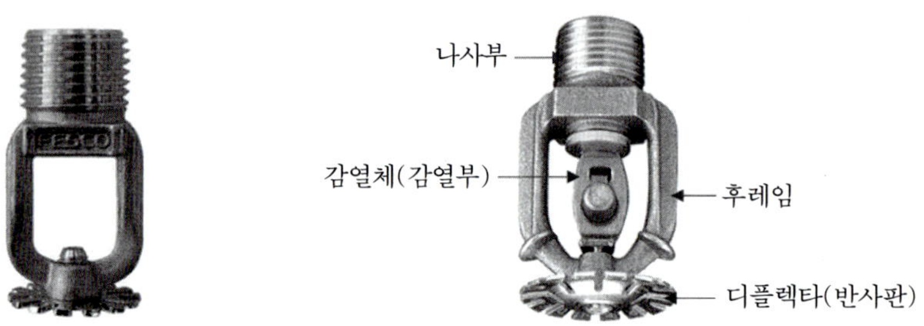

(a) 개방형 헤드의 구조 (b) 폐쇄형 헤드의 구조

그림 5-2 스프링클러 헤드의 구조

> **참고**
> 위험물시설에 있어서는 일반적으로 화재가 급속히 확대되는 것이 예상되므로 화재에 따른 열의 영향을 받는 헤드만이 작동하는 폐쇄형의 것보다 어떤 일정구역을 방호할 수 있는 개방형의 것이 효과적이라 할 수 있다.

② 배관에 의한 구분

가) 건식 : 대기압 혹은 압축공기가 채워져 있다.

나) 습식 : 물로 채워져 있다.

(2) 스프링클러 설비의 일반적 사항

① 하나의 방수구역(개방형) : 바닥면적이 150m^2 이상 (방호대상물의 바닥면적이 150m^2 미만인 경우에는 당해 바닥면적)

② 가압송수장치의 송수량 : 80 liter/min. 이상

③ 가압송수장치의 방수압력 : 100kPa 이상

④ 수원의 저수량

가) 폐쇄형 : 헤드 30개(30개 미만은 그 설치개수)×2.4m^3 이상

나) 개방형 : 가장 많이 설치된 구역의 헤드개수×2.4m^3 이상

⑤ 비상전원 : 45분 이상

(3) 스프링클러(SP)헤드의 설치기준

① 방호대상과 SP헤드까지 수평거리 : 1.7m 이하

② SP 헤드의 공간 : 반사판으로부터 하방 45cm, 수평방향으로 30cm의 공간 보유

가) 가연성 물질을 수납하는 부분에 SP 헤드를 설치하는 경우

- 헤드의 반사판으로부터 하방 90cm, 수평방향으로 40cm의 공간보유

나) 개구부에 설치하는 SP 헤드

- 개구부의 상단으로부터 높이 15cm 이내의 벽면에 설치

③ SP 헤드(반사판)와 그 부착면과의 거리 : 30cm 이하

④ SP 헤드 부착면으로부터 40cm 이상 돌출한 보 등에 의하여 구획된 부분마다 설치 (단, 보 등의 상호간의 거리(보 등의 중심선을 기산점으로 한다)가 1.8m 이하인 경우에는 그러하지 아니하다.)

⑤ 급배기용 덕트 등의 긴변의 길이가 1.2m를 초과하는 것이 있는 경우에는 당해 덕트 등

의 아래면에도 스프링클러헤드를 설치할 것.

⑥ 스프링클러헤드는 그 부착장소의 평상시의 최고주위온도에 따라 아래 표 5-9에 정한 표시온도를 갖는 것을 설치할 것.

표 5-9 부착장소의 평상시 최고주위온도에 따른 스프링클로의 표시온도 기준

부착장소의 최고주위온도 (℃)	스프링클러 표시온도 (℃)
28 미만	58 미만
28 이상 39 미만	58 이상 79 미만
39 이상 64 미만	79 이상 121 미만
64 이상 106 미만	121 이상 162 미만
106 이상	162 이상

(4) SP설비의 배관 기준

① 옥내소화전설비의 배관 준용

② 급수관은 스프링클러설비가 설치되어 있지 않는 건축물의 내부를 통과하지 않도록 한다.

③ 폐쇄형스프링클러설비가 설치되어 있는 배관에 수증기배관 등의 고온배관을 근접하여 설치된 경우에는, 고온배관의 열의 영향을 받지 않도록 거리를 유지한다.

6) 물분무소화설비의 설치기준

물분무소화설비는 물분무헤드로부터 물을 분무형태로 방사하여 연소면을 덮는 것에 의해 소화하는 설비로써 위험물의 냉각, 발생하는 수증기에 의한 질식 등의 효과를 이용하는 것이다. 물분무소화설비는 자동화재감지장치, 물분무헤드, 가압송수장치(주로 펌프), 수원, 유수검지장치, 일제개방밸브, 배관, 배선, 전원 및 비상전원, 배수설비 등으로 구성되어 있으며, 스프링클러소화설비의 설치기준에 따른 구성과 유사하다.

① 수원의 저수량

위험물제조소 등 : 방사구역표면적× 20 liter/m^2-min.×30min. 이상

② 방사구역 : 150m^2 이상 (방호대상물의 표면적이 150m^2 미만인 경우에는 해당 표면적)

③ 방사압력 : 350kPa 이상

④ 바닥에서 제어밸브 혹은 개방밸브까지 높이 : 0.8m~1.5m 이하

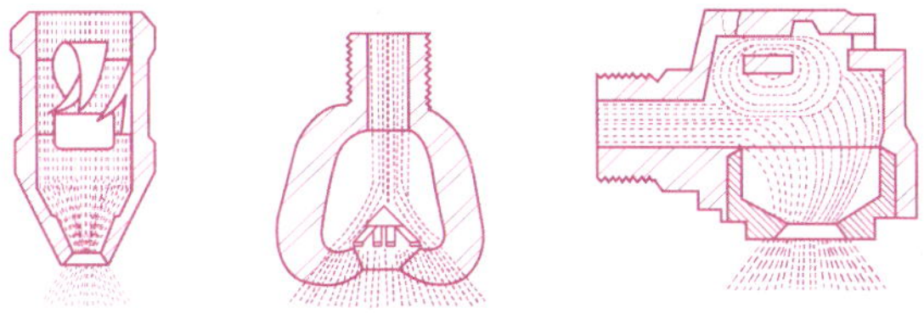

(a) 물분무헤드의 종류

(b) 물분무헤드의 예

그림 5-3 물분무헤드의 종류 및 예

7) 포소화설비의 설치기준

(1) 포소화설비의 개요

포소화설비	방식	내용
고정식	포방출구 방식	위험물 저장탱크 등에 설치하는 것으로서 고정식포방 출구, 보조포 소화전 및 연결송액구로 구성되며, 배관으로부터 보내온 포혼합액(포수용액)을 방출구에 흡인 한 공기로 발포시키는 방식이다.
	헤드방식 (포헤드 방식)	화재 초기에 소화활동자가 용이하게 접근할 수 없는 대상물 또는 접근하여 소화하기가 곤란한 대상물에 설치하는 것으로, 배관으로부터 보내져온 포혼합액을 포헤드내에 흡인한 공기로 발포시켜 대상물 내에 소화약제를 방출하는 방식이다.
	포모니터 노즐방식	인화점이 40℃ 이하의 위험물을 저장하는 옥외탱크나 이송취급소의 주입구를 방호하기 위해 설치하는 것으로, 원격조작이 가능하다. 발포방식은 포소화전과 유사하다.
이동식	포소화전 방식	화재의 초기에 용이하게 접근하여 소화작업이 가능한 대상물에 설치하는 것으로서, 배관으로부터 보내온 혼합액을 홈노즐에 흡인한 공기에 의해 발포시키는 방식이다.
	보조포 소화전방식	고정포방출구방식의 설비에 보조적으로 설치하는 것으로, 발포방식은 포소화전과 유사하다.

그림 5-4 포소화설비의 개요 및 특징

(1) 고정포방출구 방식에 대한 기준

① 포방출구

가) 포방출구의 구분

- I형 : 방출된 포가 액면 아래로 몰입되거나 액면을 뒤섞지 않고 액면상을 덮을 수 있는 통계단 또는 미끄럼판 등의 설비 및 탱크내의 위험물증기가 외부로 역류되는 것을 저지할 수 있는 구조·기구를 갖는 포방출구
- II형 : 방출된 포가 탱크옆판의 내면을 따라 흘러내려 가면서 액면 아래로 몰입되거나 액면을 뒤섞지 않고 액면상을 덮을 수 있는 반사판 및 탱크내의 위험물증기가 외부로 역류되는 것을 저지할 수 있는 구조·기구를 갖는 포방출구
- 특형 : 부상구조 탱크옆판의 내측으로부터 1.2m 이상 이격하여 설치하고 탱크옆판과 칸막이에 의하여 형성된 환상부분에 포를 주입하는 것이 가능한 구조의 반사판을 갖는 포방출구
- III형 : 고정지붕구조의 탱크에 저부포주입법(표면하 주입법)을 이용하는 것으로서 송포관으로부터 포를 방출하는 포방출구
- IV형 : 고정지붕구조의 탱크에 저부포주입법을 이용하는 것으로서 탱크의 액면하의 저부에 설치된 격납통에 수납되어 있는 특수호스 등이 송포관의 말단에 접속되어 있다가 포를 보내는 것에 의하여 특수호스 등이 전개되어 그 선단이 액면까지 도달한 후 포를 방출하는 포방출구

나) 포방출구의 개수 : 위험물안전관리에 관한 세부기준에서 정한 탱크의 직경, 구조 및 포방출구의 종류에 따른 수 이상의 개수를 탱크 옆판의 외주에 균등한 간격으로 설치할 것.

다) 포방출구는 표 5-10의 위험물의 구분 및 포방출구의 종류에 따라 정한 액표면적 $1m^2$당 필요한 포수용액양에 당해 탱크의 액표면적을 곱하여 얻은 양을 아래 표5-10에서 규정하는 위험물의 구분 및 포방출구의 종류에 따라 정한 방출율 이상으로 포방출구의 개수에 유효하게 방출할 수 있도록 설치할 것. 또한, 표 5-10에서 수용성에 대해서는 표 5-11에서 정한 계수를 각각 곱한 값 이상으로 할 것.

포방출량(비수용성) = 포수용액(L/m^2)×액표면적(m^2)

≥ 방출율(L/m^2-m.)×액표면적(m^2)×방출시간(m.)

포방출량(수용성) = 포수용액(L/m^2)×액표면적(m^2)

≥ 방출율(L/m^2-m.)×액표면적(m^2)×방출시간(m.)×수용성물질 계수

표 5-10 제4류 위험물의 인화점및 성질과 방출구에 따른 포수용액량 및 방출율

포방출구 종류 / 위험물 구분 (제4류위험물중)	I형		II형		특형		III형		IV형	
	포수용액 (L/m²)	방출율 (L/m²-m.)	포수용액 (L/m²)	방출율 (L/m²-m.)	포수용액 (L/m²)	방출율 (L/m²-m.)	포수용액 (L/m²)	방출율 (L/m²-m.)	포수용액 (L/m²)	방출율 (L/m²-m.)
인화점 21℃ 미만인 것	120	4	220	4	240	8	220	4	220	4
인화점 21℃ 이상 70℃미만인 것	80	4	120	4	160	8	120	4	120	4
인화점 70℃ 이상인 것	60	4	100	4	120	8	100	4	100	4
수용성	160	8	240	8	–	–	–	–	240	8

표 5-11 제4류 위험물 중 수용성에 대한 계수

위험물의 구분: 종류	위험물의 구분: 세부 구분	계수
알코올류	메틸알콜, 3-메틸2-부틸알콜, 에틸알콜, 아릴알콜, 1-펜틸알콜, 2-펜틸알콜, t-펜틸알콜, 이소펜틸알콜, 1-헥실알콜, 사이크로헥산올, 푸르퓨릴알콜, 벤질알콜, 프로필렌글리콜, 에틸렌글리콜, 다이에틸렌 글리콜, 다이프로필렌 글리콜, 글리세린	1.0
	2-프로필알콜, 1-프로필알콜, 이소뷰틸알콜, 1-뷰틸알콜, 2-뷰틸알콜	1.25
	t-뷰틸 알콜	2.0
에터(ether)류	다이아이소소프로필에터, 에틸렌글리콜에틸에터, 에틸렌글리콜메틸에터, 다이에틸렌글리콜에틸에터, 다이에틸렌글리콜메틸에터	1.25
	1-4다이옥세인(다이옥산)	1.5
	다이에틸에터, 아세트알데하이드다이에틸아세탈, 에틸프로필에터, 테트라하이드로퓨란, 아이소뷰틸바이닐에터, 뷰틸에틸에터, 바이닐에틸에터	2.0
에스터(ester)류	아세트산에틸(초산에틸), 폼산에틸(개미산에틸), 폼산메닐(개미산메틸), 아세트산메틸(초산메틸), 아세트산바이닐, 폼산프로필(개미산프로필), 아크릴산메틸, 아크릴산에틸, 메타크릴산메틸, 메타크릴산에틸, 아세트산프로필(초산프로필), 폼산뷰틸(개미산부틸), 에틸렌글리콜모노에틸에터아세테이트, 에틸렌글리콜모노메틸에터아세테이트	1.0
케톤류	아세톤, 메틸에틸케톤, 메틸아이소뷰틸케톤, 아세틸아세톤, 사이클로헥산온	1.0
알데하이드류	아크릴알데하이드(아크로레인), 크로톤알데하이드, 파라알데히드	1.25
	아세트알데하이드	

표 5-11 제4류 위험물 중 수용성에 대한 계수 (계속)

위험물의 구분		계수
종류	세부 구분	
아민류	에틸렌다이아민, 사이클로헥실아민, 아닐린, 에탄올아민, 다이에탄올아민, 트라이에탄올아민	1.0
	에틸아민, 프로필아민, 알릴아민, 다이에틸아민, n-뷰틸아민, 아이소뷰틸아민, 트라이에틸아민, 펜틸아민, t-뷰틸아민	1.25
	아이소프로필아민	2.0
나이트릴류	아크릴로나이트릴, 아세트나이트릴, 뷰티로나이트릴	1.25
유기산	아세트산, 아세트산 무수물, 아크릴산, 프로피온산, 폼산(개미산)	1.25
그 밖의 비수용성 외의 것	프로필렌옥사이드, 그 밖의 것	2.0

② 보조포소화전

가) 방유제 외측의 소화활동상 유효한 위치에 설치

나) 보조포소화전 상호간 보행거리 : 75m 이하

다) 방사압력 : 0.35MPa 이상

라) 각 노즐의 방사량 : 400 L/min. 이상

마) 수원의 저수량 : 각 노즐의 방사량으로 20분간 방사할 수 있는 양

③ 수원의 저수량

- 위험물의 구분 및 포방출구의 종류에 따라 정한 포수용액량에 당해 탱크의 액표면적을 곱한 양

(2) 포헤드방식의 포헤드에 대한 기준

① 포방출구의 기준을 따름 ((1)의 ①항)

② 헤드의 설치개수 :방호대상물 표면적 9m^{2}당 1개 이상

③ 방사량 : 방호대상물 표면적 1m^{2}당 6.5 L/min. 이상의 비율로 계산한 양

④ 방사구역 : 100m^2 이상 (방호대상물의 표면적이 100m^2 미만인 경우에는 해당 표면적)

⑤ 수원의 저수량

- 가장 많이 설치된 방사구역의 헤드를 동시에 사용할 경우에 규정에서 정한 방사량으로 10분간 방사할 수 있는 양

(3) 포모니터 노즐방식에 대한 기준

포모니터란 위치가 고정된 노즐의 방사각도를 자동 및 수동으로 조준하여 포를 방사하는 설비를 말한다.

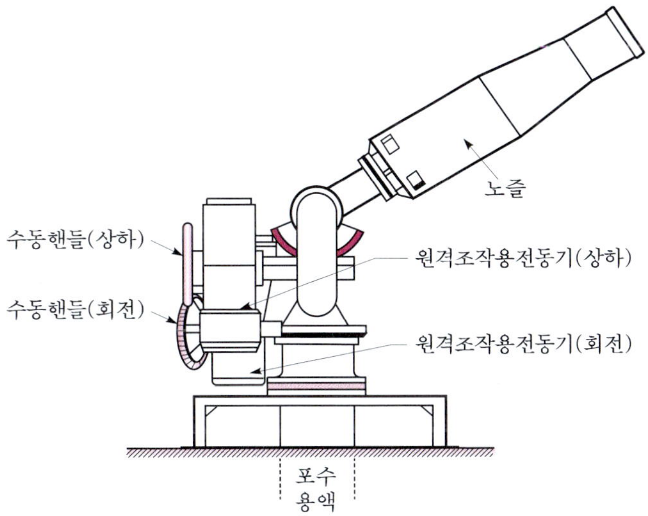

그림 5-5 포모니터노즐의 형태

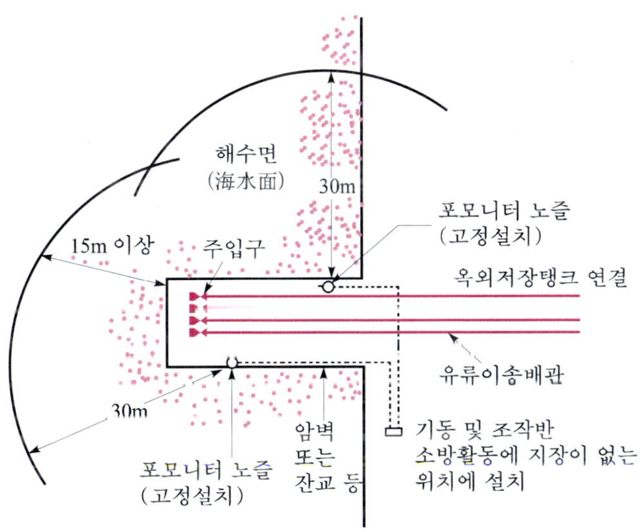

그림 5-6 포모니터노즐의 설치 예

① 포모니터노즐의 수평방사거리 : 30m 이상

② 방사량 : 1,900L/min.

③ 수원의 저수량 : 방사량으로 30분간 방사할 수 있는 양

④ 포모니터노즐은 소화활동상 지장이 없는 위치에서 기동 및 조작이 가능하도록 고정하여 설치할 것.

⑤ 옥외탱크 및 이송취급소의 펌프설비 등이 암벽, 부두, 해상구조물, 그 밖의 이와 유사한 장소에 설치되어 있는 경우에 이러한 장소의 해면과 접하는 선으로부터 수평거리 15m 이내에 설치한다.

(4) 이동식 포소화설비(포소화전) 대한 기준

이동식 포소화설비란 포소화전 등 고정된 포수용액 공급장치로부터 호스를 통하여 포수용액을 공급받아 이동식 노즐에 의하여 방사하도록 된 소화설비를 말한다.

① 이동식포소화설비의 포소화전은 옥내와 옥외에 설치하는 것에 따라 각각 옥내소화전설비와 옥외소화전설비의 기준을 따른다.

② 포소화전은 외관과 기본적인 구조가 옥내소화전 또는 옥외소화전과 같다.

③ 옥외에 설치하는 포소화전함의 기준

가) 포소화전과의 보행거리 : 5m 이내

나) 접근과 조작이 용이하고 화재피해의 우려가 적은 위치에 두어야 한다.

④ 방사압력 : 0.35MPa

⑤ 방사량

가) 옥내에 설치한 것 : 200L/min 이상

나) 옥외에 설치한 것 : 400L/min 이상

⑥ 수원의 저수량 : 옥내/옥외에 설치한 포소화전 방사량으로 30분간 방사할 수 있는 양

8) 불활성가스소화설비의 설치기준

불활성가스소화설비는 물이나 포(Foam)에 의한 소화방법으로는 문제가 발생할 수 있는 전기기기의 화재 등의 소화에 쓰이는 설비로, 고압가스용기 또는 저장탱크에 액체상태로 저장되어 있는 불활성가스를 그 자체의 증기압에 의해 배관을 통해서 분사헤드로 방호구획 또는 방호대상물에 방출하여 소화하는 설비이다. 위험물안전관리법에서 정하는 불활성가스는 이산화탄소, 질소(IC-100), 질소와 아르곤의 혼합물 (IG-55), 및 질소와 아르곤 그리고 이산화탄소의 혼합물(IG-541)을 말한다. 그림 5-7와 5-8는 전역방출방식과 국고방출방식에 대한 불활성가스소화설비의 예를 각각 나타낸 것이다.

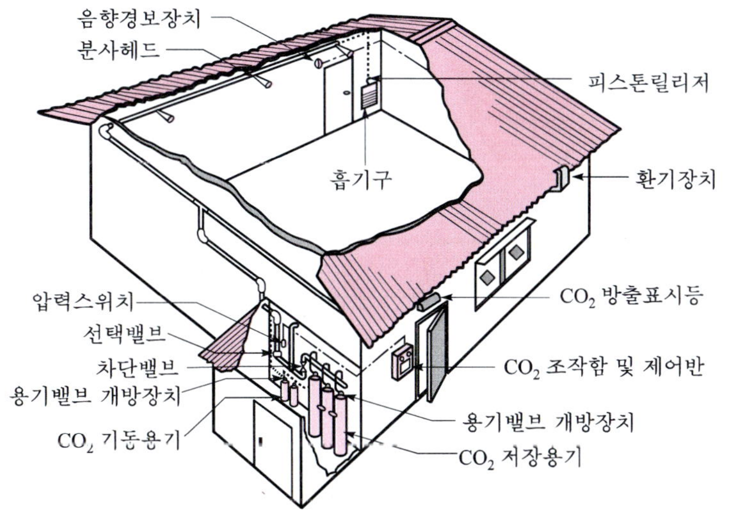

그림 5-7 전역방출방식 불활성가스소화설비의 예

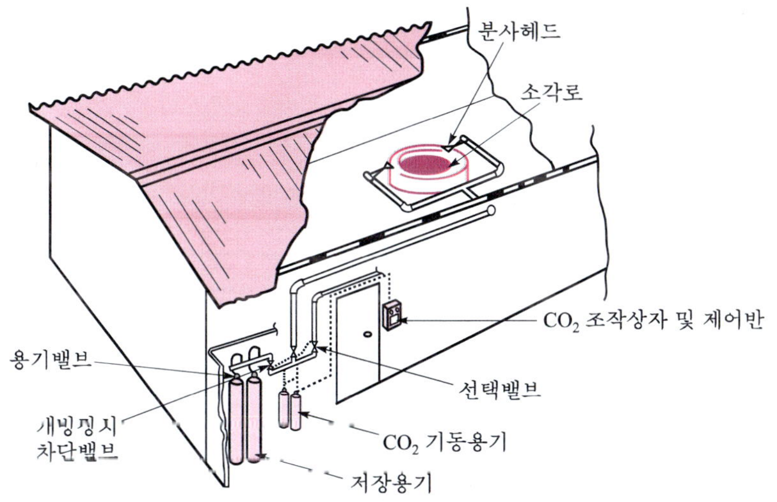

그림 5-8 국소방출방식 불활성가스소화설비의 예

(1) 제조소등의 구분에 따른 불활성가스소화약제 기준

전역방출방식의 불활성가스소화설비에 사용하는 소화약제는 다음 표 5-12에서 정한 바를 따른다. 단, 방호구획 체적이 1,000m^3 이상인 제4류 위험물을 저장 또는 취급하는 제조소등과 제4류 외의 위험물을 저장 또는 취급하는 제조소등에 있어서 「소방시설 설치 및 관리에 관한 법률」 및 「소방용품의 품질관리 등에 관한 규칙」에 따른 「가스계소화설비 설계프로그램의 성능인증 및 제품검사의 기술기준」에 적합한 경우에는 질소 및 질소혼합물 소화약제를 사용할 수 있다.

표 5-12 위험물제조소등의 구분에 따른 소화약제의 종류

제조소등의 구분		소화약제의 종류
제4류 위험물을 저장/취급하는 제조소등	방호구획 체적 1,000m^2 이상	이산화탄소
	방호구획 체적 1,000m^2 미만	이산화탄소, IG-100, IG-55, IG-541
제4류 위험물 외의 위험물을 저장/취급하는 제조소등		이산화탄소

(2) 전역방출방식에 대한 불활성가스소화설비의 기준

① 방사된 소화약제가 방호구역의 전역에 균일하고 신속하게 방사할 수 있도록 설치할 것.

② 분사헤드의 방사압력 기준

가) 이산화탄소를 방사하는 분사헤드 중 고압식 : 2.1MPa 이상

나) 이산화탄소를 방사하는 분사헤드 중 고압식 : 1.05MPa 이상

다) 질소 및 질소혼합물을 방사하는 분사헤드 : 1.9MPa 이상

② 소화약제의 저장량

가) 이산화탄소 : 60초 이내에 균일하게 방사할 수 있는 양

나) 질소 및 질소혼합물 : 60초 이내에 소화약제의 양의 95% 이상을 방사할 수 있는 양

③ 질소 및 질소혼합물 소화약제를 방사하는 것은 방호구역내의 압력상승을 방지하는조치를 할 것.

(3) 국소방출방식에 대한 불활성가스소화설비의 기준

① 분사헤드는 방호대상물의 모든 표면이 분사헤드의 유효사정 내에 있도록 설치할 것.

② 소화약제의 방사에 의해서 위험물이 비산되지 않는 장소에 설치할 것.

③ 규정에서 정하는 소화약제의 양을 30초 이내에 균일하게 방사할 것.

④ 국소방출방식의 불활성가스소화설비에 사용하는 소화약제는 이산화탄소로 할 것.

(4) 환기설비, 저장용기, 배관 및 전원 등에 관한 공통기준

① 방호구역의 환기설비 또는 배출설비는 소화약제 방사 전에 정지할 수 있는 구조로 할 것.

② 전역방출방식의 불활성가스소화설비를 설치한 방화대상물 또는 그 부분의 개구부 기준

가) 이산화탄소 소화설비

- 층고의 2/3 이하의 높이에 있는 개구부로서 방사한 소화약제의 유실의 우려가 있는 것에는 소화약제 방사 전에 폐쇄할 수 있는 자동폐쇄장치를 설치할 것.
- 자동폐쇄장치를 설치하지 않은 개구부 면적의 합계는 방호대상물의 전체둘레의 면적(방호구역의 벽, 바닥 및 천정 또는 지붕면적의 합계)의 1% 이하일 것.

나) 질소 및 질소혼합물 소화설비

- 모든 개구부에 소화약제 방사 전에 폐쇄할 수 있는 자동폐쇄장치를 설치할 것.

③ 저장용기 충전기준

가) 이산화탄소 소화약제

- 고압식 : 1.5 이상 1.9 이하
- 저압식 : 1.1 이상 1.4 이하

나) 질소 및 질소혼합물 소화약제 저장용기의 충전압력 : 21℃에서 32MPa 이하

④ 저장용기 설치 기준

가) 방호구역 외의 장소에 설치할 것.

나) 온도가 40℃ 이하이고 온도 변화가 적은 장소에 설치할 것.

다) 직사일광 및 빗물이 침투할 우려가 적은 장소에 설치할 것.

라) 저장용기에는 안전장치(용기밸브에 설치되어 있는 것을 포함)를 설치할 것.

마) 저장용기의 외면에 소화약제의 종류와 양, 제조년도 및 제조자를 표시할 것.

⑤ 이산화탄소 소화약제용 배관의 기준

가) 전용으로 할 것.

나) 강관의 배관 (압력 배관용 탄소강관)

- 고압식 : 스케줄80 이상
- 저압식 : 스케줄40 이상
- 아연도금 등에 의한 방식처리를 한 것을 사용할 것.

다) 동관의 배관 (이음매 없는 구리 및 구리합금 관)

- 고압식 : 16.5MPa 이상
- 저압식 : 3.75MPa 이상

⑥ 질소 및 질소혼합물 소화약제 배관의 기준

가) 전용으로 할 것.

나) 압력조절장치의 2차측 배관은 온도 40℃에서 최고조절압력에 견딜 수 있는 강도를 갖는 강관(아연도금 등에 의한 방식처리를 한 것) 또는 동관을 사용할 수 있다.

다) 선택밸브 또는 폐쇄밸브를 설치하는 경우

- 저장용기로부터 선택밸브 또는 폐쇄밸브까지의 부분에 온도 40℃에서 내부압력에 견딜 수 있는 강도를 갖는 강관(아연도금 등에 의한 방식처리를 한 것) 또는 동관을 사용할 수 있다.

라) 강관의 배관 (압력 배관용 탄소강관)

- 스케줄40 이상
- 아연도금 등에 의한 방식처리를 한 것을 사용할 것.

마) 동관의 배관 (이음매 없는 구리 및 구리합금 관)

- 16.5MPa 이상

⑦ 관이음쇠

가) 고압식 : 16.5MPa 이상

나) 저압식 : 3.75MPa 이상

다) 적절한 방식처리를 한 것을 사용할 것.

⑧ 낙차(배관의 가장 낮은 위치로부터 가장 높은 위치까지의 수직거리) : 50m 이하

⑨ 고압식저장용기에는 용기밸브를 설치할 것.

⑩ 이산화탄소 소화약제용 저압식 저장용기

가) 액면계 및 압력계를 설치할 것.

나) 2.3MPa 이상의 압력 및 1.9MPa 이하의 압력에서 작동하는 압력경보장치를 설치할 것.

다) 용기내부의 온도를 영하 20℃ 이상 영하 18℃ 이하로 유지할 수 있는 자동냉동기를 설치할 것.

라) 파괴판 및 방출밸브 설치

⑪ 불활성가스소화설비를 설치한 장소에는 방출된 소화약제 및 연소가스를 안전한 장소로 배출하기 위한 조치를 할 것.

⑫ 비상전원

가) 자가발전설비 또는 축전비설비에 의할 것.

나) 용량 : 해당 설비를 유효하게 1시간 작동할 수 있는 것.

(5) 기동장치에 관한 공통기준

① 기동용가스용기 : 25MPa 이상의 압력에 견딜 수 있는 것.

② 기동용가스용기의 내용적은 1L 이상으로 하고 당해 용기에 저장하는 이산화탄소의 양은 0.6kg 이상으로 하되 그 충전비는 1.5 이상일 것.

③ 기동용가스용기에는 안전장치 및 용기밸브를 설치할 것.

④ 기동장치의 기준

가) 이산화탄소를 방사하는 기동장치

- 수동식
- 상주인이 없는 대상물 등 수동식에 의하는 것이 적당하지 않은 경우에는 자동식

나) 질소 및 질소혼합물을 방사하는 기동장치 : 자동식

다) 수동식 기동장치

- 해당 방호구역 밖에 설치
- 방호구역 안을 볼 수 있고 조작인이 쉽게 대피할 수 있는 장소에 설치
- 하나의 방호구역 또는 방호대상물마다 설치
- 조작부 위치 : 바닥으로부터 0.8m 이상 1.5m 이하의 높이에 설치
- 기동장치의 외면의 색 : 적색
- 전기를 사용하는 기동장치에는 전원표시등을 설치
- 기동장치의 방출용스위치 등은 음향경보장치가 기동되기 전에는 조작될 수 없도록 하고 기동장치에 유리 등에 의하여 유효한 방호조치를 할 것.
- 기동장치 또는 직근의 보기 쉬운 장소에 불활성가스소화설비 수동식 기동장치 표시, 방호구역의 명칭, 취급방법, 안전상의 주의사항 등을 표시할 것.

라) 자동식 기동장치

- 자동화재탐지설비의 감지기의 작동과 연동하여 기동될 수 있도록 할 것.
- 자동수동전환장치 설치기준
  a) 쉽게 조작할 수 있는 장소에 설치할 것.
  b) 자동 및 수동을 표시하는 표시등을 설치할 것.
  c) 자동수동의 전환은 열쇠 등에 의하는 구조로 할 것.
- 자동수동전환장치 또는 직근의 장소에 취급방법을 표시할 것.

(6) 음향경보장치에 관한 공통기준

① 수동 또는 자동에 의하여 기동장치의 조작·작동과 연동하여 자동으로 경보를 발하도록 하고 소화약제 방사 전에 차단되지 않도록 할 것.

② 방호구역 또는 방호대상물에 있는 모든 사람에게 소화약제가 방사된다는 사실을 유효하게 알릴 수 있도록 할 것.

③ 전역방출방식인 것에 설치하는 음향경보장치는 음성에 의한 경보장치로 할 것.

(7) 전역방출방식에 관한 안전조치

① 기동장치의 방출용스위치 등의 작동으로부터 저장용기의 용기밸브 또는 방출밸브의 개방까지의 시간이 20초 이상 되도록 지연장치를 설치할 것.

② 수동기동장치에는 ①에 정한 시간내에 소화약제가 방출되지 않도록 조치를 할 것.

③ 방호구역의 출입구 등 보기 쉬운 장소에 소화약제가 방출된다는 사실을 알리는 표시등을 설치할 것.

(8) 이동식(호스릴) 소화설비의 기준

① 이산화탄소를 방사하는 것.

가) 고압식 : 1.5 이상 1.9 이하

나) 저압식 : 1.1 이상 1.4 이하

② 온도가 40℃ 이하이고 온도 변화가 적은 장소에 설치

③ 직사일광 및 빗물이 침투할 우려가 적은 장소에 설치

④ 저장용기에는 안전장치를 설치할 것.

⑤ 이산화탄소 소화약제용 배관의 기준

가) 전용으로 할 것.

나) 강관의 배관 (압력 배관용 탄소강관)

- 고압식 : 스케쥴80 이상
- 저압식 : 스케쥴40 이상
- 아연도금 등에 의한 방식처리를 한 것을 사용할 것.

⑥ 고압식저장용기에는 용기밸브를 설치할 것.

⑦ 노즐은 온도 20℃에서 하나의 노즐마다 90kg/min 이상의 소화약제를 방사할 수 있을 것.

⑧ 저장용기의 용기밸브 또는 방출밸브는 호스의 설치장소에서 수동으로 개폐할 수 있을 것.

⑨ 저장용기는 호스를 설치하는 장소마다 설치할 것.

⑩ 저장용기의 직근의 보기 쉬운 장소에 적색등을 설치하고 이동식 불활성가스소화설비 임을 알리는 표시를 할 것.

⑪ 화재시 연기가 현저하게 충만할 우려가 있는 장소 외의 장소에 설치할 것.

⑫ 이동식 불활성가스소화설비에 사용하는 소화약제는 이산화탄소로 할 것.

9) 할로젠화합물소화약제의 설치기준

할로젠화합물소화설비는 불활성가스소화설비와 거의 같은 형태로 구성되어 있다. 설비형

태는 고정식의 전역 및 국소방식 그리고 이동식의 세 가지 방식으로 구분한다. 소화원리는 소화약제 내에 있는 할로젠원자가 화염원이 되는 화학종과 연속적으로 반응해서 연소반응을 중단시키는 것이다. 할로젠화합물 소화제에는 여러 종류가 있지만 현재 「소방시설 설치 및 관리에 관한 법률」로 인정받고 있는 소화제로는 하론 1301, 하론 1211, 하론 2402, HFC-23, HFC-125, HFC-227ea 등이 있다. 아래 그림 5-9는 할로젠화합물 소화약제의 설치 예를 나타낸 것이다.

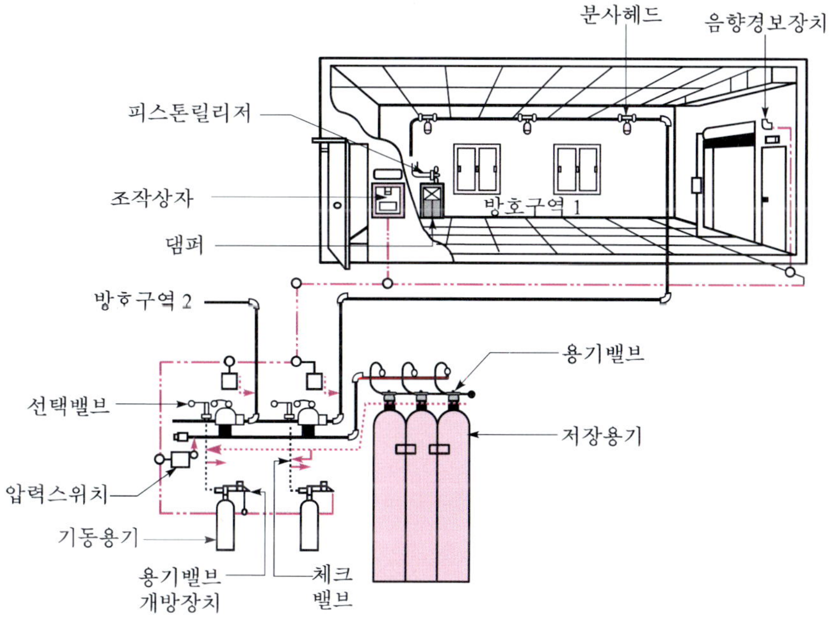

그림 5-9 할로젠화합물소화설비의 예

(1) 전역방출방식의 기준

① 분사헤드의 기준

가) 소화약제가 방호구역 전역에 골고루 신속하게 확산할 수 있도록 설치할 것.

나) 분사헤드는 소화약제를 무상(霧狀)으로 방사할 수 있도록 설치할 것.

② 분사헤드의 방사압력

가) 하론 2402 : 0.1MPa 이상

나) 하론 1301 : 0.9MPa 이상

다) 하론 1211 : 0.2MPa 이상

라) HFC-125 : 0.9MPa 이상

마) HFC-23 : 0.9MPa 이상

바) HFC-227ea : 03.MPa 이상

④ 방사 시간

가) 하론 2402, 하론1211 또는 하론 1301 : 30초 이내

나) HFC-23, HFC-125 또는 HFC-227ea : 10초 이내

(2) 국소방출방식의 기준

① 분사헤드의 기준

가) 전역방출방식의 분사헤드의 기준을 준용한다.

나) 위험물의 모든 표면이 분사헤드의 유효사정내에 들어가도록 설치할 것.

다) 소화약제의 방사에 의하여 위험물이 비산하지 않을 장소에 설치할 것.

② 방사시간 : 30초 이내

(3) 저장용기 및 배관 등에 관한 공통기준

① 전역방출방식 또는 국소방출방식의 할로젠화합물소화설비를 설치한 동일 제조소등에 방호구역 또는 방호대상물이 2 이상 있을 경우에는 각 방호구역 또는 방호대상물에 대해 계산한 소화약제 저장양 중에서 최대의 양 이상으로 할 수 있다.

② 방호구역 또는 방호대상물이 서로 인접하여 있을 경우에는 하나의 저장용기를 공용할 수 없다.

③ 할로젠화합물소화설비에 사용하는 소화약제는 하론2402, 하론 1211, 하론 1301, HFC-23, HFC-125, HFC-227ea 또는 FK-5-1-12로 할 것.

④ 저장용기의 충전비

가) 하론2402

- 가압식의 경우 : 0.51 이상 0.67 이하
- 축압식의 경우 : 0.67 이상 2.75 이하

나) 하론1211 : 0.7 이상 1.4 이하

다) 하론1301 및 HFC-227ea : 0.9 이상 1.6 이하

라) HFC-23 및 HFC-125 : 1.2 이상 1.5 이하

마) FK-5-1-12 : 0.7 이상 1.6 이하

⑤ 가압용 가스용기의 기준

가) 가압용가스용기는 질소가스가 충전되어 있는 것일 것.

나) 가압용가스용기에는 안전장치 및 용기밸브를 설치할 것.

⑥ 축압식 저장용기의 가압압력 (21℃에서 질소로 가압)

가) 하론1211 : 1.1MPa 또는 2.5MPa

나) 하론1301, HFC-227ea 또는 FK-5-1-12 : 2.5MPa 또는 4.2MPa

⑦ 배관의 기준

가) 전용으로 할 것.

나) 강관의 배관

- 하론2402 : 배관용탄소강관 중에서 스케쥴 40이상의 것.
- 하론1211, 하론1301, HFC-227ea 또는 FK-5-1-12 : 압력배관용탄소강관 중에서 스케쥴 40 이상의 것.
- 아연도금 등에 의한 방식처리를 한 것을 사용할 것.

다) 동관의 배관

- 이음매 없는 구리 및 구리합금관을 사용할 것.

라) 관이음쇠 및 밸브류는 강관이나 동관 또는 이와 동등 이상의 강도 및 내식성을 갖는 것일 것.

마) 낙차 : 50m 이하

⑧ 저장용기(축압식으로서 내부압력이 1.0MPa 이상인 것에 한함)에는 용기밸브를 설치할 것.

⑨ 가압식에는 2.0MPa 이하의 압력으로 조정할 수 있는 압력조정장치를 설치할 것.

⑩ 저장용기등과 선택밸브등 사이에는 안전장치 또는 파괴판을 설치할 것.

⑪ 기동용가스용기 및 기동장치

가) 하론 2402, 하론1211 또는 하론 1301을 방사하는 것의 기동장치

- 수동식으로 할 것.
- 수동식에 의하는 것이 적당하지 않은 경우에는 자동식으로 할 수 있다.

나) HFC-23, HFC-125, HFC-227ea 또는 FK-5-1-12를 방사하는 것의 기동장치

- 자동식

(4) 음향경보장치에 관한 공통기준

불활성가스소화약제의 기준을 준용하지만, 하론1301을 전역방출방식으로 방사하는 것은 음성에 의한 경보장치로 하지 않을 수 있다.

(5) 전역방출방식에 관한 안전조치

① 기동장치의 방출용스위치 등의 작동으로부터 저장용기등의 용기밸브 또는 방출밸브의 개방까지의 시간이 20초 이상으로 되도록 지연장치를 설치할 것. 다만, 하론1301을 방사하는 것은 지연장치를 설치하지 않을 수 있다.

② 수동기동장치에는 ①에 정한 시간내에 소화약제가 방출되지 않도록 조치를 할 것.

③ 방호구역의 출입구 등 보기 쉬운 장소에 소화약제가 방출된다는 사실을 알리는 표시등을 설치할 것.

(6) 이동식(호스릴) 소화설비의 기준

① 이동식 할로젠화합물소화설비의 소화약제는 하론2402, 하론1211 또는 하론1301로 할 것.

② 소화약제의 종류에 따른 노즐당 소화약제의 양 및 노즐당 분당 방사량

표 5-13 소화약제의 종류에 따른 노즐당 소화약제의 양

소화약제	소화약제의 양 (kg)
하론 1211 또는 1301	45
하론 2402	50

표 5-14 노즐당 분당 방사량 (20℃)

소화약제	분당 방사양 (kg)
하론 1301	35
하론 1211	40
하론 2402	45

10) 분말소화약제의 설치기준

(1) 분말소화약제의 개요 및 종류

분말소화약제는 중탄산나트륨(중조, $NaHCO_3$), 탄산수소칼륨($KHCO_3$), 인산암모늄($NH_4H_2PO_4$) 및 요소[$KHCO_3+(NH_2)_2CO$] 등으로 이루어져 있으며, 첨가제, 코팅처리제 등에 따라서 1~5종으로 나뉜다. 제5종 분말소화약제는 특정 위험물에 적응성이 있는 것으로 인정되는 것으로 최근에 분류되었다[8]. 분말소화약제의 성분비는 약제의 종류에 따라 주성분의 비율을 달리한다. 주성분이 중탄산나트륨인 소화약제는 중탄산나트륨($NaHCO_3$)이 90 wt.% 이상이어야 하며, 주성분이 중탄산칼륨인 소화약제는 중탄산칼륨($KHCO_3$)이 92 wt.% 이상이어야 한다. 또한, 주성분이 인산염류등인 소화약제는 제1인산암모늄($NH_4H_2PO_4$)등 함량이 최소 75 wt.% 이상이어야 한다[6]. 이 외에 소화약제 형식승인 및 제품검가 기술기준에서는 수분함유율과 흡습율도 규정하고 있는데, 수분함유율은 0.2wt.%이내, 흡습율은 주성분에 따라 중탄산나트륨은 0.2wt.%, 중탄산칼륨은 2wt.%, 인산염류는 1.5wt.% 이내이어야 한다[6]. 또한, 겉보기 비중은 0.820g/mL 이상이어야 하며, 분말상태로 방치시 굳거나 덩어리지지 않아야 한다.

일반적으로 사용되는 분말소화약제의 입도는 10~70㎛ 범위이며, 최적의 소화효과를 나타내는 입도는 20~25㎛이다[7]. 분말소화약제는 수분과 반응하여 고화되기 때문에 실리콘 수지 등으로 방수성을 갖도록 한다.

분말소화설비는 설비의 구성, 소화원리, 방출방식 등이 불활성가스소화설비 또는 할로젠화합물소화설비와 매우 유사한 설비이므로, 기본적으로 그들 설비의 기준을 준용하여 설치된다. 대상 시설의 예로는 위험물저장탱크 및 저장실, 세정조, 도료 작업실, 도장 부스, 화력발전소 설치 보일러, 엔진시험장, 인쇄기, 비행기격납고 등을 들 수 있다. 표 5-15에는 분말소화약제의 종류에 따른 주성분, 적응화재 및 열분해반응식을 정리하여 나타내었다.

표 5-15 분말소화약제의 종류에 따른 특징

종류	주성분	적응화재	열분해 반응식
제1종 분말	$NaHCO_3$ (탄산수소나트륨)	B, C	$2NaHCO_3 \rightarrow Na_2CO_3 + CO_2 + H_2O$ (at 270℃)
제2종 분말	$KHCO_3$ (탄산수소칼륨)	B, C	$2KHCO_3 \rightarrow K_2CO_3 + CO_2 + H_2O$ (at 200℃)
제3종 분말	$NH_4H_2PO_4$ (제1인산암모늄)	A, B, C	$NH_4H_2PO_4 \rightarrow HPO_3 + NH_3 + H_2O$ (at 360℃)
제4종 분말	$KHCO_3 + (NH_2)_2CO$ (탄산수소칼륨+요소)	B, C	$2KHCO_3 + (NH_2)_2CO \rightarrow K_2CO_3 + 2NH_3 + 2CO_2$

※ 분말 소화약제의 소화 효과 : 제1종 < 제2종 < 제3종

(2) 전역방출방식의 기준

① 분사헤드의 기준

가) 소화약제가 방호구획 전역에 골고루 신속하게 확산할 수 있도록 설치할 것.

나) 분사헤드의 방사압력 : 0.1MPa 이상

다) 방사시간 : 30초 이내

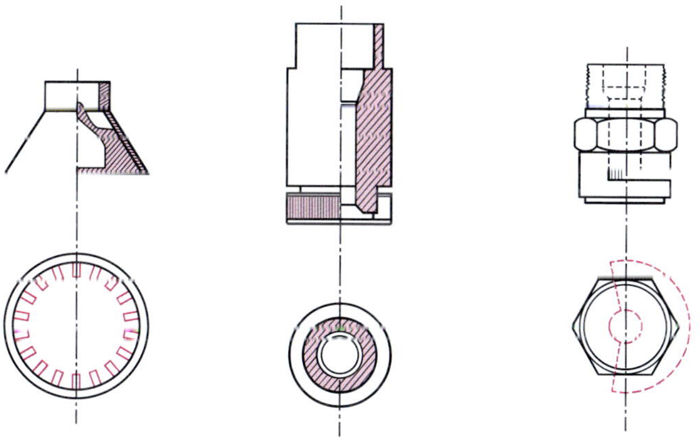

(a) 광각헤드 (b) 직사헤드 (c) 부채꼴헤드

그림 5-10 분말소화약제의 분사헤드의 예

② 기동장치의 기준

가) 원격조작으로 기동용 가스용기의 용기밸브 개방장치를 개방하는 방식 또는 직접 기동용 가스용기의 수동식 용기밸브 개방장치를 타격하는 방식으로 한다.

나) 기동용 가스용기

- 내용적 0.27Liter 이상
- 저장하는 가스의 양 : 145g 이상
- 충전비 : 1.5 이상

다) 기동장치의 구조 : 불활성가스소화설비 준용

③ 선택밸브 : 저장탱크 1대로 2이상의 방호구획을 선택해서 방출하는 경우에 설치

④ 가압 및 축압용 가스용기

가) 구조는 불활성가스소화설비에 준한다.

나) 가압가스 : 질소 또는 이산화탄소

표 5-16 가압가스에 따른 소화약제에 소요되는 양

가압가스	소화약제 1kg당 소요되는 가스양
질소 (N_2)	40 liter
이산화탄소 (CO_2)	20g + 배관청소에 필요한 양

표 5-17 축압가스에 따른 소화약제에 소요되는 양

가압가스	소화약제 1kg당 소요되는 가스양
질소 (N_2)	10 liter
이산화탄소 (CO_2)	20g + 배관청소에 필요한 양

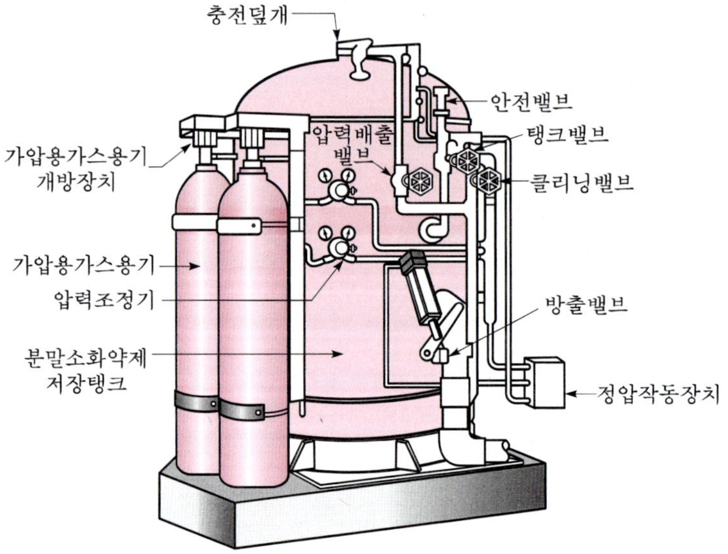

그림 5-11 가압용 가스용기 및 저장탱크의 예

(3) 국소방출방식의 기준

① 전역방출방식의 분사헤드의 기준에 의한다.

② 위험물의 모든 표면이 분사헤드의 유효사정내에 방호대상물이 들어가도록 설치할 것.

③ 소화약제의 방사에 의하여 위험물이 비산하지 않을 장소에 설치할 것.

④ 방사시간 : 30초 이내

(4) 저장용기 및 배관 등에 관한 공통기준

① 저장용기의 충전비

가) 제1종 분말소화약제 : 0.85 이상 1.45 이하

나) 제2종 분말 또는 제3종 분말소화약제 : 1.05 이상 1.75 이하

다) 제4종 분말소화약제 : 1.50 이상 2.50 이하

② 저장용기의 기준

가) 저장탱크는 압력용기 설계 및 제조 일반 기준에 적합할 것.

나) 저장용기등에는 안전장치를 설치할 것.

다) 저장용기(축압식은 내압 1.0MPa인 것에 한함)에는 용기밸브를 설치할 것.

라) 가압식의 저장용기등에는 방출밸브를 설치할 것.

마) 잔류가스를 배출하기 위한 배출장치를 설치할 것.

③ 가압용 가스용기의 기준

가) 가압용가스용기는 저장용기등의 직근에 설치할 것.

나) 가압용 가스용기에는 안전장치 및 용기밸브를 설치할 것.

다) 클리닝에 필요한 양의 가스는 별도의 용기에 저장할 것.

⑤ 배관의 기준

가) 전용으로 할 것.

나) 잔류소화약제를 처리하기 위한 클리닝장치를 설치할 것.

다) 강관의 배관

- 배관용탄소강관에 적합하고 아연도금 등에 의하여 방식처리를 한 것.
- 축압시(20℃에서 2.5MPa 초과하고 4.2MPa 이하인 것) : 압력배관용탄소강관 중에서 스케줄40 이상이고 아연도금 등에 의하여 방식처리를 한 것.

라) 동관의 배관

- 이음매없는 구리 및 구리합금관
- 조정압력 또는 최고사용압력의 1.5배 이상의 압력에 견딜 수 있는 것.

⑥ 밸브류

가) 소화약제를 방할 때 소화약제와 가압용·축압용가스가 분리되거나 소화약제가 잔류할 우려가 없는 구조일 것.

나) 접속할 관의 구경에 맞는 규격일 것.

다) 재질은 주강 플랜지형 밸브, 구상흑연주철품으로서 방식처리가 된 것.

라) 개폐위치 또는 개폐방향을 표시할 것.

마) 방출밸브 및 가압용가스용기밸브의 수동조작부는 화재시 쉽게 접근 가능하고 안전한 장소에 설치할 것.

⑦ 저장용기등으로부터 배관의 굴곡부까지의 거리는 관경의 20배 이상 되도록 할 것. (다만, 소화약제와 가압용·축압용가스가 분리되지 않도록 조치를 한 경우는 제외.)

⑧ 낙차는 50m 이상일 것.

⑨ 동시에 방사하는 분사헤드의 방사압력이 균일하도록 설치할 것.

(5) 약제 저장량

① 전역방출방식

가) 분사헤드의 방사압력 : 0.1MPa 이상

나) 약제 저장량

약제 저장량(kg) = [방호구역체적(m^3)×소화약제량(kg/m^3)+개구부면적(m^2) ×개구부가산량(kg/m^2)] × 위험물질에 따른 분말소화약제 계수

표 5-18 전역방출방식 분말소화약제 종별 양에 따른 계산 기준

분말소화약제의 종류	소화약제량	가산량
제1종 분말	$0.6kg/m^3$	$4.5kg/m^2$
제2종 또는 제3종 분말	$0.36kg/m^3$	$2.7kg/m^2$
제4종 분말	$0.24kg/m^3$	$1.8kg/m^2$
제5종 분말	소화약제에 따라 필요한 양	소화약제에 따라 필요한 양

② 용적식 국소방출방식

$Q = X - Y(a/A) \times 1.1$

Q : 방호공간 $1m^3$에 대한 소화약제의 양(kg/m^3)

a : 방호대상물 주변의 벽 면적 합계(m^2)

A : 방호공간의 벽 면적 합계(m^2)

X 및 Y : 상수값

표 5-19 용적식 국소방출방식에서의 분말소화약제별 결정계수 X, Y

분말소화약제의 종류	X	Y
제1종	5.2	3.9
제2종, 제3종	3.2	2.4
제4종	2.0	1.5
제5종	소화약제에 따라 필요한 양	

③ 면적식 국소방출방식

약제저장량(kg) = 방호구역체적(m^3)×소화약제량(kg/m^3)

+ 방호대상물 표면적(m^2)×표면적 가산량(kg/m^2)×1.1

표 5-20 면적식 국소방출방식 분말소화약제 종별 양에 따른 계산 기준

분말소화약제의 종류	소화약제량	가산량
제1종 분말	0.6kg/m^3	8.8kg/m^2
제2종 또는 제3종 분말	0.36kg/m^3	5.2kg/m^2
제4종 분말	0.24kg/m^3	3.6kg/m^2
제5종 분말	소화약제에 따라 필요한 양	소화약제에 따라 필요한 양

④ 이동식(호스릴방식) 분말소화설비 약제저장량(kg) = 노즐 수 × 소화약제량

표 5-21 이동식(호스릴)방식 분말소화약제 종별에 따른 약제의 양

약제의 종류	소화약제의 양
제1종	50kg
제2종 또는 제3종	30kg
제4종	20kg
제5종	소화약제에 따라 필요한 양

(6) 정압 작동상치

① 기동장치의 작동 후 저장용기등의 압력이 설정압력이 되었을 때 방출밸브를 개방시키는 것일 것.

② 정압작동장치는 저장용기등마다 설치할 것.

11) 전기설비의 소화설비

제조소등에 전기설비(전기배선, 조명기구 등은 제외)가 설치된 경우에는 당해 장소의 면적 100m^2마다 소형수동식소화기를 1개 이상 설치하여야 한다[(8)].

3 대형 수동식 소화설비 및 소형 수동식 소화설비

1) 대형 수동식 소화설비

(1) 대형수동식 소화설비의 설치기준

① 보행거리 : 30m 이하

② 2 이상의 층에 걸친 위험물시설에 있어서의 보행거리는 각 층마다 산정한다.

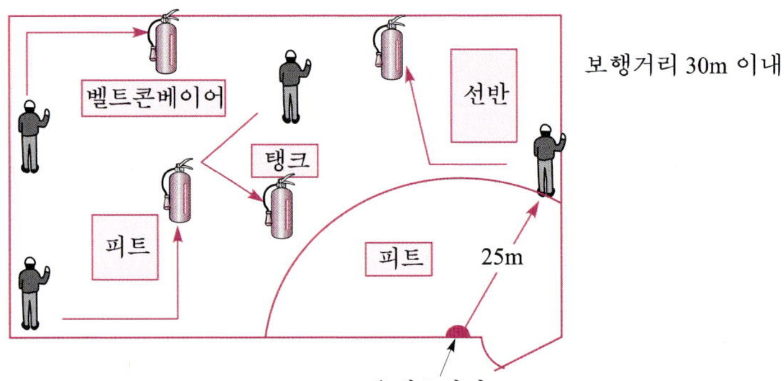

그림 5-12 대형 수동식 소화설비의 설치 예

(2) 대형수동식 소화설비의 구조

① 대형이기 때문에 이동의 편의상 바퀴와 손잡이가 장착된 수레의 형태이다.

② 소화약제의 양이 많다.

③ 방사용 호스 등이 굵고 길다.

④ 방사시간, 방사거리가 길다.

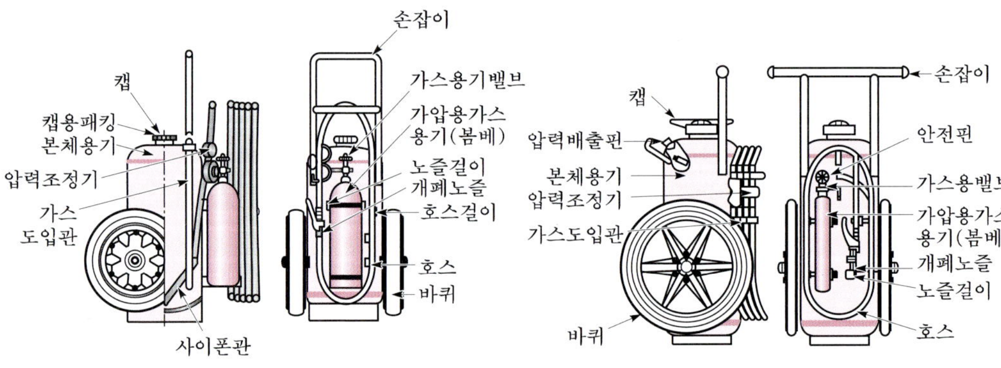

(a) 수레적재식 ABC 분말소화기

(b) 수레적재식 강화액소화기

그림 5-13 대형 수동식 소화기의 구조 예

(3) 대형수동식 소화약제의 양 및 능력단위 등

① 대형소화기에 충전하는 소화약제의 양

표 5-22 대형 수동식 소화설비의 충전소화약제의 양

소화기의 종별	소화약제의 양
물 소화기	80L 이상
포 소화기	20L 이상
강화액 소화기	60L 이상
할로젠화합물 소화기	30kg 이상
이산화탄소 소화기	50kg 이상
분말 소화기	20kg 이상

② 능력단위

가) A급 화재 : 10단위 이상

나) B급 화재 : 20단위 이상

2) 소형 수동식 소화설비

(1) 대형수동식 소화설비의 설치기준

① 시설 구분에 따른 소형 수동식 소화설비의 설치 위치

표 5-23 소형 수동식 소화설비의 설치기준

시설구분	설치위치
지하탱크저장소	유효하게 소화할 수 있는 위치
간이탱크저장소	
이동탱크저장소	
주유취급소	
판매취급소	
그 외 제조소 등	보행거리 20m 이하 (단 옥내소화전, 옥외소화전, 스프링클러설비, 물분무등소화설비, 대형수동식소화기 등을 함께 설치한 경우는 제외)

② 2 이상의 층에 걸친 위험물시설에 있어서의 보행거리는 각 층마다 산정한다.

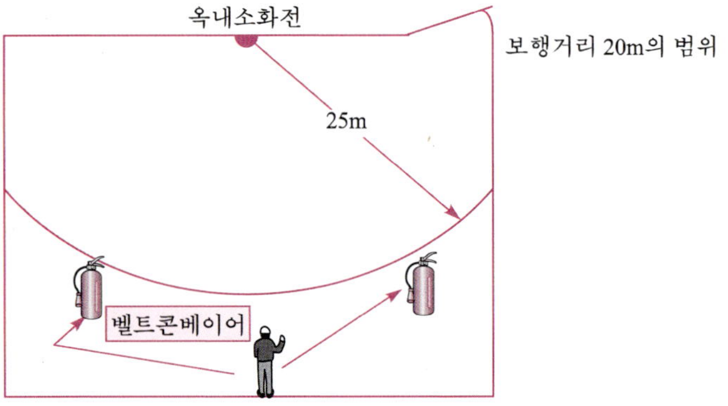

그림 5-14 소형 수동식 소화설비의 설치 예

(2) 소형수동식 소화설비의 능력단위

- A 및 B급 화재 : 1단위 이상

4 경보설비

경보설비라 함은 화재발생 사실을 통보하는 기계, 기구 또는 설비를 말한다.

1) 경보설비의 종류

경보설비에는 자동화재탐지설비 및 시각경보기, 자동화재속보설비, 비상경보설비(비상벨설비, 자동식사이렌설비), 화재알림설비, 비상방송설비, 단독경보형감지기, 누전경보기, 가스누설경보기, 통합감시시설이 있다.

(1) 경보설비 설치

① 대상 : 지정수량의 10배 이상(소요단위 1)의 위험물을 저장 및 취급하는 곳

② 제조소등별로 설치해야 하는 경보설비의 종류

표 5-24 제조소등의 구분 및 저장취급하는 위험물에 따른 경보설비

제조소등의 구분	제조소등의 규모, 저장 또는 취급하는 위험물의 종류 및 최대수량 등	경보설비
가. 제조소 및 일반취급소	· 연면적이 500m² 이상인 것 · 옥내에서 지정수량의 100배 이상을 취급하는 것(고인화점위험물만을 100℃ 미만의 온도에서 취급하는 것은 제외한다) · 일반취급소로 사용되는 부분 외의 부분이 있는 건축물에 설치된 일반취급소(일반취급소와 일반취급소 외의 부분이 내화구조의 바닥 또는 벽으로 개구부 없이 구획된 것은 제외한다)	자동화재탐지설비
나. 옥내저장소	· 지정수량의 100배 이상을 저장 또는 취급하는 것(고인화점위험물만을 저장 또는 취급하는 것은 제외한다) · 저장창고의 연면적이 150m²를 초과하는 것[연면적 150m² 이내마다 불연재료의 격벽으로 개구부 없이 완전히 구획된 저장창고와 제2류 위험물(인화성고체는 제외한다) 또는 제4류 위험물(인화점이 70℃ 미만인 것은 제외한다)만을 저장 또는 취급하는 저장창고는 그 연면적이 500m² 이상인 것을 말한다] · 처마 높이가 6m 이상인 단층 건물의 것 · 옥내저장소로 사용되는 부분 외의 부분이 있는 건축물에 설치된 옥내저장소[옥내저장소와 옥내저장소 외의 부분이 내화구조의 바닥 또는 벽으로 개구부 없이 구획된 것과 제2류(인화성고체는 제외한다) 또는 제4류의 위험물(인화점이 70℃ 미만인 것은 제외한다)만을 저장 또는 취급하는 것은 제외한다]	자동화재탐지설비
다. 옥내탱크저장소	단층 건물 외의 건축물에 설치된 옥내탱크저장소로서 제41조제2항에 따른 소화난이도등급 Ⅰ에 해당하는 것	자동화재탐지설비
라. 주유취급소	옥내주유취급소	자동화재탐지설비
마. 옥외탱크저장소	특수인화물, 제1석유류 및 알코올류를 저장 또는 취급하는 탱크의 용량이 1,000만Liter 이상인 것	· 자동화재탐지설비 · 자동화재속보설비
바. 가목부터 마목까지의 규정에 따른 자동화재탐지설비 설치 대상 제조소등에 해당하지 않는 제조소등(이송취급소는 제외한다)	지정수량의 10배 이상을 저장 또는 취급하는 것	자동화재탐지설비, 비상경보설비, 확성장치 또는 비상방송설비 중 1종 이상

※ 이송취급소의 경보설비는 이송취급소의 규정에 따라 달리 설치한다.

(2) 자동화재탐지설비

① 구성 : 수신기, 중계기, 감지기, 발신기, 음향장치

② 자동화재탐지설비의 경계구역의 설정

가) 하나의 경계구역이 2개 이상의 건축물 및 층에 미치지 아니할 것(단, 500m² 이하에서는 2개의 층을 하나의 경계구역으로 할 수 있다.).

나) 하나의 경계구역의 면적은 600m² 이하로 하고 한 변의 길이는 50m 이하로 할 것(단, 당해 소방대상물의 주된 출입구에서 그 내부 전체가 보이는 것에 있어서는 1,000m²이하로 할 수 있다.).

다) 자동화재탐지설비의 감지기(옥외탱크저장소에 설치하는 자동화재탐지설비의 감지기는 제외)는 지붕(상층이 있는 경우에는 상층의 바닥) 또는 벽의 옥내에 면한 부분(천장이 있는 경우에는 천장 또는 벽의 옥내에 면한 부분 및 천장의 뒷 부분)에 유효하게 화재의 발생을 감지할 수 있도록 설치할 것.

③ 옥외탱크저장소에 설치하는 자동화재탐지설비의 감지기 설치기준

가) 불꽃감지기를 설치할 것.
(단, 불꽃을 감지하는 기능이 있는 CCTV을 설치한 경우 불꽃감지기를 설치한 것으로 본다.)

나) 옥외저장탱크 외측과 보유공지 내에서 발생하는 화재를 유효하게 감지할 수 있는 위치에 설치할 것.

다) 지지대를 설치하고 그 곳에 감지기를 설치하는 경우 지지대는 벼락에 영향을 받지 않도록 설치할 것.

④ 비상전원을 설치할 것.

⑤ 옥외탱크저장소에 대한 자동화재탐지설비 설치 제외 규정

가) 옥외탱크저장소의 방유제(防油堤)와 옥외저장탱크 사이의 지표면을 불연성 및 불침윤성(수분에 젖지 않는 성질)이 있는 철근콘크리트 구조 등으로 한 경우

나) 화학물질관리법 시행규칙에 따라 가스감지기를 설치한 경우

⑤ 자동화재탐지설비의 감지기의 종류

- 정온식 스포트형, 차동식 스포트형, 차동식 분포형, 보상식, 이온화식, 광전식, 감지선형, 열복합형, 연기복합형, 열복합형, 불꽃감지기

⑥ 감지기의 설치 위치

가) 실내로의 공기유입구로부터 1.5m 이상 떨어진 위치에 설치하여야 한다.(차동식 분포형 제외)

나) 천정 또는 반자의 옥내에 면하는 부분에 설치할 것.

다) 연기감지기의 설치

- 계단 및 경사로 : 15m 마다 1개 이상
- 복도 및 통로 : 30m 마다 1개 이상
- 천장 또는 반자부근에 배기구가 있는 경우에는 그 부근에 설치할 것.
- 벽 또는 보로부터 0.6m 이상 떨어진 곳에 설치할 것.

라) 보상식 감지기의 설치

- 정온점이 감지기 주위의 평상시 최고온도보다 일정온도 이상 높은 것으로 설치할 것.
- 스포트형 감지기는 45° 이상 경사되지 않도록 부착할 것.

마) 정온식감지기의 설치

- 주방, 보일러실 등으로서 다량의 화기를 단속적으로 취급하는 장소
- 공칭작동온도가 최고주위온도보다 일정온도 이상 높은 것으로 설치할 것.

바) 공기관식 차동식 분포형 감지기

- 공기관의 노출부분은 감지구역마다 20m 이상이 되도록 할 것.
- 공기관과 감지구역의 각 변과의 수평거리 : 1.5m 이하
- 공기관 상호간의 거리 : 6m 이하
- 공기관은 도중에서 분기하지 않도록 할 것.
- 하나의 검출부분에 접속하는 공기관의 길이 : 100m 이하
- 검출부는 5° 이상 경사되지 않도록 부착
- 검출부는 바닥으로부터 0.8m 이상 1.5m 이하의 위치에 설치

사) 열전대식 차동식 분포형 감지기

- 감지구역의 바닥면적 $18m^2$마다 1개 이상

  하나의 검출부에 접속하는 열전대부는 20개 이하로 할 것.

아) 열반도체식 차동식 분포형 감지기

- 하나의 검출기에 접속하는 감지부 : 2개 이상 15개 이하

자) 정온식 감지선형 감지기

- 보조선이나 고정금구를 사용하여 감지선이 늘어지지 않도록 설치할 것.
- 단자부와 마감 고정금구와의 설치간격 : 10cm 이내로 설치할 것
- 감지선형 감지기의 굴곡반경 : 5cm 이상
- 감지기와 감지구역의 각부분과의 수평거리

  (a) 내화구조의 경우 : 1종 ~ 4.5m 이하, 2종 ~ 3m 이하

(b) 기타 구조의 경우 : 1종 ~ 3m 이하, 2종 ~ 1m 이하

차) 불꽃감지기

- 공칭감시거리 및 공칭시야각은 형식승인 내용에 따를 것.
- 공칭감시거리와 공칭시야각을 기준으로 감시구역이 모두 포용되도록 설치할 것.
- 화재감지를 유효하게 감지할 수 있는 모서리 또는 벽 등에 설치할 것.
- 천장에 설치하는 경우에는 감지기는 바닥을 향하여 설치할 것.
- 수분이 많이 발생할 우려가 있는 장소에는 방수형으로 설치할 것.

카) 아날로그방식의 감지기

- 공칭감지온도범위 및 공칭감지농도범위에 적합한 장소에 설치할 것.
- 다신호방식의 감지기는 화재신호를 발신하는 감도에 적합한 장소에 설치할 것.

표 5-25 부착높이에 따른 감지기의 종류

부착높이	감지기의 종류
4m 미만	차동식(스포트형, 분포형), 보상식 스포트형, 정온식(스포트형, 감지선형), 이온화식 또는 광전식(스포트형, 분리형, 공기흡입형), 열복합형, 연기복합형, 열연기복합형, 불꽃감지기
4m 이상 8m 미만	차동식(스포트형, 분포형), 보상식 스포트형, 열복합형, 연기복합형, 정온식(스포트형, 감지선형) 특종 또는 1종, 이온화식 1종 또는 2종, 열연기복합형, 광전식(스포트형, 분리형, 공기흡입형) 1종 또는 2종, 불꽃감지기
8m 이상 15m 미만	차동식분포형, 이온화식 1종 또는 2종, 광전식(스포트형, 분리형, 공기흡입형) 1종 또는 2종, 연기복합형 불꽃감지기
15m 이상 20m 미만	이온화식 1종, 광전식(스포트형, 분리형, 공기흡입형) 1종, 연기복합형, 불꽃감지기
20m 이상	불꽃감지기, 광전식(분리형, 공기흡입형) 중 아날로그방식

⑦ 자동화재탐지설비의 음향장치

가) 주 음향장치

- 수신기의 내부 또는 그 직근에 설치할 것.

나) 지구음향장치

- 소방대상물의 층마다 설치
- 당해 소방대상물의 각 부분으로부터 하나의 음향장치까지의 수평거리가 25m 이하가 되도록 설치

다) 음향장치의 구조 및 성능

- 정격전압의 80% 전압에서 음향을 발할 수 있는 것.

- 음량 : 부착된 음향장치의 중심으로부터 1m 떨어진 위치에서 90dB 이상이 되는 것.
- 감지기의 작동과 연동하여 작동할 수 있는 것으로 할 것.

⑧ 자동화재탐지설비의 발신기

가) 조작이 쉬운 장소에 설치

나) 스위치의 위치 : 바닥으로부터 0.8m 이상 1.5m 이하

다) 소방대상물의 층마다 설치

라) 소방대상물의 각 부분으로부터 하나의 발신기까지의 수평거리 : 25m이하

⑨ 자동화재탐지설비의 전원

가) 전원

- 전기가 정상적으로 공급되는 축전지 또는 교류저압의 옥내 간선으로 하고, 전원까지의 배선은 전용으로 할 것.

나) 개폐기에는 "자동화재탐지설비용"이라고 표시한 표지를 할 것.

다) 자동화재탐지설비에는 그 설비에 대한 감시상태를 60분간 지속한 후 유효하게 10분 이상 경보할 수 있는 축전지설비 또는 전기저장장치를 설치하여야 한다.

⑩ 자동화재탐지설비의 배선

가) 내화배선

나) 감지기회로의 도통시험을 위한 종단저항을 설치할 것.

다) 감지기 사이의 회로의 배선 : 송배전식

라) 감지기회로 및 부속회로의 전로와 대지 사이 및 배선 상호간의 절연저항

- 1경계구역마다 0.1메가오옴(MΩ) 이상

마) 자동화재탐지설비의 배선은 다른 전선과 별도의 관, 덕트(절연효력이 있는 것으로 구획한 때에는 그 구획된 부분은 별개의 덕트로 본다), 몰드 또는 풀박스 등에 설치할 것(단, 60V 미만의 선류외도에 사용하는 진신으로시 각각의 전압이 같을 때는 제외.)

사) 전로저항 : 50Ω 이하

아) P형 및 GP형 수신기의 감지기 회로의 배선에 있어서 하나의 공통선에 접속할 수 있는 경계구역은 7개 이하이다.

표 5-26 P형과 R형 수신기 비교

구분	P형 수신기	R형 수신기
방재설비구성	가) 화재수신반 나) 소화수신반 다) 제연수신반 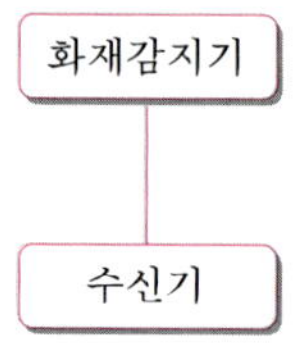	가) R형 중계기 나) R형 수신기 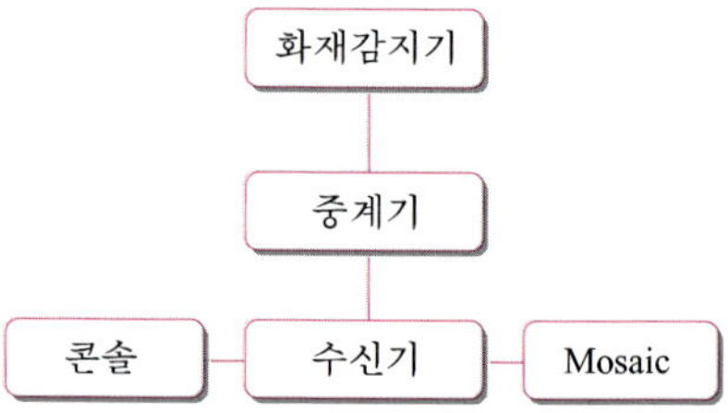
화재표시방식	가) 창구식 램프표시방식 나) 지도식 램프표시방식	가) Digital 표시방식 나) LCD 표시방식 (수신기) 다) CRT 표시방식 (control desk) 라) 프린터 표시방식 마) 팸프표시방식 (graphic panel)
제어방식	on/off 제어	program 제어
신호전송방식	1 : 1 릴레이 접범방식	다중전송방식

(3) 누전경보기

① 누전경보기의 설치기준

가) 1급누전경보기

- 경계전로의 정격전류가 60A초과 또는 60A 이하의 전로에 설치

나) 2급 누전경보기

- 경계전로의 정격전로가 60A 이하의 전로에 설치

다) 변류기

- 특정소방대상물의 형태, 인입선의 시설방법 등에 따라 옥외 인입선의 제1지점의 부하측 또는 제2종 접지선 측의 점검이 쉬운 위치에 설치할 것.
- 변류기를 옥외의 전로에 설치하는 경우에는 옥외형으로 설치할 것.

② 누전경보기의 수신기

가) 설치 옥내의 점검에 편리한 장소에 설치

나) 가연성의 증기, 먼지 등이 체류할 우려가 있는 장소의 전기회로에는 당해 부분의 전기회로를 차단할 수 있는 차단 기구를 가진 수신기를 설치

다) 누전경보기의 수신기의 설치 금지 장소

- 가연성의 증기, 먼지, 가스 등이나 부식성의 증기, 가스등이 다량으로 체류하는 장소

- 화약류를 제조하거나 저장 또는 취급하는 장소
- 습도가 높은 장소
- 온도의 변화가 급격한 장소
- 대전류회로, 고주파 발생회로 등에 의한 영향을 받을 우려가 있는 장소

③ 누선경보기의 전원

가) 전원은 분전반으로부터 전용회로로 하고, 각 극에 개폐기 및 15A 이하의 과전류차단기 설치

나) 전원을 분기할 때에는 다른 차단기에 의하여 전원이 차단되지 않도록 할 것.

다) 전원의 개폐기에는 누전경보기용임을 표시한 표지를 할 것.

(4) 자동화재속보설비

① 자동화재탐지설비와 연동으로 작동하여 소방관서에 전달되는 것으로 할 것.

② 스위치 : 0.8m 이상 1.5m 이하의 높이에 설치

③ 옥외탱크저장소에 대한 자동화재속보설비 설치 제외 규정

가) 옥외탱크저장소의 방유제(防油堤)와 옥외저장탱크 사이의 지표면을 불연성 및 불침윤성(수분에 젖지 않는 성질)이 있는 철근콘크리트 구조 등으로 한 경우

나) 화학물질관리법 시행규칙에 따라 가스감지기를 설치한 경우

다) 안전관리자가 해당 사업소에 24시간 상주하는 경우

(5) 비상경보설비 및 비상방송설비

① 비상경보 설비의 설치

가) 비상벨설비 또는 자동식사이렌설비는 부식성가스 또는 습기 등으로 인하여 부식의 우려가 없는 장소에 설치

나) 바닥으로부터 0.8m 이상 1.5m 이하의 높이에 설치

② 단독경보형감지기

가) 각 실마다 설치

나) 바닥면적이 $150m^2$를 초과하는 경우에는 $150m^2$마다 1개 이상 설치

다) 단독경보형감지기에 내장된 건전지는 1년에 1회 이상 교환

③ 비상방송설비

가) 비상방송설비의 설치

- 확성기의 음성입력 : 3W(실내에 설치하는 것에 있어서는 1W) 이상

- 각층마다 설치
- 층의 각 부분으로부터 하나의 확성기까지의 수평거리 : 25m 이하
- 음량조정기를 설치하는 경우 : 음량조정기의 배선은 3선식
- 조작부의 조작스위치 : 0.8m 이상 1.5m 이하
- 기동장치에 의한 화재신고를 수신한 후 필요한 음량으로 방송이 개시될 때까지의 소요시간은 10초 이하

나) 비상방송설비의 배선

- 화재로 인하여 하나의 층의 확성기 또는 배선이 단락 또는 단선되어도 다른 층의 화재통보에 지장이 없도록 할 것.

5 피난구조설비

1) 피난설비의 종류

피난설비에는 피난기구, 유도등, 인명구조기구, 비상조명등 및 휴대용 비상조명등이 있다.

2) 피난기구

(1) 피난기구의 종류

피난기구에는 미끄럼대, 피난사다리, 피난용 트랩, 피난교, 완강기 및 간이 완강기, 공기안전매트, 피난밧줄, 구조대 등이 있다.

① 완강기 : 사용자의 몸무게에 따라 자동적으로 내려올 수 있는 기구 중 사용자가 교대하여 연속적으로 사용할 수 있는 것.

② 간이완강기 : 사용자의 몸무게에 따라 자동적으로 내려올 수 있는 기구 중 사용자가 연속적으로 사용할 수 없는 것.

③ 공기안전매트 : 화재 발생 시 사람이 건축물 내에서 외부로 긴급히 뛰어내릴 때 충격을 흡수하여 안전하게 지상에 도달할 수 있도록 포지에 공기 등을 주입하는 구조로 되어 있는 것.

④ 구조대 : 포지 등을 사용하여 자루 형태로 만든 것으로서 화재 시 사용자가 그 내부에 들어가서 내려옴으로써 대피할 수 있는 것.

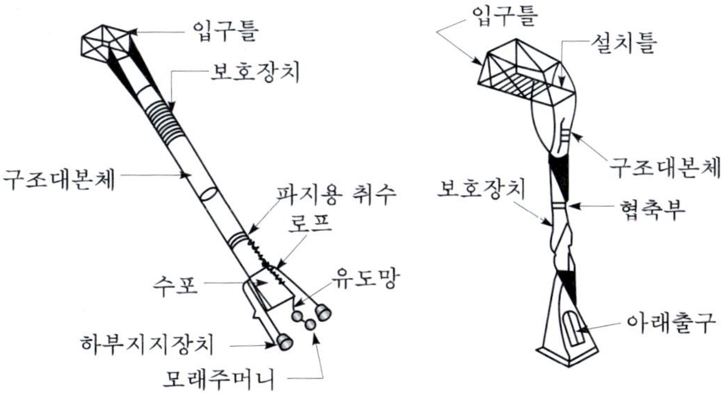

그림 5-15 구조대

⑤ 승강식 피난기 : 사용자의 몸무게에 의하여 자동으로 하강하고 내려서면 스스로 상승하여 연속적으로 사용할 수 있는 무동력 승강식 기기

⑥ 하향식 피난구용 내림식사다리 : 하향식 피난구 해치에 격납하여 보관하고 사용 시에는 사다리 등이 소방대상물과 접촉되지 않는 내림식 사다리

⑦ 피난사다리 : 화재 시 긴급대피를 위해 사용하는 사다리

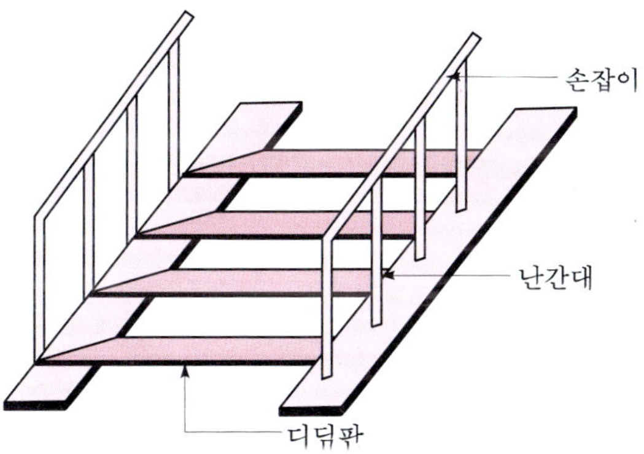

그림 5-16 피난사다리

⑧ 다수인피난장비 : 화재 시 2인 이상의 피난자가 동시에 해당 층에서 지상 또는 피난층으로 하강하는 피난기구

⑨ 미끄럼대 : 사용자가 미끄럼식으로 신속하게 지상 또는 피난층으로 이동할 수 있는 피난기구

⑩ 피난교 : 인근 건축물 또는 피난층과 연결된 다리 형태의 피난기구

⑪ 피난용트랩 : 화재 층과 직상 층을 연결하는 계단형태의 피난기구

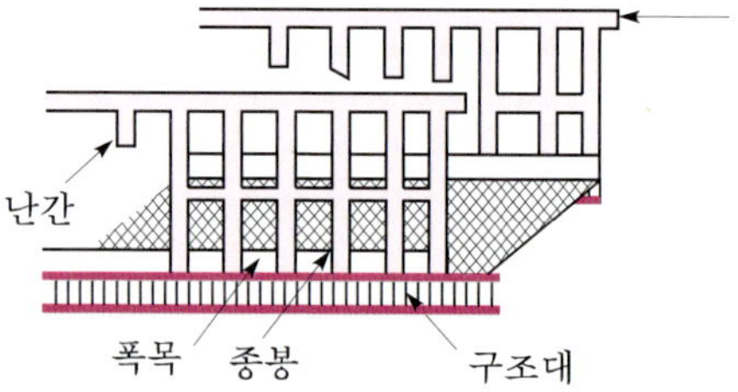

(a) 피난교

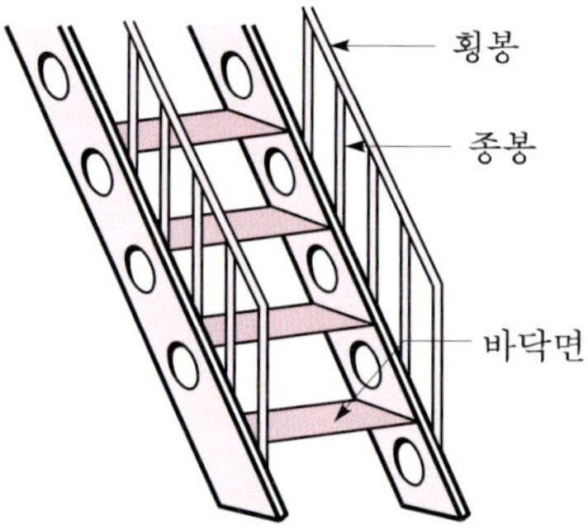

(b) 피난용트랩

그림 5-17 피난교와 피난용트랩

(2) 피난기구의 설치 기준

① 피난기구는 계단・피난구 기타 피난시설로부터 적당한 거리에 있는 안전한 구조로 된 피난 또는 소화 활동상 유효한 개구부(가로 0.5m 이상, 세로 1m 이상의 것)에 고정하여 설치하거나 필요한 때에 신속하고 유효하게 설치할 수 있는 상태에 둘 것.

② 피난기구를 설치하는 개구부는 서로 동일직선상이 아닌 위치에 있을 것.

③ 피난기구는 특정소방대상물의 기둥・바닥 및 보 등 구조상 견고한 부분에 볼트조임・매입 및 용접 등의 방법으로 견고하게 부착할 것.

④ 4층 이상의 층에 피난사다리(하향식 피난구용 내림식사다리는 제외)를 설치하는 경우에는 금속성 고정사다리를 설치하고, 당해 고정사다리에는 쉽게 피난할 수 있는 구조의 노대를 설치할 것.

⑤ 완강기는 강하 시 로프가 건축물 또는 구조물 등과 접촉하여 손상되지 않도록 하고, 로프의 길이는 부착위치에서 지면 또는 기타 피난상 유효한 착지 면까지의 길이로 할 것.

⑥ 미끄럼대는 안전한 강하속도를 유지하도록 하고, 전락방지를 위한 안전조치를 할 것.

⑦ 구조대의 길이는 피난 상 지장이 없고 안정한 강하속도를 유지할 수 있는 길이로 할 것.

⑧ 다수인 피난장비의 기준

가) 피난에 용이하고 안전하게 하강할 수 있는 장소에 적재 하중을 충분히 견딜 수 있도록 건축물의 구조기준 등에 관한 규칙에 맞도록 견고하게 설치할 것.

나) 다수인피난장비 보관실은 건물 외측보다 돌출되지 않고, 빗물이나 먼지 등으로부터 장비를 보호할 수 있는 구조일 것.

다) 사용 시에 보관실 외측 문이 먼저 열리고 탑승기가 외측으로 자동으로 전개될 것.

라) 하강 시에 탑승기가 건물 외벽이나 돌출물에 충돌하지 않도록 설치할 것.

마) 상・하층에 설치할 경우에는 탑승기의 하강경로가 중첩되지 않도록 할 것.

바) 하강 시에는 안전하고 일정한 속도를 유지하도록 하고 전복, 흔들림, 경로이탈 방지를 위한 안전조치를 할 것.

사) 보관실의 문에는 오작동 방지조치를 하고, 문 개방 시에는 당해 소방대상물에 설치된 경보설비와 연동하여 유효한 경보음을 발하도록 할 것.

아) 피난층에는 해당 층에 설치된 피난기구가 착지에 지장이 없도록 충분한 공간을 확보할 것.

⑨ 승강식 피난기 및 하향식 피난구용 내림식사다리의 기준

가) 승강식 피난기 및 하향식 피난구용 내림식사다리는 설치경로가 설치층에서 피난층까지 연계될 수 있는 구조로 설치할 것.

나) 대피실의 면적은 $2m^2$(2세대 이상일 경우에는 $3m^2$) 이상으로 하고, 하강구(개구부) 규격은 직경60cm 이상일 것.

다) 하강구 내측에는 기구의 연결 금속구 등이 없어야 하며 전개된 피난기구는 하강구 수평투영면적 공간 내의 범위를 침범하지 않는 구조이어야 할 것.

라) 대피실의 출입문은 60분+ 방화문 또는 60분 방화문으로 설치하고, 피난방향에서 식별할 수 있는 위치에 "대피실" 표지판을 부착할 것.

마) 착지점과 하강구는 상호 수평거리 15cm 이상의 간격을 둘 것.

바) 대피실 내에는 비상조명등을 설치할 것.

사) 대피실에는 층의 위치표시와 피난기구 사용설명서 및 주의사항 표지판을 부착할 것.

아) 대피실 출입문이 개방되거나, 피난기구 작동 시 해당층 및 직하층 거실에 설치된 표시등 및 경보장치가 작동되고, 감시 제어반에서는 피난기구의 작동을 확인할 수 있어야 할 것.

자) 사용 시 기울거나 흔들리지 않도록 설치할 것.

⑩ 피난기구를 설치한 장소에는 가까운 곳의 보기 쉬운 곳에 피난기구의 위치를 표시하는 발광식 또는 축광식표지와 그 사용방법을 표시한 표시(외국어 및 그림 병기)를 부착할 것.

3) 유도등 및 유도표지

① 유도등 및 유도표지의 종류

가) 피난구 유도등

나) 통로 유도등 (복도통로유도등, 거실통로유도등, 계단통로유도등)

다) 객석 유도등

라) 유도표시

마) 피난유도선

② 표시방법

가) 피난구 유도등

- 녹색 바탕+백색문자
- 문자의 두께 : 대형~100mm이하, 중형~75mm 이하, 소형~70mm이하)

나) 통로 유도등 : 백색 바탕 + 녹색문자

③ 피난구 유도등

가) 피난구 유도등의 설치

- 바닥으로부터 1.5m 이상
- 조명도 : 피난구로부터 30m의 거리에서 문자 및 색채를 쉽게 식별할 수 있어야 한다.

나) 비상전원

- 축전지방식
- 지하상가 및 11층 이상인 곳 : 60분 이상
- 기타 장소 : 20분 이상

④ 통로 유도등

가) 복도통로유도등

- 복도, 거실의 통로가 벽체 등으로 구획된 통로에 설치
- 바닥으로부터 1m 이하의 위치에 설치할 것.
- 구부러진 모퉁이 및 보행거리 20m 마다 설치

나) 거실통로유도등

- 거실의 통로에 설치
- 복도구부러진 모퉁이 및 보행거리 20m 마다 설치
- 바닥으로부터 높이 1.5m 이상의 위치에 설치할 것.

다) 계단통로등

- 각 층의 경사로 또는 계단마다 설치
- 바닥으로부터 높이 1m 이하의 위치에 설치할 것.

⑤ 객석 유도등

가) 설치 개수

$$\frac{\text{객석통로의 직선부분의 길이}(m)}{4} - 1$$ (소수점이하는 1로 본다)

나) 객석 내의 통로가 옥외 또는 이와 유사한 부분에 있는 경우에는 해당 통로 전체에 미칠 수 있는 개수의 유도등을 설치할 것.

표 5-27 유도등의 종류 예

구분		설치 예	설치 장소
피난구 유도등			출입구 (상부 설치)
통로 유도등	복도		일반 복도 (하부 설치)
	계단	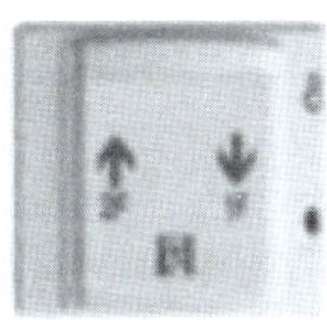	일반 계단 (하부 설치)
	거실		도서관, 사무실 등 (상부 설치)
객석 유도등		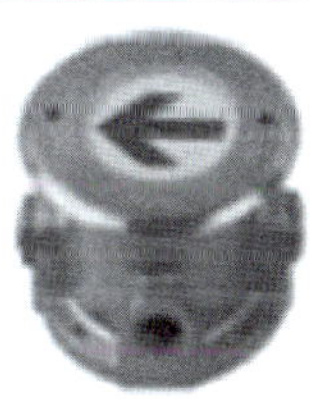	공연장 등 (하부 설치)

⑥ 유도표지

가) 각 층마다 복도 및 통로의 각 부분으로부터 하나의 유도표지까지의 보행거리가 15m 이하가 되는 곳과 구부러진 모퉁이의 벽에 설치할 것.

나) 피난구유도표지는 출입구 상단에 설치하고, 통로유도표지는 바닥으로부터 높이 1m

이하의 위치에 설치할 것.

다) 축광방식의 유도표지는 외광 또는 조명장치에 의하여 상시 조명이 제공되거나 비상조명등에 의한 조명이 제공되도록 설치할 것.

⑦ 피난유도선

가) 축광방식

- 구획된 각 실로부터 주출입구 또는 비상구까지 설치할 것.
- 바닥으로부터 50cm 이하의 위치 또는 바닥 면에 설치할 것.
- 피난유도 표시부는 50cm 이내의 간격으로 연속되도록 설치
- 외광 또는 조명장치에 의하여 상시 조명이 제공되거나 비상조명등에 의한 조명이 제공되도록 설치할 것.

나) 광원점등방식

- 구획된 각 실로부터 주출입구 또는 비상구까지 설치할 것.
- 피난유도 표시부는 바닥으로부터 높이 1미터 이하의 위치 또는 바닥 면에 설치할 것.
- 피난유도 표시부는 50cm 이내의 간격으로 연속되도록 설치하되 실내장식물 등으로 설치가 곤란할 경우 1m 이내로 설치할 것.
- 수신기로부터의 화재신호 및 수동조작에 의하여 광원이 점등되도록 설치할 것.
- 비상전원이 상시 충전상태를 유지하도록 설치할 것.
- 바닥에 설치되는 피난유도 표시부는 매립하는 방식을 사용할 것.
- 피난유도 제어부는 바닥으로부터 0.8m 이상 1.5m 이하의 높이에 설치할 것.

그림 5-18 피난유도선 (축광방식)

⑧ 유도등의 전원

가) 축전지설비, 전기저장장치 또는 교류전압의 옥내 간선으로 할 것.

나) 작동시간

- 지하상가 및 11층 이상 : 60분 이상 유지

- 기타 : 20분 이상

⑨ 유도등의 배선

가) 인입선과 옥내배선은 직접 연결되어야 한다.

나) 3선식 배선은 내화배선 또는 내열배선으로 사용할 것.

⑩ 유도등의 점등

가) 전기회로에 점멸기를 설치하지 않고 항상 점등상태를 유지할 것.

나) 자동화재탐지설비의 감지기 또는 발신기가 작동되는 때

다) 비상경보설비의 발신기가 작동되는 때

라) 상용전원이 정전되거나 전원선이 단선이 될 때

마) 방재업무를 통제하는 곳 및 전기실의 배전반에서 수동으로 점등하는 때

바) 자동소화설비가 작동되는 때

4) 인명구조기구

① 인명구조기구의 종류

가) 방열복, 방화복(안전모, 보호장갑 및 안전화 포함)

나) 공기호흡기

- 소화활동 시에 화재로 인해 발생하는 유독가스 중에서 일정 시간 사용할 수 있도록 만들어진 압축공기식 개인호흡장비

다) 인공소생기

- 호흡부전 상태인 사람에게 인공호흡을 시켜 환자를 보호하거나 구급하는 기구

② 인명구조기구의 설치

가) 각 2개 이상 비치

나) 비치대상 소방대상물

- 지하층을 포함하는 7층 이상의 관광호텔
- 지하층을 포함하는 5층 이상의 병원

다) 공기호흡기를 층마다 2개 이상 비치해야 하는 소방대상물

- 문화 및 집회시설 중 수용인원 100명 이상의 영화상영관
- 판매시설 중 대규모 점포
- 운수시설 중 지하역사
- 지하가 중 지하상가

라) 물분무등소화설비 중 이산화탄소소화설비를 설치하는 소방대상물에는 이산화탄소소

화설비가 설치된 장소의 출입구 외부 인근에 1개 이상의 공기호흡기를 비치할 것.

③ 인명구조기구가 설치된 가까운 장소의 보기 쉬운 곳에 "인명구조기구"라는 축광식표지와 그 사용방법을 표시한 표지를 부착할 것.

5) 비상조명등

① 조도(조명도) : 설치장소의 각 부분의 바닥에서 1 Lux 이상

② 예비전원 내장형 비상조명등

가) 평상시 점등 여부를 확인할 수 있는 점검스위치를 설치

나) 해당 조명등을 유효하게 작동시킬 수 있는 용량의 축전지와 예비전원 충전장치를 내장할 것.

③ 예비전원 비내장형 비상조명등

가) 점검에 편리하고 화재 및 침수 등의 재해로 인한 피해를 받을 우려가 없는 곳에 설치할 것.

나) 상용전원으로부터 전력의 공급이 중단된 때에는 자동으로 비상전원으로부터 전력을 공급받을 수 있도록 할 것.

다) 비상전원의 설치장소는 다른 장소와 방화구획 할 것.

라) 비상전원을 실내에 설치하는 때에는 그 실내에 비상조명등을 설치할 것.

④ 예비전원과 비상전원의 용량

가) 20분 이상

나) 지하층을 제외한 층수가 11층 이상의 층 등 : 60분 이상

1 지정수량이 300kg인 탄화칼슘 60,000kg을 소요단위로 산정하면 얼마인가?

2 위험물 취급소의 건축물의 연면적이 500m² 인 경우 소요단위는 얼마인가? (단, 외벽은 내화구조이다)

3 압력 수조를 이용한 옥내소화전 설비에서 가압송수 장치의 필요 압력은 얼마인가? (단, 소화용 호스의 마찰 손실 수두압 : 1.5MPa, 배관의 마찰 손실 수두압 : 1.2MPa, 낙차의 환산 수두압 : 2.5MPa이다.)

4 다음 중 물분무등 소화설비에 해당되지 않는 것은?
① 미분무소화설비 ② 포소화설비 ③ 분말소화설비 ④ 스프링클러설비

5 다음 중 소화난이도등급 I에 해당되는 제조소등이 아닌 것은?
① 연면적 1,000m² 이상인 제조소
② 지정수량의 100배 이상인 것을 취급하는 일반취급소
③ 지반면으로부터 탱크 옆판의 상단까지 높이가 6m 이상인 옥외탱크저장소
④ 지정수량의 10배 이상 (고인화점위험물만을 저장하는 것 및 제48조의 위험물을 저장하는 것은 제외) 인 옥내저장소

6 외벽이 내화구조인 연면적 300m² 인 위험물 옥내저장소의 소요단위는 얼마인가?

7 이동식(호스릴) 분말소화설비에서 호스접결구와 방호대상물의 각 부분과 상호거리는 얼마인가

8 100리터의 마른모래와 150리터의 팽창질석을 구비한 수동식 소화설비의 능력단위 총 합은 얼마인가?

9 자동화재 탐지설비중 수신기의 조작스위치 높이는 바닥에서 얼마인가?

10 옥내소화전 하나의 호스 접속구까지의 수평거리는 얼마이하인가?

① 15m ② 20m ③ 25m ④ 30m

11 옥외소화전이 6개 설치된 곳의 수원의 최소저수량(m^3)은 얼마인가?

① 54 ② 67.5 ③ 81 ④ 94.5

12 통로유도등은 상호거리 얼마마다 설치하는가?

13 가연성 물질을 수납하는 부분에 스프링클러 헤드를 설치하는 경우 공간 규정에 대해서 적으시오.

14 부착장소의 평상시 최고주위온도가 35℃일 때 스프링클러의 표시온도는 얼마인가?

① 58미만 ② 58 이상 79 미만 ③ 79 이상 121 미만 ④ 121 이상 162 미만

15 고정지붕구조의 탱크에 저부포주입법을 이용하는 것으로서 평상시에는 탱크의 액면하의 저부에 설치된 격납통에 수납되어 있는 특수호스 등이 송포관의 말단에 접속되어 있다가 포를 보내는 것에 의하여 특수호스 등이 전개되어 그 선단이 액면까지 도달한 후 포를 방출하는 포방출 형식은?

① I형 ② II형 ③ III형 ④ IV형

16 고정된 노즐의 방사각도를 자동 및 수동으로 조준하여 포를 방사하는 설비를 무엇이라 하는가?

① 포방출구방식 ② 포헤드방식 ③ 포소화전방식 ④ 포모니터방식

17 옥외탱크 및 이송취급소의 펌프설비 등이 암벽, 부두, 해상구조물, 그 밖의 이와 유사한 장소에 설치되어 있는 경우에 이러한 장소의 해면과 접하는 선으로부터 수평거리 는 얼마 이내에 설치해야 하는가?

18 IG-541을 구성하고 있는 기체는 무엇인가?

① 질소-헬륨-아르곤　② 아르곤-이산화탄소-헬륨

③ 질소-아르곤-이산화탄소　④ 아르곤-헬륨-이산화탄소

19 이산화탄소 소화약제 저장용기의 설치 기준으로 거리가 먼 것은?

① 방호구역 내의 장소에 설치할 것

② 온도가 40℃ 이하이고 온도 변화가 적은 장소에 설치할 것

③ 저장용기에는 안전장치(용기밸브에 설치되어 있는 것을 포함)를 설치할 것

④ 저장용기의 외면에 소화약제의 종류와 양, 제조년도 및 제조자를 표시할 것

20 국소방출방식 할로젠 소화약제 분사헤드의 기준으로 거리가 번 것은?

① 전역방출방식의 분사헤드의 기준을 일부 따른다.

② 위험물의 보는 표면이 분사헤드의 유효사정내에 들어가도록 설치할 것

③ 소화약제의 방사에 의하여 위험물이 비산하지 않을 장소에 설치할 것.

④ 방사시간은 60초 이내이다.

21 할로젠화합물소화설비에 사용되는 소화약제로 거리가 먼 것은?

① HFC-227ea　② HFC-23　③ 하론 1004　④ 하론 1211

22 제3종 분말소화약제의 주성분의 화학식을 적으시오.

23 대형수동식 소화설비의 보행거리 기순는 몇 m 이하인가?

24 B급 화재에 대한 대형수동식 소화기의 능력단위는 얼마이상인가?

25 복도 및 통로에 연기감지기는 몇 m마다 1개 이상씩 설치하여야 하는가?

① 15　② 20　③ 25　④ 30

26 자동화재탐지설비의 전로저항은 몇 Ω 이하로 하여야 하는가?

① 50 ② 100 ③ 1000 ④ 2000

27 피난기구 중 사용자의 몸무게에 의하여 자동으로 하강하고 내려서면 스스로 상승하여 연속적으로 사용할 수 있는 무동력 기기는 무엇인가?

① 완강기 ② 승강식 피난기 ① 간이완강기 ④ 피난용 트랩

28 객석 통로의 직선부분 길이가 25m일 때 설치하여야 하는 객석 유도등의 개수는?

CHAPTER 06

위험물의 저장 및 취급기준

1. 저장 및 취급의 공통기준(중요기준)
2. 위험물의 용기 및 수납

CHAPTER 06 Theory of Hazardous Materials Facilities

위험물의 저장 및 취급기준

1 저장 및 취급의 공통기준(중요기준)

1) 유별 공통기준

① 제1류 위험물

가) 가연물과의 접촉·혼합금지

나) 분해를 촉진하는 물품과의 접근금지

다) 과열·충격·마찰 등 금지

라) 알카리금속의 과산화물 및 이를 함유한 것 : 물과의 접촉금지

② 제2류 위험물

가) 산화제와의 접촉·혼합금지

나) 불티·불꽃·고온체와의 접근 또는 과열금지

다) 철분·금속분·마그네슘 및 이를 함유한 것 : 물이나 산과의 접촉금지

라) 인화성 고체 : 증기발생금지

③ 제3류 위험물

가) 자연발화성물질 : 불티·불꽃 , 고온체와의 접근·과열, 공기와의 접촉금지

나) 금수성물질 : 물과의 접촉금지

④ 제4류 위험물

가) 불티·불꽃·고온체와의 접근금지 또는 과열금지

나) 증기 발생금지

⑤ 제5류 위험물

가) 불티·불꽃·고온체와의 접근이나 과열·충격 또는 마찰금지

⑥ 제6류 위험물

가) 가연물과의 접촉·혼합금지

나) 분해를 촉진하는 물품과의 접근 또는 과열금지

2) 저장기준

저장소에는 위험물 외의 물품을 저장하지 않아야 한다.

(1) 위험물 외의 물품을 저장할 수 있는 경우 (중요기준)

① 옥내저장소 또는 옥외저장소

가) 위험물과 위험물이 아닌 물품은 각각 모아서 저장하고 상호간에는 1m 이상의 간격을 두어야 한다.

나) 위험물과 위험물이 아닌 물품에 대한 정의

- 위험물(제2류 위험물 중 인화성고체와 제4류 위험물 제외)과 위험물이 속하는 품명란에 정한 물품(제1류, 제2류, 제3류, 제5류, 제6류 품명 중 규정에 의한 물품 제외)을 주성분으로 함유한 것으로서 위험물에 해당하지 아니하는 물품
- 제2류 위험물 중 인화성고체와 위험물에 해당하지 않는 고체 또는 액체로서 인화점을 갖는 것 또는 합성수지류 또는 이들 중 어느 하나 이상을 주성분으로 함유한 것으로서 위험물에 해당하지 아니하는 물품
- 제4류 위험물과 합성수지류등 또는 제4류의 품명란에 정한 물품을 주성분으로 함유한 것으로서 위험물에 해당하지 아니하는 물품
- 제4류 위험물 중 유기과산화물 또는 이를 함유한 것과 유기과산화물 또는 유기과산화물만을 함유한 것으로서 위험물에 해당하지 아니하는 물품
- 규정에 의한 위험물과 위험물에 해당하지 아니하는 화약류
- 위험물과 위험물에 해당하지 아니하는 불연성의 물품(저장하는 위험물 및 위험물 외의 물품과 위험한 반응을 일으키지 아니하는 것)

② 옥외탱크/옥내탱크/지하탱크/이동탱크저장소 (옥외탱크저장소등으로 총칭)

옥외탱크저장소등의 구조 및 설비에 나쁜 영향을 주지 않으며, 아래에서 정하는 위험물이 아닌 물품을 저장하는 경우

가) 제4류 위험물을 저장 또는 취급하는 옥외탱크저장소

- 합성수지류등 또는 제4류 위험물의 품명란에 정한 물품을 주성분으로 함유한 것으로서 위험물에 해당하지 아니하는 물품
- 위험물에 해당하지 아니하는 불연성 물품(취급하는 위험물 및 위험물외의 물품과 위험한 반응을 일으키지 아니하는 것)

나) 제6류 위험물을 저장 또는 취급하는 옥외탱크저장소등

- 제6류의 품명란에 정한 물품(제6류의 품명 중 규정에 의한 물품을 제외)을 주성분으로 함유한 것으로서 위험물에 해당하지 아니하는 물품
- 위험물에 해당하지 아니하는 불연성 물품(취급하는 위험물 및 위험물 외의 물품과 위험한 반응을 일으키지 아니하는 것)

③ 유별을 달리하는 위험물은 동일한 저장소에 저장금지

다만, 옥내저장소 또는 옥외저장소에 있어서 아래 가)~바)의 위험물을 저장하는 경우에는 위험물을 유별로 정리하여 저장하는 한편, 서로 1m 이상의 간격을 두는 경우에는 저장이 가능하다(중요기준).

가) 제1류 위험물(알칼리금속의 과산화물 또는 이를 함유한 것 제외) + 제5류 위험물

나) 제1류 위험물 + 제6류 위험물

다) 제1류 위험물 + 제3류 위험물 중 자연발화성물질(황린 또는 이를 함유한 것에 한한다)

라) 제2류 위험물 중 인화성고체 + 제4류 위험물

마) 제3류 위험물 중 알킬알루미늄등 + 제4류 위험물(알킬알루미늄 또는 알킬리튬을 함유한 것에 한한다)

바) 제4류 위험물 중 유기과산화물 또는 이를 함유하는 것 + 제5류 위험물 중 유기과산화물 또는 이를 함유한 것.

(2) 그 외 저장기준

① 제3류 위험물 중 황린 그 밖에 물속에 저장하는 물품과 금수성물질은 동일 저장소에 저장할 수 없다(중요기준).

② 옥내저장소에 있어서 위험물은 규정에 따라 용기에 수납하여 저장하여야 한다. 다만, 덩어리상태의 황과 화약류에 해당하는 위험물의 특례에 의한 위험물에 있어서는 그러하지 아니하다.

③ 옥내저장소에서 동일 품명의 위험물이더라도 자연발화할 우려가 있는 위험물 또는 재해가 현저하게 증대할 우려가 있는 위험물을 다량 저장하는 경우에는 지정수량의 10배 이하마다 구분하여 상호간 0.3m 이상의 간격을 두어 저장하여야 한다. 다만, 화약류에 해당하는 위험물의 특례에 의한 위험물 또는 기계에 의하여 하역하는 구조로 된 용기에 수납한 위험물에 있어서는 그러하지 아니하다(중요기준).

④ 옥내저장소에서 위험물을 저장하는 경우

가) 기계에 의하여 하역하는 구조로 된 용기만을 겹쳐 쌓는 경우 : 6m 이하

나) 제4류 위험물 중 제3석유류, 제4석유류 및 동식물유류를 수납하는 용기만을 겹쳐 쌓는 경우 : 4m 이하

다) 그 밖의 경우 : 3m 이하

⑤ 옥내저장소에서는 용기에 수납하여 저장하는 위험물의 온도가 55℃를 넘지 않도록 필요한 조치를 강구하여야 한다(중요기준).

⑥ 옥외저장탱크·옥내저장탱크 또는 지하저장탱크의 주된 밸브 및 주입구의 밸브 또는 뚜껑은 위험물을 넣거나 빼낼 때 외에는 폐쇄하여야 한다.

⑦ 옥외저장탱크의 주위에 방유제가 있는 경우에는 그 배수구를 평상시 폐쇄하여 두고, 당해 방유제의 내부에 유류 또는 물이 괴었을 때에는 바로 배출하여야 한다.

⑧ 이동저장탱크에는 당해 탱크에 저장 또는 취급하는 위험물의 유별·품명·최대 수량 및 적재중량을 표시하고 잘 보일 수 있도록 관리하여야 한다.

⑨ 이동저장탱크 및 그 안전장치와 그 밖의 부속배관은 균열, 결합불량, 극단적인 변형, 주입호스의 손상 등에 의한 위험물의 누설이 일어나지 않도록 하고, 당해 탱크의 배출밸브는 사용시 외에는 완전하게 폐쇄하여야 한다.

⑩ 피견인자동차에 고정된 이동저장탱크에 위험물을 저장할 때에는 당해 피견인자동차에 견인자동차를 결합한 상태로 두어야 한다. 다만, 다음 아래 가)~다)의 기준에 따라 피견인자동차를 철도·궤도상의 차량에 싣거나 차량으로부터 내리는 경우에는 그러하지 아니하다.

가) 피견인자동차를 싣는 작업은 화재예방상 안전한 장소에서 실시하고, 화재가 발생하였을 경우에 그 피해의 확대를 방지할 수 있도록 필요한 조치를 강구할 것.

나) 피견인자동차를 실을 때에는 이동저장탱크에 변형 또는 손상을 주지 않도록 필요한 조치를 강구할 것.

다) 피견인자동차를 차량에 싣는 것은 견인자동차를 분리한 즉시 실시하고, 피견인자동차를 차량으로부터 내렸을 때에는 즉시 당해 피견인자동차를 견인자동차에 결합할 것.

⑪ 컨테이너식 이동탱크저장소외의 이동탱크저장소에 있어서는 위험물을 저장한 상태로 이동저장탱크를 옮겨 싣지 아니하여야 한다(중요기준).

⑫ 이동탱크저장소에는 완공검사필증 및 정기점검기록을 비치하여야 한다.

⑬ 알킬알루미늄등을 저장 또는 취급하는 이동탱크저장소에는 긴급시의 연락처, 응급조치에 관하여 필요한 사항을 기재한 서류, 방호복, 고무장갑, 밸브 등을 죄는 결합공구 및 휴대용 확성기를 비치하여야 한다.

⑭ 옥외저장소(황을 저장하는 경우 제외)에 있어서 위험물은 용기에 수납하여 저장하여야

한다.

⑮ 옥외저장소에서 위험물을 저장하는 경우에 있어서는 규정에 의한 높이를 초과하여 용기를 겹쳐 쌓지 아니하여야 한다.

⑯ 옥외저장소에 위험물을 수납한 용기를 선반에 저장하는 경우 : 6m 초과 금지

⑰ 황을 용기에 수납하지 아니하고 저장하는 옥외저장소에서는 황을 경계표시의 높이 이하로 저장하고, 황이 넘치거나 비산하는 것을 방지할 수 있도록 경계표시 내부의 전체를 난연성 및 불연성의 천막 등으로 덮고 천막 등을 경계표시에 고정하여야 한다.

(3) 알킬알루미늄등, 아세트알데하이드등 및 다이에틸에터(디에틸에테르)등의 저장기준

① 옥외저장탱크 또는 옥내저장탱크 중 압력탱크(최대상용압력이 대기압을 초과하는 탱크)에 있어서는 알킬알루미늄 등의 취출에 의하여 당해 탱크내의 압력이 상용압력 이하로 되지 않도록, 압력탱크 외의 탱크에 있어서는 알킬알루미늄 등의 취출이나 온도의 저하에 의한 공기의 혼입을 방지할 수 있도록 불활성의 기체를 봉입할 것.

② 옥외저장탱크·옥내저장탱크 또는 이동저장탱크에 새롭게 알킬알루미늄 등을 주입하는 때에는 미리 탱크안의 공기를 불활성기체와 치환할 것.

③ 이동저장탱크에 알킬알루미늄 등을 저장하는 경우에는 20kPa 이하의 압력으로 불활성의 기체를 봉입하여 둘 것.

④ 옥외저장탱크·옥내저장탱크 또는 지하저장탱크 중 압력탱크에 있어서는 아세트알데하이드 등의 취출에 의하여 당해 탱크내의 압력이 상용압력 이하로 되지 않도록, 압력탱크 외의 탱크에 있어서는 아세트알데하이드 등의 취출이나 온도의 저하에 의한 공기의 혼입을 방지할 수 있도록 불활성 기체를 봉입할 것.

⑤ 옥외저장탱크·옥내저장탱크·지하저장탱크 또는 이동저장탱크에 새롭게 아세트알데하이드 등을 주입하는 때에는 탱크안의 공기를 불활성 기체와 치환할 것.

⑥ 이동저장탱크에 아세트알데하이드 등을 저장하는 경우 : 항상 불활성 기체 봉입

⑦ 옥외저장탱크·옥내저장탱크 또는 지하저장탱크 중 압력탱크 외의 탱크에서의 저장온도

가) 산화프로필렌 ,다이에틸에터(디에틸에테르) 등 : 30℃ 이하

나) 아세트알데하이드 또는 이를 함유한 것 : 15℃ 이하

⑧ 옥외저장탱크·옥내저장탱크 또는 지하저장탱크 중 압력탱크에 저장하는 아세트알데하이드 등 또는 다이에틸에터(디에틸에테르)등의 온도는 40℃ 이하로 유지할 것.

⑨ 보냉장치가 있는 이동저장탱크에 저장하는 아세트알데하이드 등 또는 다이에틸에터(디에틸에테르)등의 온도는 당해 위험물의 비점 이하로 유지할 것.

⑩ 보냉장치가 없는 이동저장탱크에 저장하는 아세트알데하이드 등 또는 다이에틸에터(디에틸에테르)등의 온도는 40℃ 이하로 유지할 것.

3) 취급기준

(1) 위험물의 취급 중 제조에 관한 기준 (중요기준)

① 증류공정 : 위험물을 취급하는 설비의 내부압력의 변동 등에 의하여 액체 또는 증기가 새지 않도록 할 것.

② 추출공정 : 추출관의 내부압력이 비정상으로 상승하지 않도록 할 것.

③ 건조공정 : 위험물의 온도가 국부적으로 상승하지 않도록 가열 또는 건조할 것.

④ 분쇄공정 : 위험물의 분말이 현저하게 부유하고 있거나 위험물의 분말이 현저하게 기계·기구 등에 부착하고 있는 상태로 그 기계·기구를 취급하지 아니할 것.

(2) 위험물의 취급 중 용기에 옮겨 담는 기준

위험물을 용기에 옮겨 담는 경우에는 아래 2. 위험물의 용기 및 수납기준에 정하는 바에 따라 수납할 것.

(3) 위험물의 취급 중 소비에 관한 기준 (중요기준)

① 분사도장작업 : 방화상 유효한 격벽 등으로 구획된 안전한 장소에서 실시할 것.

② 담금질 또는 열처리작업 : 위험물이 위험한 온도에 이르지 않도록 실시할 것.

③ 버너를 사용하는 경우 : 버너의 역화를 방지하고 위험물이 넘치지 않도록 할 것.

(4) 주유취급소 · 판매취급소 · 이송취급소 또는 이동탱크저장소에서의 위험물의 취급기준

① 주유취급소

가) 자동차 등에 주유 : 고정주유설비를 사용하여 직접 주유할 것(중요기준).

나) 자동차 등에 인화점 40℃ 미만의 위험물을 주유할 때

- 자동차 등의 원동기를 정지시킬 것. 다만, 연료탱크에 위험물을 주유하는 동안 방출되는 가연성 증기를 회수하는 설비가 부착된 고정주유설비에 의하여 주유하는 경우에는 그러하지 아니하다.

다) 이동저장탱크에 급유할 때에는 고정급유설비를 사용하여 직접 급유할 것.

라) 고정주유설비 또는 고정급유설비에 접속하는 탱크에 위험물을 주입할 때

- 탱크에 접속된 고정주유설비 또는 고정급유설비의 사용 중지

- 자동차 등을 당해 탱크의 주입구에 접근시키지 아니할 것.

마) 고정주유설비 또는 고정급유설비에는 당해 주유설비에 접속한 전용탱크 또는 간이탱크의 배관외의 것을 통하여서는 위험물을 공급하지 아니할 것.

바) 자동차 등에 주유할 때에는 고정주유설비 또는 고정주유설비에 접속된 탱크의 주입구로부터 4m 이내의 부분에, 이동저장탱크로부터 전용탱크에 위험물을 주입할 때에는 전용탱크의 주입구로부터 3m 이내의 부분 및 전용탱크 통기관의 선단으로부터 수평거리 1.5m 이내의 부분에 있어서는 다른 자동차 등의 주차를 금지하고 자동차 등의 점검·정비 또는 세정을 하지 아니할 것.

사) 주유원 간이대기실 내 : 화기사용금지

아) 전기자동차 충전설비의 기준

- 충전기기와 전기자동차의 연결 : 연장코드 사용금지
- 전기자동차의 전지 · 인터페이스 등이 충전기기의 규격에 적합한지 확인한 후 충전을 시작할 것.
- 충전 중에는 자동차 등을 작동시키지 아니할 것.

② 항공기주유취급소

가) 주유취급소기준의 가)~마)항은 해당되지 않음.

나) 고정주유설비, 주유배관의 선단부에 접속한 호스기기, 주유호스차 또는 주유탱크차를 사용하여 직접 주유할 것(중요기준).

다) 고정주유설비에는 당해 주유설비에 접속한 전용탱크 또는 위험물을 저장 또는 취급하는 탱크의 배관외의 것을 통하여서는 위험물을 주입하지 아니할 것.

라) 주유호스차 또는 주유탱크차에 의하여 주유하는 때에는 주유호스의 끝부분을 항공기의 연료탱크의 급유구에 긴밀히 결합할 것. 다만, 주유탱크차에서 주유호스 끝부분에 수동개폐장치를 설치한 주유노즐에 의하여 주유하는 때에는 그러하지 아니하다.

마) 주유호스차 또는 주유탱크차에서 주유하는 때에는 주유호스차의 호스기기 또는 주유탱크차의 주유설비를 항공기와 전기적인 접속을 할 것.

③ 철도주유취급소에서의 취급기준

가) 주유취급소기준의 가)~마)항 및 항공기주유취급소의 다)항은 해당되지 않음.

나) 철도 또는 궤도에 의하여 운행하는 차량에 주유하는 때에는 고정주유설비 또는 주유배관의 끝부분에 접속한 호스기기를 사용하여 직접 주유할 것(중요기준).

다) 철도 또는 궤도에 의하여 운행하는 차량에 주유하는 때에는 콘크리트 등으로 포장된 부분에서 주유할 것.

④ 선박주유취급소에서의 취급기준

가) 주유취급소기준의 가)~마)항 및 항공기주유취급소의 다)항은 해당되지 않음.

나) 선박에 주유하는 때에는 고정주유설비 또는 주유배관의 끝부분에 접속한 호스기기를 사용하여 직접 주유할 것(중요기준).

다) 선박에 주유하는 때에는 선박이 이동하지 않도록 계류시킬 것.

라) 수상구조물에 설치하는 고정주유설비의 주위에 설치하는 집유설비 내에 고인 빗물 또는 위험물은 넘치지 않도록 수시로 수거하고, 수거물은 유분리장치를 이용하거나 폐기물 처리 방법에 따라 처리할 것.

마) 수상구조물에 설치하는 고정주유설비를 이용한 주유작업은 위험물을 공급하는 배관·펌프 및 그 부속 설비의 안전을 확인한 후에 시작할 것(중요기준).

바) 수상구조물에 설치하는 고정주유설비를 이용한 주유작업이 종료된 후에는 주유취급소 기준에 따른 차단밸브를 모두 잠글 것(중요기준).

사) 수상구조물에 설치하는 고정주유설비를 이용한 주유작업은 총 톤수가 300미만인 선박에 대해서만 실시할 것(중요기준).

⑤ 고객이 직접 주유하는 주유취급소에서의 기준

가) 셀프용고정주유설비 및 셀프용고정급유설비 외의 설비로 고객에 의한 주유 또는 용기에 옮겨 담는 작업을 행하지 아니할 것(중요기준).

나) 감시대에서 고객이 주유하거나 용기에 옮겨 담는 작업을 직시하는 등 적절한 감시를 할 것.

다) 고객에 의한 주유 또는 용기에 옮겨 담는 작업을 개시할 때에는 안전상 지장이 없음을 확인 한 후 제어장치에 의하여 호스기기에 대한 위험물의 공급을 개시할 것.

라) 고객에 의한 주유 또는 용기에 옮겨 담는 작업을 종료한 때에는 제어장치에 의하여 호스기기에 대한 위험물의 공급을 정지할 것.

마) 비상시 그 밖에 안전상 지장이 발생한 경우에는 제어장치에 의하여 호스기기에 위험물의 공급을 일제히 정지하고, 주유취급소 내의 모든 고정주유설비 및 고정급유설비에 의한 위험물 취급을 중단할 것.

바) 감시대의 방송설비를 이용하여 고객에 의한 주유 또는 용기에 옮겨 담는 작업에 대한 필요한 지시를 할 것.

사) 감시대에서 근무하는 감시원은 안전관리자 또는 위험물안전관리에 관한 전문지식이 있는 자일 것.

⑥ 판매취급소에서의 취급기준

가) 판매취급소에서는 도료류, 제1류 위험물 중 염소산염류 및 염소산염류만을 함유한 것, 황 또는 인화점이 38℃ 이상인 제4류 위험물을 배합실에서 배합하는 경우 외에는 위험물을 배합하거나 옮겨 담는 작업을 하지 아니할 것.

나) 위험물은 규정에 의한 운반용기에 수납한 채로 판매할 것.

다) 판매취급소에서 위험물을 판매할 때에는 위험물이 넘치거나 비산하는 계량기를 사용하지 아니할 것.

⑦ 이송취급소에서의 취급기준

가) 위험물의 이송은 위험물을 이송하기 위한 배관·펌프 및 그에 부속한 설비(위험물을 운반하는 선박으로부터 육상으로 위험물의 이송취급을 하는 이송취급소에 있어서는 위험물을 이송하기 위한 배관 및 그에 부속된 설비를 말한다)의 안전을 확인한 후에 개시할 것(중요기준).

나) 위험물을 이송하기 위한 배관·펌프 및 이에 부속한 설비의 안전을 확인하기 위한 순찰을 행하고, 위험물을 이송하는 중에는 이송하는 위험물의 압력 및 유량을 항상 감시할 것(중요기준).

다) 이송취급소를 설치한 지역의 지진을 감지하거나 지진의 정보를 얻은 경우에는 소방청장이 정하여 고시하는 바에 따라 재해의 발생 또는 확대를 방지하기 위한 조치를 강구할 것.

⑧ 이동탱크저장소에서의 취급기준

가) 탱크에 액체의 위험물을 주입할 경우에는 그 탱크의 주입구에 이동저장탱크의 주입호스를 견고하게 결합할 것. 다만, 주입호스의 끝부분에 수동개폐장치를 한 주입노즐(수동개폐장치를 개방상태로 고정하는 장치를 한 것은 제외)을 사용하여 지정수량 미만의 양의 위험물을 저장 또는 취급하는 탱크에 인화점이 40℃ 이상인 위험물을 주입하는 경우에는 그러하지 아니하다.

나) 이동저장탱크로부터 액체위험물을 용기에 옮겨 담지 아니할 것. 다만, 주입호스의 끝부분에 수동개폐장치를 한 주입노즐(수동개폐장치를 개방상태로 고정하는 장치를 한 것은 제외)을 사용하여 운반기준에 적합한 운반용기에 인화점 40℃ 이상의 제4류 위험물을 옮겨 담는 경우에는 그러하지 아니하다.

다) 이동저장탱크로부터 위험물을 저장 또는 취급하는 탱크에 인화점이 40℃ 미만인 위험물을 주입할 때에는 이동탱크저장소의 원동기를 정지시킬 것.

라) 이동저장탱크로부터 직접 위험물을 자동차의 연료탱크에 주입하지 말 것. 다만, 규

정에 따른 건설공사를 하는 장소에서 규정에 따른 주입설비를 부착한 이동탱크저장소로부터 해당 건설공사와 관련된 자동차의 연료탱크에 인화점 40℃ 이상의 위험물을 주입하는 경우와 재난이 발생한 장소로부터 소방자동차, 긴급구조용 자동차등의 연료탱크에 인화점 40℃ 이상의 위험물을 주입하는 경우에는 그러하지 아니하다.

마) 휘발유·벤젠 그 밖에 정전기에 의한 재해발생의 우려가 있는 액체의 위험물을 주입하거나 배출하는 때 : 접지할 것.

바) 휘발유·벤젠·그 밖에 정전기에 의한 재해발생의 우려가 있는 액체의 위험물을 이동저장탱크의 상부로 주입하는 때

- 주입관 사용
- 주입관의 선단을 이동저장탱크의 밑바닥에 밀착할 것.

사) 휘발유를 저장하던 이동저장탱크에 등유나 경유를 주입할 때 또는 등유나 경유를 저장하던 이동저장탱크에 휘발유를 주입할 때의 기준

- 위험물을 주입할 때의 주입관내의 유속 : 1m/s 이하
- 이동저장탱크에 가연성증기가 잔류하지 않도록 조치하고 안전한 상태로 있음을 확인한 후에 주입할 것.

아) 이동탱크저장소는 규정에 의한 상치장소에 주차할 것. 다만, 원거리 운행 등으로 상치장소에 주차할 수 없는 경우에는 다음의 장소에 주차할 수 있다.

- 다른 이동탱크저장소의 상치장소
- 일반화물자동차운송사업을 위한 차고로서 규정에 적합한 장소
- 물류터미널의 주차장으로서 규정에 적합한 장소
- 주차장중 노외의 옥외주차장으로서 규정에 적합한 장소
- 제조소등이 설치된 사업장 내의 안전한 장소
- 도로(갓길 및 노상주차장 포함) 외의 장소로서 화기취급장소 또는 건축물로부터 10m 이상 거리를 둔 장소
- 벽·기둥·바닥·보·서까래 및 지붕이 내화구조로 된 건축물의 1층으로서 개구부가 없는 내하구조의 격벽 등으로 당해 건축물의 다른 용도의 부분과 구획된 장소
- 소방본부장 또는 소방서장으로부터 승인을 받은 장소

자) 이동저장탱크로부터 직접 위험물을 선박의 연료탱크에 주입하는 경우

- 선박이 이동하지 않도록 계류시킬 것.
- 이동탱크저장소가 움직이지 않도록 조치를 강구할 것.
- 이동탱크저장소의 주입호스의 선단을 선박의 연료탱크의 급유구에 긴밀히 결합할

것. 다만, 주입호스 선단부에 수동개폐장치를 설치한 주유노즐로 주입하는 때에는 그러하지 아니하다.

- 이동탱크저장소의 주입설비를 접지할 것. 다만, 인화점 40℃ 이상의 위험물을 주입하는 경우에는 그러하지 아니하다.

⑨ 컨테이너식 이동탱크저장소에서의 위험물취급 기준

가) 이동저장탱크에서 위험물을 저장 또는 취급하는 탱크에 액체위험물을 주입하는 때에는 주입구에 주입호스를 긴밀히 연결할 것. 다만, 주입호스의 선단부에 수동개폐장치를 설비한 주입노즐(수동개폐장치를 개방상태로 고정하는 장치를 한 것은 제외)에 의하여 지정수량 미만의 탱크에 인화점이 40℃ 이상인 제4류 위험물을 주입하는 때에는 그러하지 아니하다.

나) 이동저장탱크를 체결금속구, 변형금속구 또는 샤시프레임에 긴밀히 결합한 구조의 유(U)볼트를 이용하여 차량에 긴밀히 연결할 것.

(5) 알킬알루미늄 등 및 아세트알데하이드 등의 취급기준

① 알킬알루미늄 등의 제조소 또는 일반취급소에 있어서 알킬알루미늄 등을 취급하는 설비에는 불활성의 기체를 봉입할 것.

② 알킬알루미늄 등의 이동탱크저장소에 있어서 이동저장탱크로부터 알킬알루미늄 등을 꺼낼 때에는 동시에 200kPa 이하의 압력으로 불활성의 기체를 봉입할 것.

③ 아세트알데하이드 등의 제조소 또는 일반취급소에 있어서 아세트알데하이드 등을 취급하는 설비에는 연소성 혼합기체의 생성에 의한 폭발의 위험이 생겼을 경우에 불활성의 기체 또는 수증기[아세트알데하이드 등을 취급하는 탱크(옥외에 있는 탱크 또는 옥내에 있는 탱크로서 그 용량이 지정수량의 1/5 미만의 것은 제외)에 있어서는 불활성의 기체]를 봉입할 것.

④ 아세트알데하이드 등의 이동탱크저장소에 있어서 이동저장탱크로부터 아세트알데하이드 등을 꺼낼 때에는 동시에 100kPa 이하의 압력으로 불활성의 기체를 봉입할 것.

2 위험물의 용기 및 수납

① 위험물을 용기에 수납할 때 또는 옮겨 담을 때의 기준

가) 아래 나)에 정하는 용기 외의 용기 : 고체의 위험물과 액체의 위험물에 있어서는 각각 아래 표 6-1과 2에 정하는 기준에 적합한 내장용기(내장용기의 용기의 종류란이 공란인 것에 있어서는 외장용기) 또는 저장 또는 취급의 안전상 이러한 기준에 적합한 용기와 동등 이상이라고 인정하여 소방청장이 정하여 고시하는 것(이하 내장용기 등)으로서 위험물운반에 관한 기준에서 정하는 수납의 기준에 적합할 것.

표 6-1 고체 위험물에 대한 운반용기의 최대용적 또는 중량

운반 용기				수납 위험물의 종류									
내장 용기		외장 용기		제1류			제2류		제3류			제5류	
용기의 종류	최대용적 및 중량	용기의 종류	최대용적 및 중량	Ⅰ	Ⅱ	Ⅲ	Ⅱ	Ⅲ	Ⅰ	Ⅱ	Ⅲ	Ⅰ	Ⅱ
유리용기 또는 플라스틱 용기	10ℓ	나무상자 또는 플라스틱상자(필요에 따라 불활성의 완충재를 채울 것)	125kg	○	○	○	○	○	○	○	○	○	○
			225kg		○	○		○		○	○		○
		파이버판상자(필요에 따라 불활성의 완충재를 채울 것)	40kg	○	○	○	○	○	○	○	○	○	○
			55kg		○	○		○		○	○		○
금속제 용기	30ℓ	나무상자 또는 플라스틱상자	125kg	○	○	○	○	○	○	○	○	○	○
			225kg		○	○		○		○	○		○
		파이버판상자	40kg	○	○	○	○	○	○	○	○	○	○
			55kg		○	○		○		○	○		○
플라스틱 필름포대 또는 종이포대	5kg	나무상자 또는 플라스틱상자	50kg	○	○	○	○	○		○	○	○	○
	50kg		50kg	○	○	○	○	○					○
	125kg		125kg		○	○	○	○					
	225kg		225kg			○		○					
	5kg	파이버판상자	40kg	○	○	○	○	○		○	○	○	○
	40kg		40kg	○	○	○	○	○					○
	55kg		55kg			○		○					
		금속제용기(드럼 제외)	60ℓ	○	○	○	○	○	○	○	○	○	○
		플라스틱용기(드럼 제외)	10ℓ		○	○	○	○		○	○		○
			30ℓ			○		○					○
		금속제드럼	250ℓ	○	○	○	○	○	○	○	○	○	○

표 6-1 고체 위험물에 대한 운반용기의 최대용적 또는 중량 (계속)

운반 용기				수납 위험물의 종류									
내장 용기		외장 용기		제1류			제2류		제3류			제5류	
용기의 종류	최대용적 및 중량	용기의 종류	최대용적 및 중량	I	II	III	II	III	I	II	III	I	II
		플라스틱드럼 또는 파이버드럼(방수성이 있는 것)	60ℓ	○	○	○	○	○	○	○	○	○	○
			250ℓ		○	○		○		○	○		○
		합성수지포대(방수성이 있는 것), 플라스틱필름포대, 섬유포대(방수성이 있는 것) 또는 종이포대(여러겹으로서 방수성이 있는 것)	50kg		○	○	○	○		○	○		○

표 6-2 액체 위험물에 대한 운반용기의 최대용적 또는 중량

운반 용기				수납 위험물의 종류								
내장 용기		외장 용기		제3류			제4류			제5류		제6류
용기의 종류	최대용적 및 중량	용기의 종류	최대용적 및 중량	I	II	III	I	II	III	I	II	I
유리용기	5ℓ	나무 또는 플라스틱상자(불활성의 완충재를 채울 것)	75kg	○	○	○	○	○	○	○	○	○
	10ℓ		125kg		○	○		○	○		○	
			225kg						○			
	5ℓ	파이버판상자(불활성의 완충재를 채울 것)	40kg	○	○	○	○	○	○	○	○	○
	10ℓ		55kg						○			
플라스틱 용기	10ℓ	나무 또는 플라스틱상자(필요에 따라 불활성의 완충재를 채울 것)	75kg	○	○	○	○	○	○	○	○	○
			125kg		○	○		○	○		○	
			225kg						○			
		파이버판상자(필요에 따라 불활성의 완충재를 채울 것)	40kg	○	○	○	○	○	○	○	○	○
			55kg						○			
금속제 용기	30ℓ	나무 또는 플라스틱상자	125kg	○	○	○	○	○	○	○	○	○
			225kg						○			
		파이버판상자	40kg	○	○	○	○	○	○	○	○	○
			55kg		○	○		○	○		○	
		금속제용기(금속제드럼제외)	60ℓ		○	○		○	○		○	
		플라스틱용기(플라스틱드럼제외)	10ℓ		○	○		○	○		○	
		금속제드럼(뚜껑고정식)	250ℓ	○	○	○	○	○	○	○	○	○
		금속제드럼(뚜껑탈착식)	250ℓ					○	○			
		플라스틱 또는 파이버드럼(플라스틱내 용기부착의 것)	250ℓ		○	○			○		○	

나) 기계에 의하여 하역하는 구조로 된 용기

- 위험물운반에 관한 기준에 규정하는 운반용기로서 수납의 기준에 적합할 것.

② 내장용기 등

- 위험물운반에 관한 기준에 정하는 표시를 보기 쉬운 위치에 하여야 한다.

③ 제1류·제2류 또는 제4류의 위험물(위험등급Ⅰ 위험물 제외)의 최대용적이 1Liter 이하의 내장용기 등

- 위험물운반에 관한 기준에서 정한 표시를 각각 위험물의 통칭명 및 동호의 규정에 의한 표시와 동일한 의미가 있는 다른 표시로 대신할 수 있다.

④ 제4류 위험물에 해당하는 화장품(에어졸 제외)의 최대용적이 150ml 이하의 내장용기 등

가) 위험물운반에 관한 기준의 위험물의 품명·화학명·수용성 등의 표시 및 주의사항에 관한 표시를 아니할 수 있다.

나) 최대용적이 150ml 초과 300ml 이하의 것.

- 위험물운반에 관한 기준에 있어서, 위험물의 품명·화학명·수용성 등의 표시 및 주의사항에 관한 표시를 하지 아니할 수 있으며, 위험물운반에 관한 주의사항은 동일한 의미가 있는 다른 표시로 대신할 수 있다.

⑤ 제4류 위험물에 해당하는 에어졸의 최대 용적이 300ml 이하의 내장용기 등

- 위험물운반에 관한 기준에 있어서, 위험물의 품명·화학명·수용성 등의 표시 및 주의사항에 관한 표시를 하지 아니할 수 있고, 위험물운반에 관한 주의사항은 동일한 의미가 있는 다른 표시로 대신할 수 있다.

⑥ 제4류 위험물 중 동식물유류의 최대용적이 3Liter 이하의 내장용기 등

- 위험물운반에 관한 기준에 있어서, 위험물의 품명·화학명·수용성 등의 표시 및 주의사항에 관한 표시를 각각 해당 위험물의 통칭명 및 동호의 규정에 의한 표시와 동일한 의미가 있는 다른 표시로 대신할 수 있다.

1 옥내저장소에서 제4류 위험물 중 제3석유류, 제4석유류 및 동식물유류를 수납하는 용기만을 겹쳐 쌓는 경우 높이의 기준은 얼마인가?

2 옥내저장소에서는 용기에 수납하여 저장하는 위험물의 온도는 얼마를 넘지 않도록 필요한 조치를 강구하여야 하는가?

3 이동저장탱크에 알킬알루미늄 등을 저장하는 경우에는 얼마 이하의 압력으로 불활성기체를 봉입하여 두어야 하는가?

4 이동저장탱크로부터 알킬알루미늄 등을 꺼낼 때에는 동시에 얼마이하의 압력으로 불활성 기체를 봉입하여야 하는가?

5 옥외저장탱크·옥내저장탱크 또는 지하저장탱크 중 압력탱크 외의 탱크에서의 산화프로필렌 , 디에틸에테르 등의 저장온도는 얼마 이하인가?

① 20℃ ② 30℃ ③ 40℃ ④ 45℃

6 보냉장치가 없는 이동저장탱크에 저장하는 아세트알데하이드 등 또는 다이에틸에터(디에틸에테르) 등의 온도는 얼마 이하로 유지하여야 하는가?

① 20℃ ② 30℃ ③ 40℃ ④ 45℃

7 위험물의 취급 중 제조에 관한 공정을 3가지 이상 적으시오.

8 주유취급소에서 자동차 등의 원동기를 정지시켜야 하는 위험물의 인화점 기준은 얼마인가?

9 판매취급소에서의 취급기준에서 인화점이 얼마 이상인 제4류 위험물을 배합실에서 배합하는 경우 외에는 위험물을 배합하거나 옮겨 담는 작업을 하지 말아야 하는가?

10 위험물운반에 관한 기준에서 정한 표시를 각각 위험물의 통칭명 및 동호의 규정에 의한 표시와 동일한 의미가 있는 다른 표시로 대신할 수 있는 제1류·제2류 또는 제4류의 위험물(위험등급 I 위험물 제외)의 내장용기의 최대용적은 얼마 이하인가?

CHAPTER 07

위험물 운반에 관한 기준

1. 운반용기
2. 적재방법
3. 운반방법
4. 위험물의 위험등급
5. 위험물 운송책임자의 감독 또는 지원의 방법과 위험물의 운송시에 준수하여야 하는 사항

위험물 운반에 관한 기준

1 운반용기

1) 운반용기의 재질

강판·알루미늄판·양철판·유리·금속판·종이·플라스틱·섬유판·고무류·합성섬유·삼·짚 또는 나무로 한다. 운반용기는 견고하여 쉽게 파손될 우려가 없고, 그 입구로부터 수납된 위험물이 샐 우려가 없도록 하여야 한다.

2) 운반용기의 구조 및 최대용적

(1) 기계에 의하여 하역하는 구조로 된 용기 외의 용기

① 제6장의 표 6-1과 6-2의 기준에 적합하거나 소방청장이 정하여 고시하는 것.

② 낙하시험, 기밀시험, 내압시험 및 겹쳐쌓기시험에서 소방청장이 정하여 고시하는 기준에 적합할 것(다만, 수납하는 위험물의 품명, 수량, 성질과 상태 등에 따라 소방청장이 정하여 고시하는 용기에 있어서는 그러하지 아니하다.).

(2) 기계에 의하여 하역하는 구조로 된 용기

① 구조

가) 부식 등의 열화에 대하여 적절히 보호될 것.

나) 수납하는 위험물의 내압 및 하중에 이한 응력에 대하여 인진할 것.

다) 부속설비는 위험물이 부속설비로부터 누설되지 않도록 조치할 것.

라) 용기본체가 틀로 둘러싸인 운반용기의 요건

- 본체는 틀내에 보호되어 있을 것.
- 본체는 틀과의 접촉에 의하여 손상의 우려가 없을 것.

- 용기본체 또는 틀의 신축 등에 의한 손상발생이 없을 것.

마) 하부에 배출구가 있는 운반용기의 요건

- 배출구 : 개폐위치에 고정할 수 있는 밸브 설치할 것.
- 배출을 위한 배관 및 밸브 : 충격에 의한 손상 방지조치를 할 것.
- 폐지판 등에 의하여 배출구를 이중으로 밀폐할 것.

바) 승용차량(승용으로 제공하는 차량 실내에 화물용으로 제공하는 부분이 있는 구조의 것을 포함)으로 인화점이 40℃ 미만인 위험물을 운반하는 경우의 운반용기의 구조 및 최대용적의 기준은 소방청장이 정하여 고시한다.

사) 이 외에 운반의 안전상 제한이 필요하다고 인정되는 경우에는 위험물의 종류, 운반용기의 구조 및 최대용적의 기준을 소방청장이 정하여 고시할 수 있다.

② 성능

- 낙하시험, 기밀시험, 내압시험, 겹쳐쌓기시험, 아랫부분 인상시험, 윗부분 인상시험, 파열전파시험, 넘어뜨리기시험 및 일으키기시험에서 소방청장이 정하여 고시하는 기준에 적합할 것(다만, 수납하는 위험물의 품명, 수량, 성질과 상태 등에 따라 소방청장이 정하여 고시하는 용기에 있어서는 그러하지 아니하다.).

③ 위험물 종류에 따른 기계에 의하여 하역하는 구조로 된 운반용기의 최대용적 기준

표 7-1 고체위험물에 대한 운반용기의 최대용적

운반용기		수납위험물의 종류									
종류	최대용적	제1류			제2류		제3류			제5류	
		Ⅰ	Ⅱ	Ⅲ	Ⅱ	Ⅲ	Ⅰ	Ⅱ	Ⅲ	Ⅰ	Ⅱ
금속제	3,000ℓ	○	○	○	○	○	○	○	○		○
플렉시블(flexible) 합성수지제	3,000ℓ		○	○	○	○		○	○		○
플렉시블(flexible) 플라스틱필름제	3,000ℓ		○	○	○	○		○	○		○
플렉시블(flexible) 섬유제	3,000ℓ		○	○	○	○		○	○		○
플렉시블(flexible) 종이제(여러겹의 것)	3,000ℓ		○	○	○	○		○	○		○
경질플라스틱제	1,500ℓ	○	○	○	○	○		○	○		○
	3,000ℓ		○	○	○	○		○	○		○

표 7-1 고체위험물에 대한 운반용기의 최대용적 (계속)

운반용기		수납위험물의 종류									
종류	최대용적	제1류			제2류		제3류			제5류	
		I	II	III	II	III	I	II	III	I	II
플라스틱 내용기 부착	1,500ℓ	○	○	○	○	○		○	○		○
	3,000ℓ		○	○	○	○		○	○		○
파이버판제	3,000ℓ		○	○	○	○		○	○		○
목제(라이닝부착)	3,000ℓ		○	○	○	○		○	○		○

표 7-2 액체위험물에 대한 운반용기의 최대용적

운반용기		수납위험물의 종류								
종류	최대용적	제3류			제4류			제5류		제6류
		I	II	III	I	II	III	I	II	I
금속제	3,000ℓ		○	○		○	○		○	
경질플라스틱제	3,000ℓ		○	○		○	○		○	
플라스틱 내용기부착	3,000ℓ		○	○		○	○		○	

2 적재방법

(1) 적재 기준

① 온도변화 등에 의하여 누설되지 않도록 운반용기를 밀봉하여 수납. 다만, 온도변화 등에 의한 위험물로부터의 가스의 발생으로 운반용기안의 압력이 상승할 우려가 있는 경우(발생한 가스가 독성 또는 인화성을 갖는 등 위험성이 있는 경우를 제외)에는 가스의 배출구(위험물의 누설 및 다른 물질의 침투를 방지하는 구조로 된 것에 한한다)를 설치한 운반용기에 수납할 수 있다.

② 위험물의 성질에 적합한 재질의 운반용기에 수납할 것.

③ 고체위험물의 수납율 : 운반용기 내용적의 95% 이하로 할 것.

④ 액체위험물의 수납율 : 운반용기 내용적의 98% 이하로 할 것.
(단, 55℃에서 누설되지 않도록 충분한 공간용적을 유지하도록 할 것)

⑤ 하나의 외장용기에는 다른 종류의 위험물을 수납하지 아니할 것.

⑥ 제3류 위험물의 수납기준

가) 자연발화성물질 : 불활성 기체를 봉입하여 공기와의 접촉금지

나) 자연발화성물질외 물품 : 파라핀·경유·등유 등의 보호액 및 불활성 기체를 봉입하여 수분과 접촉금지

다) 알킬알루미늄등의 수납율 : 운반용기의 내용적의 90% 이하, 50℃의 온도에서 5% 이상의 공간용적 유지할 것.

(2) 기계에 의하여 하역하는 구조로 된 운반용기에 대한 기준

① 규정에 의한 적합한 운반용기의 조건

가) 부식, 손상 등 이상이 없을 것.

나) 금속제의 운반용기, 경질플라스틱제의 운반용기 또는 플라스틱내용기 부착의 운반용기에 대한 시험 및 점검

- 2년 6개월 이내에 실시한 기밀시험(액체의 위험물 또는 10kPa 이상의 압력을 가하여 수납 또는 배출하는 고체의 위험물을 수납하는 운반용기에 한한다)
- 2년 6개월 이내에 실시한 운반용기의 외부의 점검·부속설비의 기능점검 및 5년 이내의 사이에 실시한 운반용기의 내부의 점검

② 복수의 폐쇄장치가 연속하여 설치되어 있는 운반용기에 위험물을 수납하는 경우에는 용기본체에 가까운 폐쇄장치를 먼저 폐쇄할 것.

③ 휘발유, 벤젠 그 밖의 정전기에 의한 재해가 발생할 우려가 있는 액체의 위험물을 운반용기에 수납 또는 배출할 때에는 당해 재해의 발생을 방지하기 위한 조치를 강구할 것.
④ 온도변화 등에 의하여 액상이 되는 고체의 위험물은 액상으로 되었을 때 당해 위험물이 새지 않는 운반용기에 수납할 것.
⑤ 액체위험물을 수납하는 경우에는 55℃의 온도에서의 증기압이 130kPa 이하가 되도록 수납할 것.
⑥ 경질플라스틱제의 운반용기 또는 플라스틱내용기 부착의 운반용기에 액체위험물을 수납하는 경우에는 당해 운반용기는 제조된 때로부터 5년 이내의 것으로 할 것.

(3) 중요 기준

① 위험물은 당해 위험물이 전락(轉落)하거나 위험물을 수납한 운반용기가 전도·낙하 또는 파손되지 않도록 적재하여야 한다.
② 운반용기는 수납구를 위로 향하게 하여 적재하여야 한다.
③ 위험물은 다음 규정에 의한 바에 따라 종류를 달리하는 그 밖의 위험물 또는 재해를 발생시킬 우려가 있는 물품과 함께 적재하지 아니하여야 한다.
가) 규정에서 혼재가 금지되고 있는 위험물
나) 고압가스 안전관리법에 의한 고압가스(소방청장이 정하여 고시하는 것을 제외한다).
④ 위험물을 수납한 운반용기를 겹쳐 쌓는 경우에는 그 높이를 3m 이하로 하고, 용기의 상부에 걸리는 하중은 당해 용기 위에 당해 용기와 동종의 용기를 겹쳐 쌓아 3m의 높이로 하였을 때에 걸리는 하중 이하로 하여야 한다.

(4) 적재하는 위험물의 성질에 따라 적재 기준 (중요기준)

① 제1류 위험물, 제3류 위험물 중 자연발화성물질, 제4류 위험물 중 특수인화물, 제5류 위험물 또는 제6류 위험물 : 차광피복
② 제1류 위험물 중 알칼리금속의 과산화물, 제2류 위험물 중 철분·금속분·마그네슘 또는 제3류 위험물 중 금수성물질 : 방수피복
③ 제5류 위험물 중 55℃ 이하의 온도에서 분해될 우려가 있는 것 : 보냉 컨테이너에 수납하는 등 적정한 온도관리
④ 액체위험물 또는 위험등급Ⅱ의 고체위험물을 기계에 의하여 하역하는 구조로 된 운반용기에 수납하여 적재하는 경우 : 용기에 대한 충격 방지 조치를 강구할 것. 단, 위험등급Ⅱ의 고체위험물을 플렉서블(flexible)의 운반용기, 파이버판제의 운반용기 및 목제의 운반용기 외의 운반용기에 수납하여 적재하는 경우에는 그러하지 아니하다.

(5) 위험물 운반용기 외부 표시 기준

① 위험물의 품명·위험등급·화학명 및 수용성(제4류 위험물중 수용성인 것)

② 위험물의 수량

③ 위험물에 따른 주의사항

가) 제1류 위험물

- 알칼리금속의 과산화물 : "화기·충격주의", "물기엄금" 및 "가연물접촉주의"
- 그 밖의 것 : "화기·충격주의" 및 "가연물접촉주의"

나) 제2류 위험물

- 철분·금속분·마그네슘 : "화기주의" 및 "물기엄금"
- 인화성고체 : "화기엄금"
- 그 밖의 것 : "화기주의"

다) 제3류 위험물

- 자연발화성물질 : "화기엄금" 및 "공기접촉엄금"
- 금수성물질 : "물기엄금"

라) 제4류 위험물 : "화기엄금"

마) 제5류 위험물 : "화기엄금" 및 "충격주의"

바) 제6류 위험물 : "가연물접촉주의"

④ 제1류·제2류 또는 제4류 위험물(위험등급Ⅰ 위험물 제외)의 운반용기 중 최대용적이 1Liter 이하인 운반용기의 품명 및 주의사항

- 위험물의 통칭명 및 주의사항과 동일한 의미가 있는 다른 표시로 대신 가능.

⑤ 제4류 위험물에 해당하는 화장품(에어졸 제외)의 운반용기

가) 최대용적이 150ml 이하인 것.

- 위험물의 품명·위험등급·화학명 및 수용성 표시를 하지 않아도 된다.
- 수납하는 위험물에 따른 주의사항 표시를 하지 않아도 된다.

나) 최대용적이 150ml 초과 300ml 이하의 것.

- 위험물의 품명·위험등급·화학명 및 수용성 표시를 하지 않아도 된다.
- 수납하는 위험물에 따른 주의사항을 동일한 의미가 있는 다른 표시로 대신할 수 있다.

⑥ 제4류 위험물에 해당하는 에어졸의 운반용기로서 최대용적이 300ml 이하의 것.

가) 위험물의 품명·위험등급·화학명 및 수용성 표시를 하지 않아도 된다.

나) 수납하는 위험물에 따른 주의사항을 동일한 의미가 있는 다른 표시로 대신할 수 있다.

⑦ 제4류 위험물 중 동식물유류의 운반용기로서 최대용적이 3Liter 이하인 것.

- 수납하는 위험물에 따른 주의사항 표시에 대하여 각각 위험물의 통칭명 및 동호의 규정에 의한 표시와 동일한 의미가 있는 다른 표시로 대신할 수 있다.

⑧ 기계에 의하여 하역하는 구조로 된 운반용기의 외부 표시 기준

가) 운반용기의 제조년월 및 제조자의 명칭

나) 겹쳐쌓기시험하중

다) 운반용기의 종류에 따라 다음의 규정에 의한 중량

- 플렉서블 외의 운반용기 : 최대총중량(최대수용중량의 위험물을 수납하였을 경우의 운반용기의 전중량)
- 플렉서블 운반용기 : 최대수용중량

3 운반방법

① 위험물 또는 위험물을 수납한 운반용기가 현저하게 마찰 또는 동요를 일으키지 않도록 운반하여야 한다(중요기준).

② 지정수량 이상의 위험물을 차량운반 시 표지 기준

가) 한변의 길이가 0.3m 이상, 다른 한변의 길이가 0.6m 이상인 직사각형의 판으로 할 것.

나) 흑색바탕, 황색 반사도료로 "위험물".

다) 차량의 전면 및 후면의 보기 쉬운 곳에 내걸 것.

③ 지정수량 이상의 위험물을 차량으로 운반하는 경우에 있어서 다른 차량에 바꾸어 싣거나 휴식·고장 등으로 차량을 일시 정차시킬 때에는 안전한 장소를 택하고 운반하는 위험물의 안전확보에 주의하여야 한다.

④ 지정수량 이상의 위험물을 차량으로 운반하는 경우에는 당해 위험물에 적응성이 있는 소형수동식소화기를 당해 위험물의 소요단위에 상응하는 능력단위 이상 갖추어야 한다.

⑤ 위험물의 운반도중 위험물이 현저하게 새는 등 재난발생의 우려가 있는 경우에는 응급조치를 강구하는 동시에 가까운 소방관서 그 밖의 관계기관에 통보하여야 한다.

⑥ 품명 또는 지정수량을 달리하는 2 이상의 위험물을 운반하는 경우에 있어서 운반하는 각각의 위험물의 수량을 당해 위험물의 지정수량으로 나누어 얻은 수의 합이 1 이상일 때에는 지정수량 이상의 위험물을 운반하는 것으로 본다.

4 위험물의 위험등급

1) 위험등급 Ⅰ의 위험물

① 제1류 위험물 중 아염소산염류, 염소산염류, 과염소산염류, 무기과산화물 그 밖에 지정수량이 50kg인 위험물

② 제3류 위험물 중 칼륨, 나트륨, 알킬알루미늄, 알킬리튬, 황린 그 밖에 지정수량이 10kg 또는 20kg인 위험물

③ 제4류 위험물 중 특수인화물

④ 제5류 위험물 중 유기과산화물, 질산에스테르류 그 밖에 지정수량이 10kg인 위험물

⑤ 제6류 위험물

2) 위험등급 Ⅱ의 위험물

① 제1류 중 브롬산염류, 질산염류, 요오드산염류 그 밖에 지정수량이 300kg인 위험물

② 제2류 위험물 중 황화린, 적린, 황 그 밖에 지정수량이 100kg인 위험물

③ 제3류 중 알칼리금속(칼륨 및 나트륨 제외) 및 알칼리토금속, 유기금속화합물(알킬알루미늄 및 알킬리튬 제외) 그 밖에 지정수량이 50kg인 위험물

④ 제4류 위험물 중 제1석유류 및 알코올류

⑤ 제5류 위험물 중 1) 위험등급 I의 위험물의 ④에서 정하는 위험물 외의 것.

3) 위험등급 Ⅲ의 위험물

- 1)과 2)에 정하지 않은 위험물

5 위험물 운송책임자의 감독 또는 지원의 방법과 위험물의 운송시에 준수하여야 하는 사항

1) 운송책임자의 감독 또는 지원의 방법

① 운송책임자가 이동탱크저장소에 동승하여 운송 중인 위험물의 안전확보에 관하여 운전자에게 필요한 감독 또는 지원을 하는 방법. 다만, 운전자가 운반책임자의 자격이 있는

경우에는 운송책임자의 자격이 없는 자가 동승할 수 있다.

② 운송의 감독 또는 지원을 위하여 마련한 별도의 사무실에 운송책임자가 대기하면서 다음의 사항을 이행하는 방법

가) 운송경로를 미리 파악하고 관할소방관서 또는 관련업체(비상대응에 관한 협력을 얻을 수 있는 업체를 말한다)에 대한 연락체계를 갖추는 것.

나) 이동탱크저장소의 운전자에 대하여 수시로 안전확보 상황을 확인하는 것.

다) 비상시의 응급처치에 관하여 조언을 하는 것.

라) 그 밖에 위험물의 운송중 안전확보에 관하여 필요한 정보를 제공하고 감독 또는 지원하는 것.

2) 이동탱크저장소에 의한 위험물의 운송시 준수 기준

① 위험물운송자는 운송의 개시전에 이동저상탱크의 배출밸브 등의 밸브와 폐쇄장치, 맨홀 및 주입구의 뚜껑, 소화기 등의 점검을 충분히 실시할 것.

② 위험물운송자는 장거리(고속국도에 있어서는 340km 이상, 그 밖의 도로에 있어서는 200km 이상을 말한다)에 걸치는 운송을 하는 때에는 2명 이상의 운전자로 할 것. 다만, 다음의 사항에 해당하는 경우는 그러하지 아니하다.

가) ①의 규정에 의한 운송책임자를 동승시킨 경우

나) 운송하는 위험물이 제2류 위험물·제3류 위험물(칼슘 또는 알루미늄의 탄화물과 이것만을 함유한 것에 한한다)또는 제4류 위험물(특수인화물을 제외한다)인 경우

다) 운송도중에 2시간 이내마다 20분 이상씩 휴식하는 경우

③ 위험물운송자는 이동탱크저장소를 휴식·고장 등으로 일시 정차시킬 때에는 안전한 장소를 택하고 당해 이동탱크저장소의 안전을 위한 감시를 할 수 있는 위치에 있는 등 운송하는 위험물의 안전확보에 주의할 것.

④ 위험물운송자는 이동저장탱크로부터 위험물이 현저하게 새는 등 재해발생의 우려가 있는 경우에는 재난을 방지하기 위한 응급조치를 강구하는 동시에 소방관서 그 밖의 관계기관에 통보할 것.

⑤ 위험물(제4류 위험물에 있어서는 특수인화물 및 제1석유류에 한한다)을 운송하게 하는 자는 규정에서 정하는 서식의 위험물안전카드를 위험물운송자로 하여금 휴대하게 할 것.

⑥ 위험물운송자는 위험물안전카드를 휴대하고 당해 카드에 기재된 내용에 따를 것. 다만, 재난 그 밖의 불가피한 이유가 있는 경우에는 당해 기재된 내용에 따르지 아니할 수 있다.

※ 참고 (별지 제48호서식의 위험물안전카드 양식)

■ 위험물안전관리법 시행규칙 [별지 제48호서식] 〈개정 2016. 8. 2.〉

<table>
<tr><td colspan="16">위험물안전카드</td></tr>
<tr><td colspan="2" rowspan="2">물질명</td><td colspan="6"></td><td colspan="2">UN No.</td><td colspan="6"></td></tr>
<tr><td colspan="6"></td><td colspan="2">CAS No.</td><td colspan="6"></td></tr>
<tr><td colspan="16">해당법규 및 위험 · 유해성</td></tr>
<tr><td colspan="8">위험물안전관리법</td><td colspan="4">화학물질관리법</td><td colspan="4">총포 · 도검 · 화약류 등의 안전관리에 관한 법률</td></tr>
<tr><td colspan="6">유별</td><td colspan="2" rowspan="2">품명</td><td rowspan="2">유독물질</td><td colspan="2" rowspan="2">사고대비물질</td><td rowspan="2">기타</td><td colspan="2" rowspan="2">화약</td><td colspan="2" rowspan="2">폭약</td></tr>
<tr><td>제1류</td><td>제2류</td><td>제3류</td><td>제4류</td><td>제5류</td><td>제6류</td></tr>
<tr><td></td><td></td><td></td><td></td><td></td><td></td><td colspan="2"></td><td></td><td colspan="2"></td><td></td><td colspan="2"></td><td colspan="2"></td></tr>
<tr><td rowspan="4">특성</td><td colspan="3">위험성</td><td colspan="4">유해성</td><td colspan="2">환경오염성</td><td colspan="2">그밖의 위험성</td><td colspan="4">성상</td></tr>
<tr><td rowspan="2">금수성</td><td rowspan="2">폭발성</td><td rowspan="2">가연성</td><td colspan="3">유해가스발생</td><td rowspan="2">눈 · 피부 접촉시 위험성</td><td colspan="2" rowspan="2">하천 등 유입 주의</td><td colspan="2" rowspan="3"></td><td rowspan="2">고체</td><td rowspan="2">액체</td><td rowspan="2">기체</td><td rowspan="2">수용성</td></tr>
<tr><td>상온</td><td>고온</td><td>물과 접촉</td></tr>
<tr><td></td><td></td><td></td><td></td><td></td><td></td><td></td><td colspan="2"></td><td></td><td></td><td></td><td></td></tr>
</table>

〈사고발생시의 응급조치 요령〉

1.

2.

3.

4.

〈긴급신고 번호〉: 소방서(119), 경찰서(112), 시군구청(　), 한국도로공사 (　　)

〈긴급신고 내용〉: 사고시각, 사고장소, 물질명, 사고유형, 부상자 유무, 운송자 명칭

〈긴급 연락처〉

화주		운송자	
주소		주소	
전화	(주간) (야간)	전화	(주간) (야간)

1 법령상 운송책임자의 감독지원을 받아서 운송하여야 하는 위험물의 품명 2가지를 적으시오.

2 액체위험물의 운반용기의 수납율과 누설되지 않도록 공간용적을 유지하기 위한 온도를 적으시오.

3 알킬알루미늄 운반용기 내용적에 대한 수납율은 얼마 이하인가?
① 90% ② 92% ③ 95% ④ 98%

4 알칼리금속의 과산화물류의 덮개는 무엇을 사용하여야 하는가?

5 금속제 용기에 고체위험물을 수납하는 운반용기의 최대용적은 몇 리터인가?
① 10 ② 20 ③ 30 ④ 50

6 액체위험물을 유리용기와 플라스틱용기에 수납할 경우 최대용적의 합은 몇 리터인가?
① 10 ② 20 ③ 30 ④ 50

7 과산화나트륨의 운반용기 외부에 표시하여야 하는 주의사항을 적으시오.

8 가솔린과 지린의 운반용기 및 포장의 외부에 표시하는 주의사항을 각각 적으시오.

9 벤조일퍼옥사이드의 운반용기 외부에 표시하는 주의사항은 무엇인가?

10 제5류 위험물 중 차광덮개를 하여야 하는 나이트로화합물의 품명 2가지 이상을 적으시오.

APPENDIX

부록

부록 I

1. 위험물의 종류

위험물 및 지정수량(위험물안전관리법 시행령 제2조 및 제3조 관련)

<table>
<tr><th colspan="3">위험물</th><th rowspan="2">지정수량</th></tr>
<tr><th>유별</th><th>성질</th><th>품명</th></tr>
<tr><td rowspan="11">제 1 류</td><td rowspan="11">산화성고체</td><td>1. 아염소산염류</td><td>50킬로그램</td></tr>
<tr><td>2. 염소산염류</td><td>50킬로그램</td></tr>
<tr><td>3. 과염소산염류</td><td>50킬로그램</td></tr>
<tr><td>4. 무기과산화물</td><td>50킬로그램</td></tr>
<tr><td>5. 브로민산염류</td><td>300킬로그램</td></tr>
<tr><td>6. 질산염류</td><td>300킬로그램</td></tr>
<tr><td>7. 아이오딘산염류</td><td>300킬로그램</td></tr>
<tr><td>8. 과망가니즈산염류</td><td>1,000킬로그램</td></tr>
<tr><td>9. 다이크로뮴산염류</td><td>1,000킬로그램</td></tr>
<tr><td>10. 그 밖에 행정안전부령으로 정하는 것</td><td rowspan="2">50킬로그램, 300킬로그램 또는 1,000킬로그램</td></tr>
<tr><td>11. 제1호부터 제10호까지의 어느 하나에 해당하는 위험물을 하나 이상 함유한 것</td></tr>
<tr><td rowspan="9">제 2 류</td><td rowspan="9">가연성고체</td><td>1. 황화인</td><td>100킬로그램</td></tr>
<tr><td>2. 적린</td><td>100킬로그램</td></tr>
<tr><td>3. 황</td><td>100킬로그램</td></tr>
<tr><td>4. 철분</td><td>500킬로그램</td></tr>
<tr><td>5. 금속분</td><td>500킬로그램</td></tr>
<tr><td>6. 마그네슘</td><td>500킬로그램</td></tr>
<tr><td>7. 그 밖에 행정안전부령으로 정하는 것</td><td rowspan="2">100킬로그램 또는 500킬로그램</td></tr>
<tr><td>8. 제1호부터 제7호까지의 어느 하나에 해당하는 위험물을 하나 이상 함유한 것</td></tr>
<tr><td>9. 인화성고체</td><td>1,000킬로그램</td></tr>
</table>

위험물				지정수량
유별	성질	품명		
제 3 류	자연발화성 물질 및 금수성 물질	1. 칼륨		10킬로그램
		2. 나트륨		10킬로그램
		3. 알킬알루미늄		10킬로그램
		4. 알킬리튬		10킬로그램
		5. 황린		20킬로그램
		6. 알칼리금속(칼륨 및 나트륨을 제외한다) 및 알칼리토금속		50킬로그램
		7. 유기금속화합물(알킬알루미늄 및 알킬리튬을 제외한다)		50킬로그램
		8. 금속의 수소화물		300킬로그램
		9. 금속의 인화물		300킬로그램
		10. 칼슘 또는 알루미늄의 탄화물		300킬로그램
		11. 그 밖에 행정안전부령으로 정하는 것		10킬로그램, 20킬로그램, 50킬로그램 또는 300킬로그램
		12. 제1호 내지 제11호의 1에 해당하는 어느 하나 이상을 함유한 것		
제 4 류	인화성 액체	1. 특수인화물		50리터
		2. 제1석유류	비수용성액체	200리터
			수용성액체	400리터
		3. 알코올류		400리터
		4. 제2석유류	비수용성액체	1,000리터
			수용성액체	2,000리터
		5. 제3석유류	비수용성액체	2,000리터
			수용성액체	4,000리터
		6. 제4석유류		6,000리터
		7. 동식물유류		10,000리터
제 5 류	자기반응성 물질	1. 유기과산화물		제1종: 10킬로그램 제2종: 100킬로그램
		2. 질산에스터류		
		3. 나이트로화합물		
		4. 나이트로소화합물		
		5. 아조화합물		
		6. 다이아조화합물		
		7. 하이드라진 유도체		

위험물			지정수량
유별	성질	품명	
		8. 하이드록실아민	
		9. 하이드록실아민염류	
		10. 그 밖에 행정안전부령으로 정하는 것	
		11. 제1호부터 제10호까지의 어느 하나에 해당하는 위험물을 하나 이상 함유한 것	
제 6 류	산화성액체	1. 과염소산	300킬로그램
		2. 과산화수소	300킬로그램
		3. 질산	300킬로그램
		4. 그 밖에 행정안전부령으로 정하는 것	300킬로그램
		5. 제1호 내지 제4호의 1에 해당하는 어느 하나 이상을 함유한 것	300킬로그램

※ 비고

1. "**산화성고체**" 라 함은 고체[액체(1기압 및 섭씨 20도에서 액상인 것 또는 섭씨 20도 초과 섭씨 40도 이하에서 액상인 것을 말한다. 이하 같다)또는 기체(1기압 및 섭씨 20도에서 기상인 것을 말한다)외의 것을 말한다. 이하 같다]로서 산화력의 잠재적인 위험성 또는 충격에 대한 민감성을 판단하기 위하여 소방청장이 정하여 고시(이하 "고시"라 한다)하는 시험에서 고시로 정하는 성질과 상태를 나타내는 것을 말한다. 이 경우 "액상"이라 함은 수직으로 된 시험관(안지름 30밀리미터, 높이 120밀리미터의 원통형유리관을 말한다)에 시료를 55밀리미터까지 채운 다음 당해 시험관을 수평으로 하였을 때 시료액면의 선단이 30밀리미터를 이동하는데 걸리는 시간이 90초 이내에 있는 것을 말한다.

2. "**가연성고체**"라 함은 고체로서 화염에 의한 발화의 위험성 또는 인화의 위험성을 판단하기 위하여 고시로 정하는 시험에서 고시로 정하는 성질과 상태를 나타내는 것을 말한다.

3. **황**은 순도가 60중량퍼센트 이상인 것을 말하며, 순도측정을 하는 경우 불순물은 활석 등 불연성물질과 수분으로 한정한다.

4. "**철분**"이라 함은 철의 분말로서 53마이크로미터의 표준체를 통과하는 것이 50중량퍼센트 미만인 것은 제외한다.

5. "**금속분**"이라 함은 알칼리금속 · 알칼리토류금속 · 철 및 마그네슘외의 금속의 분말을 말하고, 구리분 · 니켈분 및 150마이크로미터의 체를 통과하는 것이 50중량퍼센트 미만인 것은 제외한다.

6. 마그네슘 및 제2류제8호의 물품중 마그네슘을 함유한 것에 있어서는 다음 각목의 1에 해당하는 것은 제외한다.
   가. 2밀리미터의 체를 통과하지 아니하는 덩어리 상태의 것
   나. 지름 2밀리미터 이상의 막대 모양의 것

7. 황화인 · 적린 · 황 및 철분은 제2호에 따른 성질과 상태가 있는 것으로 본다.

8. "**인화성고체**"라 함은 고형알코올 그 밖에 1기압에서 인화점이 섭씨 40도 미만인 고체를 말한다.

9. "**자연발화성물질 및 금수성물질**"이라 함은 고체 또는 액체로서 공기 중에서 발화의 위험성이 있거나 물과 접촉하여 발화하거나 가연성가스를 발생하는 위험성이 있는 것을 말한다.

10. 칼륨 · 나트륨 · 알킬알루미늄 · 알킬리튬 및 황린은 제9호의 규정에 의한 성상이 있는 것으로 본다.

11. "**인화성액체**"라 함은 액체(제3석유류, 제4석유류 및 동식물유류의 경우 1기압과 섭씨 20도에서 액체인 것만 해당한다)로서 인화의 위험성이 있는 것을 말한다. 다만, 다음 각 목의 어느 하나에 해당하는 것을 법 제20조제1항의 중요기준과 세부기준에 따른 운반용기를 사용하여 운반하거나 저장(진열 및 판매를 포함한다)하는 경우는 제외한다.
    가. 「화장품법」 제2조제1호에 따른 화장품 중 인화성액체를 포함하고 있는 것
    나. 「약사법」 제2조제4호에 따른 의약품 중 인화성액체를 포함하고 있는 것
    다. 「약사법」 제2조제7호에 따른 의약외품(알코올류에 해당하는 것은 제외한다) 중 수용성인 인화성액체를 50부피퍼센트 이하로 포함하고 있는 것
    라. 「의료기기법」에 따른 체외진단용 의료기기 중 인화성액체를 포함하고 있는 것
    마. 「생활화학제품 및 살생물제의 안전관리에 관한 법률」 제3조제4호에 따른 안전확인대상생활화학제품(알코올류에 해당하는 것은 제외한다) 중 수용성인 인화성액체를 50부피퍼센트 이하로 포함하고 있는 것

12. "**특수인화물**"이라 함은 이황화탄소, 디에틸에테르 그 밖에 1기압에서 발화점이 섭씨 100도 이하인 것 또는 인화점이 섭씨 영하 20도 이하이고 비점이 섭씨 40도 이하인 것을 말한다.

13. "**제1석유류**"라 함은 아세톤, 휘발유 그 밖에 1기압에서 인화점이 섭씨 21도 미만인 것을 말한다.

14. "**알코올류**"라 함은 1분자를 구성하는 탄소원자의 수가 1개부터 3개까지인 포화1가 알코올(변성알코올을 포함한다)을 말한다. 다만, 다음 각목의 1에 해당하는 것은 제외한다.
    가. 1분자를 구성하는 탄소원자의 수가 1개 내지 3개의 포화1가 알코올의 함유량이 60중량퍼센트 미만인 수용액
    나. 가연성액체량이 60중량퍼센트 미만이고 인화점 및 연소점(태그개방식인화점측정기에 의한 연소점을 말한다. 이하 같다)이 에틸알코올 60중량퍼센트 수용액의 인화점 및 연소점을 초과하는 것

15. "**제2석유류**"라 함은 등유, 경유 그 밖에 1기압에서 인화점이 섭씨 21도 이상 70도 미만인 것을 말한다. 다만, 도료류 그 밖의 물품에 있어서 가연성 액체량이 40중량퍼센트 이하이면서 인화점이 섭씨 40도 이상인 동시에 연소점이 섭씨 60도 이상인 것은 제외한다.

16. "**제3석유류**"란 중유, 크레오소트유, 그 밖에 1기압에서 인화점이 섭씨 70도 이상 섭씨 200도 미만인 것을 말한다. 다만, 도료류 그 밖의 물품은 가연성 액체량이 40중량퍼센트 이하인 것은 제외한다.

17. "**제4석유류**"라 함은 기어유, 실린더유 그 밖에 1기압에서 인화점이 섭씨 200도 이상 섭씨 250도 미만의

것을 말한다. 다만 도료류 그 밖의 물품은 가연성 액체량이 40중량퍼센트 이하인 것은 제외한다.

18. "**동식물유류**"라 함은 동물의 지육(枝肉: 머리, 내장, 다리를 잘라 내고 아직 부위별로 나누지 않은 고기를 말한다) 등 또는 식물의 종자나 과육으로부터 추출한 것으로서 1기압에서 인화점이 섭씨 250도 미만인 것을 말한다. 다만, 법 제20조제1항의 규정에 의하여 행정안전부령으로 정하는 용기기준과 수납 · 저장기준에 따라 수납되어 저장 · 보관되고 용기의 외부에 물품의 통칭명, 수량 및 화기엄금(화기엄금과 동일한 의미를 갖는 표시를 포함한다)의 표시가 있는 경우를 제외한다.

19. "**자기반응성물질**"이란 고체 또는 액체로서 폭발의 위험성 또는 가열분해의 격렬함을 판단하기 위하여 고시로 정하는 시험에서 고시로 정하는 성질과 상태를 나타내는 것을 말하며, 위험성 유무와 등급에 따라 제1종 또는 제2종으로 분류한다.

20. 제5류제11호의 물품에 있어서는 유기과산화물을 함유하는 것 중에서 불활성고체를 함유하는 것으로서 다음 각목의 1에 해당하는 것은 제외한다.
   가. 과산화벤조일의 함유량이 35.5중량퍼센트 미만인 것으로서 전분가루, 황산칼슘2수화물 또는 인산수소칼슘2수화물과의 혼합물
   나. 비스(4-클로로벤조일)퍼옥시이드의 함유량이 30중량퍼센트 미만인 것으로서 불활성고체와의 혼합물
   다. 과산화다이쿠밀의 함유량이 40중량퍼센트 미만인 것으로서 불활성고체와의 혼합물
   라. 1 · 4비스(2-터셔리뷰틸퍼옥시아이소프로필)벤젠의 함유량이 40중량퍼센트 미만인 것으로서 불활성고체와의 혼합물
   마. 사이클로헥산온퍼옥사이드의 함유량이 30중량퍼센트 미만인 것으로서 불활성고체와의 혼합물

21. "**산화성액체**"라 함은 액체로서 산화력의 잠재적인 위험성을 판단하기 위하여 고시로 정하는 시험에서 고시로 정하는 성질과 상태를 나타내는 것을 말한다.

22. **과산화수소**는 그 농도가 36중량퍼센트 이상인 것에 한하며, 제21호의 성상이 있는 것으로 본다.

23. **질산**은 그 비중이 1.49 이상인 것에 한하며, 제21호의 성상이 있는 것으로 본다.

24. 위 표의 성질란에 규정된 성상을 2가지 이상 포함하는 물품(이하 이 호에서 "복수성상물품"이라 한다)이 속하는 품명은 다음 각목의 1에 의한다.
   가. 복수성상물품이 산화성고체의 성상 및 가연성고체의 성상을 가지는 경우
      : 제2류제8호의 규정에 의한 품명
   나. 복수성상물품이 산화성고체의 성상 및 자기반응성물질의 성상을 가지는 경우
      : 제5류제11호의 규정에 의한 품명
   다. 복수성상물품이 가연성고체의 성상과 자연발화성물질의 성상 및 금수성물질의 성상을 가지는 경우
      : 제3류제12호의 규정에 의한 품명
   라. 복수성상물품이 자연발화성물질의 성상, 금수성물질의 성상 및 인화성액체의 성상을 가지는 경우
      : 제3류제12호의 규정에 의한 품명
   마. 복수성상물품이 인화성액체의 성상 및 자기반응성물질의 성상을 가지는 경우
      : 제5류제11호의 규정에 의한 품명

25. 위 표의 지정수량란에 정하는 수량이 복수로 있는 품명에 있어서는 당해 품명이 속하는 유(類)의 품명 가운데 위험성의 정도가 가장 유사한 품명의 지정수량란에 정하는 수량과 같은 수량을 당해 품명의 지정수량으로 한다. 이 경우 위험물의 위험성을 실험 · 비교하기 위한 기준은 고시로 정할 수 있다.

26. 위 표의 기준에 따라 위험물을 판정하고 지정수량을 결정하기 위하여 필요한 실험은 「국가표준기본법」 제23조에 따라 인정을 받은 시험 · 검사기관, 기술원, 국립소방연구원 또는 소방청장이 지정하는 기관에서 실시할 수 있다. 이 경우 실험 결과에는 실험한 위험물에 해당하는 품명과 지정수량이 포함되어야 한다.

2. 혼합으로 위험이 따르는 화학물질 일람표

물질명		혼합 위험 물질	조건	현상	비고
아염소산 염류	아염소산나트륨	유기물	혼합	발화	
	아염소산나트륨	강산	혼합	발화	
	아염소산나트륨	유지	혼합	발화	
	아염소산나트륨	로단암몬	혼합	발화	
	아염소산나트륨	수산기타유기산	혼합	발화	
염소산 염류	염소산염	황산	이산화염소 발생	폭발	
	염소산염	황화안티몬	밀폐공간에 방치	폭발	발화제
	염소산염	인화구리, 아인산염	혼합,충격,가열	폭발	
	염소산염	(알루미늄, 마그네슘, 철) 분말	점화, 충격	발화	흰색불꽃, 섬광제
	염소산염	(알루미늄, 마그네슘, 철) +스테아린산염	점화, 충격	발화	적색불꽃, 섬광제
	염소산칼륨	설탕 · 황산		폭발	
	염소산칼륨	오황화안티몬	충격	폭발	발화제
	염소산칼륨	설탕과 적혈염	충격	폭발	발사약
	염소산칼륨	(황, 이황화탄소, 유기황, 적린)	마찰,충격,가열	폭발	
	염소산바륨	스테아린산염	마찰,충격,가열	폭발	녹색불꽃

물질명		혼합 위험 물질	조건	현상	비고
과염소산 염류	과염소산 칼륨	(목탄,종이,나무조각,에테르 등)	상온,습기,일광	발화	과염소산칼륨을 방치하면 이산화염소로 분해, 일부 철산화염소가 되고 이때 흡열에 의하여 발화한다.
	무수과염 소산칼륨	(황,안티몬,목탄,아연,철)		폭발	
무기 과산화물	과산화수소	금속분,유류,수지,면,모, 연망간광	상온 상온	폭발 발화	자연발화 자연폭발
	과산화나트륨	물 알루미늄 초산무수물 수산화칼륨	상온 약간의수분 접촉 화학반응	발화 발화 발화 발화	대단히 위험하다.
	과산화바륨·과산화마그네슘·과산화수은	유기물질(목편)	마찰, 수분첨가	발화	
	과산화납	황산(황화수소) 황·주석산·구연산·수산	기류중 마찰	발화	
브롬산 염류	브롬산칼륨	유기물	가열	폭발	
	브롬산칼륨	디오글리콜산암몬	혼산,수용일 때는 수분이 휘발할 때 반응이 일어난다.	발화	
질산 염류	질산칼륨 (질산나트륨)	초산나트륨(또는 수산염)+유기물	가온(저온)	폭발	초산납, 바륨은안정
	질산칼륨 (질산나트륨)	아인산나트륨		폭발	산화질소, 이질산가스발생
	질산나트륨	하이푸	용해할 때	폭발	
	질산나트륨	주석	질산납이 되면서 오랜 반응으로 질산가스가 발생	폭발	
	질산암모늄	아연	상온, 수분	발화	
	질산암모늄	유안	외부에서 큰 에너지를 가함	폭발	

물질명		혼합 위험 물질	조건	현상	비고
삼산화물	삼산화크롬	아닐린, 피리딘, 키노딘, 알코올,아세톤, 신나, 그리스	자연발화	폭발	
과망간산 염류	과망간산염	피리딘	충격, 가온	폭발	
	과망간산칼륨	황	177℃	폭발	
	과망간산칼륨	글리세린		발화 폭발	분해로 발생된 수소가 폭발
	과망간산칼륨	에탄올+황산		섬광, 발화	
	과망간산칼륨	피크린산(불이 붙은 나무, 농황산)나무, 농황산	접촉	발화	
	과망간산칼륨	철(분말)	충격	발화	
	과망간산칼륨	질산암몬	충격, 마찰	폭발	과망간산이 발생
중크롬산 염류	중그롬산칼륨	시안화수은	마찰	발화	
	중크롬산암몬	암몬	가열	급분해 (발열)	
	중크롬산납	카바이트	마찰	발화	
인	황린		상온에서 건조	발화	
	황린	발연질산 (아질산염,염산염)	혼합	발화	
	적린	질산납	혼합, 충격, 가열	폭발	
	적린	요오드	접촉	폭발	
	적린	이황화탄소+암모니아	상온	발화	
알칼리금속 및 토금속	알칼리 또는 알칼리토금속	물	혼합,수분	발화	칼륨, 나트륨, 티탄, 칼슘, 마그네슘, 아연 등
	금속나트륨	사염화탄소, 클로로포름, 기타 염소화탄화수소, 염소화탄화수소물	마찰, 충격 반응열의 축적	폭발 발화	
	금속칼슘				
	금속세슘				
	금속리튬				
	금속 알루미늄	요오드, 산화철(녹)	상온,습기,가열 (테르밋반응)	발화	

물질명		혼합 위험 물질	조건	현상	비고
질산 에스테르류	질산 에스테르		비점 이상 가열	폭발	
	질산메틸		상온	폭발	
	질산에틸		밀폐실에서 개방할 때, 상온	폭발	
유기 과산화물	벤조일퍼옥사이드 메틸에틸케톤퍼옥사이드 벤젠슬폰퍼옥사이드 피크라민산의 디아조화옥사이드 일부과산화물이 된 키논 에틸렌퍼옥사이드 기타 유기과산화물류	나프텐산, 코발트, 희토류 금속	충격, 가온	폭발	
	에틸퍼 옥사이드	에테르를 방치할 때 일부에서 발생	과잉 산소, 햇빛	폭발	에테르를 보관할 때는 공기, 햇빛, 아세톤, 과산화수소에 주의
	메틸퍼 옥사이드	에테르를 방치할 때 일부에서 발생	과잉 산소, 햇빛	폭발	
니트로 화합물	니트로메탄	유기물	혼합	발화 폭발	
	디니트로메탄		일광,열,충격	폭발	
	니트로구아니틴	농황산	혼합	발화	
	니트로메탄수은납		자폭성	폭발	
	피크르산염		가열, 충격	폭발	
	피크린산	생석회	혼합	발화	
	탄산벤조히드라진		단체자폭성	폭발	
니트로 소화합물	니트로소 펜타메틸렌 테트라민	강산	접촉	발화	
	헥사메틸렌 테트라민	요오드포름화합물	혼합178℃	폭발	
질산류	질산	알코올		발화	발열반응
	발연질산	디오펜		폭발	
	발연질산	(옥화수소가스 또는 세렌화 수소)	접촉	발화	

부록 Ⅱ

제조소등에서의 위험물의 저장 및 취급에 관한 기준 (위험물안전관리법 시행규칙 제49조 관련)

Ⅰ. 저장 · 취급의 공통기준

1. 제조소등에서 법 제6조제1항의 규정에 의한 허가 및 법 제6조제2항의 규정에 의한 신고와 관련되는 품명 외의 위험물 또는 이러한 허가 및 신고와 관련되는 수량 또는 지정수량의 배수를 초과하는 위험물을 저장 또는 취급하지 아니하여야 한다(중요기준).

2, 3, 4, 5, 6. 삭제 〈2009.3.17〉

7. 위험물을 저장 또는 취급하는 건축물 그 밖의 공작물 또는 설비는 당해 위험물의 성질에 따라 차광 또는 환기를 실시하여야 한다.

8. 위험물은 온도계, 습도계, 압력계 그 밖의 계기를 감시하여 당해 위험물의 성질에 맞는 적정한 온도, 습도 또는 압력을 유지하도록 저장 또는 취급하여야 한다.

9. 삭제 〈2009.3.17.〉

10. 위험물을 저장 또는 취급하는 경우에는 위험물의 변질, 이물의 혼입 등에 의하여 당해 위험물의 위험성이 증대되지 않도록 필요한 조치를 강구하여야 한다.

11. 위험물이 남아 있거나 남아 있을 우려가 있는 설비, 기계·기구, 용기 등을 수리하는 경우에는 안전한 장소에서 위험물을 완전하게 제거한 후에 실시하여야 한다.

12. 위험물을 용기에 수납하여 저장 또는 취급할 때에는 그 용기는 당해 위험물의 성질에 적응하고 파손·부식·균열 등이 없는 것으로 하여야 한다.

13. 삭제 〈2009.3.17.〉

14. 가연성의 액체·증기 또는 가스가 새거나 체류할 우려가 있는 장소 또는 가연성의 미분이 현저하게 부유할 우려가 있는 장소에서는 전선과 전기기구를 완전히 접속하고 불꽃을 발하는 기계·기구·공구·신발 등을 사용하지 아니하여야 한다.

15. 위험물을 보호액중에 보존하는 경우에는 당해 위험물이 보호액으로부터 노출되지 않도록 하여야 한다.

II. 위험물의 유별 저장 · 취급의 공통기준(중요기준)

1. 제1류 위험물은 가연물과의 접촉·혼합이나 분해를 촉진하는 물품과의 접근 또는 과열·충격·마찰 등을 피하는 한편, 알카리금속의 과산화물 및 이를 함유한 것에 있어서는 물과의 접촉을 피하여야 한다.

2. 제2류 위험물은 산화제와의 접촉·혼합이나 불티·불꽃·고온체와의 접근 또는 과열을 피하는 한편, 철분·금속분·마그네슘 및 이를 함유한 것에 있어서는 물이나 산과의 접촉을 피하고 인화성 고체에 있어서는 함부로 증기를 발생시키지 아니하여야 한다.

3. 제3류 위험물 중 자연발화성물질에 있어서는 불티·불꽃 또는 고온체와의 접근·과열 또는 공기와의 접촉을 피하고, 금수성물질에 있어서는 물과의 접촉을 피하여야 한다.

4. 제4류 위험물은 불티·불꽃·고온체와의 접근 또는 과열을 피하고, 함부로 증기를 발생시키지 아니하여야 한다.

5. 제5류 위험물은 불티·불꽃·고온체와의 접근이나 과열·충격 또는 마찰을 피하여야 한다.

6. 제6류 위험물은 가연물과의 접촉·혼합이나 분해를 촉진하는 물품과의 접근 또는 과열을 피하여야 한다.

7. 제1호 내지 제6호의 기준은 위험물을 저장 또는 취급함에 있어서 당해 각호의 기준에 의하지 아니하는 것이 통상인 경우는 당해 각호를 적용하지 아니한다. 이 경우 당해 저장 또는 취급에 대하여는 재해의 발생을 방지하기 위한 충분한 조치를 강구하여야 한다.

III. 저장의 기준

1. 저장소에는 위험물 외의 물품을 저장하지 아니하여야 한다. 다만, 다음 각목의 1에 해당하는 경우에는 그러하지 아니하다(중요기준).

가. 옥내저장소 또는 옥외저장소에서 다음의 규정에 의한 위험물과 위험물이 아닌 물품을 함께 저장하는 경우. 이 경우 위험물과 위험물이 아닌 물품은 각각 모아서 저장하고 상호간에는 1m 이상의 간격을 두어야 한다.

1) 위험물(제2류 위험물 중 인화성고체와 제4류 위험물을 제외한다)과 영 별표 1에서 당해 위험물이 속하는 품명란에 정한 물품(동표 제1류의 품명란 제11호, 제2류의 품명란 제8호, 제3류의 품명란 제12호, 제5류의 품명란 제11호 및 제6류의 품명란 제5호의 규정에 의한 물품을 제외한다)을 주성분으로 함유한 것으로서 위험물에 해당하지 아니하는 물품

2) 제2류 위험물 중 인화성고체와 위험물에 해당하지 아니하는 고체 또는 액체로서 인화점을 갖는 것 또는 합성 수지류(「소방기본법 시행령」 별표 2 비고 제8호의 합성수지류를 말한다)(이하 Ⅲ에서 "합성수지류등"이라한다) 또는 이들중 어느 하나 이상을 주성분으로 함유한 것으로서 위험물에 해당하지 아니하는 물품

3) 제4류 위험물과 합성수지류등 또는 영 별표 1의 제4류의 품명란에 정한 물품을 주성분으로 함유한 것으로서 위험물에 해당하지 아니하는 물품

4) 제4류 위험물 중 유기과산화물 또는 이를 함유한 것과 유기과산화물 또는 유기과산화물만을 함유한 것으로서 위험물에 해당하지 아니하는 물품

5) 제48조의 규정에 의한 위험물과 위험물에 해당하지 아니하는 화약류(「총포·도검·화약류 등 단속법」에 의한 화약류에 해당하는 것을 말한다)

6) 위험물과 위험물에 해당하지 아니하는 불연성의 물품(저장하는 위험물 및 위험물외의 물품과 위험한 반응을 일으키지 아니하는 것에 한한다)

나. 옥외탱크저장소·옥내탱크저장소·지하탱크저장소 또는 이동탱크저장소(이하 이 목에서 "옥외탱크저장소등"이라 한다)에서 당해 옥외탱크저장소등의 구조 및 설비에 나쁜 영향을 주지 아니하면서 다음에서 정하는 위험물이 아닌 물품을 저장하는 경우

1) 제4류 위험물을 저장 또는 취급하는 옥외탱크저장소등:합성수지류등 또는 영 별표 1의 제4류의 품명란에 정한 물품을 주성분으로 함유한 것으로서 위험물에 해당하지 아니하는 물품 또는 위험물에 해당하지 아니하는 불연성 물품(저장 또는 취급하는 위험물 및 위험물외의 물품과 위험한 반응을 일으키지 아니하는 것에 한한다)

2) 제6류 위험물을 저장 또는 취급하는 옥외탱크저장소등 : 영 별표 1의 제6류의 품명란에 정한 물품(동표 제6류의 품명란 제5호의 규정에 의한 물품을 제외한다)을 주성분으로 함유한 것으로서 위험물에 해당하지 아니하는 물품 또는 위험물

에 해당하지 아니하는 불연성 물품(저장 또는 취급하는 위험물 및 위험물 외의 물품과 위험한 반응을 일으키지 아니하는 것에 한한다)

2. 영 별표 1의 유별을 달리하는 위험물은 동일한 저장소(내화구조의 격벽으로 완전히 구획된 실이 2 이상 있는 저장소에 있어서는 동일한 실. 이하 제3호에서 같다)에 저장하지 아니하여야 한다. 다만, 옥내저장소 또는 옥외서장소에 있어서 다음의 각목의 규정에 의한 위험물을 저장하는 경우로서 위험물을 유별로 정리하여 저장하는 한편, 서로 1m 이상의 간격을 두는 경우에는 그러하지 아니하다(중요기준).
   가. 제1류 위험물(알칼리금속의 과산화물 또는 이를 함유한 것을 제외한다)과 제5류 위험물을 저장하는 경우
   나. 제1류 위험물과 제6류 위험물을 저장하는 경우
   다. 제1류 위험물과 제3류 위험물 중 자연발화성물질(황린 또는 이를 함유한 것에 한한다)을 저장하는 경우
   라. 제2류 위험물 중 인화성고체와 제4류 위험물을 저장하는 경우
   마. 제3류 위험물 중 알킬알루미늄등과 제4류 위험물(알킬알루미늄 또는 알킬리튬을 함유한 것에 한한다)을 저장하는 경우
   바. 제4류 위험물 중 유기과산화물 또는 이를 함유하는 것과 제5류 위험물 중 유기과산화물 또는 이를 함유한 것을 저장하는 경우

3. 제3류 위험물 중 황린 그 밖에 물속에 저장하는 물품과 금수성물질은 동일한 저장소에서 저장하지 아니하여야 한다(중요기준).

4. 옥내저장소에 있어서 위험물은 V의 규정에 의한 바에 따라 용기에 수납하여 저장하여야 한다. 다만, 덩어리 상태의 황과 제48조의 규정에 의한 위험물에 있어서는 그러하지 아니하다.

5. 옥내저장소에서 동일 품명의 위험물이더라도 자연발화할 우려가 있는 위험물 또는 재해가 현저하게 증대할 우려가 있는 위험물을 다량 저장하는 경우에는 지정수량의 10배 이하마다 구분하여 상호간 0.3m 이상의 간격을 두어 저장하여야 한다. 다만, 제48조의 규정에 의한 위험물 또는 기계에 의하여 하역하는 구조로 된 용기에 수납한 위험물에 있어서는 그러하지 아니하다(중요기준).

6. 옥내저장소에서 위험물을 저장하는 경우에는 다음 각목의 규정에 의한 높이를 초과하여 용기를 겹쳐 쌓지 아니하여야 한다.

가. 기계에 의하여 하역하는 구조로 된 용기만을 겹쳐 쌓는 경우에 있어서는 6m

나. 제4류 위험물 중 제3석유류, 제4석유류 및 동식물유류를 수납하는 용기만을 겹쳐 쌓는 경우에 있어서는 4m

다. 그 밖의 경우에 있어서는 3m

7. 옥내저장소에서는 용기에 수납하여 저장하는 위험물의 온도가 55℃를 넘지 않도록 필요한 조치를 강구하여야 한다(중요기준).

8. 삭제 〈2009.3.17〉

9. 옥외저장탱크·옥내저장탱크 또는 지하저장탱크의 주된 밸브(액체의 위험물을 이송하기 위한 배관에 설치된 밸브중 탱크의 바로 옆에 있는 것을 말한다) 및 주입구의 밸브 또는 뚜껑은 위험물을 넣거나 빼낼 때 외에는 폐쇄하여야 한다.

10. 옥외저장탱크의 주위에 방유제가 있는 경우에는 그 배수구를 평상시 폐쇄하여 두고, 당해 방유제의 내부에 유류 또는 물이 괴었을 때에는 지체없이 이를 배출하여야 한다.

11. 이동저장탱크에는 당해 탱크에 저장 또는 취급하는 위험물의 위험성을 알리는 표지를 부착하고 잘 보일 수 있도록 관리하여야 한다.

12. 이동저장탱크 및 그 안전장치와 그 밖의 부속배관은 균열, 결합불량, 극단적인 변형, 주입호스의 손상 등에 의한 위험물의 누설이 일어나지 않도록 하고, 당해 탱크의 배출밸브는 사용시 외에는 완전하게 폐쇄하여야 한다.

13. 피견인자동차에 고정된 이동저장탱크에 위험물을 저장할 때에는 당해 피견인자동차에 견인자동차를 결합한 상태로 두어야 한다. 다만, 다음 각목의 기준에 따라 피견인자동차를 철도·궤도상의 차량(이하 이 호에서 "차량"이라 한다)에 싣거나 차량으로부터 내리는 경우에는 그러하지 아니하다.

가. 피견인자동차를 싣는 작업은 화재예방상 안전한 장소에서 실시하고, 화재가 발생하였을 경우에 그 피해의 확대를 방지할 수 있도록 필요한 조치를 강구할 것.

나. 피견인자동차를 실을 때에는 이동저장탱크에 변형 또는 손상을 주지 않도록 필요한 조치를 강구할 것.

다. 피견인자동차를 차량에 싣는 것은 견인자동차를 분리한 즉시 실시하고, 피견인자동차를 차량으로부터 내렸을 때에는 즉시 당해 피견인자동차를 견인자동차에 결합할 것.

14. 컨테이너식 이동탱크저장소외의 이동탱크저장소에 있어서는 위험물을 저장한 상태로 이동저장탱크를 옮겨 싣지 아니하여야 한다(중요기준).

15. 이동탱크저장소에는 당해 이동탱크저장소의 완공검사합격확인증 및 정기점검기록을 비치하여야 한다.

16. 알킬알루미늄등을 저장 또는 취급하는 이동탱크저장소에는 긴급시의 연락처, 응급조치에 관하여 필요한 사항을 기재한 서류, 방호복, 고무장갑, 밸브 등을 죄는 결합공구 및 휴대용 확성기를 비치하여야 한다.

17. 옥외저장소(제20호의 규정에 의한 경우를 제외한다)에 있어서 위험물은 V에 정하는 바에 따라 용기에 수납하여 저장하여야 한다.

18. 옥외저장소에서 위험물을 저장하는 경우에 있어서는 제6호 각목의 규정에 의한 높이를 초과하여 용기를 겹쳐 쌓지 아니하여야 한다.

19. 옥외저장소에서 위험물을 수납한 용기를 선반에 저장하는 경우에는 6m를 초과하여 저장하지 아니하여야 한다.

20. 황을 용기에 수납하지 아니하고 저장하는 옥외저장소에서는 황을 경계표시의 높이 이하로 저장하고, 황이 넘치거나 비산하는 것을 방지할 수 있도록 경계표시 내부의 전체를 난연성 또는 불연성의 천막 등으로 덮고 당해 천막 등을 경계표시에 고정하여야 한다.

21. 알킬알루미늄등, 아세트알데하이드등 및 다이에틸에터등(다이에틸에터 또는 이를 함유한 것을 말한다. 이하 같다)의 저장기준은 제1호 내지 제20호의 규정에 의하는 외에 다음 각목과 같다(중요기준).

가. 옥외저장탱크 또는 옥내저장탱크 중 압력탱크(최대상용압력이 대기압을 초과하는 탱크를 말한다. 이하 이 호에서 같다)에 있어서는 알킬알루미늄등의 취출에 의하여 당해 탱크내의 압력이 상용압력 이하로 저하하지 않도록, 압력탱크 외의 탱크에 있어서는 알킬알루미늄등의 취출이나 온도의 저하에 의한 공기의 혼입을 방지할 수 있도록 불활성의 기체를 봉입할 것.

나. 옥외저장탱크·옥내저장탱크 또는 이동저장탱크에 새롭게 알킬알루미늄등을 주입하는 때에는 미리 당해 탱크안의 공기를 불활성기체와 치환하여 둘 것.

다. 이동저장탱크에 알킬알루미늄등을 저장하는 경우에는 20kPa 이하의 압력으로 불활성의 기체를 봉입하여 둘 것.

라. 옥외저장탱크·옥내저장탱크 또는 지하저장탱크 중 압력탱크에 있어서는 아세트알데하이드등의 취출에 의하여 당해 탱크내의 압력이 상용압력 이하로 저하하지 않도록, 압력탱크 외의 탱크에 있어서는 아세트알데하이드등의 취출이나 온도의 저하에 의한 공기의 혼입을 방지할 수 있도록 불활성 기체를 봉입할 것.

마. 옥외저장탱크·옥내저장탱크·지하저장탱크 또는 이동저장탱크에 새롭게 아세트알데하이드등을 주입하는 때에는 미리 당해 탱크안의 공기를 불활성 기체와 치환하여 둘 것.

바. 이동저장탱크에 아세트알데하이드등을 저장하는 경우에는 항상 불활성의 기체를 봉입하여 둘 것.

사. 옥외저장탱크·옥내저장탱크 또는 지하저장탱크 중 압력탱크 외의 탱크에 저장하는 다이에틸에터등 또는 아세트알데하이드등의 온도는 산화프로필렌과 이를 함유한 것 또는 다이에틸에터등에 있어서는 30℃ 이하로, 아세트알데하이드 또는 이를 함유한 것에 있어서는 15℃ 이하로 각각 유지할 것.

아. 옥외저장탱크·옥내저장탱크 또는 지하저장탱크 중 압력탱크에 저장하는 아세트알데하이드등 또는 다이에틸에터등의 온도는 40℃ 이하로 유지할 것.

자. 보냉장치가 있는 이동저장탱크에 저장하는 아세트알데하이드등 또는 다이에틸에터등의 온도는 당해 위험물의 비점 이하로 유지할 것.

차. 보냉장치가 없는 이동저장탱크에 저장하는 아세트알데하이드등 또는 다이에틸에터등의 온도는 40℃ 이하로 유지할 것.

Ⅳ. 취급의 기준

(생략) (본문참고)

Ⅴ. 위험물의 용기 및 수납

(생략) (본문참고)

Ⅵ. 법 제5조제3항의 규정에 의한 중요기준 및 세부기준은 다음 각호의 구분에 의한다.

1. 중요기준 : Ⅰ 내지 Ⅴ의 저장 또는 취급기준 중 "중요기준"이라 표기한 것.
2. 세부기준 : 중요기준 외의 것.

부록 Ⅲ

위험물안전관리에 관한 세부기준(일부 정리)

제1장 총칙

(생략)

제2장 위험물의 시험 및 판정

(생략)

제3장 제조소등의 허가 및 탱크안전성능검사

제24조(기술검토를 받지 아니하는 변경)

1. 옥외저장탱크의 지붕판(노즐·맨홀 등을 포함한다)의 교체(동일한 형태의 것으로 교체하는 경우에 한한다)
2. 옥외저장탱크의 옆판(노즐·맨홀 등을 포함한다)의 교체 중 다음 각목의 어느 하나에 해당하는 경우
   가. 최하단 옆판을 교체하는 경우에는 옆판 표면적의 10% 이내의 교체
   나. 최하단 외의 옆판을 교체하는 경우에는 옆판 표면적의 30% 이내의 교체
3. 옥외저장탱크의 밑판(옆판의 중심선으로부터 600mm 이내의 밑판에 있어서는 당해 밑판의 원주길이의 10% 미만에 해당하는 밑판에 한한다)의 교체
4. 옥외저장탱크의 밑판 또는 옆판(노즐·맨홀 등을 포함한다)의 정비(밑판 또는 옆판의 표면적의 50% 미만의 겹침보수공사 또는 육성보수공사를 포함한다)
5. 옥외탱크저장소의 기초·지반의 정비
6. 암반탱크의 내벽의 정비
7. 제조소 또는 일반취급소의 구조·설비를 변경하는 경우에 변경에 의한 위험물 취급량의 증가가 지정수량의 3천배 미만인 경우 〈2007.12.3 신설〉

8. 제1호 내지 제6호의 경우와 유사한 경우로서 한국소방산업기술원(이하 "기술원"이라 한다)이 부분적 변경에 해당한다고 인정하는 경우

제25조(탱크의 내용적 및 공간용적)

① 「위험물안전관리법 시행규칙」(이하 "규칙"이라 한다) 제5조제2항의 규정에 따른 탱크의 내용적의 계산방법은 별표 1과 같다.

② 규칙 제5조제2항의 규정에 따른 탱크의 공간용적은 탱크의 내용적의 100분의 5 이상 100분의 10 이하의 용적으로 한다. 다만, 소화설비(소화약제 방출구를 탱크안의 윗부분에 설치하는 것에 한한다)를 설치하는 탱크의 공간용적은 당해 소화설비의 소화약제방출구 아래의 0.3미터 이상 1미터 미만 사이의 면으로부터 윗부분의 용적으로 한다.

③ 제2항의 규정에 불구하고 암반탱크에 있어서는 당해 탱크내에 용출하는 7일간의 지하수의 양에 상당하는 용적과 당해 탱크의 내용적의 100분의 1의 용적 중에서 보다 큰 용적을 공간용적으로 한다.

제26조 〈2006.8.3 삭제〉

제27조(탱크안전성능검사 등)

규칙 제16조의 규정에 따른 탱크안전성능검사의 세부기준·방법·절차 및 탱크시험자 또는 엔지니어링활동주체신고자가 실시하는 탱크안전성능시험에 대한 기술원의 확인 등에 관하여 필요한 사항 및 규칙 별표 8 Ⅰ제6호 후단의 규정에 따른 지하저장탱크의 기밀시험 및 비파괴시험 등에 관하여 필요한 사항은 제28조 내지 제40조의 규정에 따른다.

제28조(처리절차)

(생략)

제29조(시험개소 및 범위)

① 기밀시험 및 충수·수압시험의 시험개소 또는 범위는 탱크본체와 본체에 용접 등으로 고착시키는 노즐 등으로 한다.

② 용접부시험의 시험개소 또는 범위는 탱크구조 형상 등에 따라 다음 각 호와 같다. 다만, 변경허가에 따른 시험의 경우에는 보수용접부분 및 보수로 인하여 영향을 받을 우려가 있는 인접한 용접부분에 대해서 시험을 실시한다.

1. 원통종형 탱크

가. 에뉼러판 맞대기이음 용접부에 대한 시험은 다음의 규정에 따른 시험방법 중 하나로 할 것.

(1) 초층용접후 전용접부에 대하여 침투탐상시험을 하고, 용접종료 후 자기탐상시험을 할 것.

(2) 에뉼러판 맞대기이음 용접부의 바깥쪽 끝단에서 250mm까지를 용접종료 후 전체 개소 중 50%에 대하여 방사선투과시험 또는 영상초음파탐상시험(영상출력이 가능한 초음파탐상시험을 말한다. 이하 같다)을 실시하고, 바깥쪽 끝단에서 250mm까지의 범위를 초과하는 전용접부에 대해서는 (1)의 시험방법을 적용할 것.

나. 에뉼러판이 없는 구조의 밑판은 옆판 최하단의 중심선을 기준으로 밑판의 안쪽방향 용접부 200mm와 바깥쪽 방향 전용접부를 초층용접 후 침투탐상시험을 하고, 용접종료후 자기탐상시험을 할 것.

다. 밑판과 옆판의 이음부 및 에뉼러판과 옆판의 이음부인 필렛용접부는 용접종료 후와 충수시험, 수압시험 또는 기밀시험 후에 안쪽 용접부에 대하여 자기탐상시험을 할 것.

라. 밑판 용접부 및 밑판과 에뉼러판의 이음 용접부는 다음과 같이 시험할 것.

(1) 3매 겹침부 또는 맞대기용접일 경우의 T자부(이하 "3매 겹침부등"이라 한다)에 대해서는 3방향으로 각각 길이 200mm의 범위에 걸쳐 초층용접 후 침투탐상시험을 하고, 용접종료 후 자기탐상시험을 할 것.

(2) 3매 겹침부등을 제외한 밑판 전용접길이의 3%(10m를 초과하는 경우에는 10m로 한다)에 대해 용접종료 후 자기탐상시험을 하거나 3매 겹침부등을 제외한 밑판 전용접길이에 대해 진공시험을 할 것.

마. 옆판 맞대기이음 용접부에 대한 시험은 다음의 규정에 따른 시험방법 중 어느 하나로 할 것.

(1) 용접종료 후 제34조에 따른 방사선투과시험을 할 것.

(2) 용접종료 후 제35조에 따른 영상초음파탐상시험을 할 것. 다만, 옆판 두께가 6mm 미만인 경우에는 초층용접후 전용접부에 대하여 침투탐상시험을 하고, 용접종료 후 자기탐상시험을 할 것.

바. 옆판최하단의 개구부(보강판을 포함한다. 이하 제38조까지 같다) 및 물받이(sump) 용접부는 용접종료 후 자기탐상시험을 하며, 옆판이 고장력강판(인장강도 규격의 최소치가 500MPa 이상인 강판을 말한다. 이하 같다)인 경우에는 모든 두께의 판, 연강판인 경우에는 25mm를 초과하는 두께의 판에 설치된 개구부의 용접부에 대하여 초층용접 후 침투탐상시험을 할 것. 다만, 방사선투과시험 또는 영상초음파탐상시험

을 실시한 부위를 제외한다.

사. 개구부 및 물받이의 맞대기 용접부는 용접종료 후 방사선투과시험 또는 영상초음파탐상시험을 할 것.

아. 탱크의 옆판에 탱크의 제작 등을 위하여 가설재 등을 부착하였다가 제거하는 경우에는 당해 가설재 등을 제거한 부위에 대하여 육안검사 또는 자기탐상시험을 실시할 것. 이 경우 고장력강판 및 25mm를 초과하는 연강판에 대해서는 자기탐상시험을 실시하여야 하며 자기탐상시험을 실시하지 못할 경우에는 침투탐상시험을 실시할 수 있다.

2. 구형 탱크

가. 개구부의 모든 용접부에 대하여 초층용접 후 침투탐상시험을 할 것. 다만, 방사선투과시험 또는 영상초음파탐상시험을 실시한 부위는 제외한다.

나. 모든 용접부에 대하여 용접종료 후 자기탐상시험을 할 것.

다. 맞대기용접의 이음부는 전용접부에 대하여 용접종료 후 방사선투과시험 또는 영상초음파탐상시험을 할 것.

라. 개구부의 맞대기용접부는 용접종료후 방사선투과시험 또는 영상초음파탐상시험을 실시할 것.

마. 탱크의 강판에 탱크의 제작 등을 위하여 가설재 등을 부착하였다가 제거하는 경우에는 당해 가설재 등을 제거한 부위에 대하여 육안검사 또는 자기탐상시험을 실시할 것. 이 경우 고장력강판 및 25mm를 초과하는 연강판에 대해서는 자기탐상시험을 실시하여야 하며 자기탐상시험을 실시하지 못할 경우에는 침투탐상시험을 실시할 수 있다.

3. 기타 형상의 탱크

가. 모든 용접부에 대하여 용접종료 후 방사선투과시험, 영상초음파탐상시험, 자기탐상시험, 침투탐상시험 중 적절한 시험방법을 선택하여 시험할 것.

나. 탱크의 강판에 탱크의 제작 등을 위하여 가설재 등을 부착하였다가 제거하는 경우에는 당해 가설재 등을 제거한 부위에 대하여 육안검사 또는 자기탐상시험을 실시할 것. 이 경우 고장력강판 및 25mm를 초과하는 연강판에 대해서는 자기탐상시험을 실시하여야 하며 자기탐상시험을 실시하지 못할 경우에는 침투탐상시험을 실시할 수 있다.

③ 제2항에 따른 용접부에 대한 시험방법 중 방사선투과시험 또는 영상초음파탐상시험을 실시하기 곤란한 경우 초음파탐상시험으로 대체할 수 있다. 〈2015.5.6 신설〉

제30조(기밀시험의 방법 및 판정기준)

(생략)

제31조(충수·수압시험의 방법 및 판정기준)

(생략)

제32조(침투탐상시험의 방법 및 판정기준)

(생략)

제33조(자기탐상시험의 방법 및 판정기준)

(생략)

제34조(방사선투과시험의 방법 및 판정기준)

(생략)

제35조(초음파탐상시험의 방법 및 판정기준)

(생략)

제36조(진공시험의 방법 및 판정기준)

(생략)

제37조(강제강화플라스틱제 이중벽탱크의 성능시험)

(생략)

제38조(강화플라스틱제 이중벽탱크의 성능시험)

① 규칙 별표 8 Ⅱ제6호의 규정에 따른 이중벽탱크의 성능시험 중 강화플라스틱제 이중벽탱크에 대한 것은 다음 각 호에 정하는 기준에 따른다.

1. 기밀시험

가. 감지층에 대하여 다음 각 호의 공기압을 5분 동안 가압하는 경우에 누출되거나 파손되지 아니할 것.

(1) 탱크 직경이 3m 미만인 경우 : 30kPa

(2) 탱크 직경이 3m 이상인 경우 : 20kPa

나. 탱크를 정격최대압력 및 정격진공압력으로 24시간동안 유지한 후 감지층에 대하여 정격최대압력의 2배의 압력과 진공압력(20kPa)을 각각 1분간 가하는 경우에 탱크가 파손되거나 손상되지 아니할 것.

다. 탱크 직경과 매설깊이별로 다음 식에 의하여 산출되는 진공압력을 5분 동안 가하는 경우에 탱크가 파손되지 아니할 것.

$$V = 9.77 \times \left(\frac{1}{2}D + h\right)$$

V : 진공압력 (단위 kPa)

D : 탱크직경 (단위 m)

h : 매설깊이 (단위 m)(매설깊이는 지표면에서 탱크의 상부까지이며, 당해 깊이가 0.9m 미만인 경우에는 0.9m로 한다)

2. 수압시험

가. 다음의 규정에 따른 수압을 1분 동안 탱크내부에 가하는 경우에 파손되지 아니하고 내압력을 지탱할 것.

(1) 탱크 직경이 3m 미만인 경우 : 0.17MPa

(2) 탱크 직경이 3m 이상인 경우 : 0.1MPa

나. 빈 탱크를 시험용 도크(dock)에 적절히 고정하고 탱크 윗부분이 수면으로부터 0.9m 이상 잠기도록 물을 채워 24시간 동안 유지한 후 1분 동안 탱크내부에 20kPa의 진공압력을 작용시키는 경우에 파열 또는 손상이 없을 것.

3. 개구부의 강도시험

가. 개구부의 크기에 따라 다음 표의 토오크의 힘을 가하는 경우 균열 또는 파열이 없어야 하며 나사산 등이 손상되지 아니할 것.

호칭구경(mm)	토오크(N · m)	호칭구경(mm)	토오크(N · m)
20($\frac{3}{4}$)	226	80(3)	407
25(1)	271	90(3$\frac{1}{2}$)	418
32(1$\frac{1}{4}$)	328	100(4)	429
40(1$\frac{1}{2}$)	350	150(6)	475
50(2)	373	200(8)	520
65(2$\frac{1}{2}$)	395	–	–

※ 주 : 호칭구경 중 괄호안의 수치는 인치(inch)단위의 호칭구경을 표시한다.

나. 개구부에 길이 1.2m인 스케줄 40의 강철제 파이프를 연결하여 굽힘모멘트를 339N·m씩 증가시켜 2,712N·m까지 다음과 같이 작용시키는 경우 개구부와 탱크사이의 체결이 손상되지 아니할 것.

(1) 원통형 탱크의 경우 굽힘모멘트를 수평축에 평행한 방향과 직각방향으로 파이프

상부에 작용시킬 것.

(2) 구형탱크의 경우 굽힘모멘트를 임의의 한쪽방향과 그 방향의 직각방향으로 파이프 상부에 작용시킬 것.

다. 가목 및 나목의 규정에 따른 시험을 한 후에 제1호가목의 규정에 따른 기밀시험을 실시하여 이상이 없을 것.

4. 운반용고리의 강도시험

가. 빈 탱크를 들어올리는데 가해지는 하중의 2배의 하중을 1초 동안 운반고리에 가하여 탱크와 운반고리 접합부가 손상되지 아니할 것.

나. 가목의 규정에 따른 시험을 한 후에 제1호가목의 규정에 따른 기밀시험을 실시하여 이상이 없을 것.

5. 충수시험

탱크를 모래베드에 놓고 직경의 ⅛ 높이까지 모래로 매립한 다음 물을 최대용량만큼 채운 후 1시간동안 유지하였을 때 탱크에 누설이 없을 것.

6. 재료시험

강화플라스틱제 이중벽탱크에 사용되는 강화플라스틱은 다음 각목의 시험기준에 적합할 것. 다만, 강화플라스틱제 이중벽탱크에 사용되는 강화플라스틱이 국제적으로 공인된 규격(KS, UL, FM, JIS 등)에 적합한 것으로 관련 공인기관으로부터 인증을 받은 경우에는 서류심사와 재료의 동일성을 확인하는 것으로 이 호의 규정에 따른 재료시험의 전부 또는 일부를 면제할 수 있다.

가. 열화시험

3개 이상의 시편을 70℃의 항온조에 각각 30일, 90일 및 180일간 유지한 후 「플라스틱 및 기타 전기절연재료의 충격저항시험방법」(KS C 2128)의 시험방법A(아이조드형)를 적용하는 충격강도와 「섬유 강화 플라스틱 복합 재료·굴곡 물성의 측정」(KS M ISO 14125)에서 정하는 휨강도와 휨탄성율을 측정하여 초기상태 측정치의 80% 이상의 수치를 가질 것.

나. 침지시험

탱크에 저장되는 위험물별로 다음 표에 정한 내화학성 시험용 액체를 만들고 그 액체를 38℃로 유지한 상태에서 시편을 180일 동안 침지시킨 후 「플라스틱 및 기타 전기절연재료의 충격저항시험방법」(KS C 2128)의 시험방법A(아이조드형)를 적용하는 충격강도와 「섬유 강화 플라스틱 복합 재료·굴곡 물성의 측정」(KS M ISO 14125)에서 정하는 휨강도와 휨탄성율을 측정하여 Type A에 침지하였던 시편은 균열·파열·연화 등의 손상이 없고 초기상태 측정치의 50% 이상의 수치를 가져야 하며,

Type B에 침지하였던 시편은 초기상태 측정치의 30% 이상의 수치를 가질 것.

Type A			Type B
석유제품 저장용	알코올 또는 알코올/석유 혼합유 저장용	알코올/석유 혼합유 저장용	모든 위험물 저장용
삭제〈2013.12.17.〉	Ethanol (100%)	10% Ethanol–90% Reference Fuel C	Toluene
Regular Unleaded Gasoline	10% Ethanol–90% Reference Fuel C	30% Ethanol–70% Reference Fuel C	Distilled Water or Deionized Water
No. 2 Fuel Oil	15% Ethanol–85% Reference Fuel C		Hydrochloric Acid(5%)
ASTM Reference Fuel C	30% Ethanol–70% Reference Fuel C		Nitric Acid(5%)
Sulfuric Acid(pH=3)	50% Ethanol–50% Reference Fuel C		Sodium Carbonate–Sodium Bicarbonate Solution(pH=10)
Saturated Sodium Chloride	Methanol(100%)		Sodium Hydroxide Solution(pH=12)
No. 6 Fuel Oil	15% Methanol–85% Reference Fuel C		
	50% Methanol–50% Reference Fuel C		

※ 비고

1. "Reference Fuel C"는 ASTM D 479-79의 Rubber Property–effect of Liquid의 시험방법에 사용되는 것을 말한다.
2. "Distilled Water"(증류수)는 25℃에서 불순물 2.0ppm 이하, 전기전도도 5.0micromhos/cm 이하인 type Ⅳ 등급을 말한다(ASTM D 1193-77).
3. "Deionized Water"(이온제거수)는 25℃에서 전기전도도 5.0micromhos/cm 이하인 type Ⅳ등급을 말한다(ASTM D 1193-77).
4. "%"는 중량백분율을 말한다.
5. "pH10"은 Sodium Carbonate 10.6g/L와 Sodium Bicarbonate 8.4g/L을 혼합하여 얻으며 pH측정기를 사용하여 시험중 수차례 확인하여야 한다.

다. 충격 및 내한시험

영하 29℃의 냉동조에서 16시간 동안 유지한 4개의 시편에 1.8m의 높이에서 0.536kg의 철구(鐵球)를 떨어뜨려 적층면이 깨지거나 파손되지 아니할 것. 이 경우 시편은 한 변이 227mm 이상이고 다른 한 변이 130mm 이상인 직사각형이어야 한다.

라. 내광성 및 내후성시험

시편을 63±1.5℃에서 「자외선 카본아크등식 내광성 및 내후성 시험기」(KS B 5548)

에 의하여 방사되는 자외선에 102분간 노출시키고 자외선 및 물에 18분간 노출시키는 것을 1싸이클(120분)로 하여 360시간동안 노출시킨 후 「플라스틱 및 기타 전기절연재료의 충격저항시험방법」(KS C 2128)의 시험방법A(아이조드형)를 적용하는 충격강도와 「섬유 강화 플라스틱 복합 재료·굴곡 물성의 측정」(KS M ISO 14125)에서 정하는 휨강도와 휨탄성율을 측정하여 초기상태 측정치의 80% 이상의 수치를 가질 것.

마. 경도시험

「섬유 강화 플라스틱 복합 재료·굴곡 물성의 측정」(KS M ISO 14125)에서 정하는 방법에 따라 측정하여 경도가 40 이상일 것.

② 제1항의 규정에 따른 성능시험에 있어서 탱크제조자가 자체적으로 시험한 사항이 동항의 기준에 적합한 것으로 인정되거나 기술원으로부터 형식시험을 받은 경우에는 제1항의 시험항목 중 제1호가목의 규정에 따른 기밀시험과 제2호가목의 규정에 따른 수압시험 외의 시험은 면제한다.

③ 제105조제1항의 규정에 따른 이중벽탱크의 구조에 적합하여야 한다.

제39조(강제 이중벽탱크의 성능시험)

① 규칙 별표 8 Ⅱ제6호의 규정에 따른 이중벽탱크의 성능시험 중 강제 이중벽탱크에 대한 것은 다음 각 호에 정하는 기준에 따른다.

1. 탱크본체에 대하여 수압시험을 실시하거나 비파괴시험 및 기밀시험을 실시하여 새거나 변형되지 아니할 것. 이 경우 수압시험은 검지관, 스페이서, 노즐 및 맨홀보호틀을 설치한 후에 실시하여야 한다.
2. 감지층에 20kPa의 공기압을 가하여 10분 동안 유지하였을 때 압력강하가 없을 것.
3. 제106조제1항의 규정에 따른 이중벽탱크의 구조에 적합할 것.

제40조(시험성적서)

(생략)

제4장 제조소등의 기술기준

제41조(연소의 우려가 있는 외벽)

규칙 별표 4 Ⅳ제2호의 규정에 따른 연소(延燒)의 우려가 있는 외벽은 다음 각 호의 1에 정한 선을 기산점으로 하여 3m(2층 이상의 층에 대해서는 5m) 이내에 있는 제조소등의 외벽을 말한다. 다만, 방화상 유효한 공터, 광장, 하천, 수면 등에 면한 외벽은 제외한다.

1. 제조소등이 설치된 부지의 경계선
2. 제조소등에 인접한 도로의 중심선
3. 제조소등의 외벽과 동일부지 내의 다른 건축물의 외벽간의 중심선

제42조(특정옥외저장탱크의 지반의 범위)

① 규칙 별표 6 Ⅳ제2호나목1)의 규정에 따른 지반의 범위는 기초의 외측이 지표면과 접하는 선의 범위 내에 있는 지반으로서 지표면으로부터 깊이 15m까지로 한다.

② 규칙 별표 6 Ⅳ제2호나목2)의 규정에 따른 지반의 범위는 다음 각 호와 같다.

1. 깊이의 범위는 지표면으로부터 다음 각목에 정한 것으로 할 것.
   가. 탱크의 하중을 지지하는 지층이 수평층상(표준관입시험에 의한 표준관입시험치가 20 이상에 상당하는 두께의 수평지층이 존재하고 당해 지층과 지표면의 사이에 쐐기모양의 지층이 존재하지 않는 상태를 말한다. 제43조에서 같다)인 경우에는 지표면으로부터 깊이 15m
   나. 가목에 해당하는 지층 외의 것은 규칙 별표 6 Ⅳ 제2호나목2)가)의 규정에 따른 탱크 하중에 대한 지지력의 안전율 및 계산침하량을 확보하는데 필요한 깊이
2. 평면의 범위는 다음 식에 의하여 구한 수평거리(당해 거리가 5m 미만인 경우에는 5m, 10m를 초과하는 경우에는 10m)에 특정옥외저장탱크의 반경을 더한 거리를 반경으로 하여 특정옥외저장탱크의 밑판의 중심을 중심으로 한 원의 범위로 할 것.

$$L=\frac{2}{3}\ell$$

L은 수평거리 (단위 m)
ℓ은 제1호의 규정에 따른 지표면으로부터의 깊이 (단위 m)

제43조(특정옥외저장탱크의 지반의 지지력의 안전율 및 계산침하량)

① 규칙 별표 6 Ⅳ 제2호나목2)가)의 규정에 따른 지지력의 안전율의 수치는 1.5 이상으로 한다.

② 규칙 별표 6 Ⅳ 제2호나목2)가)의 규정에 따른 계산침하량의 수치는 탱크의 직경에 따라 다음 표에 정한 수치(탱크 하중을 지지하는 지층이 수평층상인 경우에는 당해 침하량의 3배의 수치) 이하이어야 한다.

탱크의 직경	침 하 량
15m 미만	5cm의 부등침하
15m 이상	당해 탱크의 직경의 1/300에 해당하는 수치의 부등침하

제44조(특정옥외저장탱크의 지반의 지정)

규칙 별표 6 Ⅳ제2호나목2)나)의 규정에 따른 기초는 동호라목의 규정에 의하여 성토한 것으로 한다.

제45조(특정옥외저장탱크의 지질의 제한)

규칙 별표 6 Ⅳ제2호나목2)나)의 규정에 따른 지질은 사질토로서 다음 각 호의 1에 해당하는 것으로 한다.

1. 지반의 지질이 다음 각목에 해당하는 것.
   가. 지하수에 의하여 포화되어 있는 것.
   나. 입경가적곡선(粒徑加積曲線)에 의한 통과중량백분율의 50%에 상당하는 입경(D_{50})이 2.0mm 이하의 것.
   다. 다음 중 하나에 해당하는 것.
      (1) 다음 표에 정한 세립분함유율(0.075mm의 체를 통과하는 토립자의 함유율을 말한다)의 구분에 따른 표준관입시험치 이하인 것.

세립분함유율	표준관입시험치	
	A	B
5% 미만	12	15
5% 이상 10% 이하	8	12
10% 초과 35% 미만	6	7

※ 비고
1. A는 탱크의 밑판의 중심을 중심으로 당해 탱크의 반경에서 5m를 뺀 수치를 반경으로 하는 원의 범위 내의 사질토에 관계된 수치를 말한다.
2. B는 제42조제2항제2호의 규정에 따른 평면의 범위(비고 1의 범위를 제외한다) 내의 사질토에 관계된 수치를 말한다.

      (2) 제46조의 식에 의하여 구한 F_L의 수치가 1 이하 일 것.
2. 지표면으로부터 깊이가 20m 이내의 지질이 다음 각목에 해당하는 것.
   가. 제46조의 식에 의하여 구한 지질의 액상화지수가 5를 초과하는 것.
   나. 제1호가목 및 나목에 해당하는 것.

제46조(특정옥외저장탱크의 지반의 액상화지수 계산방법)

$$P_L = \int_0^{20} F \cdot \omega(x)dx$$

P_L은 지반의 액상화지수

F는 $F_L < 1.0$인 경우 $1 - F_L$, $F_L \geqq 1.0$인 경우 0, $F_L = R/L$

F_L은 액상화에 대한 저항율

R 은 동적전단강도비(動的剪斷强度比)로서 다음 식에 의하여 구한 수치

$$R = R_1 + R_2 + R_3$$

$$R_1 = 0.0882\sqrt{\frac{100N}{\sigma'_v + 70}}$$

$$R_2 = 0.19 \quad (0.02\text{mm} \leqq D_{50} \leqq 0.05\text{mm})$$

$$R_2 = 0.225\log_{10}(0.35/D_{50}) \quad (0.05\text{mm} < D_{50} \leqq 0.6\text{mm})$$

$$R_2 = -0.05(0.6\text{mm} < D_{50} \leqq 2.0)$$

$$R_3 = 0.0(0\% \leqq F_C \leqq 40\%)$$

$$R_3 = 0.004F_C - 0.16 \quad (40\% < F_C \leqq 100\%)$$

σ'_v 은, 유효상재압(有效上載壓) (단위 kN/m^2)

N 은 표준관입시험치

D_{50}은 입경가적곡선에 의한 통관중량백분율 50%에 상당하는 입경 (단위 mm)

F_C 은 세립분함유율

L 은 지진시의 전단응력비

$$\omega(x) = 10 - 0.5x$$

x는 지표면으로부터의 깊이 (단위 m)

제47조(특정옥외저장탱크의 지반의 활동의 안전율)

규칙 별표 6 Ⅳ제2호다목의 규정에 따른 안전율은 1.2 이상의 수치로 한다.

제48조(특정옥외저장탱크의 지반의 성토의 구조)

규칙 별표 6 Ⅳ제2호라목의 규정에 따른 성토의 구조는 다음 각 호와 같다.

1. 두께 0.3m 이하로 균일하게 메울 것.
2. 기초견(기초의 상부 중 탱크가 설치된 부분 외의 부분을 말한다. 이하 같다)의 최소폭은 특정옥외저장탱크의 직경이 20m 미만의 것에 있어서는 1m 이상, 20m 이상의 것에 있어서는 1.5m 이상일 것.
3. 기초견의 경사도는 1/20 이하이고 기초의 측면의 경사도는 1/2 이하 일 것.

4. 기초견 및 기초의 측면은 빗물 등이 침투하지 않도록 아스팔트 등으로 보호할 것.
5. 메움이 완료된 후에는 성토를 굴삭하지 말 것. 다만, 규칙 별표 6 Ⅳ제2호바목의 규정에 의하여 기초를 보강하기 위한 조치를 하는 경우 등의 필요가 있는 때에는 그러하지 아니하다. 이 경우에 있어서 당해 성토의 되메우는 부분은 성토가 부분적으로 침하하지 않도록 입자가 고른 쇄석 또는 소일시멘트 등으로 메우고 특정옥외저장탱크의 침하를 방지하기 위한 판을 설치하는 등의 조치를 강구 할 것.
6. 성토의 표면 마감은 다음 각목에 의할 것.
   가. 옆판의 외부근방의 표면은 당해 원주상의 10m 이하의 등간격의 점(당해 점의 합계가 8 미만인 경우에는 8점으로 한다) 상호간 고저차의 최고치가 25mm 이하이고 인접한 점 상호간의 고저차가 10mm 이하 일 것.
   나. 성토의 표면은 특정옥외저장탱크의 밑판의 중심을 중심으로 하여 반경을 10m씩 증가한 동심원(특정옥외저장탱크의 직경이 40m 이하의 것에 있어서는 당해 특정옥외저장탱크의 반경의 1/2을 반경으로 한 원으로 하며, 직경이 40m를 초과하는 것에 있어서는 가목에 의한 원가의 간격이 10m 미만이 되는 원은 제외한다)을 그리고 각 원주상의 10m 이하의 등간격의 점 상호간 고저차의 최고치가 25mm 이하이고 인접한 점 상호간 고저차가 10mm 이하 일 것.

제49조(특정옥외저장탱크의 지반의 기초의 보강)

① 규칙 별표 6 Ⅳ제2호바목의 규정에 따른 기초를 보강하기 위한 조치는 특정옥외저장탱크의 옆판의 직하 또는 옆판의 외측 근방에 철근콘크리트링을 설치하는 것에 의한다. 다만, 옆판의 직하에 있어서는 쇄석링에 의하는 것도 가능하다.

② 제1항의 조치를 철근콘크리트링에 의하여 행하는 경우에는 다음 각 호에 정한 것에 의하여야 한다.

1. 철근콘크리트링의 높이는 1m 이상 일 것.
2. 철근콘크리트링의 상부의 폭은 1m(옆판의 외측 근방에 설치하는 것에 있어서는 0.3m) 이상일 것.
3. 콘크리트의 설계기준강도는 $21N/mm^2$ 이상으로 할 것.
4. 콘크리트의 허용압축응력도는 $7N/mm^2$ 이상으로 할 것.
5. 콘크리트의 허용굽힘인장응력도는 $0.3N/mm^2$ 이상으로 할 것.
6. 철근의 허용응력도는 「철근콘크리트용봉강」(KS D 3504)의 규격에 적합하거나 또는 이와 동등 이상의 성능이 있을 것.
7. 옆판의 직하에 설치하는 철근콘크리트링에는 당해 철근콘크리트링의 내부에 침투한

물을 배제하기 위한 배수구를 설치하고 당해 철근콘크리트링의 상부와 특정옥외저장탱크의 저부와의 사이에 완충재를 설치할 것.

③ 제1항의 조치를 쇄석링에 의하여 행하는 경우에는 다음 각 호에 정한 것에 의한다.

1. 쇄석링의 높이 및 상부의 폭은 2m 이상 일 것.
2. 쇄석링에 사용되는 쇄석은 최대입경이 50mm 이하이고, 충분한 메움이 될 수 있도록 입자가 고른 것일 것.
3. 쇄석링은 평판재하시험치[5mm 침하시의 시험치(K_{30}치)로 한다.]가 200MN/m^3 이상의 수치를 가질 것.

④ 제1항의 규정에 따른 방법으로 보강하는 것이 현장상황에 적합하지 아니한 경우에는 이와 동등 이상의 다른 방법으로 할 수 있다.

제50조(특정옥외저장탱크의 저장 위험물의 비중)

특정옥외저장탱크에 저장하는 위험물의 중량에 있어서 당해 저장위험물의 비중이 1.0에 달하지 않는 경우에는 당해 비중을 1.0으로 계산한다.

제51조(특정옥외저장탱크의 지지력의 계산방법)

특정옥외저장탱크의 지반의 지지력의 계산방법은 다음 각 호의 식 또는 이와 동등 이상의 정밀성을 갖는 식에 의한다. 다만, 제49조제2항 및 제3항의 규정에 따른 특정옥외저장탱크의 옆판의 직하에 설치하는 철근콘크리트링 또는 쇄석링(쇄석링의 상부가 당해 탱크의 옆판의 내측에서 2m 이상 밖으로 나가 있는 것에 한한다)을 설치하는 경우에는 제1호의 식에 의한다.

1. $qd_1 = 1.3\mathrm{C} \cdot N_c + 0.3\gamma_1 \cdot \mathrm{B} \cdot N_\gamma + \gamma_2 \cdot D_f \cdot N_q$
2. $qd_2 = 1.0\mathrm{C} \cdot N_c + 0.75\gamma_1 \cdot N_\gamma + \gamma_2 \cdot D_f \cdot N_q$

qd_1 는 지반의 극한지지력 (단위 kN/m^2)

qd_2 는 국부적 지반의 극한지지력 (단위 kN/m^2)

C 는 점착력 (단위 kN/m^2)

N_c, N_q 및N_γ는 지지력계수(다음 표의 내부마찰각에 따라 구한 수치)

γ_1 및γ_2는 근입의 하방 및 상방에 있는 땅의 유효단위체적중량 (단위 kN/m^3)

B 는 특정옥외저장탱크의 직경 (단위 m)

D_f 는 지표면으로부터의 근입깊이 (단위 m)

N_c의 수치						
내부마찰각	0°	10°	20°	27.5°	40°	50°
지지력계수	5.3	5.3	8	11.5	95	95

※ 비고
내부마찰각 0°에서 10°까지 및 40°에서 50°까지는 지지력계수의 증가율이 없으며, 10°에서 20°까지, 20°에서 27.5°까지 및 27.5°에서 40°까지의 지지력계수의 증가율은 각각 당해 구간의 증가율로 일정하게 증가한다.

N_q의 수치						
내부마찰각	0°	27.5°	30°	35°	40°	50°
지지력계수	1.6	7.75	10	26	81	81

※ 비고
내부마찰각 40°에서 50°까지는 지지력계수의 증가율이 없으며, 0°에서 27.5°까지, 27.5°에서 30°까지, 30°에서 35°까지 및 35°에서 40°까지의 지지력계수의 증가율은 각각 당해 구간의 증가율로 일정하게 증가한다.

N_γ의 수치						
내부마찰각	13°	20°	28°	30°	35°	40°
지지력계수	1	2	4.75	6	26	120

※ 비고
내부마찰각 0°에서 10°까지 및 40°에서 50°까지는 지지력계수의 증가율이 없으며, 10°에서 20°까지, 20°에서 27.5°까지 및 27.5°에서 40°까지의 지지력계수의 증가율은 각각 당해 구간의 증가율로 일정하게 증가한다.

제52조(특정옥외저장탱크의 침하량의 계산방법)

1. $S = \int \frac{C_c}{1+e_0} \log \frac{P_1 + \Delta P}{P_0} dZ$ (점성토층)

2. $S = 4.00 \times 10^{-3} \int \frac{P_1}{N} \log \frac{P_1 + \Delta P}{P_1} dZ$ (사질토층)

S 는 침하량 (단위 m)

C_c는 표준압밀시험에 의하여 구한 압축지수

e_0 는 표준압밀시험에 의하여 구한 초기간극비

P_1 은 유효토피(土被)하중 (단위 kN/m^2)

ΔP는 탱크하중에 의한 증가지중하중 (단위 kN/m^2)

P_0 는 압밀항복하중 (단위 kN/m^2)

Z 는 지표면으로부터의 깊이 (단위 m)

N 은 표준관입시험치

제53조(특정옥외저장탱크의 활동의 계산방법)

$$F = \frac{\Sigma(1.3C\ell + W\cdot\cos\theta\cdot\tan\psi)}{\Sigma W_0 \sin\theta}$$

F 는 안전율

C 는 점착력 (단위 kN/m^2)

ℓ 은 분할편에 있어서 활동면(滑動面)의 길이 (단위 m)

W는 분할편에 있어서 폭 1m당 유효중량 (단위 kN/m)

θ 는 분할편에 있어서의 활동면과 수평면과의 각도

ψ 는 내부마찰각

W_0 는 분할편에 있어서 폭 1m당 전(全)중량 (단위 kN/m)

제54조(특정옥외저장탱크의 기초 및 지반에 관계된 시험)

규칙 별표 6 Ⅳ 제4호의 규정에 따른 시험은 다음 각 호와 같다.

1. 규칙 별표 6 Ⅳ 제2호나목3)의 규정에 따른 지반의 견고성을 확인하기 위한 시험
2. 규칙 별표 6 Ⅳ 제2호라목의 규정에 따른 기초의 견고성을 확인하기 위한 시험
3. 제49조제3항제3호의 규정에 의한 평판재하시험

제55조(특정옥외저장탱크의 허용응력)

① 규칙 별표 6 Ⅶ제2호가목의 규정에 따른 본체에 발생하는 허용응력은 다음 각 호와 같다.

1. 주하중에 의한 허용응력은 다음 표에 의할 것.

응력의 종류	허용응력
인장응력	S
압축응력	S 또는 S′중 작은 수치

※ 비고

1. S는 재료의 규격최소항복점 또는 0.2%내력(耐力)의 60%의 수치 (단위 N/mm^2)
2. S′는 다음 식에 의하여 구한 수치

$$S' = \frac{0.4E \cdot t}{\gamma \cdot D}$$

E는 205,939.7 (단위 N/mm^2)

t 는 좌굴을 구한 단의 옆판의 두께 (단위 mm)

γ 는 2.25

D는 특정옥외저장탱크의 내경 (단위 mm)

2. 주하중과 풍하중 또는 지진의 영향과의 조합에 의한 허용응력은 제1호에 의한 허용응력에 1.5를 곱한 수치로 할 것.

② 〈2009.3.17 삭제〉

제56조(특정옥외저장탱크의 보유수평내력등의 계산방법)

규칙 별표 6 Ⅶ제2호나목 후단의 규정에 따른 보유수평내력 및 필요보유수평내력의 계산방법은 다음 각 호와 같다.

1. 보유수평내력은 다음 식에 의할 것.

$$Q_y = 2\pi R^2 q_y / 0.44H$$

Q_y 는 보유수평내력(단위 N)

R 은 탱크의 반경(단위 mm)

q_y 는 저부의 판의 단위폭당의 부상저항력으로서 다음 식에 의하여 구한 수치 (단위 N/mm)

$$q_y = 2t_b \frac{\sqrt{1.5p\sigma_y}}{3}$$

t_b 는 에뉼러판의 두께(단위 mm)

p 는 정액압 (단위 MPa)

σ_y는 에뉼러판의 실항복강도 (단위 N/mm)

H는 최고액면높이 (단위 mm)

2 필요보유수평내력은 다음 시에 의할 것.

$$Q_{wd} = 0.15\nu_1 \cdot \nu_2 \cdot \nu_3 \cdot \nu_p \cdot D_S W_o$$

Q_{wd}는 필요보유수평내력 (단위 N)

ν_1 는 지역별 보정계수(제60조제2항제1호가목을 준용한다)

ν_2 는 지반별 보정계수(제60조제2항제1호나목을 준용한다)

ν_3 는 특정옥외저장탱크의 고유주기를 고려한 응답배율(제60조제2항제1호다목을 준용한다)

ν_p 는 소성(塑性)설계계수 1.5

D_S 는 구조특성계수

W_o 는 유효액중량 (단위 N)

제57조(특정옥외저장탱크의 옆판등의 최소두께 등)

규칙 별표 6 Ⅶ 제2호다목의 규정에 따른 옆판, 밑판 및 지붕의 최소두께와 에뉼러판의 너비 및 최소두께는 다음 각 호와 같다.

1. 옆판의 최소두께는 다음 표에 의할 것.

내경 (단위 m)	두께 (단위 mm)
16 이하	4.5
16 초과 35 이하	6
35 초과 60 이하	8
60 초과	10

2. 밑판의 최소두께는 특정옥외저장탱크의 용량이 1,000kℓ 이상 10,000kℓ 미만의 것에 있어서는 8mm로 하고, 10,000kℓ 이상의 것에 있어서는 9mm로 할 것. 다만, 저장하는 위험물의 성상 등에 따라 밑판이 부식할 우려가 없다고 인정되는 경우에는 당해 밑판의 두께를 감소할 수 있다.
3. 지붕의 최소 두께는 4.5mm로 할 것.
4. 에뉼러판의 옆판외면에서 바깥으로 연장하는 최소길이, 옆판내면에서 탱크중심부로 연장하는 최소길이 및 최소두께는 다음 표에 의할 것.

옆판의 최하단 두께 (단위 mm)	에뉼러판의 각 길이 (단위 mm)		
	옆판외면에서 바깥으로 연장하는 최소길이	옆판내면에서 탱크중심부로 연장하는 최소길이	최소 두께
15 초과 20 이하	75	1,000	12
20 초과 25 이하	100	1,500	15
25 초과 30 이하	100	1,500	18
30 초과	100	1,500	21

제58조(특정옥외저장탱크의 주하중 및 종하중)

특정옥외저장탱크에 관계된 주하중 및 종하중(제59조 및 제60조에 정한 것은 제외한다)의 계산방법은 다음 각 호에 의한다.

1. 특정옥외저장탱크의 자중은 당해 특정옥외저장탱크의 강재의 비중을 7.85로 계산할 것.
2. 저장하는 위험물의 중량에 있어서는 당해 저장하는 위험물의 비중이 1.0에 달하지 아니하는 때는 당해 비중을 1.0으로 계산할 것.
3. 온도변화의 영향은 저장하는 위험물의 최고액체온도와 당해 특정옥외저장탱크을 설치한 지역의 연간 평균기온과의 차이로 계산하고, 특정옥외저장탱크의 강재 선팽창계수를 12×10^{-6}으로 계산할 것.
4. 적설하중은 적설량이 $1m^2$당 1cm에 19.6N 이상으로 계산할 것.

제59조(특정옥외저장탱크의 풍하중 등)

① 특정옥외저장탱크에 관계된 풍하중의 계산방법은 다음 각 호에 의한다.
(본문 내용 참고)

② 특정옥외저장탱크에 보강링(windguard)을 설치하는 경우 단면계수 등의 계산방법

1. 보강링의 필요단면계수는 특정옥외저장탱크의 옆판의 최상부에 설치하는 것(이하 "상부보강링"이라 한다)에 있어서는 가목의 식에 의하여, 상부보강링 외의 것(이하 "중간보강링"이라 한다)에 있어서는 나목의 식에 의하여 구한 수치에서 설계에 관계된 상부보강링 또는 중간보강링의 형상을 고려하여 제2호에 의하여 구한 단면계수의 수치를 뺀 수치를 초과하는 수치로 할 것.

가. $Z=0.042D^2\cdot H\cdot(\frac{V}{45})^2$

Z는 단면계수 (단위 cm^3)
D는 특정옥외저장탱크의 내경 (단위 m)
H는 특정옥외저장탱크의 저부에서 상부보강링을 부착한 위치까지의 높이(단위 m)
V는 $62(\frac{h}{15})^{\frac{1}{4}}$ (단위 m/s)
h는 지반면에서 상부보강링을 부착한 위치까지의 높이 (단위 m)

나. $Z=0.042D^2\cdot H\cdot(\frac{V}{45})^2$

Z는 단면계수 (단위 cm^3)
D는 특정옥외저장탱크의 내경 (단위 m)
H는 상부보강링과 중간보강링 또는 중간보강링 상호의 부착 간격 (단위 m)
V는 $62(\frac{h}{15})^{\frac{1}{4}}$ (단위 m/s)

h 는 지반면에서 중간보강링을 부착한 위치까지의 높이 (단위 m)

2. 제1호에 의하여 빼야할 단면계수의 수치는 다음 각목에 의할 것.

가. 상부보강링에 있어서는 당해 상부보강링의 부착 폭에 당해 상부보강링을 부착한 위치의 상방 및 하방으로 각각 옆판 두께의 16배에 상당하는 수치를 더한 수치(상부보강링의 부착위치에서 옆판의 최상단까지의 간격이 당해 옆판 두께의 16배 미만인 경우는 당해 부착폭에 당해 간격과 당해 상부보강링을 부착한 위치의 하단으로 옆판 두께의 16배에 상당하는 수치를 더한 수치)를 폭으로 하는 옆판의 판두께 방향의 단면계수의 수치

나. 중간보강링에 있어서는 당해 중간보강링 부착 폭에 당해 중간보강링을 부착한 위치의 상방 및 하방으로 다음 식에 의하여 구한 수치를 더한 수치를 폭으로 하는 옆판의 판두께 방향의 단면계수의 수치

$$L = 1.34\sqrt{D \cdot t}$$

L 은 구하는 수치 (단위 cm)

D 는 특정옥외저장탱크의 내경 (단위 m)

t 는 중간보강링을 부착한 옆판의 두께(부식여유두께를 제외한다) (단위 mm)

3. 중간보강링의 설치위치는 다음 식에 의할 것.

$$H = 9.46t\sqrt{\left(\frac{t}{D}\right)^3 \left(\frac{45}{V}\right)^2}$$

H 는 상부보강링과 중간보강링 또는 중간보강링 상호의 간격 (단위 m)

t 는 상부보강링과 중간보강링 또는 중간보강링과 중간보강링을 부착한 위치의 범위내에 있는 옆판의 두께(부식여유두께를 제외한다)에서 구한 가중평균판두께 (단위 mm)

D 는 특정옥외저장탱크의 내경 (단위 m)

V 는 $62\left(\frac{h}{15}\right)^{\frac{1}{4}}$ (단위 m/s)

h 는 지반면에서 중간보강링을 부착한 위치까지의 높이 (단위 m)

제60조(특정옥외저장탱크의 지진의 영향)

① 특정옥외저장탱크에 관계된 지진의 영향은 다음 각 호에 규정한 지진동(地震動)에 의한 관성력 등에 의하여 발생하는 영향을 말한다.

1. 수평방향 및 수직방향 지진동에 의한 탱크본체 관성력
2. 수평방향 및 수직방향 지진동에 의한 옆판부에 작용하는 동액압(動液壓)

3. 수평방향 지진동에 의한 저부수평력
4. 수평방향 지진동에 의한 옆판부의 모멘트
5. 수평방향 지진동에 의한 밑판부의 모멘트
6. 액면요동(液面搖動)에 의한 옆판부에 작용하는 동액압(動液壓)
7. 액면요동에 의한 저부수평력
8. 액면요동에 의한 옆판부의 모멘트
9. 액면요동에 의한 밑판부의 모멘트

② 지진 영향에 관한 특정옥외저장탱크의 설계진도 계산방법은 다음 각 호에 의한다.

1. 설계수평진도는 다음 식에 의한 것.

$$Kh_1 = 0.15\nu_1 \cdot \nu_2 \cdot \nu_3$$

Kh_1은 설계수평진도

ν_1은 지역별보정계수(가목의 표)

ν_2는 지반별보정계수(나목의 표)

ν_3는 특정옥외저장탱크의 고유주기에 따른 응답배율(다목의 표)

가. 지역별보정계수

지역의 구분	지역별보정계수
서울특별시, 인천광역시, 대전광역시, 부산광역시, 대구광역시, 울산광역시, 광주광역시, 경기도, 강원도남부(강릉시, 동해시, 삼척시, 원주시, 태백시, 영월군, 정선군), 충청북도, 충청남도, 경상북도, 경상남도, 전라북도, 전라남도북동부(광양시, 나주시, 순천시, 여수시, 곡성군, 구례군, 담양군, 보성군, 장성군, 장흥군, 화순군)	0.7
강원도북부(속초시, 춘천시, 고성군, 양구군, 양양군, 인제군, 철원군, 평창군, 화천군, 홍천군, 횡성군), 전라남도남서부(목포시, 강진군, 고흥군, 무안군, 신안군, 영광군, 영암군, 완도군, 진도군, 함평군, 해남군), 제주도	0.6

나. 지반별보정계수

지반의 구분	제3기 이전의 지반(이하 이표에서 "암반"이라 한다) 또는 암반까지의 홍적층의 두께가 10m 미만인 지반(이하 "1종 지반"이라 한다)	암반까지의 홍적층의 두께가 10m 이상인 지반 또는 암반까지의 충적층의 두께가 10m 미만인 지반(이하 "2종 지반"이라 한다)	암반까지의 충적층의 두께가 10m 이상 25m 미만이고 내진설계상 지지력을 무시할 필요가 있다고 인정되는 토층의 두께가 5m 미만인 지반(이하 "3종 지반"이라 한다)	그밖의 지반(이하 "4종 지반"이라 한다)
보정계수	1.50	1.67	1.83	2.00

다. 특정옥외저장탱크의 고유주기에 따른 응답배율

1종지반					
특정옥외저장탱크의 고유주기	0.05	0.06	0.2	0.5	1.0
응답배율	1.0	1.0	2.2	1.5	0.75

- 특정옥외저장탱크의 고유주기 0.05에서 0.06까지는 응답배율의 증가율이 없으며, 0.06에서 0.2까지, 0.2에서 0.5까지 및 0.5에서 1.0까지의 응답배율의 증감율은 각각 당해 구간의 증감율로 일정하게 증감한다.

2종지반 또는 3종지반				
특정옥외저장탱크의 고유주기	0.07	0.2	0.6	1.0
응답배율	1.0	1.9	1.6	0.96

- 특정옥외저장탱크의 고유주기 0.07에서 0.2까지, 0.2에서 0.6까지 및 0.6에서 1.0까지의 응답배율의 증감율은 각각 당해 구간의 증감율로 일정하게 증감한다.

4종지반				
특정옥외저장탱크의 고유주기	0.08	0.2	0.7	1.0
응답배율	1.0	1.6	1.8	1.26

- 특정옥외저장탱크의 고유주기 0.08에서 0.2까지, 0.2에서 0.7까지 및 0.7에서 1.0까지의 응답배율의 증감율은 각각 당해 구간의 증감율로 일정하게 증감한다.

※ 비고

특정옥외저장탱크의 고유주기의 계산방법은 다음 식에 의할 것

$$T_{b}=\frac{2}{\lambda}\cdot\sqrt{\frac{W}{\pi\cdot g\cdot E\cdot t_{1/3}}}\cdot j$$

T_b 은 특정옥외저장탱크의 고유주기 (단위 s)

λ 는 $0.067(H/D)^2-0.30(H/D)+0.46$

H 는 최고액면 높이 (단위 m)

D 는 특정옥외저장탱크의 내경 (단위 m)

W 는 위험물의 저장중량 (단위 kN)

g 는 중력가속도 (단위 ㎨)

E 는 205,939.7 (단위 N/mm^2)

$t\frac{1}{3}$ 은 탱크저부에서 최고액면 높이의 1/3의 높이에 있는 옆판의 두께(부식여유두께를 제외한다) (단위 mm)

j 는 기초 및 지반과 탱크본체와의 연성(連成)의 영향에 근거한 보정계수로서 4종지반상에 설치된

직접기초형식의 특정옥외저장탱크에 있어서는 1.1로 하고, 그 외의 특정옥외저장탱크에 있어서는 1.0으로 한다.

2. 설계수직진도는 설계수평진도의 30% 이상으로 할 것.
3. 액면요동의 설계수평진도는 다음 식에 의할 것.

$$Kh_2 = 0.15\nu_1 \cdot \nu_4$$

Kh_2는 액면요동의 설계수평진도

ν_1은 지역별보정계수(제60조제2항제1호가목을 준용한다)

ν_4는 액면요동의 고유주기에 따른 응답배율로서 다음 식에 의하여 구한 수치

$$\nu_4 = \frac{4.5}{T_s}$$

Ts는 액면요동의 고유주기로서 다음 식에 의하여 구한 수치

$$T_s = 2\pi\sqrt{\frac{D}{3.68g} \cdot \coth\left(\frac{3.68H}{D}\right)}$$

T_s는 액면요동의 고유주기 (단위 s)

D는 특정옥외저장탱크의 내경 (단위 m)

g 는 중력가속도 (단위 ㎨)

H는 최고액면 높이 (단위 m)

제61조(특정옥외저장탱크의 옆판의 두께 계산방법)

특정옥외저장탱크의 옆판두께는 다음 식에 의하여 구한 수치(옆판 최하단에 있어서는 당해 수치에 1.18을 곱한 수치)에 부식여유두께를 더한 수치로 한다.

$$t = \frac{D(H-0.3)\rho}{0.204S}$$

t 는 최소필요두께 (단위 mm)

D는 특정옥외저장탱크의 내경 (단위 m)

H는 옆판의 두께를 구한 단의 하단에서 저장한 위험물의 최고액면까지 높이 (단위 m)

ρ 는 저장하는 위험물의 비중

S 는 재료의 규격최소항복점 또는 0.2%내력(耐力)의 60%의 수치 (단위 N/㎟)

제62조(특정옥외저장탱크의 용접시공방법확인시험의 방법 등)

(생략)

제63조(특정옥외저장탱크의 부상지붕등의 구조)

특정옥외저장탱크의 부상지붕 및 저부의 구조는 제55조 내지 제62조의 규정에 의하는 것. 외에 다음 각 호에 의하여야 한다.

1. 부상지붕의 구조는 다음 각목에 의할 것.
   가. 부상지붕은 당해 부상지붕의 부상부분이 칸막이판에 의하여 완전히 구획되고 당해 칸막이판으로 구획된 실(이하 이 호에서 "실"이라 한다)이 1매판구조의 부상지붕에 있어서는 상호 인접한 2개의 실 및 당해 부상지붕의 부상부분 외의 부분이 파손된 경우에, 2매판구조의 부상지붕에 있어서는 상호 인접한 2개의 실이 파손된 경우에 침하하지 않도록 할 것.
   나. 부상지붕의 부력계산에 있어서는 저장하는 위험물의 비중이 0.7 이상인 경우에는 당해 비중을 0.7로 하여 계산 할 것.
   다. 부상지붕은 당해 부상지붕 위에 적어도 250mm에 상당한 물이 체류한 경우에 침하하지 않도록 할 것.
   라. 실에는 맨홀을 설치하고, 당해 맨홀은 다목에 규정한 물의 체류가 있는 경우에도 당해 맨홀을 통하여 실내로 물이 침투하지 아니하는 구조로 하고 당해 맨홀의 뚜껑은 바람 등에 의하여 이탈되지 않도록 할 것.
   마. 부상지붕에는 당해 특정옥외저장탱크를 설치한 지역의 강우량에 따라 필요한 배수능력을 가진 배수설비(저장하는 위험물이 부상지붕 위로 유출하는 것을 방지 할 수 있는 장치를 설치한 것에 한한다)를 설치하고 당해 배수설비가 정상의 기능을 하지 아니하는 경우 또는 당해 배수설비의 배수능력을 초과한 강우가 있는 경우에 배수를 할 수 있는 비상배수설비(저장하는 위험물이 부상지붕 위로 유출하는 것을 방지 할 수 있는 장치를 설치한 것에 한한다)를 설치할 것. 이 경우에 있어서 특정옥외저장탱크의 직경이 40m 이하의 것에 있어서는 구경이 80mm 이상의 배수관을, 직경이 40m를 초과하는 것에 있어서는 구경이 100mm 이상의 배수관을 각각 1개 이상 설치하여야 한다.
   바. 부상지붕에는 부상지붕이 지주로 지지되는 경우에 있어서는 위험물의 출입에 의하여 지붕이 파손되지 않도록 필요한 통기관 등을 설치할 것.
   사. 부상지붕에는 당해 부상지붕을 항상 특정옥외저장탱크의 중심 위치에 유지하고 당해 부상지붕의 회전을 방지하기 위한 기구를 설치할 것.
   아. 부상지붕의 테두리는 신축성이 있고 옆판에 밀착하는 성능을 가진 재료로 피복할 것.
   자. 부상지붕 위에 설치되어 있는 가동사다리, 회전방지설비, 액면측정관, 부상지붕의

테두리 피복등의 활동(滑動)부분에 사용하는 재료 또는 구조는 발화의 우려가 없는 것으로 할 것.

2. 특정옥외저장탱크의 저부에는 지진 등에 의하여 당해 탱크의 저부를 손상할 우려가 있는 것을 설치하지 아니할 것. 다만, 수평 및 수직의 진동에 대하여 안전조치를 강구한 경우에는 그러하지 아니하다.

제64조(특정옥외저장탱크 및 준특정옥외저장탱크의 재료의 규격 등)

① 규칙 별표 6 Ⅵ제1호의 규정에 따른 특정옥외저장탱크 및 준특정옥외저장탱크의 재료의 규격은 다음 각 호에 정한 것 또는 이와 동등 이상의 것으로 한다.

1. 강판은 「일반구조용압연강재」(KS D 3503)(SS400 관련되는 규격에 한한다), 「용접구조용압연강재」(KS D 3515), 「압력용기용강판」(KS D 3521) 또는 「용접구조용내후성열간압연강재」(KS D 3529)
2. 구조용형강은 「일반구조용압연강재」(KS D 3503)(SS400과 관련된 규격에 한한다) 또는 「용접구조용압연강재」(KS D 3515)
3. 강관은 「배관용탄소강관」(KS D 3507), 「압력배관용탄소강관」(KS D 3562)(SPPS38과 관련되는 규격에 한한다), 「일반 구조용 탄소 강관」(KS D 3566)(STK400과 관련되는 규격에 한한다), 「배관용아크용접탄소강강관」(KS D 3583) 또는 「저온 배관용 탄소 강관」(KS D 3569)(SPLT 39와 관련되는 규격에 한한다)
4. 플랜지는 「일반구조용압연강재」(KS D 3503)(SS400과 관련되는 규격에 한한다), 「탄소강단강품」(KS D 3710)(SF390A 또는 SF440A 관련되는 규격에 한한다) 또는 「기계구조용탄소강재」(KS D 3752) (SM20C 또는 SM25C와 관련되는 규격에 한한다)

② 규칙 별표 6 Ⅵ제2호의 규정에 따른 특정옥외저장탱크의 용접부에 대한 비파괴시험 등의 방법 및 기준은 제32조 내지 제36조에 따른다.

제65조(준특정옥외저장탱크의 지반의 범위)

① 규칙 별표 6 Ⅴ제3호나목1)의 규정에 따른 지반의 범위는 기초의 외측이 지표면과 접하는 선의 범위 내에 있는 지반으로 한다.

② 규칙 별표 6 Ⅴ제3호나목2)의 규정에 따른 지반의 범위는 5m에 준특정옥외저장탱크의 반경을 더한 거리를 반경으로 하여 당해 준특정옥외저장탱크의 밑판의 중심을 중심으로 한 원의 범위로 한다.

제66조(준특정옥외저장탱크의 지지력의 안전율)

규칙 별표 6 Ⅴ제3호나목2)가)의 규정에 따른 지지력의 계산방법은 제51조제1호의 식에 의하며 그 안전율의 수치는 3 이상으로 한다.

제67조(준특정옥외저장탱크의 계산침하량)

규칙 별표 6 Ⅴ제3호나목2)가)의 규정에 따른 계산침하량의 계산방법은 제52조의 식에 의하며 그 계산침하량은 0.15m 이하로 한다. 다만, 최고액면높이가 탱크 내경보다 큰 경우에 있어서의 계산침하량은 다음 식에 의한다.

$$S = 0.15 \times \frac{D}{H}$$

H는 준특정옥외저장탱크의 최고액면높이 (단위 m)

D는 준특정옥외저장탱크의 내경 (단위 m)

S는 계산침하량 (단위 m)

제68조(준특정옥외저장탱크의 지질의 제한)

규칙 별표 6 Ⅴ제3호나목2)나)의 규정에 따른 지질은 사질토로서 다음 각 호의 1에 해당하는 것으로 한다.

1. 지표면으로부터 깊이가 3m 이내의 지질이 다음 각목에 해당하는 것.
   가. 지하수에 의하여 포화되어 있는 것.
   나. 입경가적곡선(粒徑加積曲線)에 의한 통과중량백분율의 50%에 상당하는 입경(D_{50})이 2.0mm 이하의 것.
   다. 다음 중 하나에 해당하는 것.
      (1) 다음 표에 정한 세립분함유율(0.075mm의 체를 통과하는 토립자의 함유율을 말한다)의 구분에 따른 표준관입시험치 이하인 것.

세립분함유율	표준관입시험치
5% 미만	15
5% 이상 10% 이하	12
10% 초과 35% 미만	7

      (2) 제46조의 식에 의하여 구한 F_L의 수치가 1 이하 일 것.
2. 지표면으로부터 깊이가 20m 이내의 지질이 다음 각목에 해당하는 것.
   가. 제46조의 식에 의하여 구한 지질의 액상화지수가 5를 초과하는 것.

나. 제1호 가목 및 나목에 해당하는 것.

제69조(준특정옥외저장탱크의 기초의 보강)

규칙 별표 6 Ⅴ제3호나목2)나)의 규정에 따른 기초의 구조는 다음 각 호의 1에 해당하는 것으로 한다.

1. 국부적인 침하를 방지할 수 있는 철근콘크리트스라브를 가지는 것.
2. 국부적인 침하를 방지할 수 있는 일체구조의 철근콘크리트링을 옆판의 직하에 가지는 것.
3. 국부적인 활동(滑動)을 방지할 수 있는 일체구조의 철근콘크리트링을 옆판의 외측에 가지는 것.

제70조(준특정옥외저장탱크의 활동의 안전율)

규칙 별표 6 Ⅴ제3호다목의 규정에 따른 안전율은 1.2 이상의 수치로 한다. 이 경우에 안전율은 제53조에 정한 계산방법에 의하다

제71조(준특정옥외저장탱크의 기초의 구조와 주하중 및 종하중)

① 규칙 별표 6 Ⅴ제3호라목 및 마목의 규정에 따른 기초는 다음 각 호와 같다.
  1. 두께 0.3m 이하로 균일하게 메울 것.
  2. 기초견의 경사도는 1/20 이하이고 기초의 측면의 경사도는 1/2 이하 일 것.
  3. 기초견 및 기초의 측면은 빗물 등이 침투하지 않도록 아스팔트 등으로 보호할 것.

② 준특정옥외저장탱크에 관계된 주하중 및 적설하중, 풍하중, 지진의 영향 등의 종하중의 계산방법은 제58조제1호·제3호·제4호, 제59조제1항 및 제60조제1항제1호 내지 제5호·동조제2항제1호·제2호의 규정을 준용한다. 이 경우 저장하는 위험물의 중량에 있어서는 당해 저장하는 위험물의 실비중에 기초하여 계산할 수 있다.

제72조(준특정옥외저장탱크의 허용응력)

규칙 별표 6 Ⅷ제2호나목 및 다목의 규정에 따른 허용응력은 다음 표와 같다.

응력의 종류	허용응력	
	상시	지진시
인장응력	S	
압축응력		S'

※ 비고

1. S는 다음 식에 의하여 구한 수치

$$S = 2\sigma_y/3$$

σ_y는 사용재료의 실(實)항복강도 (단위 N/mm^2)

2. S'는 다음 식에 의하여 구한 수치

$$S' = \frac{0.4E \cdot t}{\gamma \cdot D}$$

E 는 사용재료의 영(young)율 (단위 N/mm^2)

t 는 좌굴을 구한 단의 옆판의 실두께 (단위 mm)

γ 는 1.1

D 는 준특정옥외저장탱크의 내경 (단위 mm)

제73조(준특정옥외저장탱크의 보유수평내력등의 계산방법)

규칙 별표 6 Ⅷ제3호의 규정에 따른 보유수평내력 및 필요보유수평내력의 계산방법은 제56조를 준용한다.

제74조(옥외저장탱크의 지진동에 의한 관성력 및 풍하중의 계산방법)

규칙 별표 6 Ⅵ제3호나목의 규정에 따른 지진동에 의한 관성력 및 풍하중의 계산방법은 다음 각 호와 같다.

1. 지진동에 의한 관성력은 탱크의 자중과 당해 탱크에 저장하는 위험물의 중량의 합에 설계수평진도를 곱하여 구할 것. 이 경우에 설계수평진도는 다음 식에 의하여 구한다.

   $$Kh'_1 = 0.15\nu_1 \cdot \nu_2$$

   Kh'_1은 설계수평진도

   ν_1은 지역별보정계수 (제60조제2항제1호가목을 준용한다)

   ν_2는 지반별보정계수 (제60조제2항제1호나목을 준용한다)

2. 풍하중은 제59조제1항에 의할 것.

제75조(지중탱크의 설치장소의 제한)

규칙 별표 6 Ⅻ제2호가목의 규정에 따른 장소는 다음 각 호와 같다.

1. 「수도법」에 의한 수도시설(위험물의 유입의 우려가 있는 것에 한한다)로부터 수평거리 300m의 범위내의 장소
2. 지하철, 지하터널 또는 지하가 기타 지하공작물(당해 지중탱크에 관계된 갱도 등의 지하공작물을 제외한다)로부터 수평거리가 지중탱크 수평단면의 내경의 1/2 또는 지중탱크

밑판의 윗면에서 지반면까지의 탱크 높이 중 큰 것과 같은 거리의 범위내의 장소

제76조(지중탱크의 설치장소의 제한)

규칙 별표 6 XII제2호라목2)나)의 규정에 따른 지반의 범위는 다음 각 호와 같다.

1. 깊이의 범위는 탱크의 저부(제84조제3호에 정하는 배수층을 설치하는 경우에 있어서는 배수층의 아랫면. 이하 이 조에 같다)로부터 다음 각목에 정한 것으로 할 것.
   가. 지중탱크의 하중을 지지하는 지층이 수평층상인 경우에는 탱크의 저부로부터 깊이 15m
   나. 가목에 해당하는 지층 외의 것은 규칙 별표 6 XII제2호라목2)나)의 규정에 따른 지중탱크 하중에 대한 지지력의 안전율 및 계산침하량을 확보하는데 필요한 깊이
2. 평면의 범위는 다음 식에 의하여 구한 수평거리(당해 거리가 5m 미만인 경우에는 5m, 10m를 초과하는 경우에는 10m)에 지중탱크의 반경을 더한 거리를 반경으로 하여 지중탱크의 밑판의 중심을 중심으로 한 원의 범위로 할 것.

$$L-\frac{2}{3}\ell$$

L은 수평거리 (단위 m)

ℓ은 제1호의 규정에 따른 탱크의 저부로부터의 깊이 (단위 m)

제77조(지중탱크의 지지력의 안전율)

규칙 별표 6 XII제2호라목2)나)의 규정에 따른 안전율의 수치는 3이상으로 한다.

제78조(지중탱크의 계산침하량)

규칙 별표 6 XII제2호라목2)나)의 규정에 따른 계산침하량의 수치는 당해 탱크의 직경에 대한 침하차(탱크밑판 중심부의 침하량과 옆판하단의 침하량의 차의 최대치를 말한다)의 비율이 1/600 이하이어야 한다.

제79조(지중탱크의 지반의 범위)

규칙 별표 6 XII제2호라목2)라)의 규정에 따른 지반의 범위 중 깊이의 범위는 지반면에서부터 탱크 저부의 15m 아래까지로 하며, 평면의 범위는 당해 탱크의 반경에 10m를 더한 거리를 반경으로 하여 탱크 밑판의 중심을 중심으로 한 원의 범위로 한다.

제80조(지중탱크의 지반의 지질의 제한)

규칙 별표 6 XII제2호라목2) 라)의 규정에 따른 지반의 지질은 다음 각 호의 1에 해당하는 것

으로 한다.

1. 지반의 지질이 다음 각목에 해당하는 것.
   가. 지하수에 의하여 포화되어 있는 것.
   나. 입경가적곡선(粒徑加積曲線)에 의한 통과중량백분율의 50%에 상당하는 입경(D_{50})이 2.0mm 이하의 것.
   다. 다음 중 하나에 해당하는 것.
      (1) 다음 표에 정한 세립분함유율(0.075mm의 체를 통과하는 토립자의 함유율을 말한다)의 구분에 따른 표준관입시험치 이하인 것.

세립분함유율	표준관입시험치	
	A	B
5% 미만	12	15
5% 이상 10% 이하	8	12
10% 초과 35% 미만	6	7

※ 비고

1. A는 탱크의 밑판의 중심을 중심으로 당해 탱크의 반경에서 5m를 뺀 수치를 반경으로 하는 원의 범위 내의 사질토에 관계된 수치를 말한다.
2. B는 제79조의 규정에 따른 평면의 범위(비고 1의 범위를 제외한다) 내의 사질토에 관계된 수치를 말한다.

      (2) 제46조의 식에 의하여 구한 F_L의 수치가 1 이하 일 것.

2. 지표면으로부터 깊이가 20m 이내의 지질이 다음 각목에 해당하는 것.
   가. 제46조의 식에 의하여 구한 지질의 액상화지수가 5를 초과하는 것.
   나. 제1호 가목 및 나목에 해당하는 것.

제81조(지중탱크의 지반의 활동의 안전율)

규칙 별표 6 XII제2호라목2)마)의 규정에 따른 지반의 활동의 안전율은 1.3 이상의 수치로 한다.

제82조(지중탱크의 인공지반)

규칙 별표 6 XII제2호라목2)바)의 규정에 따른 인공지반의 기준은 다음 각 호와 같다.

1. 인공지반은 사질토 또는 이것과 동등 이상의 견고성을 가진 것을 이용하여 충분히 다질 것.
2. 인공지반의 높이는 주변의 재래지반면(지중탱크를 설치하기 이전의 지반을 말한다. 이하 같다)으로부터 10m 이하에 있을 것.
3. 인공지반의 경사면의 경사도는 5/9 이하일 것.

4. 인공지반의 상부의 폭은 10m와 주변의 재래지반면으로부터 지중탱크의 인공지반까지 높이의 2배의 수치 중 큰 것과 같은 수치로 할 것.
5. 인공지반의 경사면에는 높이 7m마다 폭 1m 이상의 소단(小段, 경사면의 붕괴를 방지하기 위하여 경사면에 설치하는 수평영역을 말한다)을 설치할 것.

제83조(지중탱크의 재료의 규격)

규칙 별표 6 XII제2호마목2)의 규정에 따른 지중탱크의 재료의 규격은 다음 각 호와 같다.

1. 시멘트에 있어서는 「포틀랜드시멘트」(KS L 5201),「고로슬래그시멘트」(KS L 5210) 또는 「플라이 애시 시멘트」(KS L 5211)
2. 철근콘크리트 또는 프리스트레스트콘크리트의 철근에 있어서는 「철근콘크리트용 봉강」(KS D 3504)(SD50에 관한 규격은 제외한다)
3. 프리스트레스트콘크리트의 PC강재에 있어서는 「PC강선 및 PC강연선」(KS D 7002) 또는 「PC강봉」(KS D 3505)
4. 강재(제2호에 정한 것을 제외한다)에 있어서는 제64조를 준용하는 외에, 「기계구조용탄소강재」(KS D 3752)(SM20C 및 SM25C에 관한 규격에 한한다), 「기계구조용 합금강 강재」(KS D 3867)(SCM435에 관한 규격에 한한다), 「기초용 강관 말뚝」(KS F 4602), 「H형강말뚝」(KS F 4603) 또는 「열간압연강널말뚝」(KS F 4604)
5. 골재는 청정성, 견고성, 내구성 및 적당한 입도를 가진 것. 다만, 콘크리트를 사용하는 골재는 콘크리트 부재의 수치와 철근 등의 배치에 적합한 최대길이 및 적당한 입도를 가지고 콘크리트의 품질에 악영향을 주는 유해물이 포함되지 아니하여야 한다.

제84조(지중탱크의 양수설비)

규칙 별표 6 XII제2호마목3) 단서의 규정에 따른 양수설비의 기준은 다유 각 호와 같다.

1. 양수설비는 유공관(有孔管), 집수조등의 집수장치, 배수층 및 펌프, 전동기, 배관 등의 양수장치에 의하여 구성하고 밑판에 양압력이 생기지 아니하는 기능을 가진 것으로 할 것.
2. 양수설비의 집수장치는 다음 각목에 의할 것.
   가. 유공관은 배수층 내에 설치하되 당해 배수층의 표면의 각 부분으로부터 10m 이내에 있도록 배치할 것.
   나. 집수조는 지중탱크의 주위에 4개소 이상 균등히 설치할 것.
3. 지중탱크의 밑판 전면의 아래에는 다음 각 호에 정한 기준에 적합한 배수층을 설치할 것.
   가. 배수층은 입도분포가 적절한 쇄석을 다져서 적절한 침투성능을 가질 것.

나. 배수층의 표면은 평판재하시험에 의한 평판재하시험치[5mm 침하시에 있어서의 시험치(K_{30}치)로 한다.]가 100MN/m^3 이상의 수치를 가질 것.

다. 배수층의 두께는 설계용수량(湧水量)의 72시간 분에 상당하는 수량을 확보할 수 있는 두께에, 50cm와 설계용수량의 36시간 분에 상당하는 수량을 확보할 수 있는 두께 중 큰 것을 더한 두께 이상으로 할 것.

라. 배수층에는 지중탱크의 밑판 중앙부의 수위를 측정하기 위한 장치를 설치할 것.

4. 양수설비의 양수장치는 다음 각목에 의할 것.

가. 양수장치는 집수조마다 설치할 것.

나. 각 양수장치의 양수능력의 합은 설계용수량의 3배 이상으로 할 것.

5. 양수설비는에는 양수장치가 고장난 경우에도 계속해서 양수할 수 있도록 충분한 능력을 가진 예비 양수장치 및 비상용동력원을 설치할 것.

제85조(지중탱크의 허용응력)

① 규칙 별표 6 XII제2호마목4)가)의 규정에 따른 허용응력은 다음 각 호와 같다.

1. 콘크리트(제2호에 정한 것을 제외한다)의 허용굽힘압축응력은 설계기준강도(21N/mm^2 이상일 것)를 3으로 나누어 얻은 수치로 할 것.
2. 프리스트레스트콘크리트 부재를 사용한 콘크리트의 허용굽힘압축응력 및 허용굽힘인장응력은 다음 표에 의할 것.

설계기준강도 (단위 N/mm^2)		30	40	50	60	비 고
응력의 종류 (단위 N/mm^2)	허용굽힘 압축응력	12	15	17	19	
		15	19	21	23	프리스트레싱 직후
	허용굽힘 인장응력	0	0	0	0	
		1.2	1.5	1.8	2.1	프리스트레싱 직후

3. 강재(제5호 및 제6호에 정한 것을 제외한다. 제4호에서 같다)의 허용인장응력은 재료의 규격최소항복점 또는 0.2%내력(耐力)의 60%의 수치로 할 것.
4. 강재의 허용압축응력은 허용인장응력을 기본으로 하여 좌굴을 고려한 수치로 할 것.
5. 프리스트레스트콘크리트 부재에 있어서 PC강재의 허용인장응력은 PC강재의 인장강도의 60%의 수치, PC강재의 규격최소항복점과 0.2%내력의 75%의 수치 중 작은 수치로 할 것. 다만, 프리스트레싱중에 있어서는 PC강재의 인장강도의 80%의 수치, PC강재의 규격최소항복점과 0.2%내력의 90%의 수치 중 작은 수치로 할 수 있고, 프리스트레싱 직후에 있어서는 PC강재의 인장강도의 70%의 수치, PC강재의 규격최소

항복점과 0.2%내력의 85%의 수치 중 작은 수치로 할 수 있다.

6. 철근콘크리트 부재 또는 프리스트레스트콘크리트 부재에 있어서 철근의 허용인장응력은 「철근콘크리트용 봉강」(KS D 3504)(SD50에 관계된 규격을 제외한다)의 규격 중 SR24를 사용하는 경우에는 140N/mm^2, SD30A 또는 SD30B를 사용하는 경우에는 180N/mm^2, SD35를 사용하는 경우에는 200N/mm^2, SD40을 사용하는 경우에는 210N/mm^{2}으로 할 것.

② 제1항제1호·제3호·제4호 및 제6호의 허용응력에 있어서 다음 각 호에 정한 경우에는 제1항에 정한 허용응력의 수치에 각각 당해 각 호에 정한 할증계수를 곱하여 얻은 수치로 할 수 있다.

1. 지중탱크에 작용하는 다음 각목에 정한 하중을 동시에 고려하는 경우에는 1.15 (단, 지붕에 대해서는 1.0으로 한다)
   가. 지중탱크 및 그 부속설비의 자중
   나. 저장하는 위험물의 중량
   다. 저장하는 위험물의 액압
   라. 토압, 지하수압 및 양압력
   마. 적설하중
   바. 콘크리트의 건조·수축 및 크립(Creep)의 영향
   사. 온도변화의 영향
2. 제1호가목 내지 마목에 정한 하중 및 지진의 영향을 동시에 고려하는 경우에는 1.50
3. 제1호가목 내지 사목에 정한 하중 및 지진의 영향을 동시에 고려하는 경우에는 1.65 (단, 지붕에 대해서는 1.50으로 한다)

제86조(지중탱크의 최소두께)

규칙 별표 6 XII제2호마목4)나)의 규정에 따른 옆판 및 밑판의 최소두께는 50cm 이상으로 한다.

제87조(지중탱크의 지붕의 구조)

규칙 별표 6 XII제2호마목4)다)의 규정에 따른 지붕의 구조는 다음 각 호와 같다.

1. 부상지붕은 당해 부상지붕의 부상부분이 칸막이판에 의하여 완전히 구획되고 당해 칸막이판으로 구획된 실(이하 이 호에서 "실"이라 한다)이 상호 인접한 2의 실이 파손된 경우에 침하하지 않도록 할 것.
2. 부상지붕의 부력계산에 있어서는 저장하는 위험물의 비중이 0.7 이상인 경우에는 당해

비중을 0.7로 하여 계산 할 것.

3. 부상지붕은 당해 부상지붕 위에 적어도 300mm에 상당한 물이 체류한 경우에 침하하지 않도록 할 것.
4. 실에는 맨홀을 설치하고, 당해 맨홀은 제3호에 규정한 물의 체류가 있는 경우에도 당해 맨홀을 통하여 실내로 물이 침투하지 아니하는 구조로 하고 당해 맨홀의 뚜껑은 바람 등에 의하여 이탈되지 않도록 할 것.
5. 부상지붕에는 당해 특정옥외저장탱크를 설치한 지역의 강우량에 따라 필요한 배수능력을 가진 배수설비(저장하는 위험물이 부상지붕 위로 유출하는 것을 방지 할 수 있는 장치를 설치한 것에 한한다)를 설치하고 당해 배수설비가 정상의 기능을 하지 아니하는 경우 또는 당해 배수설비의 배수능력을 초과한 강우가 있는 경우에 배수를 할 수 있는 비상배수설비(저장하는 위험물이 부상지붕 위로 유출하는 것을 방지 할 수 있는 장치를 설치한 것에 한한다)를 설치할 것. 이 경우에 있어서 특정옥외저장탱크의 직경이 40m 이하의 것에 있어서는 구경이 80mm 이상의 배수관을, 직경이 40m를 초과하는 것에 있어서는 구경이 100mm 이상의 배수관을 각각 1개 이상 설치하여야 한다.
6. 부상지붕에는 부상지붕이 지주로 지지되는 경우에 있어서는 위험물의 출입에 의하여 지붕이 파손되지 않도록 필요한 통기관 등을 설치할 것.
7. 부상지붕에는 당해 부상지붕을 항상 특정옥외저장탱크의 중심 위치에 유지하고 당해 부상지붕의 회전을 방지하기 위한 기구를 설치할 것.
8. 부상지붕의 테두리는 신축성이 있고 옆판에 밀착하는 성능을 가진 재료로 피복할 것.
9. 부상지붕 위에 설치되어 있는 가동사다리, 회전방지설비, 액면측정관, 부상지붕의 테두리 피복 등의 활동(滑動)부분에 사용하는 재료 또는 구조는 발화의 우려가 없는 것으로 할 것.
10. 지붕의 최소두께는 용량이 1,000kℓ 미만인 지중탱크에 있어서는 3.2mm 이상이고, 용량이 1,000kℓ 이상인 지중탱크에 있어서는 4.5mm 이상일 것.
11. 지붕은 3시간 이상의 내화성능을 가질 것.
12. 지붕에 관계된 용접부는 제32조 내지 제36조에 정한 시험에 의한 결과가 해당 조에 정한 기준에 적합할 것.

제88조(지중탱크의 누액방지판의 구조)

규칙 별표 6 XII제2호마목4)라)의 규정에 따른 누액방지판의 구조는 다음 각 호와 같다.

1. 누액방지판은 두께 4.5mm 이상의 강판으로 할 것.
2. 누액방지판의 용접은 다음 각목에 의할 것.

가. 누액방지판의 용접은 맞대기용접으로 할 것. 다만, 밑판의 내측에 설치하는 누액방지판의 두께가 9mm 이하인 것에 대하여는 필렛용접법으로 할 수 있다. 이 경우에 누액방지판과 누액방지판이 접하는 면에는 당해 용접부의 강도에 유해한 영향을 주는 간극이 없어야 한다.

나. 필렛용접의 사이즈(부등 사이즈가 되는 경우에는 작은 쪽의 사이즈를 말한다)의 크기는 다음 식에 의하여 구한 수치로 할 것.

$t_1 \geq S \geq \sqrt{2t_2}$ (단, $S \geq 4.5$)

t_1은 얇은 쪽의 강판의 두께 (단위 mm)

t_2는 두꺼운 쪽의 강판의 두께 (단위 mm)

S는 사이즈 (단위 mm)

3. 누액방지판은 침하 등에 의한 지중탱크 본체의 변위영향을 흡수할 수 있는 것으로 할 것.
4. 누액방지판은 일사 등에 의한 열영향, 콘크리트의 건조·수축 등에 의한 응력에 대하여 안전한 것으로 할 것.
5. 옆판에 설치하는 누액방지판은 옆판과 일체의 구조로 하고 옆판과 접하는 부분에는 부식을 방지하기 위한 조치를 강구할 것.
6. 밑판에 설치하는 누액방지판에는 그 아래에 두께 50mm 이상의 아스팔트샌드 등을 설치할 것.

제89조(지중탱크의 누액방지판의 용접부의 시험)

규칙 별표 6 XII제2호마목4)라)의 규정에 따른 누액방지판의 용접부의 시험은 자분탐상시험으로 한다. 다만, 자분탐상시험에 의하는 것이 곤란한 경우는 침투탐상시험으로 할 수 있다.

제90조(지중탱크의 누액방지판의 용접부의 시험기준)

규칙 별표 6 XII제2호마목4)라)의 규정에 따른 누액방지판의 용접부의 시험기준은 제32조 및 제33조의 규정을 준용한다.

제91조(지중탱크의 구내도로)

규칙 별표 6 XII제2호자목의 규정에 따른 구내도로는 다음 각 호와 같다.

1. 구내도로의 도로폭은 다음 표에 의할 것.

지중탱크의 용량		5,000kℓ 이하	5,000kℓ 초과 10,000kℓ 이하	10,000kℓ 초과 50,000kℓ 이하	50,000kℓ 초과
도로폭	인화점이 70℃ 미만인 위험물을 저장 또는 취급하는 지중탱크	6m 이상	8m 이상	12m 이상	16m 이상
	인화점이 70℃ 이상인 위험물을 저장 또는 취급하는 지중탱크	6m 이상		8m 이상	

2. 구내도로의 높이는 주위의 지반으로부터 0.3m 이상으로 할 것.

제92조(지중탱크의 누설검지장치)

규칙 별표 6 XII제2호차목의 규정에 따른 누설검지장치는 다음 각 호와 같다.

1. 누설검지장치는 다음 각목의 장소 및 안전상 필요한 장소에 설치할 것.
   가. 옆판의 외주를 따라 약 100m마다의 장소. 다만, 당해 장소가 4곳 미만인 경우에는 4곳 이상의 장소로 한다.
   나. 지중탱크의 주위에 설치한 집수조내. 다만, 당해 장소는 가목에 정한 장소와 겸할 수 있다.
   다. 갱도 및 지반면하에 설치한 펌프실
2. 누설검지장치는 누설한 위험물 또는 가연성증기를 자동으로 검지하고 즉시 관계자가 안전조치 할 수 있도록 경보할 수 있는 것으로 할 것.

제93조(지중탱크의 지하수위감시장치)

규칙 별표 6 XII제2호차목의 규정에 따른 지하수위감시장치는 다음 각 호와 같다.

1. 지하수위 감시장치는 지중탱크의 주위에 설치한 것. 다만, 제84조의 규정에 따른 양수설비를 설치한 경우에는 집수조내에 설치하여야 한다.
2. 집수조내에 설치한 지하수위감시장치는 지중탱크 밑판 아래의 지하수위를 감시하는 기능을 가져야 하고 당해 지중탱크의 구조에 영향을 줄 우려가 있는 지하수위의 변동을 감지한 경우에 즉시 관계자가 안전조치 할 수 있도록 경보할 수 있는 경보장치를 부착할 것.

제94조(지중탱크의 지중벽)

규칙 별표 6 XII제2호카목의 규정에 따른 지중벽은 다음 각 호와 같다.

1. 지중벽은 지중탱크의 지반면하에 당해 지중탱크를 포위하도록 설치할 것. 이 경우에 지

중벽의 상단부는 지중탱크내의 위험물의 최고액면 이상의 위치로 하고 지중벽의 하단부는 지반의 난투수층(難透水層)내로 할 것.

2. 지중벽은 배관, 갱도 등이 관통하는 부분에 수밀성(水密性)이 확보되도록 조치 할 것.
3. 2 이상의 지중탱크를 인접하여 설치하는 경우에는 지중벽이 2 이상의 지중탱크를 포위하도록 설치할 수 있다.

제95조(지중탱크의 지반의 침하차에 대한 조치)

지중탱크의 밑판이 옆판부분과 불연속의 구조인 경우에는 그 불연속의 부분은 밑판 아래의 지반과 옆판 아래의 지반의 침하차에 의한 유해한 단차(段差)를 발생시키지 아니하고 수밀성을 갖도록 조치하여야 한다.

제96조(지중탱크의 지진의 영향)

① 지중탱크에 관계된 지진의 영향은 다음 각 호에 정한 지진동에 의한 관성력 등에 의하여 발생하는 영향을 말한다.

1. 지중탱크의 본체(지붕을 포함한다)의 관성력
2. 지중탱크본체에 작용하는 토압
3. 저장하는 위험물에 의한 동액압

② 지진의 영향에 관한 지중탱크의 설계진도의 계산방법은 다음 각 호와 같다.

1. 기반면(基盤面, 전단탄성파속도가 300m/s 이상 또는 표준관입시험치가 50 이상인 견고도가 하방으로 계속되는 지반의 윗면을 말한다. 이하 이 호 및 제3호에서 같다)에 있어서의 설계수평진도는 다음 식에 의할 것.

$$Kh_1 = 0.15\nu_1$$

Kh_1은 기반면에 있어서의 설계수평진도(제3호에서 같다)

ν_1은 지역별보정계수(제60조제2항제1호가목을 준용한다)

2. 재래지반면 및 인공지반에 있어서의 설계수평진도는 다음 식에 의할 것.

$$Kh_2 = 0.15\nu_1 \cdot \nu_2$$

Kh_2는 재래지반면 및 인공지반에 있어서의 설계수평진도(제3호에서 같다)

ν_1은 지역별보정계수(제60조제2항제1호가목을 준용한다)

ν_2는 지반별보정계수(제60조제2항제1호나목을 준용한다)

3. 기반면과 재래지반면 사이의 지반에 있어서의 설계수평진도는 지반의 지층구성에 따라 기반면부터 재래지반면에 걸쳐 순차적으로 변화하는 Kh_1의 수치 이상 Kh_2의 수

치 이하로 할 것.

4. 설계수직진도는 설계수평진도의 30% 이상으로 할 것.
5. 액면요동의 설계수평진도는 제60조제2항제3호에 정한 것에 의할 것.

제97조(지중탱크의 펌프설비의 보호관의 용접부의 시험 및 시험기준)

지중탱크의 펌프설비의 보호관의 용접부는 제32조 내지 제36조에 의한 시험결과가 해당 조의 기준에 적합하여야 한다.

제98조(옥외저장탱크의 탱크재료 등)

규칙 별표 6 Ⅵ제1호의 규정에 따른 특정옥외저장탱크 및 준특정옥외저장탱크 외의 옥외저장탱크의 재료는 스테인레스강 및 알루미늄합금강으로 하며 그 구조는 「강제 석유 저장 탱크의 구조(전체 용접제)」(KS B 6225)(최소두께는 밑판4.76mm, 옆판3.42mm, 지붕3.42mm로 한다)에 의한다. 다만, 재료별 설계인장응력은 다음 표와 같다.

재료의 구분	설계인장응력의 수치
스테인레스강	인장강도의 1/3.5의 수치
알루미늄합금강	인장강도와 내력의 합의 1/5의 수치와 내력의 2/3의 수치 중 작은 것

제98조2(공인시험기관)

규칙 별표 6 Ⅵ제21호의 "소방청장이 정하여 고시하는 국내・외 공인시험기관"은 다음 각 호와 같다. 〈2016. 1. 22. 신설〉

1. 한국화학융합시험연구원
2. 한국기계전기전자시험연구원
3. 한국가스안전공사
4. 한국선급
5. 미국 UL(Underwriters Laboratories)
6. 미국 FM(Factory Mutual Insurance Company)
7. 미국 선급(American Bureau of Shipping)
8. 영국 선급(Lloyd's Register)
9. 노르웨이 선급(Det Norske Veritas)
10. 미국 API(American Petroleum Institute)

11. 미국 ASME(American Society of Mechanical Engineers)
12. 그 밖의 「국가표준기본법」에 따른 공인시험기관 또는 국제표준관련기구에서 정한 국제기준에 따른 공인시험기관 중 소방청장이 인정하는 기관

제99조(강제강화플라스틱제 이중벽탱크의 피복의 성능)

규칙 별표 8 Ⅱ제2호나목1)가)의 규정에 따른 강제강화플라스틱제 이중벽탱크의 유리섬유강화플라스틱 또는 고밀도폴리에틸렌의 휨강도, 인장강도 등은 다음 각 호의 시험기준에 적합하여야 한다.

1. 강제강화플라스틱제 이중벽탱크에 사용되는 강화플라스틱등은 다음 각 호의 시험기준에 적합할 것. 다만, 강화플라스틱등이 국제적으로 공인된 규격(KS, UL, FM, JIS 등)에 적합하고 이 규칙의 재료시험규정 등에 적합한 것으로 관련 공인기관으로부터 인증을 받은 경우에는 서류심사와 재료의 동일성을 확인하는 것으로 이 규정에 따른 재료시험의 전부 또는 일부를 면제할 수 있다.
2. 유리섬유강화플라스틱제의 재료시험은 다음 각목에 의할 것.
   가. 휨강도는 「절단유리섬유매트」(KS L 2327)의 표 3 이상의 성능을 가질 것.
   나. 유리섬유 함유율은 「유리 섬유 강화 플라스틱·프리프레그, 성형 콤파운드 및 적층판·유리 섬유 및 무기 충전재 함량의 측정·연소법」(KS M ISO 1172)의 규격에 의한 측정시 25중량% 내지 35중량%의 수치를 가질 것.
   다. 공동율은 「유리 섬유 강화 플라스틱·공동률의 측정·연소 감량, 기계적 분쇄 및 통계적 계수법」(KS M ISO 7822)의 규격에 의한 측정시 3.0% 이하일 것.
   라. 인장강도는 「플라스틱·인장성의 측정·제4부 : 등방성 및 직교 섬유 강화 플라스틱 복합 재료의 시험 조건」(KS M ISO 527-4)의 규격에 의한 시험시 50MPa 이상일 것.
   마. 바콜경도는 「유리섬유강화플라스틱의 바콜경도 시험방법」(KS M 3387)의 규격에 의한 시험시 신청수치의 90% 이상일 것.
3. 고밀도폴리에틸렌제의 재료시험에 있어서 재료의 성능은 용융흐름지수 0.4g/10분 미만, 비카트 연화점 115℃ 이상, 밀도 0.942g/cm^2 이상, 인장강도 1961N/cm^2 이상, 인장신도 300% 이상, 경도 60HDD 이상일 것.

제100조(이중벽탱크의 기준 등)

규칙 별표 8 Ⅱ제6호의 규정에 따른 이중벽탱크의 구조 등에 관한 기준은 제101조 내지 제106조와 같다.

제101조(강제강화플라스틱제 이중벽탱크의 구조)

1. 탱크본체의 아랫부분에서 위험물의 최고액면을 초과하는 부분까지의 외측에는 다음 각 목의 기준에 적합하게 유리섬유강화플라스틱 또는 고밀도폴리에틸렌(이하 "강화플라스틱등"이라 한다)으로 감지층을 갖도록 피복할 것.
   가. 강화플라스틱등을 균일하게 피복할 수 있는 방법으로 시공할 것.
   나. 강화플라스틱등을 피복하기 전의 탱크본체의 외면은 피복하는 강화플라스틱등에 영향을 주지 않도록 매끄럽게 마무리할 것.
   다. 탱크본체의 아랫부분에서 위험물의 최고액면을 초과하는 부분까지에 설치하는 감지층은 열 등에 의한 변형, 주름 등이 발생하지 아니하는 염화비닐계의 시트 등의 재료로 만든 스페이스 네트(space net) 등을 삽입하여 만들 것. 다만, 성형시트를 붙이는 방법으로 피복하는 경우에는 그러하지 아니하다.
   라. 강화플라스틱등에 함유된 유리섬유 등은 균등하게 분포하여 표면에 노출되지 않도록 할 것.
   마. 강화플라스틱등은 감지층의 기밀성을 확보하도록 피복할 것.
   바. 탱크에 운반용고리 등을 설치하는 경우에 있어서는 감지층이 없는 부분에 설치할 것.
   사. 강화플라스틱 등에 뒤틀림·부풀음·균열·손상·구멍·기포 및 이물질의 혼입 등의 결함이 없도록 할 것.
2. 탱크본체의 외면에서 감지층이 있도록 강화플라스틱등을 피복하는 부분에는 「방청도료」(KS M 6030)에 의한 방청도장을 하고 그 외의 부분에는 강화플라스틱등이 밀착하도록 할 것.
3. 배관연결용 개구부 및 맨홀 등은 탱크 상부에 위치할 것. 다만, 규칙 별표 8 Ⅰ 제13호 단서의 규정에 적합한 경우에는 그러하지 아니하다.
4. 감지층에 누설된 위험물 등을 신속하게 감지할 수 있는 구조일 것.
5. 강제강화플라스틱제 이중벽탱크의 용량에 따라 다음 표에 정한 규격으로 할 것.

탱크용량 (단위 ℓ)	탱크의 최대직경(단위 mm)	강철판의 최소두께(단위 mm)
1,000 이하	1,067	3.20
1,000 초과 2,000 이하	1,219	3.20
2,000 초과 4,000 이하	1,625	3.20
4,000 초과 15,000 이하	2,450	4.24
15,000 초과 45,000 이하	3,200	6.10
45,000 초과 75,000 이하	3,657	7.67
75,000 초과 189,000 이하	3,657	9.27

6. 탱크본체의 용접은 양면 맞대기이음용접 또는 양면 겹침이음용접을 완전용입 되도록 하여야 하며, 언더컷이나 오우버랩 등의 결함이 없도록 할 것.
7. 겹침이음용접시 강철판의 최소 겹침너비는 12.7mm 이상이며 필렛용접의 각장은 강철판의 두께 이상의 길이를 가질 것.
8. 외벽은 두께 3.0mm 이상의 유리섬유강화플라스틱 또는 고밀도 폴리에틸렌으로 균일하게 제작할 것.
9. 제2호에 의한 방청도장은 두께 0.1mm 이상으로 할 것. 다만, 탱크본체의 재료가 스테인레스 강판인 경우에는 그러하지 아니하다.
10. 통기관 연결용 개구부의 배관은 탱크용량에 따라 다음 표에 정한 규격 이상의 호칭 배관을 사용할 것.

탱크용량(단위 ℓ)	호칭	탱크용량(단위 ℓ)	호칭
2,000 초과 11,000 이하	40A	76,000 초과 132,000 이하	75A
11,000 초과 38,000 이하	50A	132,000 초과 189,000 이하	100A
38,000 초과 76,000 이하	65A	–	–

※ 비고 : 호칭은 KS D 3562(압력배관용 탄소강관)의 규격을 준용한다.

11. 탱크의 규격 및 각부 치수는 설계도의 허용범위 이내일 것.
12. 맨홀의 직경은 450mm 이상, 맨홀 목의 두께는 4.24mm 이상, 맨홀 가스켓의 두께는 3.2mm 이상일 것.
13. 개구부의 관이음쇠는 용접식·플랜지식 또는 나사식으로 하고 탱크본체와 연속적인 필렛용접을 할 것.
14. 나사식 관 이음쇠의 호칭별 나사부의 최소길이와 최소두께는 다음 표에 정한 규격으로 할 것.

호칭	최소길이(단위 mm)	최소두께(단위 mm)	호칭	최소길이(단위 mm)	최소두께(단위 mm)
20A	15.9	3.12	65A	25.4	4.24
25A	15.9	3.51	75A	25.4	4.24
32A	17.5	3.51	90A	25.4	4.24
40A	19.1	3.51	100A	28.6	4.24
50A	19.1	3.51	125A	30.2	4.24

※ 비고 : 호칭은 KS D 3562(압력배관용 탄소강관)의 규격을 준용한다.

15. 누유검사관(이하 "검지관"이라한다) 하부 탱크본체의 외면에는 두께 2mm 이상의 홈이 있는 보강판을 설치할 것 〈2013.12.17. 신설〉

제102조(강제강화플라스틱제 이중벽탱크의 누설감지설비의 기준)

1. 누설된 위험물을 감지할 수 있는 설비(이하 "누설감지설비"라 한다)를 다음 각목의 기준에 적합하게 설치할 것.
   가. 누설감지설비는 탱크본체의 손상 등에 의하여 감지층에 위험물이 누설되거나 강화플라스틱등의 손상 등에 의하여 지하수가 감지층에 침투하는 현상을 감지하기 위하여 감지층에 접속하는 검지관에 설치된 센서 및 당해 센서가 작동한 경우에 경보를 발생하는 장치로 구성되도록 할 것.
   나. 경보표시장치는 관계인이 상시 쉽게 감시하고 이상상태를 인지할 수 있는 위치에 설치할 것.
   다. 감지층에 누설된 위험물 등을 감지하기 위한 센서는 액체플로트센서 또는 액면계 등으로 하고, 검지관내로 누설된 위험물 등의 수위가 3cm 이상인 경우에 감지할 수 있는 성능 또는 누설량이 1Liter 이상인 경우에 감지할 수 있는 성능이 있을 것.
   라. 누설감지설비는 센서가 누설된 위험물 등을 감지한 경우에 경보신호(경보음 및 경보표시)를 발하는 것으로 하되, 당해 경보신호가 쉽게 정지될 수 없는 구조로 하고 경보음은 80dB 이상으로 할 것.
2. 누설감지설비는 제1호의 규정에 따른 성능을 갖도록 이중벽탱크에 부착할 것. 다만, 탱크제작지에서 탱크매설장소로 운반하는 과정 또는 매설 등의 공사작업시 누설감지설비의 손상이 우려되거나 탱크매설현장에서 부착하는 구조의 누설감지설비는 그러하지 아니하다.
3. 제2호 단서규정에 해당하는 누설감지설비는 다음 각목에 정한 기준을 준수할 것.
   가. 감지센서부, 수신부, 경보 및 부속장치 등을 운반도중 손상되지 않도록 포장하고 포장외면에 적용되는 이중벽탱크의 형식번호 등을 표시할 것.
   나. 누설감지설비의 설치 및 부착방법·성능확인요령 등의 자세한 설치시방서를 첨부할 것.

제103조(강제강화플라스틱제 이중벽탱크의 운반 및 설치)

1. 운반 또는 이동하는 경우에 있어서 강화플라스틱등이 손상되지 않도록할 것.
2. 탱크의 외면이 접촉하는 기초대, 고정밴드 등의 부분에는 완충재(두께 10mm 정도의 고무제시트 등)를 끼워 넣어 접촉면을 보호할 것.
3. 탱크를 기초대에 올리고 고정밴드 등으로 고정한 후 당해 탱크의 감지층을 20kPa 정도로 가압한 상태로 10분 이상 유지하여 압력강하가 없는 것을 확인할 것.
4. 탱크를 지면 밑에 매설하는 경우에 있어서 돌덩어리, 유해한 유기물 등을 함유하지 않은 모래를 사용하고, 강화플라스틱등의 피복에 손상을 주지 않도록 작업을 할 것.

5. 탱크를 매설한 사람은 매설종료 후 당해 탱크의 감지층을 20kPa 정도로 가압 또는 감압한 상태로 10분 이상 유지하여 압력강하 또는 압력상승이 없는 것을 설치자의 입회 하에 확인할 것. 다만, 당해 탱크의 감지층을 감압한 상태에서 운반한 경우에는 감압상태가 유지되어 있는 것을 확인하는 것으로 갈음할 수 있다.
6. 탱크 설치과정표를 기록하고 보관할 것.
7. 기타 탱크제조자가 제공하는 설치지침에 의하여 작업을 할 것.

제104조(강제강화플라스틱제 이중벽탱크의 표시사항)

① 탱크외면에는 다음 각 호의 사항을 지워지지 않도록 표시하여야 한다.

1. 제조업체명, 제조년월 및 제조번호
2. 탱크의 용량·규격 및 최대시험압력
3. 형식번호, 탱크안전성능시험 실시자 등 기타 필요한 사항

② 탱크운반시 주의사항·적재방법·보관방법·설치방법 및 주의사항 등을 기재한 지침서를 만들어 쉽게 뜯겨지지 아니하고 빗물 등에 손상되지 않도록 탱크외면에 부착하여야 한다.

제105조(강화플라스틱제 이중벽탱크의 구조)

① 강화플라스틱제 이중벽탱크의 구조는 다음 각 호와 같다.

1. 탱크의 표면은 매끄럽고, 노출된 섬유나 돌기가 없으며, 뒤틀림·부풀음·균열·구멍·기포 및 이물질의 혼입 등의 결함이 없을 것.
2. 탱크의 본체와 외벽의 두께는 각각 3mm 이상이고, 마그네틱 두께측정기·초음파 두께측정기 등으로 측정한 경우에 최고치와 최소치를 제외한 두께편차가 20%를 초과하지 아니할 것.
3. 탱크를 들어올리기 위한 운반용고리를 하나 이상 부착하고 탱크가 앵커(anchor)에 의하여 고정될 수 있도록 할 것.
4. 배관연결은 나사배관 커플링, 나사식플랜지, 니플 또는 볼트 및 가스켓플랜지 연결구 등에 의하되 탱크에 직접 연결하는 구조로 할 것.
5. 탱크의 개구부 및 맨홀은 탱크 상부의 중심선상에 있도록 하고, 플랜지면이나 나사산을 나무덮개나 금속커버 등으로 보호하며, 보관 또는 운반시 이물질이 침투되지 않도록 소치할 것. 다만, 탱크가 구형(球型)이거나 개구부 등이 집중되는 구조일 경우에는 탱크형상을 고려하여 개구부의 위치를 다르게 적용할 수 있다.
6. 맨홀은 탱크의 최고액상면 위에 설치하고 볼트로 체결하는 구조로 할 것.
7. 맨홀 덮개의 조인트는 내식성이 있는 재질로 하고, 최소한 3.2mm의 가스켓을 장착

하며, 맨홀 덮개에는 통기관을 연결하기 위한 개구부를 하나 이상 설치할 것.

8. 탱크용량별로 다음 표의 호칭구경 이상의 통기관 연결용 개구부를 설치할 것.

탱크용량(단위 ℓ)	호칭구경[단위 mm(괄호안은 inch)]
2,000 미만	32($1\frac{1}{4}$)
2,000 이상 10,000 미만	40($1\frac{1}{2}$)
10,000 이상 35,000 미만	50(2)
35,000 이상 75,000 미만	65($2\frac{1}{2}$)
75,000 이상 130,000 미만	80(3)
130,000 이상 200,000 미만	100(4)
200,000 초과	125(5)

9. 주입구 또는 계량구의 하단에는 강철제 또는 알루미늄제의 보호판을 설치할 것.
10. 누설감지설비는 제102조의 규정에 의할 것.

② 강화플라스틱제 이중벽탱크의 설치·운반상의 유의사항과 표시사항은 제103조 및 제104조의 규정을 준용한다.

③ 강화플라스틱제 이중벽탱크의 외면에는 제2항의 규정에 따른 표시사항과 함께 위험물의 종류 및 사용온도범위를 표시하여야 한다.

제106조(강제 이중벽탱크의 구조 등)

① 강제 이중벽탱크의 구조는 다음 각 호와 같다.

1. 외벽은 완전용입용접 또는 양면겹침이음용접으로 틈이 없도록 제작할 것.
2. 탱크의 본체와 외벽의 사이에 3mm 이상의 감지층을 둘 것.
3. 탱크본체와 외벽 사이의 감지층 간격을 유지하기 위한 스페이서를 다음 각목에 의하여 설치할 것.
   가. 스페이서는 탱크의 고정밴드 위치 및 기초대 위치에 설치할 것.
   나. 재질은 원칙적으로 탱크본체와 동일한 재료로 할 것.
   다. 스페이서와 탱크의 본체와의 용접은 전주필렛용접 또는 부분용접으로 하되, 부분용접으로 하는 경우에는 한변의 용접비드는 25mm 이상으로 할 것.
   라. 스페이서 크기는 두께 3mm, 폭 50mm, 길이 380mm 이상일 것.
4. 누설감지설비는 제102조의 규정에 의할 것.

② 강제 이중벽탱크의 설치·운반상의 유의사항과 표시사항은 제103조 및 제104조의 규정을 준용한다.

③ 강제 이중벽탱크의 외면에는 제2항의 규정에 따른 표시사항과 함께 위험물의 종류 및 사용온도범위를 표시하여야 한다.

제107조(이동저장탱크의 재료 등)

① 규칙 별표 10 Ⅱ 제1호가목의 규정에 따른 이동저장탱크의 재료 및 구조는 다음 각 호와 같다.

1. 이동저장탱크의 탱크·칸막이·맨홀 및 주입관의 뚜껑

   KS규격품인 스테인레스강판, 알루미늄합금판, 고장력강판으로서 두께가 다음 식에 의하여 산출된 수치(소수점 2자리 이하는 올림) 이상으로 하고 판두께의 최소치는 2.8mm 이상일 것. 다만, 최대용량이 20kℓ을 초과하는 탱크를 알루미늄합금판으로 제작하는 경우에는 다음 식에 의하여 구한 수치에 1.1을 곱한 수치로 한다.

   $$t = \sqrt[3]{\frac{400 \times 21}{\sigma \times A}} \times 3.2$$

   t : 사용재질의 두께 (단위 mm)

   σ : 사용재질의 인장강도 (단위 N/mm^2)

   A : 사용재질의 신축율 (단위 %)

2. 이동저장탱크의 방파판

   KS규격품인 스테인레스강판, 알루미늄합금판, 고장력강판으로서 두께가 다음 식에 의하여 산출된 수치(소수점 2자리 이하는 올림) 이상으로 한다.

   $$t = \sqrt{\frac{270}{\sigma}} \times 1.6$$

   t : 사용재질의 두께 (단위 mm)

   σ : 사용재질의 인장강도 (단위 N/mm^2)

3. 이동저장탱크의 방호틀

   KS규격품인 스테인레스강판, 알루미늄합금판, 고장력강판으로서 두께가 다음 식에 의하여 산출된 수치(소수점 2자리 이하는 올림) 이상으로 한다.

   $$t = \sqrt{\frac{270}{\sigma}} \times 2.3$$

   t : 사용재질의 두께 (단위 mm)

   σ : 사용재질의 인장강도 (단위 N/mm^2)

② 제1항의 인장강도 및 신축성은 KS규격에 의한 재질별 수치에 의하여야 한다.

제109조(이동저장탱크의 외부도장)

(본문내용 참고)

제110조(주유취급소의 건축물 등의 제한)

① 규칙 별표 13 Ⅴ제1호아목의 규정에 따른 건축물 또는 시설은 다음 각 호와 같다.

1. 배터리충전을 위한 작업장
2. 농기구부품점 또는 농기구간이정비시설
3. 계량증명업을 위한 작업장
4. 주유취급소 부지의 토양오염을 복원하기 위한 시설
5. 태양광 발전설비로서 다음 각 목에 정한 기준에 모두 적합한 것.

가. 전기사업법의 관련 기술기준에 적합 할 것.

나. 집광판 및 그 부속설비는 캐노피의 상부 또는 건축물의 옥상에 설치할 것.

다. 접속반, 인버터, 분전반 등의 전기설비는 주유를 위한 작업장 등 위험물취급장소에 면하지 않는 방향에 설치할 것.

라. 가연성의 증기가 체류할 우려가 있는 장소에 설치하는 전기설비는 방폭구조로 할 것.

② 규칙 별표 13 Ⅴ제3호의 "소방청장이 정하여 고시하는 용도"란 다음 각 호의 1에 해당하는 것을 말한다.

(생략)

제111조(주유취급소의 방화상 유효한 담의 높이)

① 규칙 별표 13 Ⅷ제1호의 규정에 따른 주유취급소의 인근에 연소의 우려가 있는 건축물의 범위는 다음 각 호와 같다.

1. 주입구에 의한 연소의 우려범위(이하 이 조에서 "제1종 연소범위"라 한다)

: 지하탱크의 주입구를 중심으로 한 반경 8m 높이 5m의 가상원통을 설정하고 이 원통을 주유취급소 공지의 지반면 경사를 따라 낮은 방향으로 그 중심을 부지경계선까지 이동하였을 때 가상원통과 접촉 또는 교차되는 담의 부분으로부터 수평거리 2m 내의 범위 중 공지의 지반면으로부터 높이가 1.5m를 초과하고 5m 이하인 범위를 말한다.

2. 고정주유설비 또는 고정급유설비에 의한 연소의 우려범위(이하 이 조에서 "제2종 연소범위"라 한다)

: 고정주유설비 또는 고정급유설비를 중심으로 한 반경 5m 높이 3m의 가상원통을 설정하고 이 원통을 주유취급소 공지의 지반면 경사를 따라 낮은 방향으로 그 중심을

부지경계선까지 이동하였을 때 가상원통과 접촉 또는 교차되는 담의 부분으로부터 수평거리 1m 내의 범위 중 공지의 지반면으로부터 높이가 2m를 초과하고 3m 이하인 범위를 말한다.

② 연소의 우려범위 내에 있는 건축물의 부분과 대면하고 있는 담의 부분 및 당해 부분의 양단으로부터 제1종 연소범위에 있어서는 1m, 제2종 연소범위에 있어서는 0.5m를 연장한 부분까지 다음 표에 따라 방화상 유효한 높이로 설치하여야 한다. 다만, 연소의 우려범위 내의 건축물이 내화구조(개구부에 방화문을 설치한 것을 포함한다)인 경우에는 그러하지 아니하다.

연소의 우려 범위의 구분	연소의 우려범위 내에 있는 건축물 또는 개구부까지 담으로부터의 수평최단거리	연소의 우려범위 내에 있는 건축물의 상단 또는 개구부의 상단까지 공지 지반면으로부터의 높이	방화상 유효한 담의 최소높이
제1종 연소범위	1.0m 이하	1.5m 초과 2.0m 이하	2.5m
		2.0m 초과 3.0m 이하	3.0m
		3.0m 초과	3.5m
	1.0m 초과 1.5m 이하	1.5m 초과 2.0m 이하	2.5m
		2.0m 초과	3.0m
	1.5m 초과 2.0m 이하	1.5m 초과	2.5m
제2종 연소범위	1.0m 이하	2.0m 초과	2.5m

제112조(배관등의 구조에 관한 세부기준)

규칙 별표 15 Ⅱ제5호의 규정에 따른 배관등의 구조에 관하여 필요한 사항은 제113조 내지 제120조와 같다.

제113조(배관의 강도)

(생략)

제114조(배관에 관한 주하중 등의 계산방법)

1. 내압은 배관 내의 최대상용압력으로 할 것.
2. 지면에서 굴삭하여 매설하는 배관의 윗부분에 작용하는 토압(제116조제2항제7호의 경우를 제외한다)은 수직방향의 등분포하중으로 하여 가목의 규정에 의할 것. 다만, 말뚝 등으로 지지되어 있는 배관의 윗부분에 작용하는 토압은 나목의 규정에 따라 구한다.

   가. $Ws = \gamma s \cdot h \cdot D$

나. $Ws = \frac{1}{K} \cdot (e^{K \cdot \frac{h}{D}} \cdot 1) \cdot \gamma s \cdot D^2$

Ws : 토압 (단위 N/mm)

γs : 흙의 습윤단위체적중량 (단위 N/mm^2)

h : 배관의 매설깊이. 단, 도로의 밑에 매설한 경우에는 배관의 윗부분과 노면과의 거리 (단위 mm)

D : 배관의 외경 (단위 mm)

e : 자연대수(自然對數)의 밑수

K : 배관주변의 지반이 사질토인 경우에는 0.4, 점성토인 경우에는 0.8

3. 수압은 정수압(靜水壓)으로 할 것.
4. 열차하중은 다음 식에 의할 것. 이 경우에 있어서 2선 이상의 열차하중을 동시에 받는 때에는 각 선의 열차하중을 더한 수치로 한다.

$$\mathrm{Wt} = \frac{Pt \cdot D}{Bt \cdot (Bs + 2h \cdot \tan\theta)} \cdot (1 + i)$$

Wt : 열차하중 (단위 N/mm)

Pt : 축무게 (단위 N)

D : 배관의 외경 (단위 mm)

θ : 축무게의 분포각 (단위 °)

Bt : 축거리 (단위 mm)

Bs : 침목길이 (단위 mm)

h : 배관의 윗부분과 시공기준면과의 거리 (단위 mm)

i : 다음 표의 배관 윗부분과 시공기준면과의 거리에 따른 각각의 충격계수

배관 윗부분과 시공기준면과의 거리(단위 mm)	충격계수
$h < 1{,}500$	0.75
$1{,}500 \leqq h \leqq 9{,}000$	0.9 − 0.0001h
$9{,}000 < h$	0

5. 자동차하중은 다음 식에 의할 것.

$$\mathrm{Wm} = \frac{29.1D}{10 + h \cdot \tan\theta} \cdot (1 + i)$$

Wm : 자동차하중 (단위 N/mm)

D : 배관의 외경 (단위 mm)

h : 배관의 윗부분과 노면과의 거리 (단위 mm)

θ : 자동차 후륜하중의 분포각 (단위 °)

i : 다음 표의 배관 윗부분과 노면과의 거리에 따른 각각의 충격계수

배관 윗부분과 노면과의 거리(단위 mm)	충격계수
$h < 1{,}500$	0.5
$1{,}500 \leqq h \leqq 6{,}500$	$0.65 - 0.0001\,h$
$6{,}500 < h$	0

6. 풍하중은 배관에 대하여 수평방향으로 작용하고 배관의 수직단면 1m^2에 대하여 1,500N으로 작용하는 등분포 하중으로 할 것.
7. 온도변화 영향의 계산에 있어서 온도차는 평균온도와 예상되는 최고 또는 최저 온도와의 차로 할 것.
8. 도로 밑에 매설하는 배관에 관련된 타 공사의 영향은 배관의 윗부분과 노면과의 거리를 0.5m로 하여 계산한 자동차하중과 같은 것으로 할 것.

제115조(배관에 관한 응력 계산방법)

1. 내압에 의하여 배관에 생기는 원주방향응력은 다음 식에 의할 것.

$$\sigma_{ci} = \frac{P_i \cdot (D - t + C)}{2(t - C)}$$

σ_{ci} : 내압에 의하여 배관에 생기는 원주방향응력 (N/mm^2)

P_i : 최대상용압력 (단위 MPa)

D : 배관의 외경 (단위 mm)

t : 배관의 실제 두께 (단위 mm)

C : 내면 부식여유두께 (단위 mm)

2. 토압, 열차하중 또는 자동차하중에 의하여 배관에 생기는 원주방향응력은 다음 식에 의할 것.

$$\sigma_{co} = \frac{D_1 \cdot K_B \cdot W \cdot R \cdot E \cdot I_t + \alpha \cdot W \cdot K_H \cdot R^5 + 2\beta \cdot D_1 \cdot K_X \cdot W \cdot P_i \cdot R^4}{E \cdot I_t + 0.061 K_H \cdot R^4 + 2P_i \cdot D_1 \cdot R^3 \cdot K_X} \cdot \frac{1}{Z_t}$$

σ_{co} : 토압, 열차하중 또는 자동차하중에 의하여 배관에 생기는 원주방향 응력 (단위 N/mm^2)

D_1 : 휨시간계수(충분히 다진 모래 또는 사질토의 지반에 매설하거나 배관의 측면이 배관의 반경 이상의 폭을 둘러싸는 모래 혹은 사질토로 치환되어 충분히 다져진 경우는 1.0, 기타의 경우는 1.5로 한다)

K_B : 다음 표의 기초 상황에 따른 수치

W : 토압 및 열차하중 또는 자동차 하중 (단위 N/mm)

R : 배관의 반경 (단위 mm)

E : 배관의 영(Young)계수 (단위 N/mm^2)

I_t : 배관의 관벽 단면 2차 모멘트 (단위 mm^4/mm)

$\alpha = 0.061 \cdot D_1 \cdot K_B - 0.082\ K_X$

$\beta = D_1 \cdot K_B - 0.125$

K_H : 수평방향 지반반력 계수 (단위 N/mm^3)

P_i : 배관의 관벽 단면계수 (단위 mm^3/mm)

Z_t : 배관의 관벽 단면계수 (단위 mm^3/mm)

K_X : 다음 표의 기초상황에 따른 계수

기초의 상황	다짐이 충분한 기초	보통의 기초
K_B	0.125	0.138
K_X	0.083	0.089

3. 내압에 의하여 배관에 생기는 축방향 응력은 축방향의 변위가 내압의 영향을 받지 아니하는 배관의 경우에는 가목에 의하여 구하고 축방향의 변위가 내압의 영향을 받는 배관의 경우에는 나목에 의할 것.

가. $\sigma_{1i} = \dfrac{P_i \cdot (D-t+C)}{4(t-C)}$

나. $\sigma_{1i} = \dfrac{\nu \cdot P_i \cdot (D-t+C)}{2(t-C)}$

σ_{1i} : 내압에 의하여 배관에 생기는 축방향 응력 (단위 N/mm^2)

P_i : 최대상용압력 (단위 MPa)

D : 배관의 외경 (단위 mm)

C : 내면 부식여유두께 (단위 mm)

ν : 배관의 푸아송(Poisson)비

4. 열차하중 또는 자동차하중에 의하여 생기는 축방향 응력은 다음 식에 의할 것.

$$\sigma_{1o} = \frac{0.322\,W}{Zp} \cdot \sqrt{\frac{E \cdot I_P}{Kv \cdot D}}$$

σ_{1o} : 열차하중 또는 자동차하중에 의하여 생기는 축방향 응력 (단위 N/mm^2)

W : 열차하중 또는 자동차하중 (단위 N/mm)

Z_p : 배관의 단면계수 (단위 mm^3)

E : 배관의 영(Young)계수 (단위 N/mm^2)

I_P : 배관의 단면 2차 모멘트 (단위 mm^4)

Kv : 수직방향 지반반력계수 (단위 N/mm^3)

D : 배관의 외경 (단위 mm)

5. 온도변화의 영향에 의하여 배관에 생기는 축방향 응력은 관이 전면적으로 온도변화의 영향을 받는 배관에 있어서는 다음 식에 의하고 그 밖의 배관에 있어서는 배관의 신축흡수부분에 생기는 응력 및 신축흡수부분의 반력에 의하여 직관부에 생기는 응력을 고려하여 구할 것.

$$\sigma_{1t} = E\alpha \cdot \Delta t$$

σ_{1t} : 온도변화의 영향으로 배관에 생기는 축방향응력 (단위 N/mm^2)

E : 배관의 영(Young)계수 (단위 N/mm^2)

α : 배관의 선팽창계수 (단위 1/℃)

Δt : 온도변화 (단위 ℃)

제116조(지진의 영향)

(생략)

제117조(배관에 대한 합성응력)

제113조제1항제3호의 규정에 따른 원주방향응력과 축방향응력 및 관축에 대한 수직방향의 전단응력을 합성한 응력으로서 다음 식에 따라 구하다.

$$\sigma e = \sqrt{\sigma cs^2 + \sigma ls^2 - \sigma cs \cdot \sigma ls + 3\tau^2}$$

σe : 합성응력 (단위 N/mm^2)

σcs : 원주방향 응력 (단위 N/mm^2)

σls : 축방향응력 (단위 N/mm^2)

τ : 관축에 대한 수직방향의 전단응력 (단위 N/mm^2)

제118조(관이음의 설계 등)

1. 관이음의 설계는 배관의 설계에 준하는 것 외에 관이음의 휨특성 및 응력집중을 고려하

여 행할 것.

2. 배관을 분기하는 경우는 미리 제작한 분기용 관이음 또는 분기구조물을 이용할 것. 이 경우 분기구조물에는 보강판을 부착하는 것을 원칙으로 한다.
3. 분기용 관이음, 분기구조물 및 레듀서(reducer)는 원칙적으로 이송기지 또는 전용부지 내에 설치할 것.

제119조(곡부의 설계 등)

배관의 곡부는 다음 각 호에 따라 설치하여야 한다. 다만, 현장 시공조건 그 밖의 특별한 이유에 의하여 부득이 한 경우에 있어서 3°를 초과하지 아니한 각도로 배관의 절단맞춤을 하는 때에는 제2호 및 제3호의 규정은 적용하지 아니한다.

1. 곡부의 설계는 배관의 설계에 준하는 것 외에 곡부의 휨특성 및 응력집중을 고려할 것.
2. 곡부에는 제3호에 정하는 경우를 제외하고 미리 제작한 곡관[마이터 벤드(Miter Bend) 관은 내압에 의하여 생기는 원주방향 응력이 배관의 규격최소항복점(배관의 재료규격에서 최소항복점을 정하지 아니한 것은 재료시험성적등에 의하여 보증된 항복점으로 한다. 다만, 당해 항복점이 재료의 규격에서 정한 인장강도의 최소치의 0.6배를 초과하는 경우에는 당해 항복점으로 한다)의 20% 이하의 경우에 한한다.]을 사용할 것.
3. 현장에서 냉간구부림을 하는 경우의 최소곡율반경은 다음 표의 배관의 외경에 따른 각각의 수치로 할 것. 이 경우 배관의 내경은 배관 외경의 2.5% 이상 감소하지 아니하여야 한다.

배관의 외경 (단위 mm)	최소곡율반경 (단위 mm)
D ≦ 318.5	18 D
318.5 < D ≦ 355.6	21 D
355.6 < D ≦ 406.4	24 D
406.4 < D < 508.0	27 D
508.0 ≦ D	30 D

※ 주 : D는 배관의 외경을 말한다.

제120조(밸브의 설계 등)

1. 밸브는 배관의 강도 이상일 것.
2. 밸브(이송기지내의 배관에 부착된 것을 제외한다)는 피그의 통과에 지장이 없는 구조로 할 것.
3. 밸브(이송기지 또는 전용기지내의 배관에 부착된 것을 제외한다)와 배관과의 접속은 원칙적으로 맞대기 용접으로 할 것.

4. 밸브를 용접에 의하여 배관에 접속한 경우에는 접속부의 용접두께가 급변하지 않도록 시공할 것.
5. 밸브는 당해 밸브의 자중 등에 의하여 배관에 이상응력을 발생시키지 않도록 부착할 것.
6. 밸브는 배관의 팽창, 수축 및 지진력 등에 의하여 힘이 직접 밸브에 작용하지 않도록 고려하여 부착할 것.
7. 밸브의 개폐속도는 유격작용 등을 고려한 속도로 할 것.
8. 플랜지 부착 밸브의 플랜지, 볼트 및 가스켓의 재료규격은 규칙 별표 15 Ⅱ제1호의 규정에 의할 것.

제121조(비파괴시험의 방법 및 판정기준)

(생략)

제122조(비파괴시험방법)

① 배관등의 용접부에는 방사선투과시험 또는 영상초음파탐상시험을 실시한다. 다만, 방사선투과시험 또는 영상초음파탐상시험을 실시하기 곤란한 경우에는 다음 각 호의 기준에 따른다.

1. 두께가 6mm 이상인 배관에 있어서는 초음파탐상시험 및 자기탐상시험을 실시할 것. 다만, 강자성체 외의 재료로 된 배관에 있어서는 자기탐상시험을 침투탐상시험으로 대체할 수 있다.
2. 두께가 6mm 미만인 배관과 초음파탐상시험을 실시하기 곤란한 배관에 있어서는 자기탐상시험을 실시할 것.

② 용접부의 방사선투과시험은 「강 용접 이음부의 방사선 투과 시험 방법」(KS B 0845), 「알루미늄 평판 접합 용접부의 방사선 투과 시험 방법」(KS D 0242) 및 「알루미늄관의 원둘레 용접부의 방사선 투과 시험 방법」(KS B 0838)을, 초음파탐상시험은 「강 용접부의 초음파 탐상 시험 방법」(KS B 0896)을, 자기탐상시험은 「철강 재료의 자분 탐상 시험 방법 및 자분 모양의 분류」(KS D 0213)를, 침투탐상시험은 「침투 탐상 시험 방법 및 침투 지시 모양의 분류」(KS B 0816)를 준용한다. 다만, 방사선투과시험에서 투과사진의 상질적용구분은 내부선원촬영 및 내부필름촬영방법의 경우에는 A급을 적용하고 2중벽편면 및 양면촬영방법은 P1급을 적용한다.

제123조(비파괴시험의 판정기준)

(생략)

제124조(내압시험의 방법 및 판정기준)

(생략)

제125조(위치표지 등)

규칙 별표 15 Ⅳ제20호나목의 규정에 따른 배관 경로의 위치표지·주의표시 및 주의표지는 다음 각 호와 같이 설치하여야 한다.

1. 위치표지는 다음 각목에 의하여 지하매설의 배관경로에 설치할 것.
   가. 배관 경로 약 100m 마다의 개소, 수평곡관부 및 기타 안전상 필요한 개소에 설치할 것.
   나. 위험물을 이송하는 배관이 매설되어 있는 상황 및 기점에서의 거리, 매설위치, 배관의 축방향, 이송자명 및 매설연도를 표시할 것.
2. 주의표시는 다음 각목에 의하여 지하매설의 배관경로에 설치할 것. 다만, 방호구조물 또는 이중관 기타의 구조물에 의하여 보호된 배관에 있어서는 그러하지 아니하다.
   가. 배관의 바로 위에 매설할 것.
   나. 주의표시와 배관의 윗부분과의 거리는 0.3m로 할 것.
   다. 재질은 내구성을 가진 합성수지로 할 것.
   라. 폭은 배관의 외경 이상으로 할 것.
   마. 색은 황색으로 할 것.
   바. 위험물을 이송하는 배관이 매설된 상황을 표시할 것.
3. 주의표지는 다음 각목에 의하여 지상배관의 경로에 설치할 것.
   가. 일반인이 접근하기 쉬운 장소 기타 배관의 안전상 필요한 장소의 배관 직근에 설치할 것.
   나. 양식은 다음 그림과 같이 할 것.

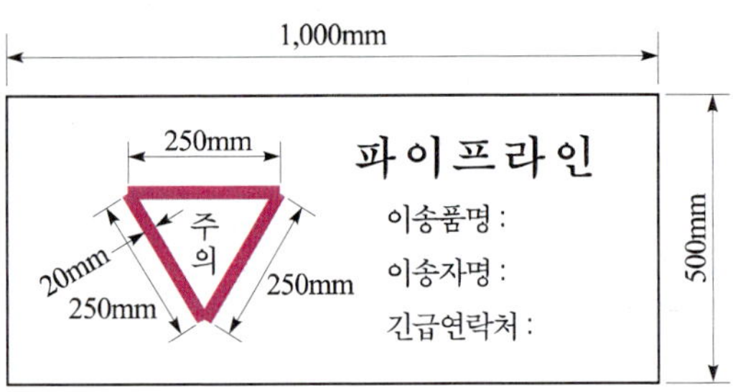

※ 비고
1. 금속제의 판으로 할 것
2. 바탕은 백색(역정삼각형내는 황색)으로 하고, 문자 및 역정삼각형의 모양은 흑색으로 할 것
3. 바탕색의 재료는 반사도료 기타 반사성을 가진 것으로 할 것
4. 역정삼각형 정점의 둥근 반경은 10mm로 할 것
5. 이송품명에는 위험물의 화학명 또는 통칭명을 기재할 것

제126조(안전설비의 작동시험 등)

① 규칙 별표 15 Ⅳ제21호의 규정에 따른 안전유지를 위한 설비는 다음 각 호와 같다.

1. 규칙 별표 15 Ⅳ제14호의 규정에 따른 경보설비
2. 규칙 별표 15 Ⅳ제8호가목의 규정에 따른 제어기능을 가진 안전제어장치
3. 규칙 별표 15 Ⅳ제8호나목의 규정에 따른 제어기능을 가진 안전제어장치
4. 배관내의 압력이 최대상용압력을 초과하지 않도록 제어하는 장치
5. 유격작용 등에 의하여 생기는 압력이 최대상용압력의 1.1배를 초과하지 않도록 제어하는 장치
6. 규칙 별표 15 Ⅳ제10호의 규정에 따른 누설검지장치로서 자동으로 위험물의 누설을 검지하도록 된 것.
7. 규칙 별표 15 Ⅳ제16호의 규정에 따른 비상전원으로서 상용전원이 고장난 경우에 자동으로 비상전원으로 바뀌어 지는 것.

② 규칙 별표 15 Ⅳ제21호의 규정에 따른 안전유지를 위한 설비의 시험방법은 다음 각 호와 같다.

1. 제1항제1호의 장치에 있어서는 규칙 별표 15 Ⅳ제7호나목의 규정에 따른 이상한 상태에 상당하는 모의신호를 주는 것에 의하여 실시할 것.
2. 제1항제2호의 장치에 있어서는 규칙 별표 15 Ⅳ제8호가목의 규정에 따른 안전유지를 위한 설비 등의 제어회로를 차단한 상태에서 펌프의 기동조작에 의하여 실시할 것.
3. 제1항제3호의 장치에 있어서는 규칙 별표 15 Ⅳ제10호가목의 규정에 따른 자동으로 위험물의 누설을 검지할 수 있는 장치에 위험물 누설에 상당하는 모의신호를 주어 긴급차단밸브를 폐쇄하기 위한 제어회로를 차단하고, 규칙 별표 15 Ⅳ제13호의 규정에 따른 감진장치 및 강진계에 일정 가속도 이상의 지진동에 상당하는 모의신호를 주는 것에 의하여 실시할 것.
4. 제1항제4호의 장치에 있어서는 이송상태에 있어서 당해 장치에 관한 압력제어밸브의 하류측 밸브를 서서히 폐쇄하는 것에 의하여 실시할 것.
5. 제1항제5호의 장치(이하 "유격압력안전장치"라 한다)에 있어서는 미리 규칙 별표 15 Ⅳ제9호가목의 규정에 따른 배관내의 압력이 최대상용압력을 초과하지 않도록 제어하는 장치의 작동압력을 최대상용압력의 1.1배를 초과한 압력에 조정하고, 이송상태에 있어서 유격압력안전장치에 관련되는 감압밸브의 하류측 밸브를 서서히 폐쇄하는 것에 의하여 실시할 것. 다만, 펌프의 최고토출압력이 최대상용압력의 1.1배보다 낮은 압력으로 운전하는 배관에 설치된 유격압력안전장치에 있어서는 정압에 의하여 실시한다.
6. 제1항제6호의 장치에 있어서는 이송에 의하여 하거나 이송에 상당하는 모의신호를

주는 것에 의하여 실시할 것.

7. 제1항제7호의 장치에 있어서는 상용전력원을 차단한 것에 의하여 실시할 것.

제5장 제조소등의 소화설비의 기준

제127조(소화설비 등의 설치에 관한 세부기준)

규칙 제44조의 규정에 따른 소화설비의 설치에 관한 세부기준은 제128조 내지 제136조의 규정에 따른다.

제128조(소화설비 설치의 구분)

1. 옥내소화전설비 및 이동식물분무등소화설비는 화재발생시 연기가 충만할 우려가 없는 장소 등 쉽게 접근이 가능하고 화재 등에 의한 피해를 받을 우려가 적은 장소에 한하여 설치할 것.
2. 옥외소화전설비는 건축물의 1층 및 2층 부분만을 방사능력범위로 하고 건축물의 지하층 및 3층 이상의 층에 대하여 다른 소화설비를 설치할 것. 또한 옥외소화전설비를 옥외 공작물에 대한 소화설비로 하는 경우에도 유효방수거리 등을 고려한 방사능력범위에 따라 설치할 것.
3. 제4류 위험물을 저장 또는 취급하는 탱크에 포소화설비를 설치하는 경우에는 고정식포소화설비(종형탱크에 설치하는 것은 고정식포방출구방식으로 하고 보조포소화전 및 연결송액구를 함께 설치할 것)를 설치할 것.
4. 소화난이도등급 I 의 제조소 또는 일반취급소에 옥내·외소화전설비, 스프링클러설비 또는 물분무등소화설비를 설치시 당해 제조소 또는 일반취급소의 취급탱크(인화점 21℃ 미만의 위험물을 취급하는 것에 한한다. 이하 이 조에서 같다)의 펌프설비, 주입구 또는 토출구가 옥내·외소화전설비, 스프링클러설비 또는 물분무등소화설비의 방사능력범위 내에 포함되도록 할 것. 이 경우 당해 취급탱크의 펌프설비, 주입구 또는 토출구에 접속하는 배관의 내경이 200mm 이상인 경우에는 당해 펌프설비, 주입구 또는 토출구에 대하여 적응성 있는 소화설비는 이동식 외의 물분무등소화설비에 한한다.
5. 포소화설비 중 포모니터노즐방식은 옥외의 공작물(펌프설비 등을 포함한다) 또는 옥외에서 저장 또는 취급하는 위험물을 방호대상물로 할 것.

제129조(옥내소화전설비의 기준)

1. 옥내소화전의 개폐밸브 및 호스접속구는 바닥면으로부터 1.5m 이하의 높이에 설치할 것.

2. 옥내소화전의 개폐밸브 및 방수용기구를 격납하는 상자(이하 "소화전함"이라 한다)는 불연재료로 제작하고 점검에 편리하고 화재발생시 연기가 충만할 우려가 없는 장소 등 쉽게 접근이 가능하고 화재 등에 의한 피해를 받을 우려가 적은 장소에 설치할 것.
3. 가압송수장치의 시동을 알리는 표시등(이하 “시동표시등”이라 한다)은 적색으로 하고 옥내소화전함의 내부 또는 그 직근의 장소에 설치할 것. 다만, 제4호나목에 의하여 설치한 적색의 표시등을 점멸시키는 것에 의하여 가압송수장치의 시동을 알리는 것이 가능한 경우 및 영 제18조의 규정에 따른 자체소방대를 둔 제조소등으로서 가압송수장치의 기동장치를 기동용 수압개폐장치로 사용하는 경우에는 시동표시등을 설치하지 아니할 수 있다.
4. 옥내소화전설비의 설치의 표시는 다음 각목에 정한 것에 의할 것.
   가. 옥내소화전함에는 그 표면에 “소화전”이라고 표시할 것.
   나. 옥내소화전함의 상부의 벽면에 적색의 표시등을 설치하되, 당해 표시등의 부착면과 15° 이상의 각도가 되는 방향으로 10m 떨어진 곳에서 용이하게 식별이 가능하도록 할 것.
5. 수원의 수위가 펌프(수평회전식의 것에 한한다)보다 낮은 위치에 있는 가압송수장치는 다음 각목에 정한 것에 의하여 물올림장치를 설치할 것.
   가. 물올림장치에는 전용의 물올림탱크를 설치할 것.
   나. 물올림탱크의 용량은 가압송수장치를 유효하게 작동할 수 있도록 할 것.
   다. 물올림탱크에는 감수경보장치 및 물올림탱크에 물을 자동으로 보급하기 위한 장치가 설치되어 있을 것.
6. 옥내소화전설비의 비상전원은 자가발전설비 또는 축전지설비에 의하되 다음 각목에 정한 것으로 할 것. 다만, 가목에 적합한 내연기관으로서 상용전원의 정전시 신속히 당해 내연기관을 작동할 수 있는 경우에는 자가발전설비를 대신하여 내연기관을 사용할 수 있다.
   가. 용량은 옥내소화전설비를 유효하게 45분 이상 작동시키는 것이 가능할 것.
   나. 자가발전설비는 (1) 내지 (3)에 정한 것에 의할 것.
      (1) 비상전원 전용수전설비는 (가) 내지 (마)에 정한 것으로 할 것.
         (가) 점검에 편리하고 화재 등의 피해를 받을 우려가 적은 곳에 설치할 것.
         (나) 다른 전기회로의 개폐기 또는 차단기에 의하여 차단되지 않을 것.
         (다) 개폐기에는 "옥내소화전설비용"이라고 표시할 것.
         (라) 고압 또는 특별고압으로 수전하는 비상전원전용수전설비는 불연재료의 벽, 기둥, 바닥 및 천정(천정이 없는 경우에는 지붕)으로 구획되고 출입구는 60분+방화문 또는 60분방화문 또는 30분방화문이 설치되고 창에는 망입유리 또는

강화유리(8mm 이상)가 설치된 전용실에 설치할 것. 다만, 1) 또는 2)에 해당하는 경우는 그러하지 아니하다.

1) 큐비클식 비상전원전용수전설비로서 불연재료로 구획된 변전설비실, 발전설비실, 기계실, 펌프실, 그 밖의 이와 유사한 실 또는 옥외나 건축물의 옥상에 설치된 경우

2) 옥외 또는 주요구조부가 내화구조인 건축물의 옥상에 설치한 것으로서 인접한 건축물 또는 공작물로부터 3m 이상 이격된 경우 또는 당해 수전설비로부터 3m 미만의 범위에 있는 건축물 또는 공작물의 부분이 불연재료인 경우

(마) 큐비클식 비상전원전용수전설비는 당해 수전설비의 전면에 폭 1m 이상의 공지를 보유하여야 하며, 다른 자가발전·축전설비(큐비클식을 제외한다) 또는 건축물·공작물(수전설비를 옥외에 설치하는 경우에 한한다)로부터 1m 이상 이격할 것.

(2) 상용전원이 정전인 때에는 자동으로 비상전원으로 전환될 수 있을 것.

(3) 큐비클식 외의 자가발전설비는 (가) 내지 (다)에 정한 것에 의할 것.

(가) 자가발전장치(발전기와 원동기를 연결한 것을 말한다. 이하 같다)의 주위에는 0.6m 이상의 공지를 보유할 것.

(나) 연료탱크와 원동기와의 간격은 예열하는 방식의 원동기는 2m 이상, 그 밖의 방식의 원동기는 0.6m 이상으로 할 것. 다만, 연료탱크와 원동기의 사이에 불연재료로 만든 방화상 유효한 차폐물을 설치한 경우는 그러하지 아니하다.

(다) 운전제어장치, 보호장치, 여자(勵磁)장치 또는 이와 유사한 장치를 수납하는 조작반(자가발전장치에 내장된 것은 제외한다)은 강판제의 함에 수납하고 당해 함의 전면에 폭 1m 이상의 공지를 보유할 것.

다. 축전지설비는 (1) 내지 (3)에 정한 것에 의할 것.

(1) 나목(1)의 규정에 의할 것.

(2) 상용전원이 정전인 때에는 자동으로 비상전원으로 전환되고 상용전원이 복구된 때에는 자동으로 상용전원으로 전환될 수 있을 것.

(3) 큐비클 외의 축전지설비는 (가) 내지 (마)에 정한 것에 의할 것.

(가) 축전지설비는 설치된 실의 벽으로부터 0.1m 이상 이격할 것.

(나) 축전지설비를 동일실에 2 이상 설치하는 경우에는 축전지설비의 상호간격은 0.6m(높이가 1.6m 이상인 선반 등을 설치한 경우에는 1m) 이상 이격할 것.

(다) 축전지설비는 물이 침투할 우려가 없는 장소에 설치할 것.

(라) 축전지설비를 설치한 실에는 옥외로 통하는 유효한 환기설비를 설치할 것.

(마) 충전장치와 축전지를 동일실에 설치하는 경우에는 충전장치를 강제의 함에 수납하고 당해 함의 전면에 폭 1m 이상의 공지를 보유할 것.

라. 배선은 「전기사업법」에 의한 전기설비기술기준에 적합하게 하여야 하며 다른 회로

에 의한 장애를 받지 않도록 조치를 하고 (1) 내지 (3)에 정한 것에 의할 것.

(1) 600볼트 2종 비닐절연전선 또는 이와 동등 이상의 내열성을 갖는 전선을 사용할 것.

(2) 전선은 내화구조인 주요구조부에 매설하거나 또는 이와 동등 이상의 내열효과가 있는 방법으로 보호할 것. 다만, MI케이블 또는 이와 동등 이상의 내열성능이 있는 것은 그러하지 아니하다.

(3) 개폐기, 과전류보호기, 기타 배선기기는 내열효과가 있는 방법으로 보호할 것.

7. 조작회로 및 제4호나목의 규정에 따른 표시등의 회로배선은 다음 각목에 정한 것에 의할 것.

가. 600볼트 2종비닐절연전선 또는 이와 동등 이상의 내열성능을 갖는 전선을 사용할 것.

나. 금속관공사, 가요전선관공사, 금속덕트공사 또는 케이블공사(불연성의 덕트로 덮는 경우에 한한다)에 의하여 설치할 것.

8. 배관은 다음 각목에 정한 기준에 의할 것.

가. 전용으로 할 것. 다만, 옥내소화전의 기동장치를 조작하는 것에 의하여 즉시 다른 소화설비 배관의 송수를 차단하는 것이 가능한 경우 등 당해 옥내소화전설비의 성능에 지장을 주지 아니하는 경우에는 그러하지 아니하다.

나. 가압송수장치의 토출측 직근부분의 배관에는 체크밸브 및 개폐밸브를 설치할 것.

다. 펌프를 이용한 가압송수장치의 흡수관은 (1) 내지 (3)에 정한 것에 의할 것.

(1) 흡수관은 펌프마다 전용으로 설치할 것.

(2) 흡수관에는 여과장치(후드밸브에 부속된 것을 포함한다)를 설치하여야 하며, 수원의 수위가 펌프보다 낮은 위치에 있는 경우에는 후드밸브를 설치하고 그 외의 경우에는 개폐밸브를 설치할 것.

(3) 후드밸브는 용이하게 점검할 수 있도록 할 것.

라. 「배관용탄소강관」(KS D 3507), 「압력배관용탄소강관」(KS D 3562) 또는 이와 동등 이상의 강도, 내식성 및 내열성을 갖는 관을 사용할 것.

마. 관이음쇠는 「나사식강관제관이음쇠」(KS B 1533), 「나사식가단주철제관이음쇠」(KS B 1531), 「강제용접식관플랜지」(KS B 1503), 「스테인리스강제용접식플랜지」(KS B 1506), 「배관용 강제맞대기용접식관이음쇠」(KS B 1541) 또는 이와 동등 이상의 강도, 내식성 및 내열성을 갖는 것으로 할 것.

바. 주배관 중 입상관은 관의 직경이 50mm 이상인 것으로 할 것.

사. 밸브류는 (1) 및 (2)에 정한 것에 의할 것.

(1) 재질은 「주강 플랜지형 밸브」(KS B 2361), 「회주철품」(KS D 4301), 「구상흑연

주철품」(KS D 4302) 또는 이와 동등 이상의 강도, 내식성 및 내열성을 갖는 것으로 할 것.

(2) 개폐밸브에는 그 개폐방향을, 체크밸브에는 그 흐름방향을 표시할 것.

아. 배관은 당해 배관에 급수하는 가압송수장치의 체절압력의 1.5배 이상의 수압을 견딜 수 있는 것으로 할 것.

9. 가압송수장치는 다음 각목에 정한 것에 의하여 설치할 것.

가. 고가수조를 이용한 가압송수장치는 (1) 및 (2)에 정한 것에 의할 것.

(1) 낙차(수조의 하단으로부터 호스접속구까지의 수직거리를 말한다. 이하 이 호에서 같다)는 다음 식에 의하여 구한 수치 이상으로 할 것.

$$H = h1 + h2 + 35m$$

H : 필요낙차 (단위 m)

h1 : 방수용 호수의 마찰손실수두 (단위 m)

h2 : 배관의 마찰손실수두 (단위 m)

(2) 고가수조에는 수위계, 배수관, 오버플로우용 배수관, 보급수관 및 맨홀을 설치할 것.

나. 압력수조를 이용한 가압송수장치는 (1) 내지 (3)에 정한 것에 의할 것.

(1) 압력수조의 압력은 다음 식에 의하여 구한 수치 이상으로 할 것.

$$P = p1 + p2 + p3 + 0.35MPa$$

P : 필요한 압력 (단위 MPa)

p1 : 소방용호스의 마찰손실수두압 (단위 MPa)

p2 : 배관의 마찰손실수두압 (단위 MPa)

p3 : 낙차의 환산수두압 (단위 MPa)

(2) 압력수조의 수량은 당해 압력수조 체적의 2/3 이하일 것.

(3) 압력수조에는 압력계, 수위계, 배수관, 보급수관, 통기관 및 맨홀을 설치할 것.

다. 펌프를 이용한 가압송수장치는 (1) 내지 (8)에 정한 것에 의할 것.

(1) 펌프의 토출량은 옥내소화전의 설치개수가 가장 많은 층에 대해 당해 설치개수(설치개수가 5개 이상인 경우에는 5개로 한다)에 260Liter/min를 곱한 양 이상이 되도록 할 것.

(2) 펌프의 전양정은 다음 식에 의하여 구한 수치 이상으로 할 것.

$$H = h1 + h2 + h3 + 35m$$

H : 펌프의 전양정 (단위 m)

h1 : 소방용 호스의 마찰손실수두 (단위 m)

h2 : 배관의 마찰손실수두 (단위 m)

h3 : 낙차 (단위 m)

(3) 펌프의 토출량이 정격토출량의 150%인 경우에는 전양정은 정격전양정의 65% 이상일 것.

(4) 펌프는 전용으로 할 것. 다만, 다른 소화설비와 병용 또는 겸용하여도 각각의 소화설비의 성능에 지장을 주지 아니하는 경우에는 그러하지 아니하다.

(5) 펌프에는 토출측에 압력계, 흡입측에 연성계를 설치할 것.

(6) 가압송수장치에는 정격부하운전시 펌프의 성능을 시험하기 위한 배관설비를 설치할 것.

(7) 가압송수장치에는 체절운전시에 수온상승방지를 위한 순환배관을 설치할 것.

(8) 원동기는 전동기 또는 내연기관에 의한 것으로 할 것.

라. 가압송수장치에는 당해 옥내소화전의 노즐선단에서 방수압력이 0.7MPa을 초과하지 않도록 할 것.

마. 기동장치는 직접조작이 가능하고, 옥내소화전함의 내부 또는 그 직근의 장소에 설치된 조작부(자동화재탐지설비의 P형발신기를 포함한다)에서 원격조작이 가능하도록 할 것.

바. 가압송수장치는 직접조작에 의해서만 정지되도록 할 것.

사. 소방용호스 및 배관의 마찰손실계산은 Hazen & Williams 공식에 의할 것.

10. 가압송수장치는 점검에 편리하고 화재 등의 피해를 받을 우려가 적은 장소에 설치할 것.

11. 옥내소화전설비는 습식(배관내에 상시 충수되어 있고 가압송수장치의 기동에 의하여 즉시 방수가능한 방법을 말한다. 이하 같다)으로 하고 동결방지조치를 할 것. 다만, 동결방지조치가 곤란한 경우에는 습식 외의 방식으로 할 수 있다.

제130조(옥외소화전설비의 기준)

1. 옥외소화전의 개폐밸브 및 호스접속구는 지반면으로부터 1.5m 이하의 높이에 설치할 것
2. 방수용기구를 격납하는 함(이하 "옥외소화전함"이라 한다)은 불연재료로 제작하고 옥외소화전으로부터 보행거리 5m 이하의 장소로서 화재발생시 쉽게 접근가능하고 화재 등의 피해를 받을 우려가 적은 장소에 설치할 것.
3. 옥외소화전설비의 설치의 표시는 다음 각목에 정한 것에 의할 것.

가. 옥외소화전함에는 그 표면에 "호스격납함"이라고 표시할 것. 다만, 호스접속구 및 개폐밸브를 옥외소화전함의 내부에 설치하는 경우에는 "소화전"이라고 표시할 수도 있다.

나. 옥외소화전에는 직근의 보기 쉬운 장소에 "소화전"이라고 표시할 것.

4. 가압송수장치, 시동표시등, 물올림장치, 비상전원, 조작회로의 배선 및 배관등은 옥내소

화전설비의 기준의 예에 준하여 설치할 것. 다만, 영 제18조의 규정에 따른 자체소방대를 둔 제조소등으로서 옥외소화전함 부근에 설치된 옥외전등에 비상전원이 공급되는 경우에는 옥외소화전함의 적색 표시등을 설치하지 아니할 수 있다.

5. 옥외소화전설비는 습식으로 하고 동결방지조치를 할 것.
   다만, 동결방지조치가 곤란한 경우에는 습식 외의 방식으로 할 수 있다.

제131조(스프링클러설비의 기준)

1. 개방형스프링클러헤드는 방호대상물의 모든 표면이 헤드의 유효사정 내에 있도록 설치하고, 다음 각목에 정한 것에 의하여 설치할 것.
   가. 스프링클러헤드의 반사판으로부터 하방으로 0.45m, 수평방향으로 0.3m의 공간을 보유할 것.
   나. 스프링클러헤드는 헤드의 축심이 당해 헤드의 부착면에 대하여 직각이 되도록 설치할 것.
2. 폐쇄형스프링클러헤드는 방호대상물의 모든 표면이 헤드의 유효사정 내에 있도록 설치하고, 다음 각목에 정한 것에 의하여 설치할 것.
   가. 스프링클러헤드는 제1호가목 및 나목의 규정에 의할 것.
   나. 스프링클러헤드의 반사판과 당해 헤드의 부착면과의 거리는 0.3m 이하일 것.
   다. 스프링클러헤드는 당해 헤드의 부착면으로부터 0.4m 이상 돌출한 보 등에 의하여 구획된 부분마다 설치할 것. 다만, 당해 보 등의 상호간의 거리(보 등의 중심선을 기산점으로 한다)가 1.8m 이하인 경우에는 그러하지 아니하다.
   라. 급배기용 덕트 등의 긴변의 길이가 1.2m를 초과하는 것이 있는 경우에는 당해 덕트 등의 아래면에도 스프링클러헤드를 설치할 것.
   마. 스프링클러헤드의 부착위치는 (1) 및 (2)에 정한 것에 의할 것.
      (1) 가연성 물질을 수납하는 부분에 스프링클러헤드를 설치하는 경우에는 제1호가목의 규정에 불구하고 당해 헤드의 반사판으로부터 하방으로 0.9m, 수평방향으로 0.4m의 공간을 보유할 것.
      (2) 개구부에 설치하는 스프링클러헤드는 당해 개구부의 상단으로부터 높이 0.15m 이내의 벽면에 설치할 것.
   바. 건식 또는 준비작동식의 유수검지장치의 2차측에 설치하는 스프링클러헤드는 상향식스프링클러헤드로 할 것. 다만, 동결할 우려가 없는 장소에 설치하는 경우는 그러하지 아니하다.
   사. 스프링클러헤드는 그 부착장소의 평상시의 최고주위온도에 따라 다음 표에 정한 표시온도를 갖는 것을 설치할 것.

부착장소의 최고주위온도 (단위 ℃)	표시온도 (단위 ℃)
28 미만	58 미만
28 이상 39 미만	58 이상 79 미만
39 이상 64 미만	79 이상 121 미만
64 이상 106 미만	121 이상 162 미만
106 이상	162 이상

3. 개방형스프링클러헤드를 이용하는 스프링클러설비에는 일제개방밸브 또는 수동식개방밸브를 다음 각목에 정한 것에 의하여 설치할 것.
   가. 일제개방밸브의 기동조작부 및 수동식개방밸브는 화재시 쉽게 접근 가능한 바닥면으로부터 1.5m 이하의 높이에 설치할 것.
   나. 가목에 정한 것 외에 일제개방밸브 또는 수동식개방밸브는 (1) 내지 (4)에 정한 것에 의할 것.
      (1) 방수구역마다 설치할 것.
      (2) 일제개방밸브 또는 수동식개방밸브에 작용하는 압력은 당해 일제개방밸브 또는 수동식 개방밸브의 최고사용압력 이하로 할 것.
      (3) 일제개방밸브 또는 수동식개방밸브의 2차측 배관부분에는 당해 방수구역에 방수하지 않고 당해 밸브의 작동을 시험할 수 있는 장치를 설치할 것.
      (4) 수동식개방밸브를 개방조작하는데 필요한 힘이 15kg 이하가 되도록 설치할 것.
4. 개방형스프링클러헤드를 이용하는 스프링클러설비에 2 이상의 방사구역을 두는 경우에는 화재를 유효하게 소화할 수 있도록 인접하는 방사구역이 상호 중복되도록 할 것.
5. 스프링클러설비에는 다음 각목에 정한 것에 의하여 각층 또는 방사구역마다 제어밸브를 설치할 것.
   가. 제어밸브는 개방형스프링클러헤드를 이용하는 스프링클러설비에 있어서는 방수구역마다, 폐쇄형스프링클러헤드를 사용하는 스프링클러설비에 있어서는 당해 방화대상물의 층마다, 바닥면으로부터 0.8m 이상 1.5m 이하의 높이에 설치할 것.
   나. 제어밸브에는 함부로 닫히지 아니하는 조치를 강구할 것.
   다. 제어밸브에는 직근의 보기 쉬운 장소에 "스프링클러설비의 제어밸브"라고 표시할 것.
6. 자동경보장치는 다음 각목에 정한 것에 의하여 설치할 것. 다만, 자동화재탐지설비에 의하여 경보가 발하는 경우는 음향경보장치를 설치하지 아니할 수 있다.
   가. 스프링클러헤드의 개방 또는 보조살수전의 개폐밸브의 개방에 의하여 경보를 발하도록 할 것.
   나. 발신부는 각층 또는 방수구역마다 설치하고 당해 발신부는 유수검지장치 또는 압력

검지장치를 이용할 것.

다. 나목의 유수검지장치 또는 압력검지장치에 작용하는 압력은 당해 유수검지장치 또는 압력검지장치의 최고사용압력 이하로 할 것.

라. 수신부에는 스프링클러헤드 또는 화재감지용헤드가 개방된 층 또는 방수구역을 알 수 있는 표시장치를 설치하고, 수신부는 수위실 기타 상시 사람이 있는 장소(중앙관리실이 설치되어 있는 경우에는 당해 중앙관리실)에 설치할 것.

마. 하나의 방화대상물에 2 이상의 수신부가 설치되어 있는 경우에는 이들 수신부가 있는 장소 상호간에 동시에 통화할 수 있는 설비를 설치할 것.

7. 유수검지장치는 다음 각목에 정한 것에 의하여 설치할 것.

가. 유수검지장치의 1차측에는 압력계를 설치할 것.

나. 유수검지장치의 2차측에 압력의 설정을 필요로 하는 스프링클러설비에는 당해 유수검지장치의 압력설정치보다 2차측의 압력이 낮아진 경우에 자동으로 경보를 발하는 장치를 설치할 것.

8. 폐쇄형스프링클러헤드를 이용하는 스프링클러설비의 배관의 말단에는 유수검지장치 또는 압력검지장치의 작동을 시험하기 위한 밸브(이하 "말단시험밸브"라 한다)를 다음 각목에 의하여 설치할 것.

가. 말단시험밸브는 유수검지장치 또는 압력검지장치를 설치한 배관의 계통마다 1개씩, 방수압력이 가장 낮다고 예상되는 배관의 부분에 설치할 것.

나. 말단시험밸브의 1차측에는 압력계를, 2차측에는 스프링클러헤드와 동등의 방수성능을 갖는 오리피스 등의 시험용방수구를 설치할 것.

다. 말단시험밸브에는 직근의 보기 쉬운 장소에 "말단시험밸브"라고 표시할 것.

9. 스프링클러설비에는 다음 각목의 정한 것에 의하여 소방펌프자동차가 용이하게 접근할 수 있는 위치에 쌍구형의 송수구를 설치할 것.

가. 전용으로 할 것.

나. 송수구의 결합금속구는 탈착식 또는 나사식으로 하고 내경을 63.5mm 내지 66.5mm로 할 것.

다. 송수구의 결합금속구는 지면으로부터 0.5m 이상 1m 이하의 높이의 송수에 지장이 없는 위치에 설치할 것.

라. 송수구는 당해 스프링클러설비의 가압송수장치로부터 유수검지장치·압력검지장치 또는 일제개방형밸브·수동식개방밸브까지의 배관에 전용의 배관으로 접속할 것.

마. 송수구에는 그 직근의 보기 쉬운 장소에 "스프링클러용송수구"라고 표시하고 그 송

수압력범위를 함께 표시할 것.

10. 기동장치는 폐쇄형스프링클러헤드를 이용하는 스프링클러설비에 있어서는 자동식의 기동장치를 설치하고, 개방형스프링클러헤드를 이용하는 스프링클러설비에 있어서는 자동식의 기동장치 또는 수동식의 기동장치를 설치하여야 하며 그 기준은 다음 각목에 정한 것에 의할 것.
   가. 자동식의 기동장치는 (1) 또는 (2)에 정한 것에 의할 것.
      (1) 개방형스프링클러헤드를 이용하는 스프링클러설비는 자동화재탐지설비의 감지기의 작동, 화재감지기용 헤드의 작동 또는 개방에 의한 압력검지장치의 작동과 연동하여 가압송수장치 및 일제개방밸브가 기동될 수 있도록 할 것. 다만, 자동화재탐지설비의 수신기 또는 스프링클러설비의 표시장치가 설치되어 있는 장소에 상시 사람이 있고 화재시 즉시 당해 조작부를 작동시킬 수 있는 경우에는 그러하지 아니하다.
      (2) 폐쇄형스프링클러헤드를 이용하는 스프링클러설비는 스프링클러헤드의 개방 또는 보조살수전의 개폐밸브의 개방에 의한 유수검지장치 또는 기동용수압개폐장치의 작동과 연동하여 가압송수장치가 기동될 수 있도록 할 것.
   나. 수동식의 기동장치는 (1) 및 (2)에 정한 것에 의할 것.
      (1) 직접조작 또는 원격조작에 의하여 각각 가압송수장치 및 수동식개방밸브 또는 압력송수장치 및 일제개방밸브를 기동할 수 있도록 할 것.
      (2) 2 이상의 방수구역을 갖는 스프링클러설비는 방수구역을 선택할 수 있는 구조로 할 것.
11. 건식 또는 준비작동식의 유수검지장치가 설치되어 있는 스프링클러설비는 스프링클러헤드가 개방된 후 1분 이내에 당해 스프링클러헤드로부터 방수될 수 있도록 할 것.
12. 가압송수장치, 물올림장치, 비상전원, 조작회로의 배선 및 배관 등은 옥내소화전설비의 예에 준하여 설치할 것.

제132조(물분무소화설비의 기준)

1. 물분무소화설비에 2 이상의 방사구역을 두는 경우에는 화재를 유효하게 소화할 수 있도록 인접하는 방사구역이 상호 중복되도록 할 것.
2. 고압의 전기설비가 있는 장소에는 당해 전기설비와 분무헤드 및 배관과 사이에 전기절연을 위하여 필요한 공간을 보유할 것.
3. 물분무소화설비에는 각층 또는 방사구역마다 제어밸브, 스트레이너 및 일제개방밸브 또는 수동식개방밸브를 다음 각목에 정한 것에 의하여 설치할 것.

가. 제어밸브 및 일제개방밸브 또는 수동식개방밸브는 스프링클러설비의 기준의 예에 의할 것.

나. 스트레이너 및 일제개방밸브 또는 수동식개방밸브는 제어밸브의 하류측 부근에 스트레이너, 일제개방밸브 또는 수동식개방밸브의 순으로 설치할 것.

4. 기동장치는 스프링클러설비의 기준의 예에 의할 것.
5. 가압송수장치, 물올림장치, 비상전원, 조작회로의 배선 및 배관 등은 옥내소화전설비의 예에 준하여 설치할 것.

제133조(포소화설비의 기준)

1. 고정식의 포소화설비의 포방출구 등은 다음 각목에 정한 것에 의하여 설치할 것.

가. 고정식 포방출구방식은 탱크에서 저장 또는 취급하는 위험물의 화재를 유효하게 소화할 수 있도록 포방출구, 당해 소화설비에 부속하는 보조포소화전 및 연결송액구를 다음에 정한 것에 의하여 설치할 것.

(1) 포방출구는 다음에 정한 것에 의할 것.

(가) 포방출구는 다음의 구분에 의할 것.

1) I 형

고정지붕구조의 탱크에 상부포주입법(고정포방출구를 탱크옆판의 상부에 설치하여 액표면상에 포를 방출하는 방법을 말한다. 이하 같다)을 이용하는 것으로서 방출된 포가 액면 아래로 몰입되거나 액면을 뒤섞지 않고 액면상을 덮을 수 있는 통계단 또는 미끄럼판 등의 설비 및 탱크내의 위험물증기가 외부로 역류되는 것을 저지할 수 있는 구조ㆍ기구를 갖는 포방출구

2) Ⅱ형

고정지붕구조 또는 부상덮개부착고정지붕구조(옥외저장탱크의 액상에 금속제의 플로팅, 팬 등의 덮개를 부착한 고정지붕구조의 것을 말한다. 이하 같다)의 탱크에 상부포주입법을 이용하는 것으로서 방출된 포가 탱크옆판의 내면을 따라 흘러내려 가면서 액면 아래로 몰입되거나 액면을 뒤섞지 않고 액면상을 덮을 수 있는 반사판 및 탱크내의 위험물증기가 외부로 역류되는 것을 저지할 수 있는 구조ㆍ기구를 갖는 포방출구

3) 특형

부상지붕구조의 탱크에 상부포주입법을 이용하는 것으로서 부상지붕의 부상부분상에 높이 0.9m 이상의 금속제의 칸막이(방출된 포의 유출을 막을 수 있고 충분한 배수능력을 갖는 배수구를 설치한 것에 한한다)를 탱크옆판의 내측로부터 1.2m 이상 이격하여 설치하고 탱크옆판과 칸막이에 의하여 형성된 환상부분(이하 "환상부분"이라 한다)에 포를 주입하는 것이 가능한 구조의 반사판을 갖는 포방출구

4) Ⅲ형

고정지붕구조의 탱크에 저부포주입법(탱크의 액면하에 설치된 포방출구로부터 포를 탱크내에

주입하는 방법을 말한다)을 이용하는 것으로서 송포관(발포기 또는 포발생기에 의하여 발생된 포를 보내는 배관을 말한다. 당해 배관으로 탱크내의 위험물이 역류되는 것을 저지할 수 있는 구조 · 기구를 갖는 것에 한한다. 이하 같다)으로부터 포를 방출하는 포방출구

5) Ⅳ형

고정지붕구조의 탱크에 저부포주입법을 이용하는 것으로서 평상시에는 탱크의 액면하의 저부에 설치된 격납통(포를 보내는 것에 의하여 용이하게 이탈되는 캡을 갖는 것을 포함한다)에 수납되어 있는 특수호스 등이 송포관의 말단에 접속되어 있다가 포를 보내는 것에 의하여 특수호스 등이 전개되어 그 선단이 액면까지 도달한 후 포를 방출하는 포방출구

(나) 포방출구는 다음 표에 의하여 탱크의 직경, 구조 및 포방출구의 종류에 따른 수 이상의 개수를 탱크옆판의 외주에 균등한 간격으로 설치할 것.

<table>
<tr><th rowspan="3">탱크의 구조 및 포방출구의 종류
탱크직경</th><th colspan="4">포방출구의 개수</th></tr>
<tr><th colspan="2">고정지붕구조</th><th>부상덮개부착 고정지붕구조</th><th>부상지붕구조</th></tr>
<tr><th>Ⅰ형 또는 Ⅱ형</th><th>Ⅲ형 또는 Ⅳ형</th><th>Ⅱ형</th><th>특형</th></tr>
<tr><td>13m 미만</td><td rowspan="4">2</td><td rowspan="3">1</td><td>2</td><td>2</td></tr>
<tr><td>13m 이상 19m 미만</td><td>3</td><td>3</td></tr>
<tr><td>19m 이상 24m 미만</td><td>4</td><td>4</td></tr>
<tr><td>24m 이상 35m 미만</td><td>2</td><td>5</td><td>5</td></tr>
<tr><td>35m 이상 42m 미만</td><td>3</td><td>3</td><td>6</td><td>6</td></tr>
<tr><td>42m 이상 46m 미만</td><td>4</td><td>4</td><td>7</td><td>7</td></tr>
<tr><td>46m 이상 53m 미만</td><td>6</td><td>6</td><td>8</td><td>8</td></tr>
<tr><td>53m 이상 60m 미만</td><td>8</td><td>8</td><td>10</td><td rowspan="2">10</td></tr>
<tr><td>60m 이상 67m 미만</td><td rowspan="8">왼쪽란에 해당하는 직경의 탱크에는 Ⅰ형 또는 Ⅱ형의 포방출구를 8개 설치하는 것 외에, 오른쪽란에 표시한 직경에 따른 포방출구의 수에서 8을 뺀 수의 Ⅲ형 또는 Ⅳ형의 포방출구를 폭 30m의 환상부분을 제외한 중심부의 액표면에 방출할 수 있도록 추가로 설치할 것</td><td>10</td><td rowspan="8"></td></tr>
<tr><td>67m 이상 73m 미만</td><td>12</td><td rowspan="2">12</td></tr>
<tr><td>73m 이상 79m 미만</td><td>14</td></tr>
<tr><td>79m 이상 85m 미만</td><td>16</td><td rowspan="2">14</td></tr>
<tr><td>85m 이상 90m 미만</td><td>18</td></tr>
<tr><td>90m 이상 95m 미만</td><td>20</td><td rowspan="2">16</td></tr>
<tr><td>95m 이상 99m 미만</td><td>22</td></tr>
<tr><td>99m 이상</td><td>24</td><td>18</td></tr>
</table>

※ 주 : Ⅲ형의 포방출구를 이용하는 것은 온도 20℃의 물 100g에 용해되는 양이 1g 미만인 위험물(이하 "비수용성"이라 한다) 이면서 저장온도가 50℃ 이하 또는 동점도(動粘度)가 100cSt 이하인 위험물을 저장 또는 취급하는 탱크에 한하여 설치 가능하다.

(다) 포방출구는 다음 표의 위험물의 구분 및 포방출구의 종류에 따라 정한 액표면적 $1m^2$당 필요한 포수용액양에 당해 탱크의 액표면적(특형의 포방출구를 설치하는 경우는 환상부분의 면적으로 한다. 이하 같다)을 곱하여 얻은 양을 동표의 위험물의 구분 및 포방출구의 종류에 따라 정한 방출율(액표면적$1m^2$당 매분당의 포수용액의 방출량) 이상으로 (나)의 표에서 정한 개수[고정지붕구조의 탱크 중 탱크직경이 24m 미만인 것은 당해 포방출구(Ⅲ형 및 Ⅳ형은 제외)의 개수에서 1을 뺀 개수]에 유효하게 방출할 수 있도록 설치할 것.

탱크의 구조 및 포방출구의 종류 / 탱크직경	Ⅰ형		Ⅱ형		특형		Ⅲ형		Ⅳ형	
	포수 용액량 (ℓ/m²)	방출율 (ℓ/m²·min)	포수 용액량 (ℓ/m²)	방출율 (ℓ/m²·min)	포수 용액량 (ℓ/m²)	방출율 (ℓ/m²·min)	포수 용액량 (ℓ/m²)	방출율 (ℓ/m²·min)	포수 용액량 (ℓ/m²)	방출율 (ℓ/m²·min)
제4류 위험물중 인화점이 21℃ 미만인 것	120	4	220	4	240	8	220	4	220	4
제4류 위험물중 인화점이 21℃ 이상 70℃ 미만인 것	80	4	120	4	160	8	120	4	120	4
제4류 위험물중 인화점이 70℃ 이상인 것	60	4	100	4	120	8	100	4	100	4

(라) 제4류 위험물 중 비수용성 외의 것에 대해서는 (다)의 표에 불구하고 표 1에서 정한 포수용액양 및 방출율에 표 2의 세부구분란의 품목에 따라 정한 계수를 각각 곱한 수치 이상으로 할 것.

[표 1]

Ⅰ형		Ⅱ형		특형		Ⅲ형		Ⅳ형	
포수 용액량 (ℓ/m²)	방출율 (ℓ/m²·min)	포수 용액량 (ℓ/m²)	방출율 (ℓ/m²·min)	포수 용액량 (ℓ/m²)	방출율 (ℓ/m²·min)	포수 용액량 (ℓ/m²)	방출율 (ℓ/m²·min)	포수 용액량 (ℓ/m²)	방출율 (ℓ/m²·min)
160	8	240	8	–	–	–	–	240	8

[표 2]

위험물의 구분		계수
종류	세부 구분	
알콜류	메틸알콜, 3–메틸2–부틸알콜, 에틸알콜, 아릴알콜, 1–펜틸알콜, 2–펜틸알콜, t–펜틸알콜, 아이소펜틸알콜, 1–헥실알콜, 사이클로헥사놀, 훌후릴 알콜, 벤질알콜, 프로필렌글리콜, 에틸렌글리콜, 다이에틸렌 글리콜,다이프로필렌 글리콜, 글리세린	1.0
	2–프로필알콜, 1–프로필알콜, 아이소부틸알콜, 1–부틸알콜, 2–부틸알콜	1.25
	t–부틸 알콜	2.0

위험물의 구분		계수
종류	세부 구분	
에터류	디이소프로필에터, 에틸렌글리콜에틸에터, 에틸렌글리콜메틸에터, 다이에틸렌글리콜에틸에터, 다이에틸렌글리콜메틸에터	1.25
	1-4 다이옥산	1.5
	다이에틸에터, 아세톤알데히드다이에틸아세탈, 에틸프로필에터, 테트라하이드로푸란, 아이소부틸바이닐에터, 에틸부틸에터, 바이닐에틸에터	2.0
에스터류	아세트산 에틸, 폼산에틸, 폼산메틸, 아세트산메틸, 아세트산바이닐, 폼산프로필, 아크릴산메틸, 아크릴산에틸, 메타크릴산메틸, 메타크릴산에틸, 아세트산프로필, 폼산부틸, 에틸렌글리콜모노에틸에터아세테이트, 에틸렌글리콜모노메틸에터아세테이트	1.0
케톤류	아세톤, 메틸에틸케톤, 메틸아이소부틸케톤, 아세틸아세톤, 사이클로헥산온	1.0
알데하이드류	아크릴알데하이드, 크로톤알데하이드, 파라알데하이드	1.25
	아세트알데하이드	2.0
아민류	에틸렌다이아민, 사이클로헥실아민, 아닐린, 에탄올아민, 다이에탄올아민, 트라이에탄올아민	1.0
	에틸아민, 프로필아민, 알릴아민, 다이에틸아민, 부틸아민, 아이소부틸아민, 트라이에틸아민, 펜틸아민, t-부틸아민	1.25
	아이소프로필아민	2.0
나이트릴류	아크릴로나이트릴, 아세토나이트릴, 뷰티로나이트릴	1.25
유기산	아세트산, 아세트산 무수물, 아크릴산, 프로피온산, 폼산	1.25
그 밖의 비수용성 외의 것	프로필렌옥사이드, 그 밖의 것	2.0

(2) 보조포소화전은 (가) 내지 (다)에 정한 것에 의할 것.

(가) 방유제 외측의 소화활동상 유효한 위치에 설치하되 각각의 보조포소화전 상호간의 보행거리가 75m 이하가 되도록 설치할 것.

(나) 보조포소화전은 3개(호스접속구가 3개 미만인 경우에는 그 개수)의 노즐을 동시에 사용할 경우에 각각의 노즐선단의 방사압력이 0.35MPa 이상이고 방사량이 400Liter/min 이상의 성능이 되도록 설치할 것.

(다) 보조포소화전은 옥외소화전설비의 옥외소화전기준의 예에 준하여 설치할 것.

(3) 연결송액구는 다음 식에 의하여 구해진 수 이상을 스프링클러설비의 송수구 기준의 예에 의하여 설치할 것.

$$N = \frac{Aq}{C}$$

N : 연결송액구의 설치수

A : 탱크의 최대수평단면적 (단위 m^2)

: 제1호가목(1)(다)에서 정한 탱크의 액표면적 $1m^2$당 방사하여야 할 포수용액의 방출율 (단위 Liter/min)

C : 연결송액구 1구당의 표준송액량 (800 Liter/min)

나. 포헤드방식의 포헤드는 (1) 내지 (3)에 정한 것에 의하여 설치할 것.

(1) 포헤드는 방호대상물의 모든 표면이 포헤드의 유효사정 내에 있도록 설치할 것.

(2) 방호대상물의 표면적(건축물의 경우에는 바닥면적. 이하 같다) $9m^2$당 1개 이상의 헤드를, 방호대상물의 표면적 $1m^2$당의 방사량이 6.5Liter/min 이상의 비율로 계산한 양의 포수용액을 표준방사량으로 방사할 수 있도록 설치할 것.

(3) 방사구역은 $100m^2$ 이상(방호대상물의 표면적이 $100m^2$ 미만인 경우에는 당해 표면적)으로 할 것.

다. 포모니터노즐(위치가 고정된 노즐의 방사각도를 수동 또는 자동으로 조준하여 포를 방사하는 설비를 말한다. 이하 같다)방식의 포모니터노즐은 (1) 내지 (3)에 정한 것에 의하여 설치할 것.

(일부 생략 : 이재욱·정태헌 저 소화약제학 참고)

(1) 포모니터노즐은 옥외저장탱크 또는 이송취급소의 펌프설비 등이 안벽, 부두, 해상구조물, 그밖의 이와 유사한 장소에 설치되어 있는 경우에 당해 장소의 끝선(해면과 접하는 선)으로부터 수평거리 15m 이내의 해면 및 주입구 등 위험물취급설비의 모든 부분이 수평방사거리 내에 있도록 설치할 것. 이 경우에 그 설치개수가 1개인 경우에는 2개로 할 것.

(2) 포모니터노즐은 소화활동상 지장이 없는 위치에서 기동 및 조작이 가능하도록 고정하여 설치할 것.

(3) 포모니터노즐은 모든 노즐을 동시에 사용할 경우에 각 노즐선단의 방사량이 1900Liter/min 이상이고 수평방사거리가 30m 이상이 되도록 설치할 것.

2. 이동식포소화설비의 포소화전은 옥내에 설치하는 것은 옥내소화전설비의 옥내소화전, 옥외에 설치하는 것은 옥외소화전설비의 옥외소화전의 기준의 예에 의할 것.

3. 수원의 수량은 다음 각목에 정한 양의 포수용액을 만들기 위하여 필요한 양 이상이 되도록 할 것.

가. 포방출구방식의 것은 (1) 및 (2)에 정한 양의 합계량

(1) 고정식포방출구는 제1호가목(1)(다)의 표의 위험물의 구분 및 포방출구의 종류에

따라 정한 포수용액량에 당해 탱크의 액표면적을 곱한 양

(2) 보조포소화전은 제1호가목(2)(나)에 정한 방사량으로 20분간 방사할 수 있는 양

나. 포헤드방식의 것은 헤드의 가장 많이 설치된 방사구역의 모든 헤드를 동시에 사용할 경우에 제1호나목(2)에 정한 방사량으로 10분간 방사할 수 있는 양

다. 포모니터노즐방식의 것은 제1호다목(3)에 정한 방사량으로 30분간 방사할 수 있는 양

라. 이동식포소화설비는 4개(호스접속구가 4개 미만인 경우에는 그 개수)의 노즐을 동시에 사용할 경우에 각 노즐선단의 방사압력은 0.35MPa 이상이고 방사량은 옥내에 설치한 것은 200Liter/min 이상, 옥외에 설치 한 것은 400Liter/min 이상으로 30분간 방사할 수 있는 양

마. 가목 내지 라목에 정한 포수용액의 양 외에 배관내를 채우기 위하여 필요한 포수용액의 양

4. 포소화약제의 저장량은 제3호에 정한 포수용액량에 각 포소화약제의 적정희석용량농도를 곱하여 얻은 양 이상이 되도록 할 것.

5. 포소화설비에 이용하는 포소화약제는 Ⅲ형의 방출구를 이용하는 것은 불화단백포소화약제 또는 수성막포소화약제로 하고, 그 밖의 것은 단백포소화약제(불화단백포소화약제를 포함한다. 이하 같다) 또는 수성막포소화약제로 할 것. 이 경우에 수용성 위험물에 사용하는 것은 수용성액체용포소화약제로 하여야 한다.

6. 물올림장치, 조작회로의 배선 및 배관 등은 옥내소화전설비의 기준의 예에 준하여 설치할 것.

7. 가압송수장치는 다음 각목에 정한 것에 의하여 설치할 것.

가. 고가수조를 이용하는 가압송수장치는 다음에 정한 것에 의할 것.

(1) 가압송수장치의 낙차(수조의 하단으로부터 포방출구까지의 수직거리를 말한다. 이하 이 호에서 같다)는 다음 식에 의하여 구한 수치 이상으로 할 것.

$$H = h1 + h2 + h3$$

H : 필요한 낙차 (단위 m)

h1 : 고정식포방출구의 설계압력 환산수두 또는 이동식포소화설비 노즐방사압력 환산수두(단위 m)

h2 : 배관의 마찰손실수두 (단위 m)

h3 : 이동식포소화설비의 소방용 호스의 마찰손실수두 (단위 m)

(2) 고가수조에는 수위계, 배수관, 오버플로우용 배수관, 보급수관 및 맨홀을 설치할 것.

나. 압력수조를 이용하는 가압송수장치는 다음에 정한 것에 의할 것.

(1) 가압송수장치의 압력수조의 압력은 다음 식에 의하여 구한 수치 이상으로 할 것.

$$P = p1 + p2 + p3 + p4$$

P : 필요한 압력 (단위 MPa)

p1 : 고정식포방출구의 설계압력 또는 이동식포소화설비 노즐방사압력 (단위 MPa)

p2 : 배관의 마찰손실수두압 (단위 MPa)

p3 : 낙차의 환산수두압 (단위 MPa)

p4 : 이동식포소화설비의 소방용 호스의 마찰손실수두압 (단위 MPa)

(2) 압력수조의 수량은 당해 압력수조 체적의 2/3 이하일 것.

(3) 압력수조에는 압력계, 수위계, 배수관, 보급수관, 통기관 및 맨홀을 설치할 것.

다. 펌프를 이용하는 가압송수장치는 다음에 정한 것에 의할 것.

(1) 펌프의 토출량은 고정식포방출구의 설계압력 또는 노즐의 방사압력의 허용범위로 포수용액을 방출 또는 방사하는 것이 가능한 양으로 할 것.

(2) 펌프의 전양정은 다음 식에 의하여 구한 수치 이상으로 할 것.

$$H = h1 + h2 + h3 + h4$$

H : 펌프의 전양정(단위 m)

h1 : 고정식포방출구의 설계압력환산수두 또는 이동식포소화설비 노즐선단의 방사압력 환산수두 (단위 m)

h2 : 배관의 마찰손실수두 (단위 m)

h3 : 낙차 (단위 m)

h4 : 이동식포소화설비의 소방용호스의 마찰손실수두 (단위 m)

(3) 펌프의 토출량이 정격토출량의 150%인 경우에는 전양정은 정격전양정의 65% 이상일 것.

(4) 펌프는 전용으로 할 것. 다만, 다른 소화설비와 병용 또는 겸용하여도 각각의 소화설비의 성능에 지장을 주지 아니하는 경우에는 그러하지 아니하다.

(5) 펌프에는 토출측에 압력계, 흡입측에 연성계를 설치할 것.

(6) 가압송수장치에는 정격부하운전시 펌프의 성능을 시험하기 위한 배관설비를 설치할 것.

(7) 가압송수장치에는 체절운전시에 수온상승방지를 위한 순환배관을 설치할 것.

(8) 원동기는 전동기 또는 내연기관에 의한 것으로 할 것.

(9) 펌프를 시동한 후 5분 이내에 포수용액을 포방출구 등까지 송액할 수 있도록 하

거나 또는 펌프로부터 포방출구 등까지의 수평거리를 500m 이내로 할 것.

라. 가압송수장치는 직접조작에 의해서만 정지되도록 할 것.

마. 소방용호스 및 배관의 마찰손실계산은 Hazen & Williams 공식에 의할 것.

바. 가압송수장치에는 포방출구의 방출압력 또는 노즐선단의 방사압력이 당해 포방출구 또는 노즐의 성능범위의 상한치를 초과하지 않도록 조치를 할 것.

8. 기동장치는 자동식의 기동장치 또는 수동식의 기동장치를 설치하여야 하며 그 기준은 다음 각목에 정한 것에 의할 것.

가. 자동식기동장치는 자동화재탐지설비의 감지기의 작동 또는 폐쇄형스프링클러헤드의 개방과 연동하여 가압송수장치, 일제개방밸브 및 포소화약제혼합장치가 기동될 수 있도록 할 것. 다만, 자동화재탐지설비의 수신기가 설치되어 있는 장소에 상시 사람이 있고 화재시 즉시 당해 조작부를 작동시킬 수 있는 경우에는 그러하지 아니하다.

나. 수동식기동장치는 다음에 정한 것에 의할 것.

(1) 직접조작 또는 원격조작에 의하여 가압송수장치, 수동식개방밸브 및 포소화약제혼합장치를 기동할 수 있을 것.

(2) 2 이상의 방사구역을 갖는 포소화설비는 방사구역을 선택할 수 있는 구조로 할 것.

(3) 기동장치의 조작부는 화재시 용이하게 접근이 가능하고 바닥면으로부터 0.8m 이상 1.5m 이하의 높이에 설치할 것.

(4) 기동장치의 조작부에는 유리 등에 의한 방호조치가 되어 있을 것.

(5) 기동장치의 조작부 및 호스접속구에는 직근의 보기 쉬운 장소에 각각 "기동장치의 조작부" 또는 "접속구"라고 표시할 것.

9. 자동경보장치는 스프링클러설비의 기준의 예에 의할 것.

10. 비상전원은 제3호가목 내지 동호라목에 정한 방사시간의 1.5배 이상 소화설비를 작동시킬 수 있는 용량으로 하고 옥내소화전설비의 기준의 예에 의할 것.

제134조(불활성가스소화설비의 기준)

1. 전역방출방식의 불활성가스소화설비의 분사헤드는 다음 각목에 정한 것에 의할 것.
(일부 생략 : 이재욱·정태헌 저 소화약제학 참고)

2. 국소방출방식(이산화탄소 소화약제에 한한다)의 불활성가스소화설비(이산화탄소소화설비에 한한다)의 분사헤드는 제1호나목(1)의 예에 의하는 것 외에 다음 각목에 정한 것에 의할 것(일부 생략 : 이재욱·정태헌 저 소화약제학 참고).

3. 불활성가스소화약제의 저장용기에 저장하는 소화약제의 양은 다음 각목에 정하는 것에

의할 것.

가. 전역방출방식의 불활성가스소화설비 중 이산화탄소를 방사하는 것은 (1)부터 (3)까지에 정하는 것에 의하여 산출된 양 이상으로 하고, IG-100, IG-55 또는 IG-541을 방사하는 것은 (4)에 정하는 것에 의하여 산출된 양 이상으로 할 것.

(1) 다음 표의 방호구역의 체적에 따라 방호구역의 체적 $1m^3$당 소화약제의 양의 비율로 계산한 양. 다만, 그 양이 동표의 소화약제총량의 최저한도 미만인 경우에는 당해 최저한도의 양으로 한다.

방호구역의 체적(단위 m^3)	방호구역의 체적 $1m^3$당 소화약제의 양 (단위 kg)	소화약제총량의 최저한도(단위 kg)
5 미만	1.20	–
5 이상 15 미만	1.10	6
15 이상 45 미만	1.00	17
45 이상 150 미만	0.90	45
150 이상 1,500 미만	0.80	135
1,500 이상	0.75	1,200

(2) 방호구역의 개구부에 자동폐쇄장치(60분+방화문 또는 60분방화문, 30분방화문 또는 불연재료의 문으로 이산화탄소소화약제가 방사되기 직전에 개구부를 자동으로 폐쇄하는 장치를 말한다. 이하 같다)를 설치하지 않은 경우에는 (1)에 의하여 산출된 양에 당해 개구부의 면적$1m^2$당 5kg의 비율로 계산한 양을 가산한 양

(3) 방호구역내에서 저장 또는 취급하는 위험물에 따라 별표 2에 정한 소화약제에 따른 계수를 (1) 및 (2)에 의하여 산출된 양에 곱해서 얻은 양

(4) IG-100, IG-55 또는 IG-541을 방사하는 것은 다음 표의 소화약제의 종류에 따라 방호구역의 체적 $1m^3$당 소화약제의 양의 비율로 계산한 양에 방호구역내에서 저장 또는 취급하는 위험물에 따라 별표 2에 정한 소화약제에 따른 계수를 곱해서 얻은 양

소화약제의 종류	방호구역의 체적 $1m^3$당 소화약제의 양 (단위 m^3 : 1기압, 20℃ 기준)
IG-100	0.516 이상 0.740 이하
IG-55	0.477 이상 0.562 이하
IG-541	0.472 이상 0.562 이하

나. 국소방출방식의 불활성가스소화설비는 (1) 또는 (2)에 의하여 산출된 양에 저장 또는 취급하는 위험물에 따라 별표 2에 정한 소화약제에 따른 계수를 곱하고 다시 고

압식인 것은 1.4를, 저압식인 것은 1.1을 각각 곱한 양 이상으로 할 것.

(1) 면적식 국소방출방식

액체 위험물을 상부를 개방한 용기에 저장하는 경우 등 화재시 연소면이 한면에 한정되고 위험물이 비산할 우려가 없는 경우에는 방호대상물의 표면적(당해 방호대상물의 한변의 길이가 0.6m 이하인 경우에는 당해 변의 길이를 0.6m로 해서 계산한 면적. 이하 같다) $1m^2$당 13kg의 비율로 계산한 양

(2) 용적식 국소방출방식

(1)의 경우 외의 경우에는 다음 식에 의하여 구해진 양에 방호공간[방호대상물의 모든 부분(지반면에 접한 바닥면은 제외)으로부터 0.6m 외부로 이격된 부분에 의하여 둘러싸여진 부분을 말한다. 이하 같다.]의 체적을 곱한 양

$$Q = 8 - 6\frac{a}{A}$$

Q : 단위체적당 소화약제의 양 (단위 kg/m^3)

a : 방호대상물의 주위에 실제로 설치된 고정벽(방호대상물로부터 0.6m 미만의 거리에 있는 것에 한한다. 이하 같다)의 면적의 합계 (단위 m^2)

A : 방호공간 전체둘레의 면적 (단위 m^2)

다. 전역방출방식 또는 국소방출방식의 불활성가스소화설비를 설치한 동일 제조소등에 방호구역 또는 방호대상물이 2 이상 있을 경우에는 각 방호구역 또는 방호대상물에 대해서 가목 및 나목에 의하여 계산한 양 중에서 최대의 양 이상으로 할 수가 있다. 다만, 방호구역 또는 방호대상물이 서로 인접하여 있을 경우에는 하나의 저장용기를 공용할 수 없다.

라. 이동식 불활성가스소화설비는 하나의 노즐마다 90kg 이상의 양으로 할 것.

4. 전역방출방식 또는 국소방출방식의 불활성가스소화설비는 다음 각목에 정한 것에 의할 것.

가. 방호구역의 환기설비 또는 배출설비는 소화약제 방사 전에 정지할 수 있는 구조로 할 것.

나. 전역방출방식의 불활성가스소화설비를 설치한 방화대상물 또는 그 부분의 개구부는 다음에 정한 것에 의할 것.

(1) 이산화탄소를 방사하는 것은 다음에 의할 것.

(가) 층고의 2/3 이하의 높이에 있는 개구부로서 방사한 소화약제의 유실의 우려가 있는 것에는 소화약제 방사 전에 폐쇄할 수 있는 자동폐쇄장치를 설치할 것.

(나) 자동폐쇄장치를 설치하지 아니한 개구부 면적의 합계수치는 방호대상물의 전체둘레의 면적(방호구역의 벽, 바닥 및 천정 또는 지붕면적의 합계를 말한다. 이하 같다)의 수치의 1% 이하일 것.

(2) IG-100, IG-55 또는 IG-541을 방사하는 것은 모든 개구부에 소화약제 방사 전에 폐쇄할 수 있는 자동폐쇄장치를 설치할 것.

다. 저장용기에 충전은 다음에 의할 것.

(1) 이산화탄소를 소화약제로 하는 경우에 저장용기의 충전비(용기내용적의 수치와 소화약제중량의 수치와의 비율을 말한다. 이하 같다)는 고압식인 경우에는 1.5 이상 1.9 이하이고, 저압식인 경우에는 1.1 이상 1.4 이하일 것.

(2) IG-100, IG-55 또는 IG-541을 소화약제로 하는 경우에는 저장용기의 충전압력을 21℃의 온도에서 32MPa 이하로 할 것.

라. 저장용기는 다음에 정하는 것에 의하여 설치할 것.

(1) 방호구역 외의 장소에 설치할 것.

(2) 온도가 40℃ 이하이고 온도 변화가 적은 장소에 설치할 것.

(3) 직사일광 및 빗물이 침투할 우려가 적은 장소에 설치할 것.

(4) 저장용기에는 안전장치(용기밸브에 설치되어 있는 것을 포함한다. 이하 이 조, 제135조 및 제136조에서 같다)를 설치할 것.

(5) 저장용기의 외면에 소화약제의 종류와 양, 제조년도 및 제조자를 표시할 것.

마. 배관은 다음에 정하는 것에 의할 것.

(1) 전용으로 할 것.

(2) 이산화탄소를 방사하는 것은 다음에 의할 것.

(가) 강관의 배관은 「압력 배관용 탄소강관」(KS D 3562) 중에서 고압식인 것은 스케줄80 이상, 저압식인 것은 스케줄40 이상의 것 또는 이와 동등 이상의 강도를 갖는 것으로서 아연도금 등에 의한 방식처리를 한 것을 사용할 것.

(나) 동관의 배관은 「이음매 없는 구리 및 구리합금 관」(KS D 5301) 또는 이와 동등 이상의 강도를 갖는 것으로서 고압식인 것은 16.5MPa 이상, 저압식인 것은 3.75MPa 이상의 압력에 견딜 수 있는 것을 사용할 것.

(다) 관이음쇠는 고압식인 것은 16.5MPa 이상, 저압식인 것은 3.75MPa 이상의 압력에 견딜 수 있는 것으로서 적절한 방식처리를 한 것을 사용할 것.

(라) 낙차(배관의 가장 낮은 위치로부터 가장 높은 위치까지의 수직거리를 말한다. 제135조에서 같다)는 50m 이하일 것.

(3) IG-100, IG-55 또는 IG-541을 방사하는 것은 다음에 의할 것. 다만, 압력조절장치의 2차측 배관은 온도 40℃에서 최고조절압력에 견딜 수 있는 강도를 갖는 강관(아연도금 등에 의한 방식처리를 한 것에 한한다) 또는 동관을 사용할 수 있고, 선택밸브 또는 폐쇄밸브를 설치하는 경우에는 저장용기로부터 선택밸브 또는

폐쇄밸브까지의 부분에 온도 40℃에서 내부압력에 견딜 수 있는 강도를 갖는 강관(아연도금 등에 의한 방식처리를 한 것에 한한다) 또는 동관을 사용할 수 있다.

(가) 강관의 배관은 「압력 배관용 탄소강관」(KS D 3562) 중에서 스케줄80 이상의 것 또는 이와 동등 이상의 강도를 갖는 것으로서 아연도금 등에 의한 방식처리를 한 것을 사용할 것.

(나) 동관의 배관은 「이음매 없는 구리 및 구리합금 관」(KS D 5301) 또는 이와 동등 이상의 강도를 갖는 것으로서 16.5MPa 이상의 압력에 견딜 수 있는 것을 사용할 것.

(다) 관이음쇠는 배관의 예에 의할 것.

(4) 관이음쇠는 고압식인 것은 16.5MPa 이상, 저압식인 것은 3.75MPa 이상의 압력에 견딜 수 있는 것으로서 적절한 방식처리를 한 것을 사용할 것.

(5) 낙차(배관의 가장 낮은 위치로부터 가장 높은 위치까지의 수직거리를 말한다. 제135조에서 같다)는 50m 이하일 것.

바. 고압식저장용기에는 용기밸브를 설치할 것.

사. 이산화탄소를 저장하는 저압식저장용기에는 다음에 정하는 것에 의할 것.

(1) 이산화탄소를 저장하는 저압식저장용기에는 액면계 및 압력계를 설치할 것.

(2) 이산화탄소를 저장하는 저압식저장용기에는 2.3MPa 이상의 압력 및 1.9MPa 이하의 압력에서 작동하는 압력경보장치를 설치할 것.

(3) 이산화탄소를 저장하는 저압식저장용기에는 용기내부의 온도를 영하 20℃ 이상 영하 18℃ 이하로 유지할 수 있는 자동냉동기를 설치할 것.

(4) 이산화탄소를 저장하는 저압식저장용기에는 파괴판을 설치할 것.

(5) 이산화탄소를 저장하는 저압식저장용기에는 방출밸브를 설치할 것.

아. 선택밸브는 다음에 정한 것에 의할 것.

(1) 저장용기를 공용하는 경우에는 방호구역 또는 방호대상물마다 선택밸브를 설치할 것.

(2) 선택밸브는 방호구역 외의 장소에 설치할 것.

(3) 선택밸브에는 "선택밸브"라고 표시하고 선택이 되는 방호구역 또는 방호대상물을 표시할 것.

자. 저장용기와 선택밸브 또는 개폐밸브(이하 "선택밸브등"이라 한다)사이에는 안전장치 또는 파괴판을 설치할 것.

차. 기동용가스용기는 다음에 정한 것에 의할 것.

(1) 기동용가스용기는 25MPa 이상의 압력에 견딜 수 있는 것일 것.

(2) 기동용가스용기의 내용적은 1Liter 이상으로 하고 당해 용기에 저장하는 이산화탄소의 양은 0.6kg 이상으로 하되 그 충전비는 1.5 이상일 것.

(3) 기동용가스용기에는 안전장치 및 용기밸브를 설치할 것.

카. 기동장치는 다음에 정한 것에 의할 것.

(1) 이산화탄소를 방사하는 것의 기동장치는 수동식으로 하고(다만, 상주인이 없는 대상물 등 수동식에 의하는 것이 적당하지 아니한 경우에는 자동식으로 할 수 있다.), IG-100, IG-55 또는 IG-541을 방사하는 것의 기동장치는 자동식으로 할 것.

(2) 수동식의 기동장치는 다음에 정한 것에 의할 것.

(가) 기동장치는 당해 방호구역 밖에 설치하되 당해 방호구역 안을 볼 수 있고 조작을 한 자가 쉽게 대피할 수 있는 장소에 설치할 것.

(나) 기동장치는 하나의 방호구역 또는 방호대상물마다 설치할 것.

(다) 기동장치의 조작부는 바닥으로부터 0.8m 이상 1.5m 이하의 높이에 설치할 것.

(라) 기동장치에는 직근의 보기 쉬운 장소에 "불활성가스소화설비의 수동식 기동장치임을 알리는 표시를 할 것"라고 표시할 것.

(마) 기동장치의 외면은 적색으로 할 것.

(바) 전기를 사용하는 기동장치에는 전원표시등을 설치할 것.

(사) 기동장치의 방출용스위치 등은 음향경보장치가 기동되기 전에는 조작될 수 없도록 하고 기동장치에 유리 등에 의하여 유효한 방호조치를 할 것.

(아) 기동장치 또는 직근의 장소에 방호구역의 명칭, 취급방법, 안전상의 주의사항 등을 표시할 것.

(3) 자동식의 기동장치는 다음에 정한 것에 의할 것.

(가) 기동장치는 자동화재탐지설비의 감지기의 작동과 연동하여 기동될 수 있도록 할 것.

(나) 기동장치에는 다음에 정한 것에 의하여 자동수동전환장치를 설치할 것.

1) 쉽게 조작할 수 있는 장소에 설치할 것.

2) 자동 및 수동을 표시하는 표시등을 설치할 것.

3) 자동수동의 전환은 열쇠 등에 의하는 구조로 할 것.

(다) 자동수동전환장치 또는 직근의 장소에 취급방법을 표시할 것.

타. 음향경보장치는 다음에 정한 것에 의할 것.

(1) 수동 또는 자동에 의하여 기동장치의 조작·작동과 연동하여 자동으로 경보를 발하도록 하고 소화약제 방사 전에 차단되지 않도록 할 것.

(2) 음향경보장치는 방호구역 또는 방호대상물에 있는 모든 사람에게 소화약제가 방사된다는 사실을 유효하게 알릴 수 있도록 할 것.

(3) 전역방출방식인 것에 설치하는 음향경보장치는 음성에 의한 경보장치로 할 것. 다만, 상주인이 없는 대상물은 그러하지 아니하다.

파. 불활성가스소화설비를 설치한 장소에는 방출된 소화약제 및 연소가스를 안전한 장소로 배출하기 위한 조치를 할 것.

하. 전역방출방식인 것에는 다음에 정하는 안전조치를 할 것.

(1) 기동장치의 방출용스위치 등의 작동으로부터 저장용기의 용기밸브 또는 방출밸브의 개방까지의 시간이 20초 이상 되도록 지연장치를 설치할 것.

(2) 수동기동장치에는 (1)에 정한 시간내에 소화약제가 방출되지 않도록 조치를 할 것.

(3) 방호구역의 출입구 등 보기 쉬운 장소에 소화약제가 방출된다는 사실을 알리는 표시등을 설치할 것.

거. 비상전원은 자가발전설비 또는 축전지설비에 의하고 그 용량은 당해 설비를 유효하게 1시간 작동할 수 있는 용량 이상으로 하는 외에 제129조제6호나목·다목·라목의 기준의 예에 의할 것.

너. 조작회로, 음향경보장치회로 및 표시등회로(제135조 및 제136조에서 "조작회로등"이라 한다)의 배선은 제129조제7호의 기준의 예에 의할 것.

더. 불활성가스소화설비에 사용하는 소화약제는 이산화탄소, IG-100, IG-55 또는 IG-541로 하되, 국소방출방식의 불활성가스소화설비에 사용하는 소화약제는 이산화탄소로 할 것.

러. 전역방출방식의 불활성가스소화설비에 사용하는 소화약제는 다음 표에 의할 것.

제조소등의 구분		소화약제 종류
제4류 위험물을 저장 또는 취급하는 제조소등	방호구획의 체적이 1,000m^3 이상의 것	이산화탄소
	방호구획의 체적이 1,000m^3 미만의 것	이산화탄소, IG-100, IG-55, IG-541
제4류 외의 위험물을 저장 또는 취급하는 제조소등		이산화탄소

머. 전역방출방식의 불활성가스소화설비 중 IG-100, IG-55 또는 IG-541을 방사하는 것은 방호구역내의 압력상승을 방지하는 조치를 강구할 것.

5. 이동식 불활성가스소화설비는 다음 각목에 정하는 것에 의할 것.

가. 제4호다목(1)·라목(2)(3)(4)·마목(1)(2) 및 바목에 정한 것에 의할 것.

나. 노즐은 온도 20℃에서 하나의 노즐마다 90kg/min 이상의 소화약제를 방사할 수 있을 것.

다. 저장용기의 용기밸브 또는 방출밸브는 호스의 설치장소에서 수동으로 개폐할 수 있을 것.

라. 저장용기는 호스를 설치하는 장소마다 설치할 것.

마. 저장용기의 직근의 보기 쉬운 장소에 적색등을 설치하고 이동식 불활성가스소화설비임을 알리는 표시를 할 것.

바. 화재시 연기가 현저하게 충만할 우려가 있는 장소 외의 장소에 설치할 것.

사. 이동식 불활성가스소화설비에 사용하는 소화약제는 이산화탄소로 할 것.

제135조(할로젠화물소화설비의 기준)

(일부 생략 : 이재욱·정태헌 저 소화약제학 참고)

4. 전역방출방식 또는 국소방출방식의 할로젠화합물소화설비는 다음 각목에 정한 것에 의할 것.
   가. 제134조제4호가목 및 파목의 규정의 예에 의할 것.
   나. 할로젠화합물소화설비에 사용하는 소화약제는 하론2402, 하론 1211, 하론 1301, HFC-23, HFC-125, HFC-227ea 또는 FK-5-1-12로 할 것.
   다. 저장용기등의 충전비는 하론2402 중에서 가압식저장용기등에 저장하는 것은 0.51 이상 0.67 이하, 축압식저장용기등에 저장하는 것은 0.67 이상 2.75 이하, 하론1211은 0.7 이상 1.4 이하, 하론1301 및 HFC-227ea는 0.9 이상 1.6 이하, HFC-23 및 HFC-125는 1.2 이상 1.5 이하, FK-5-1-12는 0.7이상 1.6 이하 일 것.
   라. 저장용기는 제134조제4호라목의 규정의 예에 의하는 것 외에 다음에 정한 것에 의할 것.
      (1) 가압식저장용기등에는 방출밸브를 설치할 것.
      (2) 보기 쉬운 장소에 충전소화약제량, 소화약제의 종류, 최고사용압력(가압식의 것에 한한다), 제조년도 및 제조자명을 표시할 것.
   마. 축압식저장용기등은 온도 21℃에서 하론1211을 저장하는 것은 1.1MPa 또는 2.5MPa, 하론1301 또는 HFC-227ea를 저장하는 것은 2.5MPa 또는 4.2MPa이 되도록 질소가스로 가압할 것.
   바. 가압용가스용기는 질소가스가 충전되어 있는 것일 것.
   사. 가압용가스용기에는 안전장치 및 용기밸브를 설치할 것.
   아. 배관은 다음에 정한 것에 의할 것.
      (1) 전용으로 할 것.
      (2) 강관의 배관은 하론2402에 있어서는 「배관용탄소강관」(KSD3507), 하론1211 또는 하론1301, HFC-227ea, HFC-23, HFC-125 또는 FK-5-1-12에 있어서는 「압력배관용탄소강관」(KS D 3562) 중에서 스케줄 40 이상의 것, HFC-23 또는 HFC-125에 있어서는 「압력배관용탄소강관」(KS D 3562) 중에서 스케줄 80이상의 것 또는 이와 동등 이상의 강도를 갖는 것으로서 아연도금 등에 의한 방식처리를 한 것을 사용할 것.
      (3) 동관의 배관은 「이음매없는구리및구리합금관」(KS D 5301) 또는 이와 동등 이상

의 강도 및 내식성을 갖는 것을 사용할 것.

(4) 관이음쇠 및 밸브류는 강관이나 동관 또는 이와 동등 이상의 강도 및 내식성을 갖는 것일 것.

(5) 낙차는 50m 이하일 것.

자. 저장용기(축압식의 것으로서 내부압력이 1.0MPa 이상인 것에 한한다)에는 용기밸브를 설치할 것.

차. 가압식의 것에는 2.0MPa 이하의 압력으로 조정할 수 있는 압력조정장치를 설치할 것.

카. 선택밸브는 제134조제4호아목의 규정의 예에 의할 것.

타. 저장용기등과 선택밸브등 사이에는 안전장치 또는 파괴판을 설치할 것.

파. 기동용가스용기 및 기동장치는 제134조제4호차목·카목의 규정의 예에 의할 것. 다만, 기동장치는 하론 2402, 하론1211 또는 하론 1301을 방사하는 것의 기동장치는 수동식으로 하고(다만, 상주인이 없는 대상물 등 수동식에 의하는 것이 적당하지 아니한 경우에는 자동식으로 할 수 있다.), 나난, HFC-23, HFC-125, HFC-227ea 또는 FK-5-1-12을 방사하는 것의 기동장치는 자동식으로 할 것.

하. 음향경보장치는 제134조제4호타목의 규정의 예에 의할 것. 다만, 하론1301을 방사하는 전역방출방식의 것은 음성에 의한 경보장치로 하지 않을 수 있다.

거. 전역방출방식인 것에는 다음에 정하는 안전조치를 할 것.

(1) 기동장치의 방출용스위치 등의 작동으로부터 저장용기등의 용기밸브 또는 방출밸브의 개방까지의 시간이 20초 이상으로 되도록 지연장치를 설치할 것. 다만, 하론1301을 방사하는 것은 지연장치를 설치하지 않을 수 있다.

(2) 수동기동장치에는 (1)에 정한 시간내에 소화약제가 방출되지 않도록 조치를 할 것.

(3) 방호구역의 출입구 등 보기 쉬운 장소에 소화약제가 방출된다는 사실을 알리는 표시등을 설치할 것.

너. 비상전원 및 조작회로등의 배선은 제134조제4호서목 및 너목의 규정의 예에 의할 것.

더. 전역방출방식의 할로겐화물소화설비를 설치한 방호대상물 또는 그 부분의 개구부는 다음에 정한 것에 의할 것.

(1) 하론2402, 하론1211 또는 하론1301를 방사하는 것은 다음에 의한 것.

(가) 층고의 2/3 이하의 높이에 있는 개구부로서 방사한 소화약제의 유실의 우려가 있는 것에는 소화약제 방사 전에 폐쇄할 수 있는 자동폐쇄장치를 설치할 것.

(나) 자동폐쇄장치를 설치하지 아니한 개구부 면적의 합계수치는 방호대상물의 전체둘레의 면적(방호구역의 벽, 바닥 및 천정 또는 지붕면적의 합계를 말한다.

이하 같다)의 수치의 1% 이하일 것.

(2) HFC-23, HFC-125, HFC-227ea 또는 FK-5-1-12를 방사하는 것은 모든 개구부에 소화약제 방사 전에 폐쇄할 수 있는 자동폐쇄장치를 설치할 것.

러. 국소방출방식의 할로젠화물소화설비에 사용하는 소화약제는 하론 2402, 하론1211 또는 하론 1301로 할 것.

머. 전역방출방식의 할로젠화물소화설비에 사용하는 소화약제는 다음 표에 의할 것. 다만, 방호구획 체적이 1,000m^3 이상인 제4류 위험물을 저장 또는 취급하는 제조소등과 제4류외의 위험물을 저장 또는 취급하는 제조소등에 있어서 「소방시설 설치 및 관리에 관한 법률」 및 「소방용품의 품질관리 등에 관한 규칙」에 따른 「가스계소화설비 설계프로그램의 성능인증 및 제품검사의 기술기준」에 적합한 경우에는 HFC-23, HFC-125, HFC-227ea 또는 FK-5-1-12 소화약제를 사용할 수 있다.

제조소등의 구분		소화약제 종류
제4류 위험물을 저장 또는 취급하는 제조소등	방호구획의 체적이 1,000m^3이상의 것	하론 2402, 하론1211 또는 하론1301
	방호구획의 체적이 1,000m^3미만의 것	하론2402, 하론1211, 하론1301, HFC-23, HFC-125, HFC-227ea 또는 FK-5-1-12
제4류 외의 위험물을 저장 또는 취급하는 제조소등		하론 2402, 하론1211 또는 하론1301

버. 전역방출방식의 할로젠화물소화설비 중 HFC-23, HFC-125, HFC-227ea 또는 FK-5-1-12를 방사하는 것은 방호구역내의 압력상승을 방지하는 조치를 강구할 것.

5. 이동식할로젠화물소화설비는 다음 각목에 정한 것에 의할 것.

가. 제134조제4호라목(2)·(3), 같은 조 제5호다목부터 바목까지, 이 조 제4호다목·라목·마목부터 자목까지 및 같은 호 더목(1)의 규정(HFC-23, HFC-125, HFC-227ea 또는 FK-5-1-12와 관련된 부분은 제외한다.)의 예에 의할 것.

나. 하나의 노즐마다 온도 20℃에서 1분당 다음 표에 정한 소화약제의 종류에 따른 양 이상을 방사할 수 있도록 할 것.

소화약제의 종별	소화약제의 양 (단위 ㎏)
하론2402	45
하론1211	40
하론1301	35

다. 이동식 할로젠화물소화설비의 소화약제는 하론2402, 하론1211 또는 하론1301로 할 것.

제136조(분말소화설비의 기준)

분말소화설비의 기준은 다음 각 호와 같다.

(일부 생략 : 이재욱·정태헌 저 소화약제학 참고)

4. 전역방출방식 또는 국소방출방식의 분말소화설비의 기준은 다음 각 호에 정한 것에 의할 것.
   가. 제134조제4호 가목 및 나목(1)의 규정의 예에 의할 것.
   나. 분말소화설비에 사용하는 소화약제는 제1종분말, 제2종분말, 제3종분말, 제4종분말 또는 제5종분말로 할 것.
   다. 저장용기등의 충전비는 다음 표에 정한 소화약제의 종별에 따른 것으로 할 것.

소화약제의 종별	충전비의 범위
제1종분말	0.85 이상 1.45 이하
제2종분말 또는 제3종분말	1.05 이상 1.75 이하
제4종분말	1.50 이상 2.50 이하

   라. 저장용기등은 제134조제4호라목의 규정의 예에 의하는 것 외에 다음에 정하는 것에 의할 것.
      (1) 저장탱크는 「압력용기·설계 및 제조 일반」(KS B 6750)의 기준에 적합한 것 또는 이와 동등 이상의 강도 및 내식성이 있는 것을 사용할 것.
      (2) 저장용기등에는 안전장치를 설치할 것.
      (3) 저장용기(축압식인 것은 내압력이 1.0MPa인 것에 한한다)에는 용기밸브를 설치할것
      (4) 가압식의 저장용기등에는 방출밸브를 설치할 것.
      (5) 보기 쉬운 장소에 충전소화약제량, 소화약제의 종류, 최고사용압력(가압식인 것에 한한다) 제조년월 및 제조자명을 표시할 것.
   마. 저장용기등에는 잔류가스를 배출하기 위한 배출장치를, 배관에는 잔류소화약제를 처리하기 위한 클리닝장치를 설치할 것.
   바. 가압용가스용기는 저장용기등의 직근에 설치되고 확실하게 접속되어 있을 것.
   사. 가압용 가스용기에는 안전장치 및 용기밸브를 설치할 것.
   아. 가압용 또는 축압용 가스는 다음에 정하는 것에 의할 것.
      (1) 가압용 또는 축압용 가스는 질소 또는 이산화탄소로 할 것.
      (2) 가압용 가스로 질소를 사용하는 것은 소화약제 1kg당 온도 35℃에서 0MPa의 상태로 환산한 체적 40Liter 이상, 이산화탄소를 사용하는 것은 소화약제 1kg당 20g에 배관의 청소에 필요한 양을 더한 양 이상일 것.
      (3) 축압용 가스로 질소가스를 사용하는 것은 소화약제 1kg당 온도 35℃에서 0MPa

의 상태로 환산한 체적 10Liter에 배관의 청소에 필요한 양을 더한 양 이상, 이산화탄소를 사용하는 것은 소화약제 1kg당 20g에 배관의 청소에 필요한 양을 더한 양 이상일 것.

(4) 클리닝에 필요한 양의 가스는 별도의 용기에 저장할 것.

자. 배관은 다음에 정하는 것에 의할 것.

(1) 전용으로 할 것.

(2) 강관의 배관은 「배관용탄소강관」(KSD3507)에 적합하고 아연도금 등에 의하여 방식처리를 한 것 또는 이와 동등 이상의 강도 및 내식성을 갖는 것을 사용할 것. 다만, 축압식인 것 중에서 온도 20℃에서 압력이 2.5MPa을 초과하고 4.2MPa 이하인 것에 있어서는 「압력배관용탄소강관」(KS D 3562) 중에서 스케줄40 이상이고 아연도금 등에 의하여 방식처리를 한 것 또는 이와 동등 이상의 강도와 내식성이 있는 것을 사용할 것.

(3) 동관의 배관은 「이음매없는구리및구리합금관」(KS D 5301) 또는 이와 동등 이상의 강도 및 내식성을 갖는 것으로 조정압력 또는 최고사용압력의 1.5배 이상의 압력에 견딜 수 있는 것을 사용할 것.

(4) 관이음쇠는 「나사식강관제관이음쇠」(KS B 1533), 「나사식가단주철제관이음쇠」(KS B 1531), 「강제용접식관플랜지」(KS B 1503), 「스테인리스강제용접식플랜지」(KS B 1506), 「배관용 강제맞대기용접식관이음쇠」(KS B 1541) 또는 이와 동등 이상의 강도, 내식성 및 내열성을 갖는 것으로 할 것.

(5) 밸브류는 다음에 정한 것에 의할 것.

(가) 소화약제를 방사하는 경우에 현저하게 소화약제와 가압용·축압용가스가 분리되거나 소화약제가 잔류할 우려가 없는 구조일 것.

(나) 접속할 관의 구경에 맞는 규격일 것.

(다) 재질은 「주강 플랜지형 밸브」(KS B 2361), 「구상흑연주철품」(KS D 4302)로서 방식처리가 된 것 또는 이와 동등 이상의 강도, 내식성 및 내열성을 갖는 것으로 할 것.

(라) 밸브류는 개폐위치 또는 개폐방향을 표시할 것.

(마) 방출밸브 및 가압용가스용기밸브의 수동조작부는 화재시 쉽게 접근 가능하고 안전한 장소에 설치할 것.

(6) 저장용기등으로부터 배관의 굴곡부까지의 거리는 관경의 20배 이상 되도록 할 것. 다만, 소화약제와 가압용·축압용가스가 분리되지 않도록 조치를 한 경우에는 그러하지 아니하다.

(7) 낙차는 50m 이상일 것.

(8) 동시에 방사하는 분사헤드의 방사압력이 균일하도록 설치할 것.

차. 가압식의 분말소화설비에는 2.5MPa 이하의 압력으로 조정할 수 있는 압력조정기를 설치할 것.

카. 가압식의 분말소화설비에는 다음에 정하는 것에 의하여 정압작동장치를 설치할 것.

(1) 기동장치의 작동후 저장용기등의 압력이 설정압력이 되었을 때 방출밸브를 개방시키는 것일 것.

(2) 정압작동장치는 저장용기등마다 설치할 것.

타. 축압식의 분말소화설비에는 사용압력의 범위를 녹색으로 표시한 지시압력계를 설치할 것.

파. 선택밸브는 제134조제4호아목의 규정의 예에 의할 것.

하. 저장용기등과 선택밸브등 사이에는 안전장치 또는 파괴판을 설치할 것.

거. 기동용가스용기는 제134조제4호차목의 규정의 예에 의하는 것 외에 다음에 정하는 것에 의할 것.

(1) 내용적은 0.27Liter 이상으로 하고 당해 용기에 저장하는 가스의 양은 145g 이상일 것.

(2) 충전비는 1.5 이상일 것.

너. 기동장치는 제134조제4호카목(IG-100, IG-55 또는 IG-541과 관련된 부분은 제외한다)의 규정의 예에 의할 것.

더. 음향경보장치는 제134조제4호타목의 규정의 예에 의할 것.

러. 전역방출방식인 것에는 제134조제4호하목(IG-100, IG-55 또는 IG-541과 관련된 부분은 제외한다)의 규정의 예에 의할 것.

머. 비상전원 및 조작회로등의 배선은 제134조제4호 거목·너목의 규정의 예에 의할 것.

5. 이동식분말소화설비는 다음 각 호에 정한 것에 의할 것.

가. 제134조제5호다목 내지 바목, 이 조 제4호나목 내지 자목·타목의 규정의 예에 의할 것.

나. 하나의 노즐마다 매분당 소화약제 방사량은 다음 표에 정한 소화약제의 종류에 따른 양 이상으로 할 것.

소화약제의 종류	소화약제의 양 (단위 kg)
제1종분말	45 〈50〉
제2종분말 또는 제3종분말	27 〈30〉
제4종분말	18 〈20〉

※ 비고 : 오른쪽란에 기재된 "〈 〉"속의 수치는 전체 소화약제의 양임

제6장 위험물의 저장 · 취급의 기준

제137조(지진시의 재해방지조치)

1. 특정이송취급소에 있어서 규칙 별표 15 Ⅳ제13호의 규정에 따른 감진장치가 가속도 40gal을 초과하지 아니하는 범위내로 설정한 가속도 이상의 지진동을 감지한 경우에는 신속히 펌프의 정지, 긴급차단밸브의 폐쇄, 위험물을 이송하기 위한 배관 및 펌프 그리고 이것에 부속한 설비의 안전을 확인하기 위한 순찰 등 긴급시에 적절한 조치가 강구되도록 준비할 것.
2. 이송취급소를 설치한 지역에 있어서 진도계 5 이상의 지진 정보를 얻은 경우에는 펌프의 정지 및 긴급차단밸브의 폐쇄를 행할 것.
3. 이송취급소를 설치한 지역에 있어서 진도계 4 이상의 지진 정보를 얻은 경우에는 당해 지역에 대한 지진재해정보를 계속 수집하고 그 상황에 따라 펌프의 정지 및 긴급차단밸브의 폐쇄를 행할 것.
4. 제2호의 규정에 의하여 펌프의 정지 및 긴급차단밸브의 폐쇄를 행한 경우 또는 규칙 별표 15 Ⅳ제8호의 규정에 따른 안전제어장치가 지진에 의하여 작동되어 펌프가 정지되고 긴급차단밸브가 폐쇄된 경우에는 위험물을 이송하기 위한 배관 및 펌프에 부속하는 설비의 안전을 확인하기 위한 순찰을 신속히 실시할 것.
5. 배관계가 강한 과도한 지진동을 받은 때에는 당해 배관에 관계된 최대상용압력의 1.25배의 압력으로 4시간 이상 수압시험(물 외의 적당한 기체 또는 액체를 이용하여 실시하는 시험을 포함한다. 제6호에 있어서 같다)을 하여 이상이 없음을 확인할 것.
6. 제5호의 경우에 있어서 최대상용압력의 1.25배의 압력으로 수압시험을 하는 것이 적당하지 아니한 때에는 당해 최대상용압력의 1.25배 미만의 압력으로 수압시험을 실시할 것. 이 경우 당해 수압시험의 결과가 이상이 없다고 인정된 때에는 당해 시험압력을 1.25로 나눈 수치 이하의 압력으로 이송하여야 한다.

제138조(저장 또는 취급상 용기의 특례)

규칙 별표 18 Ⅴ제1호가목의 규정에 따른 용기는 다음 각 호와 같다.

1. 제2류 위험물 중 합성수지류에 가연성액체를 침윤시킨 인화성고체(인화점이 21℃ 이상인 것에 한한다)로서 권상(卷狀)인 것을 수납하는 최대수용중량 1,000kg 이하의 용기로 플라스틱필름(가연성의 증기가 침투하지 아니하는 것에 한한다)으로 3회 이상 감고 그 끝부분을 가연성 증기가 누설하지 않도록 처리한 것.
2. 제3류 위험물 중 알킬알루미늄, 알킬리튬 또는 이 중 하나 이상을 함유한 것을 수납하는

최대용적 450Liter 이하의 강제 또는 스테인레스강제의 용기로 1MPa의 수압을 가한 경우에 누설이 되지 아니하는 성능을 가진 것.

3. 제4류 위험물 중 제3석유류, 제4석유류 또는 동식물유류를 수납하는 최대용적 5Liter 이하의 내유성(耐油性)의 용기
4. 제4류 위험물 중 동식물유류를 수납하는 용기로서 다음 각목의 1에 해당하는 것.
   가. 최대용적 30Liter 이하의 파이버(fiber)판상자(플라스틱내용기가 부착된 것)
   나. 고무 또는 합성수지제의 용기로서 부식, 마모등에 대하여 안전하고, 수납 위험물의 내압(內壓) 및 취급시의 하중에 의하여 당해 용기에 발생하는 응력에 대하여 안전한 것(강제의 컨테이너에 수납한 것에 한한다).
5. 제5류 위험물 중 셀루로이드류를 수납하는 용기로서 다음 각목의 1에 해당하는 것.
   가. 최대수용중량이 225kg 이하의 나무상자 또는 플라스틱상자
   나. 최대수용중량이 셀루로이드판[권상(卷狀), 관상(管狀) 또는 봉상(棒狀)의 것을 포함한다]을 수납하는 것에 있어서는 125kg, 그밖의 셀루로이드류를 수납하는 것에 있어서는 40kg 이하의 파이버판상자
6. 제5류의 고체위험물 중 니트로셀루로이드[25% 이상의 물에 습윤한 것 또는 질소량이 12.6% 이하인 것(가소제 및 안료와의 합성물을 포함한다)에 한한다]를 수납하는 최대수용중량이 225kg 이하의 파이버드럼(플라스틱내용기가 부착된 것 또는 방수성의 것에 한한다).
7. 국제해상위험물규칙(IMDG Code)에 정한 기준에 적합한 용기

제7장 위험물의 운반기준

제139조(운반용기의 특례)

규칙 별표 19 Ⅰ제3호가목 단서의 규정에 따른 용기는 다음 각 호와 같다.

1. 제138조제1호에 정한 용기
2. 제138조제2호에 정한 용기
3. 제138조제3호에 정한 용기를 내장용기로 하여 나무상자, 플라스틱상자 또는 파이버판상자의 외장용기에 수납한 것.
4. 제138조제4호에 정한 용기(동호나목에 정한 용기에 있어서는 운반시의 하중에 의하여 당해 용기에 발생하는 응력에 대하여 안전한 것에 한한다)
5. 제138조제5호에 정한 용기
6. 제138조제6호에 정한 용기
7. 제138조제7호에 정한 용기

제140조(기계에 의하여 하역하는 구조로 된 운반용기의 특례)

규칙 별표 19 Ⅰ 제3호나목 단서의 규정에 따른 용기는 제4류 위험물 중 제3석유류(인화점이 130℃ 이상인 것에 한한다), 제4석유류 또는 동식물유류를 수납하는 최대용적 1,500Liter 이하의 액체 플렉시블컨테이너[내대(內袋)는 폴리에틸렌계의 적층(積層)필름으로 하고 외대(外袋)는 폴리프로필렌섬유·강재 또는 이와 동등 이상의 강도를 가진 상자틀로 한 구조의 용기를 말한다. 이하 이 조에서 같다]로서 다음 각 호에 정한 성능을 가진 것으로 한다.

1. 내용물을 내용적의 98% 이상 채운 최대수용중량의 하중상태로 0.8m의 높이에서 단단한 수평면에 낙하시킨 경우에 내용물의 누설이 없을 것.
2. 20kPa의 공기압력을 가한 경우에 공기의 누설이 없을 것.
3. 100kPa의 수압력을 10분간 가한 경우에 누설이 없을 것.
4. 운반시 겹쳐 쌓는 동종의 용기(최대수용중량의 내용물을 수납한 것)의 전(全)중량의 1.8배의 중량의 하중을 액체용플렉시블컨테이너 상부에 균일하게 가한 상태로 24시간 둔 경우에 용기의 손상 또는 상자틀의 변형이 없을 것.
5. 최대수용중량의 1.25배의 하중상태에서 아랫부분 인상시험을 2회 실시한 경우에 상자틀의 변형이 없을 것.
6. 규칙 별표 19 Ⅰ 제3호나목1) 내지 6)에 정한 기준에 적합할 것.

제141조(기계에 의하여 하역하는 구조로 된 운반용기의 구조)

규칙 별표 19 Ⅰ 제3호나목6)의 규정에 따른 운반용기의 구조에 관한 사항은 다음 각 호와 같다.

1. 금속제의 운반용기의 구조는 다음 각목에 정한 것에 의할 것.
   가. 사용하는 재료의 파단(破斷)시 신장(伸張)율은 다음에 의할 것.
      (1) 강재에 있어서는 다음 식에 의하여 구한 수치

$$A \geq \frac{10,000}{Rm} \quad (\text{단, } A \geq 20)$$

A는 파단시의 신장율 (단위 %)

Rm은 규격인장강도 (단위 N/mm^2)

      (2) 알루미늄에 있어서는 다음 식에 의하여 구한 수치

$$A \geq \frac{10,000}{6Rm} \quad (\text{단, } A \geq 8)$$

A는 파단시의 신장율 (단위 %)

Rm은 규격인장강도 (단위 N/mm^2)

나. 사용하는 재료의 최소두께는 다음에 의할 것.

(1) 기준강(규격최소신장율에 규격인장강도를 곱하여 구한 수치가 10,000인 것을 말한다. 이 목에서 같다)은 다음 표에 의할 것.

용 적 (단위 m^3)	최소두께 (단위 mm)			
	고체위험물을 중력으로 수납 · 배출하는 운반용기		액체위험물을 수납하는 운반용기 또는 고체위험물을 압력을 가하여 수납 · 배출하는 운반용기	
	용기본체가 보호되지 않는 것	용기본체가 보호되는 것	용기본체가 보호되지 않는 것	용기본체가 보호되는 것
0.25 초과 1.0 이하	2.0	1.5	2.5	2.0
1.0 초과 2.0 이하	2.5	2.0	3.0	2.5
2.0 초과 3.0 이하	3.0	2.5	4.0	3.0

(2) 기준강 외의 금속은 다음 식에 의하여 구한 수치

$$t_1 = \frac{21.4 \cdot t_0}{(Rm_1 \cdot A_1)^{\frac{1}{3}}} \quad (\text{단, } t_1 \geq 1.5)$$

t_1 은 당해 재료의 최소두께 (단위 mm)

t_0 는 기준강을 사용하는 경우의 최소두께 (단위 mm)

Rm_1 은 당해 재료의 규격인장강도 (단위 N/mm^2)

A_1 은 당해 재료의 규격최소신장율 (단위 %)

다. 액체위험물을 수납하는 것에는 온도 55℃에서의 운반용기내압을 초과하고 65kPa 이하인 압력에서 작동하여 화재시에 본체의 파손이 생기지 않도록 충분한 양의 증기를 방출할 수 있는 안전장치를 설치할 것.

2. 플렉시블 운반용기의 구조는 다음 각목에 의할 것.

가. 지대(紙袋)는 24시간 이상 물에 완전하게 담근 후에도 상대습도 67% 이하의 평형상태에서의 인장강도의 85% 이상의 강도를 가진 것 할 것.

나. 수납시의 높이의 폭에 대한 비율은 2 이하로 할 것.

3. 경질플라스틱제 운반용기 중 액체위험물을 수납하는 것에 있어서는 내압(內壓)시험의 시험압력을 초과하는 내압이 발생한 경우에 본체의 파손이 생기지 않도록 충분한 양의 증기를 방출할 수 있는 안전장치를 설치할 것.

4. 플라스틱내용기 부착의 운반용기의 구조는 다음 각목에 의할 것.

가. 액체위험물을 수납하는 것에 있어서는 내압(內壓)시험의 시험압력을 초과하는 내압

이 발생한 경우에 내용기의 파손이 생기지 않도록 충분한 양의 증기를 방출할 수 있는 안전장치를 설치할 것.

나. 파이버판제 외장(플라스틱내용기와 부속설비 등을 둘러싼 구조의 단단한 보강틀을 구성하는 외부구조물을 말한다. 제145조에서 같다)의 외표면의 내수성은 「종이 및 판지·흡수성 시험(콥법)」(KS M ISO 535)에 정한 콥법에 의하여 물과 30분 이상 접촉시킨 경우에 질량의 증가가 155g/m^2을 초과하지 아니하는 것으로 할 것.

5. 파이버판제 운반용기의 구조는 다음 각목에 의할 것.

가. 윗부분을 달아 올리는 장치를 갖지 아니할 것.

나. 외표면의 내수성은 「종이 및 판지·흡수성 시험(콥법)」(KS M ISO 535)에 정한 콥법에 의하여 물과 30분 이상 접촉시킨 경우에 질량의 증가가 155g/m^2을 초과하지 아니하는 것으로 할 것.

다. 외표면의 타공(打孔)강도는 「판지·타공 강도 시험」(KS M ISO 3036)에 정한 타공강도시험에 의한 최소타공강도가 15J 이상일 것.

6. 목재의 운반용기의 구조는 다음 각목에 의할 것.

가. 윗부분을 달아 올리는 장치를 갖지 아니할 것.

나. 용기본체에 사용하는 합판은 3층 이상의 것으로 할 것.

제142조(승용차량에 의한 운반기준)

① 규칙 별표 19 Ⅰ제4호의 규정에 따른 위험물은 자동차연료의 용도로 사용되는 것으로 한다.

② 규칙 별표 19 Ⅰ제4호의 규정에 따른 운반용기의 구조 및 최대용적의 기준은 다음 표에 의한다.

운반용기의 구조	최대용적 (단위 ℓ)
금속제 드럼(뚜껑고정식의 것)	22
금속제용기	22

제143조(운반용기의 시험)

(생략)

제144조(시험기준이 적용되지 않는 운반용기)

규칙 별표 19 Ⅰ제6호가목 단서의 규정에 따른 운반용기는 다음 각 호와 같다.

1. 제4류 위험물 중 제2석유류(인화점이 61℃ 이상의 것에 한한다), 제3석유류, 제4석유류

또는 동식물유류를 수납하는 운반용기

2. 제1류, 제2류 또는 제4류 위험물 중 위험등급Ⅰ의 위험물 외의 것을 수납하는 최대용적 500ml 이하의 내장용기(지대 및 플라스틱필름대를 제외한다)를 최대수용중량 30kg 이하의 외장용기에 수납하는 운반용기

제145조(기계에 의하여 하역하는 구조로 된 운반용기의 시험)

(생략)

제146조(시험기준이 적용되지 않는 기계에 의하여 하역하는 구조로 된 운반용기)

규칙 별표 19 Ⅰ제6호나목 단서의 규정에 따른 운반용기는 제4류 위험물 중 제2석유류(인화점이 61℃ 이상의 것에 한한다), 제3석유류, 제4석유류 또는 동식물유류를 수납하는 운반용기로 한다.

제147조(운반용기의 검사신청)

규칙 제51조제2항의 규정에 따라서 운반용기의 검사신청을 하는 경우에는 검사를 받고자 하는 운반용기를 검사에 소요되는 수량만큼 제출하여야 한다.

제148조(기계에 의하여 하역하는 구조로 된 운반용기에의 수납)

규칙 별표 19 Ⅱ제2호사목의 규정에 따른 운반용기에의 수납에 관한 사항은 다음 각 호와 같다.

1. 금속제 운반용기에는 위험등급Ⅰ의 고체의 자연발화성물질을 수납하지 아니할 것.
2. 직포(織布)로 만들어진 플렉시블 운반용기(내부에 코팅 또는 안감이 부착된 것을 제외한다)에는 제1류 위험물을 수납하지 아니할 것.
3. 경질플라스틱제 운반용기 또는 플라스틱내용기가 부착된 운반용기에는 온도 55℃에서의 운반용기내압이 내압시험의 시험압력의 2/3를 초과하는 액체위험물 또는 제4류 위험물(인화점이 0℃ 미만의 것에 한한다)을 수납하지 아니할 것.
4. 연질의 플라스틱내용기를 부착한 운반용기에는 액체위험물[제4류 위험물 중 제2석유류(인화점이 61℃ 이상의 것에 한한다), 제3석유류, 제4석유류 및 동식물유류를 제외한다.] 또는 위험등급Ⅰ의 고체위험물을 수납하지 아니할 것.
5. 플라스틱내용기를 부착한 운반용기(내용기가 경질플라스틱제로서 외장이 강제인 것을 제외한다) 또는 목제 운반용기에는 유기과산화물을 수납하지 아니할 것.

제149조(위험물과 혼재가 가능한 고압가스)

규칙 별표 19 Ⅱ제6호나목의 규정에 따른 고압가스는 다음 각 호와 같다.

1. 내용적이 120Liter 미만의 용기에 충전한 불활성가스
2. 내용적이 120Liter 미만의 용기에 충전한 액화석유가스 또는 압축천연가스(제4류 위험물과 혼재하는 경우에 한한다)

제150조(기계에 의하여 하역하는 구조로 된 운반용기의 표시)

(생략) (본문 내용 참고)

제8장 정기점검

제151조(정기점검의 내용 · 방법 등)

규칙 제66조의 규정에 따른 위험물제조소등의 정기점검에 필요한 내용·방법 등에 관한 기술상의 기준과 그 밖의 점검에 관하여 필요한 사항은 제152조 및 제153조의 규정에 따른다.

제152조(일반점검)

규칙 제64조의 규정에 따른 정기점검은 별지 제9호서식 내지 별지 제24호서식에 의하여 실시하여야 한다.

제153조(특정옥외저장탱크의 구조안전점검)

① 규칙 제65조제1항의 규정에 따른 정기점검(이하 "구조안전점검"이라 한다)의 시험종류·시험방법 및 판정기준은 제2항 내지 제5항의 규정에 따른다.

② 수평·수직도시험은 다음 각 호의 규정에 따른다.

1. 수평도 측정
   옆판 최하단의 외면을 원주길이방향으로 3m 내지 5m의 등간격을 두어 원의 중심에 대칭되는 점에 스케일을 세우고 레벨측정기 등으로 수평도를 측정하여 수평도가 직경의 1/100을 초과하거나 300mm를 초과할 경우에는 불합격으로 할 것.
2. 수직도 측정
   옆판 최상단의 외면을 원주길이방향으로 3m 내지 5m의 등간격을 두어 원의 중심에 대칭되는 옆판상부 또는 지붕판에 일정한 길이로 추를 매달아 늘어뜨려 옆판과의 간격을 측정하는 등의 방법으로 탱크의 수직도를 검사하여 기울어진 정도가 탱크 높이의 1/100을 초과하거나 127mm를 초과하는 경우에는 불합격으로 할 것.

3. 육안검사
   육안으로 저장탱크의 옆판·지붕판·기둥·사다리 등의 부식·변형·균열 및 도장상태를 확인하여 결함이 있는 경우에는 불합격으로 할 것.
4. 구형탱크에 대한 수평도측정 및 수직도측정 시험은 지주에 표시된 개소의 부등침하율을 측정하고 수평도 기준을 적용하여 적합여부를 판정할 것.

③ 두께측정시험은 시험개소의 표면 이물질을 제거한 이후에 초음파두께측정기를 사용하여 1/100mm까지 측정하며, 그 시험개소·판정 및 보수 등에 관한 기준은 다음 각 호에 의한다.

1. 두께측정의 시험개소와 판정기준은 다음 표에 의할 것.

시 험 개 소	판 정 기 준
가. 에뉼러판 : 옆판내면으로부터 탱크중심 방향으로 0.5m간격마다의 범위에서 원주 방향으로 2m 이하의 간격마다 1개소 나. 밑판(구형탱크는 본체전부를 밑판으로 보며, 지중탱크의 옆판 중 지반면 하에 매설된 부분은 밑판으로 본다) : 1매당 3개소 다. 보수 중 덧붙인 판 또는 교체한 판 : 1매당 1개소 라. 누설자장 등을 이용하여 점검을 실시한 밑판 및 에뉼러판 : 1매당 1개소	두께측정시험결과 과거의 부식율을 감안하여 차기 정기점검시까지의 두께가 다음 식을 만족할 경우에 합격으로 한다. T − X · Y ≧ 3.2(300㎛ 이상의 두께로 코팅처리된 탱크는 2.6으로 한다. 다만, 하부부식으로 판정된 경우에는 그러하지 아니하다) T : 측정실측두께(mm) X : 부식율(a/b) a : 측정개소의 부식두께(mm) b : 탱크의 사용연수(년) Y : 차기 정기점검시까지의 연수(년)

2. 제1호의 규정에 따른 차기 정기점검시까지의 연수를 법정점검주기 미만으로 하는 경우에는 차기 정기점검을 당해 기간이 경과하기 전에 실시할 것.
3. 불합격된 강판에 대한 재시험은 보수한 판(부분보수를 위하여 덧붙인 판을 포함한다)에 한하여 제1호의 규정을 적용하며, 보수한 부분의 진용접부에 대하여는 제4항제2호 및 제3호의 규정에 따른 비파괴시험을 실시할 것.

④ 용접부시험은 다음 각 호와 같다.

1. 탱크의 비파괴시험은 코팅되지 아니한 상태에서 자기탐상시험을 실시하고, 시험범위는 다음 표에 의할 것. 이 경우 구형탱크는 본체 저부를 밑판으로 보며, 지중탱크의 옆판 중 지반면 하에 매설된 부분은 밑판으로 본다.

시험부위	시험범위
옆판 최하단의 개구부 (보강재를 포함한다)	전용접부

시험부위	시험범위
밑판(에뉼러판을 포함한다)	전용접부의 15%(밑판 1매당 5m를 초과할 수 없다) 이상 (결함발견시 전용접부)
에뉼러판 및 밑판이 옆판과 접하는 부위	전용접부(내 · 외부)

2. 비파괴시험의 방법 및 판정기준은 제32조 내지 제35조에 의할 것.
3. 기타 육안으로 확인할 수 있는 용접누락·용접부족 등의 결함이 있는 경우에는 불합격으로 할 것.

⑤ 불합격된 밑판을 보수하는 경우에는 설계두께 이상의 판으로 교체하거나 다음 각 호에 의하여 덧붙임 또는 육성용접 등의 방법으로 보수하여야 한다.

1. 덧붙임판을 이용하여 보수하는 경우
   가. 덧붙임판의 끝부분은 기존 판의 용접선 끝부분으로부터 판 두께의 5배 이상의 간격을 유지할 것.
   나. 덧붙임판의 용접은 전두께 연속 필렛용접으로 할 것.
2. 육성용접의 경우
   가. 육성용접의 상호 간격은 50mm 이상으로 할 것.
   나. 재질이 연강인 육성용접의 경우에는 판 1매의 보수면적은 600cm^2 또는 판면적의 3% 중 작은 면적이어야 하며 1개소의 용접의 면적은 200cm^2 이하 일 것.
   다. 재질이 고장력강판 또는 저합금강인 육성용접의 경우에는 판 1매의 보수면적은 300cm^2 또는 판면적의 2% 중 작은 면적이어야 하며 1개소의 용접의 면적은 100cm^2 이하 일 것.
3. 보수한 사항에 대하여 도면을 작성하고 보관할 것.

제9장 정기검사

제154조(정기검사의 방법 등)

(생략)

제155조(정기검사의 준비 등)

(생략)

제156조(정기검사의 시험실시 등)

① 정기검사의 시험종류·시험방법 및 판정기준은 제2항 내지 제7항의 규정에 따른다.

② 기술원은 정밀정기검사를 실시하는 과정에서 용이하게 수정이 가능한 경미한 결함을 발견한 때에는 불합격으로 판정하지 아니하고 보수 후 재시험 할 수 있다. 다만, 탱크시험자가 실시한 수평도시험·수직도시험·두께측정시험·비파괴시험의 결과를 검사하는 경우에는 그러하지 아니한다.

③ 수평도 및 수직도의 시험은 다음 각 호에 따른다. 〈2009. 3. 17 개정〉

1. 수평도 측정
   옆판 최하단의 외면을 원주길이방향으로 6m 내지 10m의 등 간격을 두어 원의 중심에 대칭되는 점에 스케일을 세우고 레벨측정기 등으로 수평도를 측정하여 수평도가 직경의 1/100을 초과하거나 300mm를 초과할 경우에는 불합격으로 할 것.
2. 수직도 측정
   옆판 최상단의 외면을 원주길이방향으로 6m 내지 10m의 등간격을 두어 원의 중심에 대칭되는 옆판상부 또는 지붕판에 일정한 길이로 추를 매달아 늘어뜨려 옆판과의 간격을 측정하는 등의 방법으로 탱크의 수직도를 검사하여 기울어진 정도가 탱크 높이의 1/100을 초과하거나 127mm를 초과하는 경우에는 불합격으로 할 것.
3. 구형탱크에 대한 수평도측정 및 수직도측정 시험은 지주에 표시된 개소의 부등침하율을 측정하고 수평도 기준을 적용하여 적합여부를 판정할 것.

④ 두께측정시험은 시험개소의 표면 이물질을 제거한 이후에 초음파두께측정기를 사용하여 1/100mm까지 측정하며, 그 시험개소·판정 및 보수 등에 관한 기준은 제153조제3항의 규정의 예에 의하되, 검사의 범위는 기술원의 원장이 정한다. 다만, 최근 1년 이내에 밑판 및 애뉼러판의 전부를 교체하거나 전부에 대하여 겹침보수공사를 한 경우에는 당해 밑판 및 애뉼러판에 대한 두께측정시험을 생략할 수 있다. 〈2006. 8. 3 개정〉

⑤ 비파괴시험의 시험개소·판정 및 보수 등에 관한 기준은 제153조제4항의 규정의 예에 의하되, 검사의 범위는 기술원의 원장이 정한다. 다만, 최근 1년 이내에 밑판 및 애뉼러판의 전부를 교체하거나 전부에 대하여 겹침보수공사를 한 경우에는 당해 밑판 및 애뉼러판에 대한 탱크안전성능검사 결과로써 대체할 수 있다. 〈2009. 3. 17 단서 신설〉

⑥ 누설시험은 다음 각 호의 규정에 따라 탱크와 연결된 지하매설배관에 대하여 실시한다.

1. 탱크내의 위험물을 완전히 비우고 개구부는 밸브 또는 막음판 등을 사용하여 완전히 폐쇄할 것.
2. 비압력탱크의 시험압력은 20kPa, 압력탱크의 시험압력은 최대상용압력의 1.1배의 압력으로 할 것. 이 경우 가압가스는 불활성가스를 사용한다.
3. 가압중에 노출되어 있는 배관접속부등에 비눗물 등을 뿌려 누설여부를 확인할 것.
4. 탱크와 연결된 지하매설배관과 지하탱크는 시험압력으로 가압한 후 10분 동안 유지

시켜 안정된 시험압력을 확인하고 그 이후 50분 동안 압력변화를 측정하여 압력강하가 안정된 시험압력의 10%를 초과할 경우에는 불합격으로 할 것. 이 때 안정된 시험압력이란 가압 후 유지시간동안 압력강하가 시험압력의 15% 이하인 압력을 말한다.

⑦ 외관검사는 다음 각 호에 정한 사항을 확인하여 결함이 있는 경우에는 그 내용을 설치자에게 통보하여 시정을 권고하거나 정기검사필증에 기록하여야 한다.

1. 밑판(애뉼러판을 포함한다)에 관한 사항
  가. 밑판의 부식 상태
  나. 밑판의 누설 여부
  다. 도면과 밑판의 배열, 섬프 등의 일치 여부
  라. 〈삭제〉
2. 옆판에 관한 사항
  가. 꺾임 및 뒤틀림의 정도
  나. 보온재가 있을 경우의 방수 및 배수구조
  다. 계단의 적정성
  라. 계단 입구에 정전기 방지설비의 적정성
  마. 옆판의 부식 상태(보온재가 없는 경우)
  바. 옆판 및 개구부의 누설 여부
  사. 도면과 개구부의 일치 여부
3. 지붕에 관한 사항
  가. 지붕판의 부식 상태(보온재가 없는 경우)
  나. 도면과 개구부의 일치 여부
  다. 통기관의 상태
  라. 콘루프(cone roof) 또는 돔루프(dome roof)
    (1) 칼럼의 상태(옆으로 움직임 등)
    (2) 라프터의 유무 및 상태
    (3) 지붕의 파손 여부
  마. 외부 부상지붕
    (1) 실링(sealing) 상태
    (2) 지붕의 파손 여부
    (3) 폰툰 및 데크의 누설 여부
    (4) 옆판의 긁힘 또는 충격상태
    (5) 정치상태, 지지대의 부식 여부 및 베이스의 건전성

바. 내부 부상지붕

(1) 실링 상태

(2) 지붕의 파손 여부

(3) 정치상태, 지지대의 부식 여부 및 베이스의 건전성

4. 탱크 내부에 관한 사항

가. 루프 드레인 배관 및 지붕 물받이의 부식상태

나. 스팀라인, 기타 배관의 상태

다. 외부로 관통하는 부분의 유무(빛의 투과 여부)

5. 기초에 관한 사항

가. 콘크리트링월(concrete ringwall) 등 기초부위의 파손 여부

나. 방식장치의 관리 상태

다. 누설흔적의 유무

라. 부등침하의 유무

마. 앵커볼트의 적정성

6. 소화설비의 작동 여부에 관한 사항 〈2007. 12. 3. 신설〉

가. 포소화설비의 작동 여부

나. 물분무소화설비의 작동 여부

다. 소화기의 적정성

7. 경보설비에 관한 사항

가. 자동화재탐지설비의 적정성

나. 자동화재속보설비의 적정성

8. 피괴설비 및 접지시설에 관한 사항

가. 돌침부의 파손 여부

나. 피뢰도선과 탱크본체의 접촉 여부

다. 피뢰도선 또는 접지도선 체결의 적정성

라. 접지저항의 적정성

9. 부속설비 등에 관한 사항

가. 교반기, 밸브 등 연결부위의 누설 여부

나. 온도측정장치, 계량장치 등의 적정성

10. 방유제에 관한 사항

가. 방유제의 파손 여부

나. 관통배관 실링 처리의 적정성

다. 배수관 개폐밸브의 적정성
라. 허가외 물건 존치 여부
11. 펌프설비에 관한 사항
가. 고정상태의 적정성
나. 회전부 등의 급유 상태
다. 펌프설비 및 이음부 등의 누설 유무
라. 본체의 손상 유무
마. 펌프기초 · 바닥면 · 방유턱의 파손 유무
바. 접지저항의 적정성
사. 접지도선 체결의 적정성
12. 표지 및 게시판에 관한 사항
가. 표지 및 게시판의 설치 여부
나. 기재사항의 식별 가능 여부
다. 기재사항과 허가사항의 일치 여부
13. 기타 기술원의 원장이 정하는 사항

⑧ 검사실시 중 제조소등의 관계인 또는 탱크시험자가 실시한 수평도시험 · 수직도시험 · 두께측정시험 · 비파괴시험이 부적합하다고 판단되는 경우에는 기술원은 검사신청인에게 재시험을 요구할 수 있다. 이 경우 기술원은 탱크시험자가 실시한 비파괴시험 등이 법 제16조제5항제5호에 해당된다고 판단하는 때에는 해당 탱크시험자를 등록한 시 · 도지사에게 그 사실을 통보하여야 한다.

제156조의2(중간정기검사의 시험실시 등)

① 중간정기검사의 시험방법 및 판정기준은 제2항 및 제3항에 따른다.

② 기술원은 중간정기검사를 실시하는 과정에서 용이하게 수정이 가능한 경미한 결함을 발견한 때에는 불합격으로 판정하지 않고 보수 후 재시험 할 수 있다.

③ 중간정기검사는 다음 각 호에서 정한 사항을 확인하여 별표 2의2의 결함분류기준에 따른 결함이 있는 경우에는 불합격으로 한다.

1. 밑판(애뉼러판 포함)에 관한 사항
가. 외부밑판의 부식 상태
나. 밑판의 누설 여부
2. 옆판에 관한 사항
가. 꺾임 및 뒤틀림의 정도

나. 보온재가 있을 경우의 방수 및 배수 구조
다. 계단의 적정성
라. 계단 입구 정전기 방지설비의 적정성
마. 옆판의 부식상태(보온재가 없는 경우)
바. 옆판 및 개구부의 누설 여부
사. 도면과 개구부의 일치 여부

3. 지붕에 관한 사항
가. 도면과 개구부의 일치 여부
나. 통기관의 상태
다. 콘루프 또는 돔루프
(1) 지붕판의 부식 상태(보온재가 없는 경우)
(2) 지붕의 파손 여부
라. 외부부상지붕
(1) 지붕의 파손 여부
(2) 옆판의 긁힘 또는 충격상태

4. 기초에 관한 사항
가. 콘크리트링월 등 기초부위의 파손 여부
나. 방식장치의 관리 상태
다. 누설흔적의 유무
라. 부등침하의 유무
마. 앵커볼트의 적정성

5. 소화설비의 작동 여부에 관한 사항
가. 보조포소화설비의 작동 여부
나. 물분무소화설비의 작동 여부
다. 소화기의 적정성

6. 경부설비에 관한 사항
가. 자동화재탐지설비의 적정성
나. 자동화재속보설비의 적정성

7. 피뢰설비 및 접지시설에 관한 사항
가. 돌침부의 파손여부
나. 피뢰도선과 탱크본체의 접촉 여부
다. 피뢰도선 또는 접지도선 체결의 적정성

라. 접지저항의 적정성

8. 부속설비 등에 관한 사항

가. 교반기, 밸브 등 연결부위의 누설 유무

나. 온도측정장치, 계량장치 등의 적정성

9. 방유제에 관한 사항

가. 방유제의 파손 여부

나. 관통배관 실링처리의 적정성

다. 배수관 개폐밸브의 적정성

라. 허가외 물건 존치 여부

10. 펌프설비에 관한 사항

가. 고정상태의 적정성

나. 회전부 등의 급유상태

다. 펌프설비 및 이음부 등의 누설 유무

라. 본체의 손상 유무

마. 펌프기초 · 바닥면 · 방유턱의 파손 유무

바. 접지저항의 적정성

사. 접지도선 체결의 적정성

11. 표지 및 게시판에 관한 사항

가. 표지 및 게시판의 설치 여부

나. 기재사항의 식별 가능 여부

다. 기재사항과 허가사항의 일치 여부

12. 기타 기술원의 원장이 정하는 사항

제10장 수수료

(생략)

참고문헌

1. 위험물안전관리법
2. 현대건축관련용어편찬위원회., "건축용어사전"., 성안당., 2011.
3. 토목관련용어편찬위원회., "토목용어사전"., 탐구원., 1997
4. 윤창주., "화학용어사전"., 일진사., 2011.
5. 세화편집., "화학대사전"., 세화., 2001.
6. 국가화재안전기준(National Fire Safety Code, NFSC)
7. 인세진 외., “소화약제화학”., 화수목., 2015.
8. 소방안전원, 위험물실무해설서 18판

연습문제 해답

CHAPTER 1

1. 제조소, 저장소, 취급소
2. 증류공정, 추출공정, 건조공정, 분쇄공정
3. 분사도장작업, 담금질 · 열처리작업, 버너를 사용하는 작업
4. ① 10배 이상
   ② 100배 이상
   ③ 150배 이상
   ④ 200배 이상
5. ① 주수에 의한 냉각소화
   ② 주수에 의한 냉각 및 질식소화
   ③ 포, 분말, 이산화탄소에 의한 질식소화
   ④ 대량 주수에 의한 냉각소화
6. 팽창질석, 건조사
7. 제1종판매취급소, 제2종판매취급소
8. ④ "알코올류"라 함은 1분자를 구성하는 탄소원자의 수가 1개부터 3개까지인 포화1가 알코올(변성알코올을 포함한다)을 말한다.
11. 방화댐퍼
12. 인화점이 100℃ 이상인 제4류 위험물을 고인화점위험물
13. 용량 $= \frac{\pi ab}{4}(L + \frac{L1+L2}{3})$
14. $59.69m^3$
15. 취급위험물의 유별 및 품명, 저장최대수량, 취급최대수량, 지정수량의 배수, 안전관리자의 성명 및 직명
16. 연소성 혼합기체의 생성에 의한 폭발방지를 위해
17. 당해 탱크에 수납하는 위험물의 최대인 탱크의 양을 전부 수납할 수 있는 양
18. 1)란은 제조소, 취급소 또는 저장소의 구분에 따른 제조소 등의 명칭 기재
    2)란은 규정에 따른 주의사항 기재
19. 전선은 내화 및 내열전선, 가연성 가스 등이 체류할 우려가 있는 장소는 방폭등
20. 용출하는 7일간의 지하수 양에 상당하는 용적과 탱크 내용적의 1/100의 용적 중에서 큰 용적을 공간용적으로 한다.

CHAPTER 2

1. 제조소, 옥내저장소, 옥외저장소, 옥외탱크저장소, 일반취급소
2. 제6류 위험물
3. H=9, P=0.04, D=13, a=2, d=4,
   ∴h = H−P(D2−d2) = 2.88m
4. 3m 이상
5. 50cm 이상
6. 2m이상의 높이에 환기구 설치, 바닥면적 $150m^2$ 마다 1개 이상의 급기구 설치
7. ③
8. $18m^3$
9. 구리, 은, 수은, 마그네슘 및 이를 함유한 합금
10. 플로트 스위치

CHAPTER 3

1. 30mm 이상
2. ③
3. 35도 이상
4. 40℃ 이하
5. ③
6. ③
7. 40 배
8. ④
9. ②
10. 3개 이하
11. 15cm 이상
12. ④

13. 알킬알루미늄, 아세트알데하이드, 산화프로필렌
16. 21℃ 미만
17. 10기, 0.5m 이상 3m 이하
18. 100m^2 이하, 1.5m 이하
19. 인화점 0℃ 이상인 것
20. 추녀 높이 이상, 30cm 이하
21. ④
22. ④

CHAPTER 4

1. 주유취급소, 판매취급소, 이송취급소
2. 청색바탕에 백색문자
3. ③
4. ①
5. ③
6. 바닥3면적 : 6m^2 이상 15m^2 이하
   턱높이 : 0.1m 이상
7. 염소산염류
8. 배수구, 집유설비, 유분리장치
9. 수시로 열고 닫을 수 있는 자동폐쇄식 60분+방화문 또는 60분방화문
10. 4m 이상
11. 50Liter
12. 지면위 0.5m이고 반경 3m 이내
13. 1개 이상
14. 4m 이상
15. 주유취급소 수위에서 발생된 화재 등으로 인하여 불티 등이 탱그내부로 침입되어 화재가 발생할 위험을 방지하기 위하여 설치한다.
16. ①
17. 1,110 Liter/min. 이상
18. 화염방지장치
19. ②
20. ③
21. 50만Liter 이상 100만Liter 미만
22. 옥내탱크저장소, 지하탱크저장소
23. ③
24. 83m
25. (2) 208.91배, (3) 3m 이상
26. 3m 이상
27. (1) 2m 이상

CHAPTER 5

1. 20단위
2. 5단위
3. 5.55MPa
5. ④
6. 2소요단위
7. 15m 이내
8. 2+1=3소요단위
9. 0.8 ~ 1.5m
10. ③
12. 20m 이하
13. 헤드의 반사판으로부터 하방 90cm, 수평방향으로 40cm의 공간보유
14. ②
15. ④
16. ④
17. 15m 이내
19. ①
20. ④
21. ③
23. 30m 이하
24. 20단위 이상
25. ④
26. ①
27. ②
28. 25/4−1= 5.25 ∴6개

CHAPTER 6

1. 4m 이하
2. 55℃를 넘지 않도록 필요한 조치를 강구하여야 한다.

3. 20kPa 이하의 압력
4. 200kPa 이하의 압력
5. ②
6. ③
7. 증류공정, 추출공정, 건조공정, 분쇄공정
8. 인화점 40℃ 미만의 위험물
9. 인화점이 38℃ 이상인 제4류 위험물
10. 1Liter 이하

CHAPTER 7

1. 알킬알루미늄, 알킬리튬
2. 운반용기 내용적의 98%, 55℃ 이상에서 누설되지 않도록 공간용적 유지
3. ①
4. 차광덮개와 방수덮개
5. ③
6. ②
7. 화기 · 충격주의, 가연물 접촉주의, 물기엄금
8. 가솔린 : 화기엄금, 적린 : 화기주의
9. 화기엄금, 충격주의
10. TNT, 피크린산, 트리니트로벤젠

찾아보기

▌저자 소개

정인갑 경북도립대학교 소방방재과

이재욱 경북도립대학교 소방방재과

제3판 위험물시설론 정가 23,000원

저자 : 정인갑, 이재욱

발행인 : 임정대
발행처 : 도서출판 **화수목**

발행 : 2017년 8월 25일 초판
2021년 8월 10일 제2판
2025년 2월 27일 제3판

등록 : 제2014-000166호

주소 : 서울시 마포구 신촌로 2길 5-15
전화 : 02-338-9119
팩스 : 02-335-2201

ISBN 979-11-89933-45-6 (93530)